AF532866

Klaus Herrmann

DIE FENDT CHRONIK

Klaus Herrmann

DIE FENDT CHRONIK

Vom Dieselross zum globalen und digitalen Full-Line-Anbieter

6. aktualisierte und erweiterte Auflage

174 Farbfotos
44 sw-Fotos
29 Zeichnungen
6 Seiten Tabellen

Bildnachweis:
Alle Abbildungen stammen aus dem Fendt-Archiv, bis auf die Seiten 4/5 und 14/15: Aquarelle von Eisenschmidt jun., Stadtmuseum Marktoberdorf und die Seiten 180, 182–185, 187, 198 und 201: Klaus Herrmann, Leinfelden-Echterdingen.

Die in diesem Buch enthaltenen Empfehlungen und Angaben sind vom Autor mit größter Sorgfalt zusammengestellt und geprüft worden. Eine Garantie für die Richtigkeit der Angaben kann aber nicht gegeben werden. Autor und Verlag übernehmen keine Haftung für Schäden und Unfälle. Bitte setzen Sie bei der Anwendung der in diesem Buch enthaltenen Empfehlungen Ihr persönliches Urteilsvermögen ein. Der Verlag Eugen Ulmer ist nicht verantwortlich für die Inhalte der im Buch genannten Websites.

Anmerkung zur Schreibweise (Gendering): Gendergerechtigkeit und Inklusion sind bei uns gelebte Praxis – bei der Auswahl unserer Themen, bei der Recherchearbeit, in der Gestaltung. Unsere Texte meinen alle. Damit unsere Inhalte jedoch gut lesbar bleiben, verzichten wir in diesem Werk auf die jeweilige Mehrfachnennung oder Anpassung der Schreibweise bestimmter Bezeichnungen an die weibliche, männliche oder diverse Form.

Bibliografische Information der Deutschen Nationalbibliothek
Die Deutsche Nationalbibliothek verzeichnet diese Publikation in der Deutschen Nationalbibliografie; detaillierte bibliografische Daten sind im Internet über http://dnb.d-nb.de abrufbar.

Wollgrasweg 41, 70599 Stuttgart (Hohenheim)
E-Mail: info@ulmer.de
Internet: www.ulmer.de
Projektleitung/Lektorat: Pia Fehrenbach
Herstellung: Isabell Scherrieble
Umschlaggestaltung: Carolin Nuscheler, Resi Agentur
Satz: r&p digitale medien, Echterdingen
Reproduktion: time:ray, Jettingen
Druck und Bindung: Firmengruppe Appl, aprinta Druck, Wemding
Printed in Germany

ISBN 978-3-8186-1369-3

Inhalt

Aus dem Vorwort zur 1. Auflage

(März 2000)

Jeder, der sich der deutschen Landwirtschaft verbunden weiß, kennt den Namen Fendt. Seit mehr als 70 Jahren werden unter dieser Bezeichnung Traktoren gebaut, deren besonderes Gütezeichen höchste technische Qualität war und ist. Vom Allgäu aus haben Fendt-Traktoren ihr Verbreitungsgebiet zuerst in Bayern und Deutschland, nach dem 2. Weltkrieg dann in Europa und schließlich in der ganzen Welt gefunden.

»Wer Fendt fährt führt«, heißt es in einem Slogan des Schlepperherstellers, den sich die Landwirte bis heute bereitwillig zu Eigen machen. Für sie war und ist es immer etwas Besonderes, einen Fendt-Traktor zu besitzen. Fendt-Traktoren sind nicht nur technisch anspruchsvoller als andere Traktoren, sie halten auch länger und ihr Wiederverkaufswert liegt in aller Regel höher.

So ist denn die Position des Marktführers alles andere als ein Zufall. Sie ist das Ergebnis jahrzehntelanger innovativer Forschung, hochwertiger Produktqualität und eines leistungsfähigen Vertriebs, der dafür sorgt, dass die Landwirte nicht nur den Traktor erhalten, den sie wünschen, sondern der die Schlepper auch dann einsatzbereit erhält, wenn sie gebraucht werden.

Es war Anfang der 1990er-Jahre der persönliche Wunsch des Mitgründers der Schlepperfabrik Xaver Fendt & Co., Dr. E.h. Hermann Fendt, eine Chronik der Familie und des Werks zu erhalten. Bereitwillig stand er in mehreren Sitzungen im stilvollen Ambiente des Fendt-Sitzungszimmers Rede und Antwort und gab über Sachverhalte Auskunft, die nicht in Akten und Büchern verzeichnet sind. Seine Ausführungen bilden die Grundlage des Buches, dessen Fertigstellung Dr. Fendt nicht mehr erleben konnte …

Vorwort zur 6. Auflage

Was seit Erscheinen der 5. Auflage im Jahre 2015 auf dem Traktoren- und Landmaschinensektor geschehen ist, ist rahmensprengend. Die Digitalisierung ist mit Macht in den landwirtschaftlichen Produktionsprozess eingezogen und hat die Landtechnik voll erfasst. Daten werden allerorten gewonnen, verarbeitet, geprüft und weitergeleitet. Fahrerkabinen von Traktoren und selbstfahrenden Arbeitsmaschinen erinnern inzwischen an Flugzeugkanzeln, so voll gespickt mit Instrumenten, Monitoren, Kameras und Displays sind sie. Fast vergessen wird darüber, dass auch der Komfort in den Kabinen gewaltig zugenommen hat. Mehrfach gefederte Sessel, qualifiziertes Frischluftmanagement und eine Panoramascheibe sorgen dafür, dass der Fahrer auch nach einem vielstündigen Arbeitstag einigermaßen brauchbar von der Maschine steigen kann. Fasst man die Entwicklungen zusammen, dann darf getrost festgestellt werden, dass sich in sieben Jahren rund um den Traktor und die großen Selbstfahrmaschinen mehr verändert hat als früher in mehreren Jahrzehnten. Fendt, die landtechnische Perle des AGCO Konzerns, hat diesen Prozess maßgeblich mitgestaltet. Als globaler und nachhaltiger »Innovationstreiber« sieht sich das Unternehmen und der Markt honoriert dies mit exzellenten Verkaufszahlen. Dies zu würdigen ist Anliegen der 6. Auflage der Fendt Chronik. Sie führt Bewährtes fort und betritt doch fortwährend Neuland. Agrartechnik ist nicht nur ein wichtiger Wirtschaftsfaktor, sie ist auch innovativ, nachhaltig und richtig spannend. Vorliegendes Buch will dies am Beispiel des bayerischen Traktoren- und Landmaschinenherstellers Fendt belegen. Ohne Unterstützung durch ausgewiesene Experten wäre dies nicht möglich gewesen.

Mein besonderer Dank gilt Sepp Nuscheler, bis Ende 2020 Chef der Fendt Presse und Öffentlichkeitsarbeit, sowie seiner Nachfolgerin Manja Morawitz. Sie haben das Projekt Neuauflage von Anfang an gefördert und umfangreiches Tabellen- und Bildmaterial beigesteuert.

Mein Dank gilt auch Frau Fehrenbach vom Ulmer Verlag. Als Freundin der Fendt Produkte hat sie sich der Aufgabe des Lektorats engagiert angenommen und wesentlich zur jetzt vorliegenden Form des Buches beigetragen.

Ein letzter Dank gebührt meiner Frau. Fünf Auflagen hat sie gewissenhaft Korrektur gelesen und den Autor immer wieder mit guten Anregungen aufgemuntert. Die Fertigstellung der 6. Auflage mitzuerleben, war ihr leider nicht mehr vergönnt.

Klaus Herrmann

Die Familie Fendt und ihre Geschichte

Traktoren haben die Welt verändert. So banal diese Feststellung auch klingt, so zutreffend ist sie. Wer es nicht glaubt, der mag in die Teile der Erde gehen, wo nach wie vor Landwirtschaft als Hand- oder Gespannarbeit betrieben wird. Blut, Schweiß und Tränen herrschen dort bei Menschen und Tieren vor, und dennoch ist der Hunger nicht besiegt. In der motorisierten Landwirtschaft dagegen sieht das Bild anders aus. Dank des Einsatzes moderner Technik wurde hier der Arbeitseinsatz berechenbar. Aufwand und Ertrag werden bewusst einander gegenübergestellt mit dem Ergebnis, dass die Erträge inzwischen ein Niveau erreicht haben, welches vor wenigen Jahrzehnten noch als utopisch angesehen wurde.

Der Beitrag der Traktoren zu dieser Erfolgsgeschichte kann nicht überschätzt werden. Seit der »Erfindung« der Traktoren als von Verbrennungsmotoren angetriebenen landwirtschaftlichen Zugmaschinen im Jahre 1889 haben sie die Möglichkeiten der Landwirte gewaltig gesteigert. In nur etwas mehr als 115 Jahren haben sie bewirkt, dass die Bauern in Feld und Flur nicht nur stärker und schneller, sondern auch gezielter und schonender arbeiten können. Da, wo zur Wende vom 19. zum 20. Jahrhundert ein Bauer ohne Traktor das ganze Jahr über körperlich hart bei Wind und Wetter schaffen musste, um drei Städter zusätzlich mit Nahrungsmitteln zu versorgen, da ist es zu Beginn des 21. Jahrhunderts ein einzelner Landwirt, der mit der Unterstützung durch seinen Traktor über 140 Städter mit qualitativ hochwertiger Nahrung versorgt.

So gewaltig die Leistungsexplosion auf dem Acker auch ausfällt, einfach ist die Landwirtschaft deshalb nicht geworden. Der Traktor ist ein allemal anspruchsvoller Helfer des Landwirts, der pfleglich behandelt, gut gewartet und vor allem gekonnt eingesetzt sein will. Nur derjenige Bauer, der seinen Traktor meisterlich zu bewegen versteht, wird auch den durch den Traktor möglich gewordenen Fortschritt zur Gänze ernten.

Zu den Traktoren, die sich weltweit sowohl bei den Landwirten als auch bei der allgemeinen Öffentlichkeit einer besonderer Wertschätzung erfreuen, gehören seit Jahrzehnten die Fendt-Traktoren. Dies mag überraschen, schließlich ist Deutschland, die Heimat der Fendt-Traktoren, weder das Ursprungsland der Traktoren, noch der weltweit dominierende Absatzmarkt. Doch Qualität ist auf Dauer immer noch das beste Erfolgsrezept, national wie international. Dies hat man sich in der engeren Heimat der Fendt-Traktoren, dem Allgäu, traditionell auf die Fahne geschrieben, nicht nur in der Landwirtschaft und im Maschinenbau, sondern auch in Gewerbe und Handel, bei den Dienstleistungen und im Tourismus. Kommen dann noch das Bekenntnis zur eigenen Herkunft, der Stolz auf die eigene Leistung, die enge Verbindung zu Land und Leuten sowie die stete Bereitschaft hinzu, den Fortschritt nicht nur aufzunehmen, sondern tatkräftig mitzugestalten, dann soll das Werk, bei der Firma Fendt der Traktor, schon gelingen.

Der Name Fendt ist wahrlich kein Allerweltsname wie Meier und Müller, Schmidt und Schulze. Aber so ganz selten ist er auch nicht. Konrad Fendt, ein historisch interessierter Schulrektor aus dem Landkreis Günzburg, hat einmal den Fendts nachgespürt und allein in den Telefonbüchern Deutschlands und Österreichs rund 8000 auf den Namen Fendt registrierte Telefonanschlüsse gefunden. Als er dann auch noch den Stammbäumen nachging, hatte er zuletzt die Namen von annähernd einer Viertelmillion Fendts beisammen.

Auffallend dabei war, dass die überwältigende Mehrheit der Fendt, Fend oder auch Fent im süddeutschen Raum, in Tirol/Südtirol und in Elsaß/Lothringen beheimatet war bzw. ist. Seltener dagegen trifft man Personen mit dem

Namen Fendt in Nord- und Ostdeutschland oder im Ausland. Zwar hat es einige Fendts im Zuge der großen Wanderungsbewegungen des 18. und 19. Jahrhunderts ins rumänische Banat oder gar nach Australien und Amerika geführt, doch zu einem größeren Zusammenschluss der »Auslands-Fendts« kam es nicht.

Woher der Name Fendt genau kommt, ist nicht einwandfrei nachzuweisen. Eine Spur führt in das Tiroler Ötztal, wo es es eine kleine Siedlung namens Vent gibt. Doch auch in Oberbayern gibt es Hinweise auf die Fendts. So trägt ein kleiner Ort nahe der Stadt Weilheim den Namen Fendt, und im Mangfall-Gebiet fließt bis auf den heutigen Tag ein Fendt-Bach. Die Heimat der Fendts dürfte denn auch das Gebiet Oberbayern/Tirol sein, wobei einiges dafür spricht, dass die Fendts aus dem Ammergauer Graswangtal stammen.

Diesen Hinweis verdankt man der Chronik des weltberühmten Klosters Ettal, welche anfangs des 14. Jahrhunderts von einem Jäger Heinrich der Vende berichtet. Er soll im Jahre 1329 den aus Rom zurückkehrenden Kaiser Ludwig der Bayer nach Ampferang ins Ammertal geführt und ihn bei der Suche nach einem geeigneten Platz für ein neu zu errichtendes Kloster beraten haben. Heinrich der Vendes Vorschlag stieß beim Monarchen auf gute Resonanz. In der Ettaler Chronik jedenfalls heißt es: »Der Kaiser ließ ihn dort ein hölzernes Haus bauen und den Wald ausreuten«.

Auch ein Jahre später, 1330, tritt Heinrich der Vende bei der Grundsteinlegung des als bayerischer Gralstempel angelegten Mönchs- und Ritterstifts von Ettal wieder in Erscheinung. Obwohl er nicht zur Kernmannschaft der Gelöbnisstiftung zählt, so müssen die Verdienste des Jägers doch beachtlich gewesen sein. Immerhin adelt der Kaiser Heinrich, dessen Nachkommen sich eine Zeit lang sogar »Fend von Ammergau« nannten, noch im gleichen Jahr.

Das Geschlecht der Fendt verbreitete sich von Ammergau ausgehend in ganz Oberbayern. So findet sich 1478 in Ammergau der Pfarrer Hans Fend, und für das Jahr 1491 ist als Abt des Klosters Polling ein Johannes Fend nachgewiesen. In Oberammergau wiederum soll es Fendts sogar seit dem 13. Jahrhundert geben und auch in Berchtesgaden sind Fendts seit dem ausgehenden Mittelalter bezeugt.

Zumindest ein Familienstamm wendet sich im 15. Jahrhundert nach München und erwirbt dort das Bürgerrecht. Noch heute zweigt in Schwabing von der Leopoldstraße eine Fendtgasse ab. Sie erinnert an den Gesandten Fendt des Bayernherzogs Albrechts V., der Mitte des 16. Jahrhunderts regierte. Daneben werden Fendts aber auch in der Nähe von Peißenberg und in Peiting sesshaft, wo sie durchweg als ehrbare Handwerker ihr Auskommen fanden.

Wappen im Schild der Fendt von Ammergau im 14./15. Jahrhundert.

Ungewiss ist, warum Sylvest Fendt zusammen mit seiner Frau Eva im Jahre 1639 von Peiting aus nach Oberdorf umzog. Oberdorf, im Jahre 1150 erstmals urkundlich erwähnt, war zwar als Markt und Gerichtssitz des Fürstbistums Augsburg zu regionaler Bedeutung gelangt, doch hatte der Dreißigjährige Krieg den Ort nachhaltig in Mitleidenschaft gezogen. Über viele Jahre hinweg bestimmten in der ersten Hälfte des 17. Jahrhunderts Pestzüge, Plünderungen, Brandschatzungen und Kontributionszahlungen das Geschehen und schufen eine Atmosphäre bedrückender Angst.

Doch als ob dies alles nicht genug sei, erfasste 1635 eine große Missernte die ohnehin geschwächten Menschen in Oberdorf und Umgebung. 450 Personen sollen binnen eines Jahres in der Oberdorfer Pfarrei gestorben sein – zuletzt war fast die Hälfte der Häuser und Güter verödet. Doch vielleicht war es gerade dieses Desaster, welches Sylvest Fendt nach Oberdorf lockte? 34 Jahre alt, stand er im besten Mannesalter und rechnete sich als geschickter Schlossermeister

Blick von Marktoberdorf aus auf die Allgäuer Alpen.

und Turmuhrmacher einige Chancen aus, beim Wiederaufbau mitwirken zu können. Tatsächlich hieß ihn die Stadt willkommen und erteilte ihm ohne größere Umstände am 6. Oktober 1639 das Bürgerrecht.

Sylvest Fendt war ein ehrbarer und geschickter Schlosser, dem bis zu seinem Tode im Jahre 1656 die Arbeit mit Hammer und Zange, an Esse und Glut nicht ausging. Er begründete die Oberdorfer Fendt-Linie, die sich im Laufe der Jahrhunderte zwar in mehrere Zweige verästelte, doch insofern eine Konstante aufwies, als sie ganz überwiegend dem metallverarbeitenden Handwerk verbunden blieb. Ein Anwesen in der Nähe des Rathauses diente als Wohnhaus und Werkstätte zugleich und entwickelte sich zu einer guten Adresse im Ort.

Davon profitierten auch Sohn Johann (1631–1701) sowie Enkel Andreas (1658–1714). Von Letzterem ist übrigens ein kunstvoll gestaltetes schmiedeeisernes Altargitter erhalten geblieben, das 1708 in der Kirche Sankt Nikolaus zu Unterthingau angebracht wurde. Seinen Wert offenbaren nicht zuletzt die erhalten gebliebenen Kirchenbücher. 208 Gulden kostete das Gitter, was zu Beginn des 18. Jahrhunderts alles andere als eine Kleinigkeit war. Gleiches gilt für die Referenz, die der Hofmarschall des bayerischen Königs Kirche und Altargitter erwies.

Ein solider, zünftiger Handwerker war auch Johann Fendt (1691–1765). Schlosser wie die Vorfahren, gab er sich mit der Schlosserei allein aber nicht zufrieden. Die Konstruktion und Herstellung von Kirchturmuhren beschäftigte ihn, und tatsächlich zeigen Zeichnungen aus den Jahren 1736–1739, dass er es auf diesem Gebiet zu einiger Meisterschaft gebracht hatte. Sein Sohn Anton Fendt (1718–764) wiederum widmete sich neben der Schlosserei, die nach wie vor den Broterwerb der Familie sicherte, der Bleizugherstellung.

Diese Bleizüge sind die Voraussetzung für die Bleiverglasung, wie sie vor allem bei den bunten und bemalten Kirchenfenstern zur Anwendung gelangt. Und diese Kirchenfenster hatten im 18. Jahrhundert rund um Oberdorf hohe Konjunktur. Kirchen und Klöster, an denen das Allgäu so reich ist, konnten gar nicht genug bunte Fenster bekommen. So geht das Wissen um die Bleizüge zwar auf die Antike zurück, doch Bleizüge mit Hilfe von kleinen Maschinen in verbesserter Form herzustellen, ist ein Fortschritt des 18. Jahrhunderts. Ihm hatten sich Anton Fendt und sein Sohn Johann Michael Fendt (1761–1806) verschrieben, wobei Letzterer sich auch noch als Turmuhrbauer einige Anerkennung sicherte.

Im Jahre 1788 heiratete Johann Michael Fendt in den einige Kilometer außerhalb Oberdorf liegenden Weiler Ronried. An die 20 Häuser mag der Ort umfasst haben, dessen herausragendes Bauwerk eine auch heute noch bestehende, der heiligen Hilara geweihte Kapelle war. In Ronried wurde den Eheleuten Fendt im Jahre 1792 auch der Sohn Peter Paul geboren, der der Familientradition folgend von klein auf mit den Geheimnissen der Metallverarbeitung vertraut gemacht wurde. Dabei zeigte sich der Junge rasch in besonderer Weise begabt.

Der Turmuhrbau hatte es ihm angetan, wobei das bloße Drauflos-Handwerkern nicht seine Sache war. Peter Paul ging vielmehr rational an jede sich ihm stellende Aufgabe heran, maß und berechnete, projektierte und zeichnete, ehe mit größter Präzision die eigentliche Uhrenherstellung begann. Und die Auftraggeber honorierten diese solide Arbeit wohl. Ob in Hirschzell bei Kaufbeuren oder in Helmishofen, Peter Paul Fendts Turmuhren konnten sich sehen lassen und haben daher nicht zufällig bei Sammlern bis auf den heutigen Tag überdauert.

Im Jahre 1865 wurde Peter Paul Fendt der Ort Ronried zu klein. Er verlegte Wohn- und Arbeitsstätte zurück nach Oberdorf, dessen wirtschaftlicher Aufschwung unübersehbar war. Die 1852 in Betrieb genommene Eisenbahnlinie Kaufbeuren-Kempten beflügelte Gewerbe und Handel, auch wenn sie einige Kilometer an Oberdorf vorbei führte. Vor allem aber erlebte die Landwirtschaft rund um Oberdorf eine Blüte. Ausgehend von Zuchterfolgen mit dem »Allgäuer Vieh« entwickelte sich eine prosperierende Milch- und Käsewirtschaft, die Geld in die Oberdorfer Markung brachte.

Und mit steigendem Einkommen weitete sich der Blick der Menschen über das Allgäu hinaus. Peter Paul Fendts Bruder Matthias beispielsweise zog nach Paris, um dort als Schreiner zu arbeiten. Auch Peter Pauls Söhne Franz Xaver (1834–1899) und Theodor (1837–1907) scheuten die Ferne nicht. Die 1873 in Wien stattfindende Weltausstellung beschickten sie mit Kirchturmuhren und Bleizugmaschinen, und befanden sich in wahrlich illustrer Gesellschaft. Kein geringerer als der durch seine Romane »Kampf um die Cheopspyramide« und »Hinter Pflug und Schraubstock« bekannt gewordene Dichteringenieur Max Eyth präsentierte auf der gleichen Ausstellung die Fowler'schen Dampfpflüge, die zu jener Zeit als Symbol des technischen Fortschritts schlechthin galten.

Die von Franz Xaver und Theodor Fendt entwickelten und hergestellten Produkte fanden Abnehmer nicht nur in ganz Deutschland, sondern auch in vielen Ländern Europas. Selbst nach Nord- und Südamerika, nach Afrika, Asien und Australien stellten die Gebrüder Fendt in den so genannten Gründerjahren Geschäftsverbindungen her. Doch das Auftreten als Einheit fiel den Brüdern zunehmend schwer.

Es zeigte sich vielmehr, dass eine Aufspaltung des Betriebs in die Geschäftsbereiche Bleizugmaschinen und Turmuhren sinnvoll sein könnte. Tatsächlich trennten sich die Wege von Franz Xaver und Theodor. Während Ersterer sich in der Hauptsache auf die Bleizugmacherei konzentrierte, entwickelte Theodor vor allem den Turmuhrbau

Herstellung von Bleiprofilen für Kirchen und Klöster im 18. Jahrhundert.

Einstell-Zifferblatt einer Kirchturmuhr aus dem Jahr 1849 von Peter Paul Fendt.

weiter. Seine Uhren fanden sich zuletzt in den Kirchtürmen von Biessenhofen und Seeg, Görisried und Ebenhofen, von Wald und sogar in der ehrwürdigen Kirche Sankt Ullrich in Kaufbeuren.

Franz Xaver Fendts Bleizüge waren nicht minder originell und erlangten einige Berühmtheit. So erteilte das Kaiserliche Patentamt dem Oberdorfer Handwerker mit Urkunde Nr. 97 615 vom 7. Dezember 1897 das Patent auf eine sogenannte Schnecken-Spannvorrichtung für Bleizüge, wie es sie zuvor noch nicht gegeben hatte. Gegenüber den bis dahin üblichen Spannschrauben bedeutete dies ebenso einen beachtlichen Fortschritt wie die später vorgenommene Ausrüstung der Bleizugmaschinen mit Zahnradantrieb und Riemenscheibe.

Zu diesem Zeitpunkt aber stand Franz Xaver längst nicht mehr alleine in der Werkstatt. Vier der sechs Söhne hatten das väterliche Handwerk erlernt und unterstützten zumindest zeitweise den elterlichen Betrieb. Auch machten sie den Vater auf neue, aus dem Ausland kommende Ideen aufmerksam, zählte zur Ausbildung doch stets ein längerer Auslandsaufenthalt.

Allein auf Dauer angelegt war das Zusammenschaffen denn doch nicht. Wie bei den Fendts üblich, übernahm, als es im Jahr 1898 soweit war, der älteste der Fendt-Brüder, Johann Georg (1868 – 1933), den in der Oberdorfer Jahnstraße ansässigen Betrieb, der Handwerk und eine kleine Landwirtschaft umfasste.

Johann Georg war ein vielseitiger, aufgeweckter Handwerker. Als Spezialist für Bleizugmaschinen und Turmuhren machte ihm so leicht keiner etwas vor, doch sein Horizont reichte über das erlernte Fach hinaus. So erkannte er beizeiten, dass sich anfangs des 20. Jahrhunderts die hohe Zeit des Kirchenausbaus dem Ende näherte.

Stattdessen sah Johann Georg, wie zunehmend die Mechanisierung die Phantasie der Menschen beflügelte. Im Maschineneinsatz erkannten zunächst einzelne, dann immer mehr Allgäuer Bauern eine großartige Chance, die schwere körperliche und zudem zeitraubende landwirtschaftliche Arbeit leichter, schneller und angenehmer zu gestalten.

Schmiedeeisernes Altargitter in der Kirche St. Stefan, Oberthingau, von Andreas Fendt aus dem Jahr 1708.

Die Fendt-Bleizugmaschine mit Elektromotor ist das Gesellenstück des 16-jährigen Hermann Fendt im Jahre 1927.

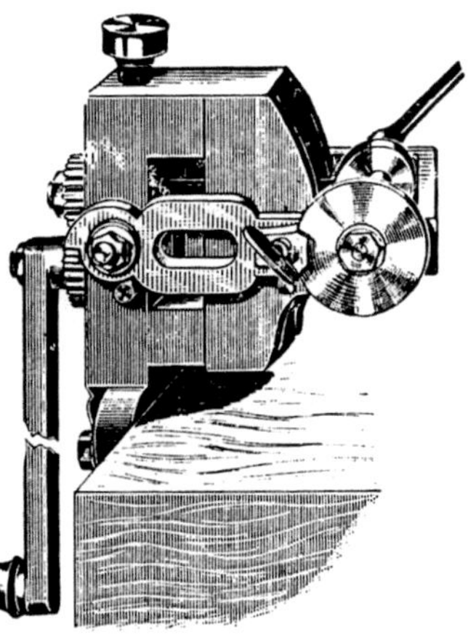

Patentierte Bleizugmaschine aus dem Jahr 1897 von Franz-Xaver Fendt.

Fendt-Bleizugmaschine mit Zahnradantrieb.

Für Johann Georg, von den Oberdorfern wertschätzend Meister Jörgl genannt, hieß dies, dem eigenen Betrieb einen kleinen Handel für landwirtschaftliche Maschinen und Geräte anzugliedern. Da konnten nun Sensen und Dengelgeschirre, leichte Pflüge und Eggen, später sogar Grasmäher und Heuaufzüge gekauft werden. Und die Wartung und Reparatur der verkauften Gerätschaften übernahm Johann Georg Fendt auch.

Sicher, da betrat der Schlosser immer wieder technisches Neuland, insbesondere als zum landwirtschaftlichen Gerät auch noch der Vertrieb von Deutz-Stationärmotoren hinzukam. Doch der Wunsch der Bauern ließ Fendt keine Wahl. Wollte er im Geschäft bleiben, so musste er sich mit Motoren, ihrer Arbeitsweise und ihren Einsatzmöglichkeiten auseinandersetzen.

Und die Bauern rund um Markt Oberdorf, wie der Ort seit 1898 hieß, verlangten immer häufiger nach solchen Motoren. Mit ihnen trieben sie über Treibriemen oder Transmission überall dort landwirtschaftliche Arbeitsmaschinen an, wo elektrischer Strom noch nicht verfügbar war. Futterschneider und Schrotmühlen, Bandsägen und Windfegen, Pumpen und Dreschkästen bewegten sich nun mit Motorenhilfe, und wenn es einen Defekt gab, behob Meister Fendt den Schaden.

Zu Hause in der Jahnstraße herrschte reges Treiben. Kunden kamen und gingen und auch Lokalpolitik wurde bei den Fendts gemacht. Als Kreisvorsitzender des Bauernverbands engagierte sich Johann Georg Fendt nachhaltig für die Berufskollegen, denen es in den 1920er-Jahren alles andere als gut ging. Bescheidene Erzeugerpreise, vor allem aber der ab 1926 stark fallende Milchpreis stellten so manche bäuerliche Existenz in Frage. Doch damit nicht genug. Rund um die Uhr war es die eigene Familie, die die Eltern Fendt auf Trab hielt. Sieben Kinder, vier Mädchen und drei Jungen, wollten versorgt und erzogen werden. Die ersten vier Kinder der Fendts waren übrigens Mädchen, die jüngeren drei Buben. Xaver, 1907 geboren, hieß der älteste der Jungen, Hermann, 1911 geboren, der Mittlere, und Paul, 1915 geboren, der Jüngste.

Der Familientradition entsprechend, erlernten Xaver und Hermann den Schlosser- und Mechanikerberuf. In der väterlichen Werkstatt bekamen sie die erste Unterweisung im Umgang mit Hammer und Amboss, mit Bohr- und Fräsmaschine. Doch während es Xaver hinaus in die Dienste anerkannter Motoren- und Maschinenbaufirmen wie BMW und Deutz zog, um praktisches und theoretisches Können zu mehren, blieb Hermann in Markt Oberdorf.

PATENT-URKUNDE

[A]UF GRUND DER ANGEHEFTETEN PATENTSCHRIFT IST DURCH BESCHLUSS DES KAISERLICHEN PATENTAMTES

EIN PATENT ERTHEILT WORDEN.

GEGENSTAND DES PATENTES IST:

ANFANG DES PATENTES:

DIE RECHTE UND PFLICHTEN DES PATENTINHABERS SIND DURCH DAS PATENT-GESETZ VOM 7. APRIL 1891 (REICHS-GESETZBLATT FÜR 1891 SEITE 79) BESTIMMT.

ZU URKUND DER ERTHEILUNG DES PATENTES IST DIESE AUSFERTIGUNG ERFOLGT.

KAISERLICHES PATENTAMT.

Einen Besuch der Ingenieurschule untersagte der Vater, der ihm stattdessen, wie Hermann Fendt in späteren Jahren einmal berichtete, das Geigenspiel erlaubte. So blieb es zunächst beim Besuch der Fortbildungsschule in Markt Oberdorf und der Berufsfortbildungsschule in Kaufbeuren, kleinen, eher unscheinbaren Bildungseinrichtungen. Doch Hermann genügte dies nicht. Um seine schon in jungen Jahren aufscheinenden Fähigkeiten im Maschinenzeichnen weiter zu verbessern, besuchte er aus eigenem Antrieb heraus eine Sonntagsschule, die zwischen 6 und 8 Uhr, vor dem obligatorischen Kirchgang, aufzusuchen war.

Und der Erfolg gab ihm Recht. Am 15. November 1927 legte Hermann Fendt vor der Handwerkskammer die Gesellenprüfung ab. Dass er noch immer den für die Fendt-Chronik so bedeutsamen Bleizügen verbunden war, belegt nicht zuletzt sein Gesellenstück: Eine Bleizugmaschine! Allerdings betrat er mit der Maschine technisches Neuland. Die Kopplung der Maschine mit einem Elektromotor und einem im Ölbad laufenden Schneckentrieb hatte zumindest in der Familie Fendt vor ihm keiner gewagt. Alt und Neu fanden hier zusammen, was schon bei dem gerade 16-Jährigen für die Zukunft hoffen ließ.

So bleibt abschließend nur noch ein Blick auf Paul. Er war nicht für den Schlosserberuf vorgesehen, absolvierte vielmehr eine Banklehre und wurde anschließend im kaufmännischen Sektor tätig.

Aquarell von Eisenschmidt junior aus dem Jahre 1820
Oberdorf von der Sonnenseite – Süden.

Der selbstfahrende Fendt-Grasmäher

Die 1920er-Jahre sind in der Landtechnik durch eine zuvor nicht gekannte Aufbruchstimmung geprägt. Überall wurde auf einmal in Werkstätten und Fabriken, in Scheunen und auf Höfen geschraubt und geschlossert, um neue, interessante Landmaschinen herzustellen und auf den Markt zu bringen. Handwerkliche und mittelständische Hersteller gaben zwar den Ton an, doch selbst renommierte Großunternehmen der Rüstungsindustrie wie Friedrich Krupp und Siemens entdeckten nun die Landtechnik als zukunftsträchtiges Tätigkeitsfeld.

Da mochte der Staat nicht zurückstehen. 1924 beteiligte er sich offiziell an der allerorten spürbar gewordenen landtechnischen Euphorie, zählte er über das Reichsernährungsministerium doch zu den Mitinitiatoren der »Finanzierungsgesellschaft für Landmaschinen AG«, die als »FIGEL AG« beachtliche Bekanntheit erlangen sollte. Zu ihren Aufgaben gehörte unter anderem, Landwirten zinsverbilligte Mittel zur Anschaffung von Landmaschinen und Ackerschleppern zur Verfügung zu stellen. Die erste Finanzierungsaktion erfolgte 1925 und galt für insgesamt 2250 Zugmaschinen der

Hermann Fendt startet den 1928 gebauten motorisierten Fendt-Grasmäher.

Leistungsklasse 25 bis 30 PS von sieben verschiedenen deutschen Herstellern.

In der Öffentlichkeit kaum weniger wirksam war aber auch die 1925 einsetzende offizielle Förderung des »Reichskuratoriums für Technik in der Landwirtschaft« (RKTL). Der Staat stellte der aus Vertretern von Wirtschaft, Wissenschaft, Verbänden und der Praxis bestehenden Organisation zur Durchführung umfassender Mechanisierungsvorhaben größere Finanzmittel zur Verfügung. Auch beim 1929 gegründeten Schlepper-Prüffeld in Potsdam-Bornim war der Staat präsent. Er hatte die Mechanisierung als wichtig erkannt und engagierte sich nun mit Nachdruck, um sie erfolgreich voranzubringen.

Und an Mechanisierungsprojekten bestand wahrlich kein Mangel. Alle Statistiken belegten, dass in der deutschen Landwirtschaft noch immer Hand- und Gespannarbeit vorherrschten. Nach wie vor schafften Bauern und Bäuerinnen, Knechte und Mägde in Feld und Flur, Haus und Hof länger und härter, als es in jedem anderen Beruf der Fall war. Hier bot sich vermehrter Landmaschineneinsatz als Ausweg an, der zudem mithelfen konnte, den durch eine starke Abwanderungsbewegung vor allem junger Menschen weg vom Lande hin in die städtischen Ballungszentren begründeten Arbeitskräftemangel aufzufangen.

So machte denn das Wort von der »Leutenot« die Runde, die im bäuerlichen Berufsstand Sorgen auslöste, andererseits aber auch Chancen eröffnete. Denn nun sollten weniger Menschen von einer konstanten Fläche höhere Erträge erwirtschaften, was eine wahrlich ideale Voraussetzung für sinnvollen Maschineneinsatz bedeutete.

Diese für Deutschland insgesamt geltende Bestandsaufnahme trifft für das Bayern der 20er-Jahre und das Ostallgäu mit dem Zentrum Markt Oberdorf allemal zu. Dabei rief der körperlich anstrengende und zudem höchst witterungsabhängige Prozess der Halmfuttergewinnung in besonderer Weise nach Mechanisierungshilfen. Bei der landtechnischen Werkstätte Fendt bekam man dies hautnah zu spüren, und es steht außer Frage, dass nicht wenige der im Jahr 1925 auf den landwirtschaftlichen Betrieben des

Der erste Grasmäher mit Benzinmotor im Einsatz auf dem eigenen landwirtschaftlichen Betrieb; Vater Johannn Georg und Mutter Kreszentia Fendt bei der Heuernte in Markt Oberdorf.

Ostallgäus gezählten 89 Benzinmotoren über Fendt ausgeliefert wurden. Auch was die 4862 Gespann-Grasmäher, 3254 Heuwender und -rechen der Region anging, so hatten manche von ihnen über die Markt Oberdorfer Jahnstraße den Weg auf die Bauernhöfe genommen. Und selbst wenn sie nicht über Fendt verkauft worden waren, so wurden sie doch von dort aus technisch betreut, gewartet und instand gesetzt.

Entsprechend groß war das Interesse der Fendts an allen Mechanisierungsvorgängen rund um Markt Oberdorf. Man wollte wissen, was sich auf den Höfen der weiteren Nachbarschaft tat, um für alle Fälle gewappnet zu sein. Aus diesem Grunde fragte Vater Fendt auch 1927 den Wagnermeister Lukas Heel aus Schwangau, was er mit dem soeben bei ihm erworbenen 3-PS-Benzinmotor vorhabe. Doch Heel zeigte sich zugeknöpft. Er beließ es bei einem knappen »Das weiß ich nicht« und entführte das wertvolle Stück in die eigene Werkstatt.

Dort aber begann er zu schrauben und zu hämmern, zu sägen und zu zimmern. Es dauerte nicht lange, da hatte Heel einen motorisierten Grasmäher aufgebaut. Das Gefährt bestand aus dem auf einen McCormick-Gespann-Grasmäher aufmontierten Stationärmotor und einem lenkbaren hölzernen Vorderkarren. So weit so gut, nur mit der Befestigung einer Riemenscheibe kam Lukas Heel nicht zurande.

So rief er nach Meister Fendt, der sich den Ortstermin nicht entgehen ließ. Zusammen mit Sohn Hermann begab er sich nach Schwangau und staunte nicht schlecht, als er den Heel'schen Motormäher sah. Auf gusseisernen Hinter- und hölzernen Vorderrädern stand das Fahrzeug da, das Respekt abnötigte. Es fuhr und trieb sogar den Mähbalken an, doch was die Lebenserwartung anlangte, so herrschte bei den Fendts Skepsis vor. »So etwas können wir auch, nur besser« sagten sie auf der Heimfahrt. Die Geburt des ersten Fendt-Motorfahrzeugs war eingeleitet.

Der Alltag des jungen Hermann Fendt sah 1927 so aus, dass er immer wieder zu Bauern hinausgerufen wurde, um bei Stationärmotoren nach dem Rechten zu schauen oder um schadhaft gewordene Landmaschinen zu reparieren. Für 16 Jahre war er ordentlich gefordert und blieb bei den Kundenbesuchen häufig genug auf sich allein gestellt. Ein Pkw stand für die Fahrten zu den Bauern ebenso zur Verfügung wie ein Motorrad, eine Raleigh, wie Hermann Fendt später mit Stolz berichtete: »Der voraussichtliche Werkzeugbedarf bestimmte die Wahl des Beförderungsmittels!« Ansonsten aber wurde in der Werkstatt geschafft, wo eine der Zeit entsprechende technische Ausstattung vorhanden war.

In der heimischen Werkstatt starteten Vater und Sohn Fendt die ersten Umbauten für den eigenen Motormäher. Ähnlich wie Heel gingen auch sie von einem Gespannmäher aus, nur sollte, im Gegensatz zum Schwangauer Wagner, bei ihnen der Stationärmotor vor den Fahrersitz montiert werden. Die Sicht des Fahrers auf den Motor war ihnen ebenso wichtig wie eine bessere Verteilung des Fahrzeuggewichts.

Rudolf Franke, Professor an der Technischen Hochschule Darmstadt und langjähriger Leiter des Schlepper-Prüffelds, hat den 1928 von den Fendts fertiggestellten Motormäher mehr als ein halbes Jahrhundert später, im Jahre 1980, einer gewissenhaften Prüfung unterzogen. Er beschrieb das Fahrzeug in einer Expertise und würdigte seine Eigenschaften so: »Der auf einen Rahmen gesetzte Benzinmotor trieb die Fahrkupplung und das Schaltgetriebe mit drei Vorwärts- und einem Rückwärtsgang über Kettentriebe, Ritzelwelle und Innenverzahnung bis zur Hinterachse an.

Die Hinterachse war vom Gespann-Grasmäher übernommen und besaß an jedem Triebrad ursprünglich einen Knacken-Freilauf, durch den beim gezogenen Mäher der Bodenantrieb des jeweils kurveninneren Rades abgeschaltet wurde. Dies hatte bei der motorisch angetriebenen Maschine die unerwünschte Folge, dass der motorische Antrieb des jeweils kurvenäußeren, seiner Antriebswelle vorlaufenden Triebrades, abgeschaltet wurde. Diesen Mangel behob Hermann Fendt dadurch, dass er das rechte bei der Arbeit stets kurveninnere Triebrad starr mit der Hinterachswelle verband und den Freilauf des linken Triebrades in eine schaltbare Bolzen-Kupplung umänderte. Auf diese Weise konnte der Fahrer bei der Geradeausfahrt auf einer Wiese beide Triebräder miteinander starr kuppeln, wie mit einer Differenzialsperre. Das vergrößerte die Geländegängigkeit und Steigfähigkeit der Maschine erheblich. Für die Fahrt auf fester Straße reichte der Antrieb allein durch das rechte Triebrad aus. Da das Mähwerk über die Motor-Kupplung angetrieben wurde, kam es beim Treten der Kupplung, wenn der Fahrer bei Verstopfungsgefahr schalten wollte, sofort zum Stillstand, anstatt sich frei schneiden zu können.«

Die technischen Unzulänglichkeiten spielten indes zunächst nur eine untergeordnete Rolle. Der Stolz, einen selbstfahrenden Motormäher konstruiert und hergestellt zu haben, überwog. Er übertrug sich auch auf Johann Strobel, Landwirt in der kleinen Allgäu-Gemeinde Burk bei Bertoldshofen. Bei einer Vorführung hatte er das Fahrzeug in Markt Oberdorf, dort, wo sich der heutige Fendt-Parkplatz befindet, erstmals gesehen und sogleich Gefallen daran gefunden. Ihn beeindruckte vor allem das Tempo und die

Der erste Fendt-Grasmäher mit Benzinmotor 1928.

Güte des Grünfutterschnitts und so kaufte er den Fendts den Motormäher ab.
Der tägliche Praxistest offenbarte dann aber doch die Schwächen. Nach und nach brach das Antriebsrad, verschlissen die Lenkungsseile, liefen im Getriebe verwendete Messingbüchsen aus, konnte die Motorleistung nicht zufriedenstellend auf den Boden gebracht werden. Ein ganzer Katalog von Beschwerden lief auf, doch ließen die Fendts Johann Strobel nicht im Stich. Zeitweise fuhr einer von ihnen nahezu täglich nach Burk, schaute nach dem Motormäher und reparierte, mehr noch, verbesserte das ursprüngliche Konzept.

So ersetzten sie das zu schwache und zu schmale Antriebsrad durch ein Vollscheiben-Stahlrad mit verbreiterter Lauffläche, verwendeten anstelle der schadhaften Messingbuchsen Kugellager, tauschten den ersten, von einem Opel-Pkw der Marke »Laubfrosch« stammenden Schalthebel gegen einen eisernen Eigenbau-Schalthebel aus. Perfektion trat zunehmend an die Stelle der ersten Improvisation, wobei Vater und Sohn Fendt kein Hehl daraus machten, dass ihr technisches Können mit den zu bewältigenden Problemen zunahm.

1929 waren die Fendts als Konstrukteure in besonderer Weise gefordert. Johann Strobels Sohn Anton hatte mit dem Motormäher nicht nur gemäht, er hatte das Fahrzeug auch wiederholt als Zugmaschine eingesetzt. Was wirtschaftlich sinnvoll war, erwies sich für den Mäher jedoch als ungeeignet. Einige der Getrieberitzel hielten der veränderten Belastung nicht stand und brachen. Die Getriebereparatur erfolgte, wie Hermann Fendt später berichtete, weitgehend auf dem Strobel-Hof. »Die Feile war dabei das wichtigste Gerät.«

Wichtiger aber als das handwerkliche Geschick war die innovatorische Lösung, die Antriebe von rechtem Fahrzeugrad und Mähwerk zu trennen. Fortan erfolgte der Mähwerksantrieb über eine Rutsch-Kupplung unmittelbar vom Motor aus, was sich solange gut bewährte, wie bei Tau gemäht wurde. Arbeiteten die Strobels jedoch in trockenem Gras, dann neigte die Kupplung zum Durchrutschen. Aber auch hier wussten Vater und Sohn Fendt Rat. Sie bauten in die Kupplung stärkere und zudem einstellbare Federn ein und erreichten so eine Anpassung an die unterschiedlichen Belastungen. Als überraschend robust und störunanfällig erwiesen sich Kupplungsbelag und Vergaser. Sie bereiteten weit weniger Probleme als alle gusseisernen Fahrzeugteile, die immer wieder brachen. Erst als die Fendts sie durch Teile aus Stahl ersetzten, wurden sie tauglich für den Praxiseinsatz.

Die Strobels schonten den ersten Fendt-Motormäher nicht. Bis zum Jahr 1936 haben sie mit dem Fahrzeug in ihrer Landwirtschaft geschafft. Dann zog Anton Strobel nach Markt Oberdorf und trat in das Unternehmen Fendt als Mitarbeiter ein. Auch der Motormäher ging nicht unter. Hermann Fendt konnte das Fahrzeug später zurückkaufen und überließ es dem firmeneigenen Fendt-Museum.

Der Fendt-Motormäher markiert einen wichtigen Meilenstein in der Traktorengeschichte. Er hatte seinen Anfang in der landwirtschaftlichen Arbeitsmaschine und avancierte durch das Hinzufügen eines Aufbaumotors zum Selbstfahrer. Er steht damit neben anderen Motormähern, wie sie seit 1925 unter anderem bei den Gebrüdern Kramer im badischen Gutmadingen, ab 1926 bei den Gebrüdern Hagedorn im westfälischen Warendorf und ab 1929 bei Hermann Lanz im württembergischen Aulendorf gebaut wurden.

Auch in der näheren Markt Oberdorfer Nachbarschaft wurde Ende der 1920er-Jahre an der Entwicklung eines Motormähers gearbeitet. In den Fahrzeugen von Pinzner, Altusried, sah Fendt sogar eine Konkurrenz für das eigene Produkt. Mit einiger Genugtuung registrierte er, dass die Pinzner'schen Fahrzeuge am Problem der Gusseisenbrüche scheiterten. Die Werkstofffrage, von Fendt zutreffend in ihrer Bedeutung erkannt, hatte den Ausschlag gegeben.

Die Dieselrösser der 30er-Jahre

Die wirtschaftliche Situation am Ende der 20er- und zu Beginn der 30er-Jahre war geprägt von der mit dem Börsencrash des schwarzen Freitags am 25. Oktober 1929 einsetzenden Weltwirtschaftskrise. Alle objektiven Daten vom Wirtschaftswachstum über die Arbeitslosenzahlen bis hin zum internationalen Warenaustausch sprachen die eindeutige Sprache des Abschwungs. Doch noch dramatischer als die abstrakten Daten wirkte sich die unsicher gewordene Grundstimmung der Menschen aus. Hatte man in den »Goldenen Zwanzigern« noch allerorten an den Aufbruch und neue Zeiten für Wirtschaft, Technik und Kultur geglaubt, so standen die Menschen nun der Gesamtentwicklung mit verbreiteter Skepsis gegenüber.

Auch in der Landwirtschaft war der Stimmungsumschwung spürbar. Die Wanderausstellungen der Deutschen Landwirtschafts-Gesellschaft als Indikator wiesen von 1928–1930 sowohl einen Rückgang bei den Ausstellern als auch bei den Besuchern aus. Der Schlepperbereich blieb davon nicht ausgespart. Stellten 1928 auf der Leipziger DLG-Ausstellung noch 11 Anbieter 54 Traktoren aus, so waren 1929 in München nur noch 8 Firmen mit 40 Maschinen vetreten.

Aber es waren nicht nur wirtschaftliche Überlegungen, die das reduzierte Angebot an Traktoren herbeiführten. Technische Gründe hatten vielmehr zum Rückzug etlicher der einst einflussreichen Motorpflug-Hersteller geführt. Die auf die Bodenbearbeitung ausgerichteten Einzweckmaschinen von Akra und Pöhl, von MAN und Toro hatten sich zwar in ersten Vergleichstests achtbar geschlagen, doch in der täglichen Arbeit erwiesen sie sich gegenüber den Rad- und Raupen-Schleppern als unterlegen. Schwächen traten vor allem bei der Durchführung von Transporten auf. Da die Landwirtschaft aber »ein Transportgewerbe wider Willen« war und auch heute noch ist, verschwanden die Motorpflüge nach und nach wieder vom Markt.

In Markt Oberdorf spielten solche übergeordneten Gesichtspunkte indes kaum eine Rolle. Johann Georg und Hermann Fendt ging es vielmehr um die Weiterentwicklung des selbstfahrenden Motormähers, der im Einsatz bei den Strobels beträchtliches Entwicklungspotenzial offenbart hatte. Vor allem hinsichtlich des Motors strebten die Fendts eine Veränderung an. Der bei Strobels Fahrzeug eingebaute Benzinmotor hatte sich in letzter Konsequenz nicht nur als zu schwach erwiesen, er war auch im Kraftstoffverbrauch zu teuer.

Rudolf Franke verglich die Ergebnisse des Kleinschlepper-tauglichen Benzinmotors der späten 20er-Jahre mit denen eines konkurrierenden Dieselmotors. Das Ergebnis des Vergleichs sprach eine eindeutige Sprache. So verbrauchte der Benzinmotor bei gleicher Leistung rund 30% mehr Kraftstoff als der Dieselmotor. Da nun ein Liter Benzin 0,41 RM, der Liter Dieselkraftstoff dagegen nur 0,15 RM kostete, schlug der Mehrverbrauch schon gravierend zu Buche. Doch noch aussagekräftiger als der absolute Spritverbrauch sind bei landwirtschaftlichen Zugmaschinen die Kosten des spezifischen Kraftstoffverbrauchs. Dazu schrieb Professor Franke:

»Bei einem spezifischen Kraftstoffverbrauch von 240 g/PSh (= Gramm/PS und Stunde) des Dieselmotors bei 90% Auslastung war der stündliche Verbrauch eines 6 PS Dieselmotors 1,3 kg/h, wofür 0,195 RM je Stunde und bei 800 Stunden im Jahr 156 RM an Kraftstoffkosten entstanden. Bei einem spezifischen Kraftstoffverbrauch von 310 g/PSh des Benzinmotors bei gleicher Leistung und Auslastung war der Verbrauch 1,68 kg/h. Die Kraftstoffkosten betrugen rund 0,69 RM je Stunde und bei 800 Stunden im Jahr 551 RM, also reichlich das 3,5fache.« Aus betriebswirtschaftlichen Überlegungen heraus war die sich daraus ergebende Konsequenz naheliegend: »Mit der Differenz von 400 RM ließ sich der Mehrpreis des Dieselmotors, 850 RM gegenüber 435 RM für den billigeren Benzinmotor, schon im ersten Jahr der Benutzung fast ausgleichen.«

Dennoch führte die Frage Benzin- oder Dieselmotor bei den Fendts zu heftigen Diskussionen. Während Johann Georg die mit Benzinmotoren gewonnenen Erfahrungen für so wichtig erachtete, dass er einen 8–10 PS starken Benzinmotor bevorzugte, setzte Hermann auf den Kleindiesel, wie ihn seit Mitte der 20er-Jahre der Fendt-Motoren-Lieferant Humboldt-Deutz-Motoren AG im Programm führte. Es handelte sich um einen liegenden Einzylindermotor mit offener Ventilsteuerung und Verdampferkühlung, der 6 PS leistete und vor allem mit seiner Robustheit binnen weniger Jahre viele Freunde auf dem Lande hatte finden können. Von der

Das erste Fendt-Dieselross mit Anbaupflug im Jahr 1930.

Größe und von seinem Gewicht her, so Hermann Fendts Urteil, sollte er sich gut auf einen leichten, dennoch verwindungssteifen Fahrzeugrahmen montieren lassen.

Hermann Fendt setzte sich letztlich mit seinen Vorstellungen durch. Noch 1929 bauten er und sein Vater einen Kleinschlepper mit Dieselmotor, ZF-Getriebe und Sachs-Kupplung, dessen Besonderheit in der getrennten Anordnung von Fahr- und Mähwerksantrieb bestand. Rudolf Franke würdigte die bei der Organisation der Antriebe gefundene Lösung so:

»Die Fahrkupplung wurde vom Motor über den Kettenantrieb angetrieben. Von der Antriebswelle der Fahrkupplung ging der Antrieb weiter in das Schaltgetriebe, das wie das vom Motormäher drei Vorwärtsgänge, später auf Wunsch vier, und einen Rückwärtsgang besaß. Vom Schaltgetriebe wurde die Hinterachse über den Kettentrieb angetrieben. An der kugelgelagerten Hinterachse waren das Kettenrad und das rechte Antriebsrad fest mit der Hinterachswelle verbunden. Das linke Triebrad konnte durch die Bolzenkupplung mit der Hinterachswelle ge- oder entkuppelt werden.«

Das Mähwerk war von vorne herein als wesentlicher und unverzichtbarer Bestandteil des Fendt-Kleinschleppers konzipiert. Sein Antrieb erfolgte vom Motor aus über einen Riemen, doch zeigte sich schon beim ersten Experimentieren, dass dies keine Lösung von Dauer sein konnte. Mähversuche in hohem und zudem feuchten Gras legten nämlich offen, dass sich der Riemen so lange weitete, bis er zuletzt das Mähmesser nicht mehr antreiben konnte. Nun war Nachspannen angesagt, wofür Fendt eigens einen Hebel zum Andrücken des Treibriemens konstruierte. Doch was war das für ein Geschäft! Anstatt sich auf die Mäharbeit zu konzentrieren, hatte der Fahrer alle Hände voll damit zu tun, den Spannungszustand des Treibriemens zu beobachten und zu regulieren.

Vater und Sohn Fendt erkannten darin eine Unzulänglichkeit, die sie in ihrer Eigenschaft als Konstrukteure herausforderte. Immer wieder analysierten sie den Vorgang und sannen auf einen Ausweg. »Am besten ist es«, dachten sie schließlich, »wenn man ohne den anfälligen Treibriemen auskommen kann.« Doch wie sollte dies gelingen? Nach einigem Überlegen fanden sie die Lösung. Sie pressten die eiserne Riemenscheibe des Schwungrades fest mit der hölzernen Riemenscheibe des Mähwerksantriebs zusammen, die auf diese Weise gleichsam zur Friktionsscheibe wurde. Ein Hebel eröffnete dem Fahrer die Möglichkeit, die Friktionsscheibe unabhängig von der Fahrkupplung anzupres-

Haus, Hof und Werkstatt der Familie Fendt an der Jahnstraße in Markt Oberdorf (ca. 1930).

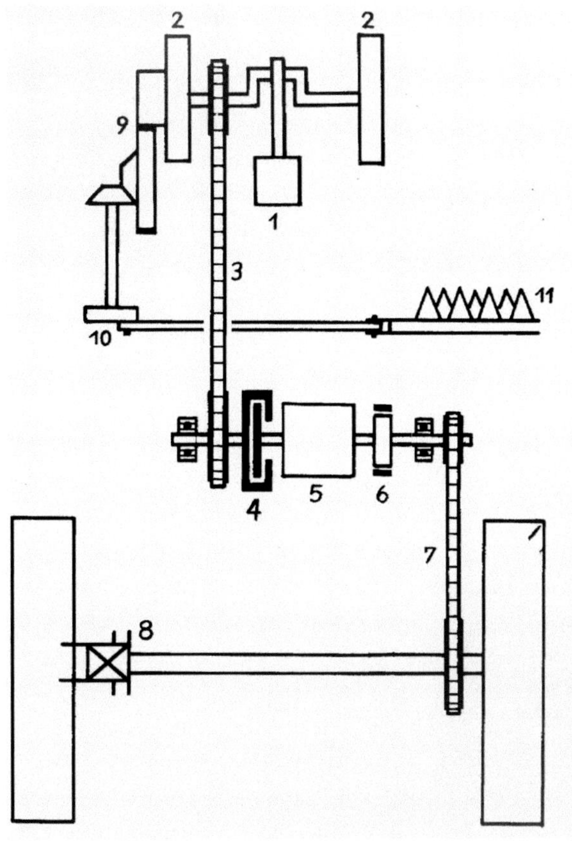

1 Motor

2 Schwungräder

3 Kettenantrieb vom Motor zur Fahrkupplung

4 Fahrkupplung

5 Getriebe

3 Vorwärtsgänge
1 Rückwärtsgang

6 Bandbremse

7 Kettenantrieb vom Getriebe zur Hinterachse

8 Sperrkupplung

9 Friktions-Antrieb für Mähwerk, fahrunabhängig einschaltbar

10 Kurbelscheibe mit Kurbelstange

11 Mähwerk

Antriebsschema des ersten Fendt-Dieselrosses.

sen bzw. freizusetzen, was sich rasch als vorteilhaft erwies. Bei drohender Stopfgefahr wurde so ein wirkungsvolles Freischneiden des Mähwerks im Stillstand des Schleppers erreicht, was die Einsatzmöglichkeit der Maschine beträchtlich steigerte.

Peter Guggemos, Landwirt aus dem kleinen Weiler Burk bei Seeg, zählte zum Kreis der technisch aufgeschlossenen Landwirte. Den Fendt-Kleinschlepper wollte er besitzen, kaum dass er den Prototypen gesehen hatte. Er versprach sich von dem Gefährt eine massive Arbeitsentlastung für Mensch und Tier. Die Halmfutter-Wirtschaft dominierte auf seinem Betrieb, doch gab es auch etliche moorige Flurstücke, die, ordentlich umgepflügt, als Acker nutzbar sein sollten. Er wünschte von den Fendts daher zusätzlich die Konstruktion eines Anbaupflugs, um die neue Zugmaschine vielseitig und arbeitssparend als Kleinschlepper einsetzen zu können.

Die Fendts kannten das Arbeiten mit dem Anhängepflug bestens. Sie wussten, dass das herkömmliche Gerät, wie es sich über Jahrhunderte hinweg beim Gespannpflügen mit einem, gelegentlich auch mit zwei Scharen allseits eingeführt hatte, hinter dem Schlepper immer nur die zweitbeste Lösung sein konnte. Es machte einfach keinen Sinn, wenn der Schlepperfahrer geschont auf dem Traktor saß, während eine zweite Person, nicht selten die Bäuerin, im Schweiße ihres Angesichts 25 Kilometer und mehr an einem Arbeitstag hinter dem Traktor herlief, dabei den Pflug mühsam genug in der Furche führend.

Die enge Verbindung von Motorfahrzeug und Arbeitsgerät bot sich als arbeitsökonomisch sinnvoller Ausweg an, ein Vorschlag übrigens, den der irische Landtechnik-Pionier Harry Ferguson schon im Jahre 1918 erfolgreich realisiert hatte. Zur Befestigung von Schlepper und Pflug hatte er später dann eigens das Dreipunkt-Gestänge konstruiert, welches sich schließlich international als Standardbefestigung durchsetzte. Doch so sinnreich Fergusons erste Anbaupflüge auch konstruiert waren, ohne körperliche Anstrengung ging es nicht. Sie mussten über viele Jahre hinweg von Hand ausgehoben werden, was beschwerlich genug war und eine Unterbrechung der Pflugarbeit bedeutete.

Vater und Sohn Fendt dachten, ohne dass sie Ferguson kannten, in eine ähnliche Richtung wie der Ire. Ausgehend von einem einscharigen Beetpflug, nahmen sie Veränderungen an dem Gerät dahingehend vor, dass sie an die Stelle des Gespann-Vorderkarrens die Schlepper-Hinterachse treten ließen. Im einzelnen beschrieb Rudolf Franke den ersten Fendt-Anbaupflug so:

»Am Rahmen des Schleppers befestigten die Fendts zwei Ösen, in die zwei Stangen mit ihren abgewinkelten Enden gesteckt wurden. Diese Stangen waren durch einen Bolzen miteinander und mit dem Pflugrahmen so verbunden, dass sie praktisch einen Dreieckslenker bildeten, der um eine horizontale Querachse, gebildet durch die beiden Ösen, schwenkbar war. Gegenüber dem Sterzenrahmen war der eigentliche Pflugrahmen mit seinem starr angebrachten Schar so winkelverstellbar angeordnet, dass der Fahrer den Winkel zwischen beiden Rahmen durch Verdrehen einer Gewindespindel von seinem Sitz aus verstellen und dadurch den Griff des Pflugschars verändern konnte. Im Zusammenhang damit konnte der Fahrer die Pflugtiefe durch Betätigung eines Handhebels mit Raststellungen einstellen. Der Handhebel wirkte über eine Zugstange auf die Stütze des Pflugrades, so dass der Knickwinkel zwischen dieser Stütze und dem Sterzenrahmen veränderlich war.

Zum Ausheben des Pflugschares wurde der mit seinem Gewicht auf dem Rad abgestützte Pflug entsprechend nach oben geschwenkt. Die dazu erforderliche Handkraft war nicht sehr groß, weil nicht das ganze Gewicht des Pfluges ausgehoben werden musste.«

Peter Guggemos war mit der von Vater und Sohn Fendt entwickelten Lösung zufrieden. Der Anbaupflug entsprach seinen Erwartungen, die vor allem dadurch bestimmt waren, dass Zug- und Mäharbeiten im Vordergrund standen, während die Bodenbearbeitung die Ausnahme blieb. In der Begutachtung aus technik-geschichtlicher Sicht verdient der Fendt-Anbaupflug dagegen umso höhere Wertschätzung. Er war originell im besten Sinne des Wortes. Leicht vom Schleppersitz aus zu handhaben, konnte er ohne größere Kraftanstrengung ausgehoben und in der Tiefe verstellt werden. Auffallend war ferner das Vorgewende, welches für die Zeit gering ausfiel und dem Fendt »Schlepper-Pflug-Gespann« zu Recht Anerkennung verschaffte.

Johann-Georg und Hermann Fendt haben ihren ersten Kleinschlepper zu Beginn des Jahres 1930 nach Seeg überführt. Unvergesslich ist ihnen diese erste Fahrt über eine größere Entfernung geblieben. Auf den Straßen lag reichlich Schnee, der das Vorankommen des eisenbereiften Schleppers zum Abenteuer machte. Doch was auf ebener Straße mit einigem Geschick gelang, musste auf dem steilen Anstieg nach Seeg hinauf scheitern. Die Steigung und ein dem Gefährt zusätzlich entgegen wehender eisiger Wind zeigten die Grenzen des 6-PS-Kleinschleppers auf.

Kurz vor der Kuppe ging nichts mehr im hohen Schnee, so dass Hermann Fendt, der den Schlepper fuhr, nichts anderes übrig blieb, als das Fahrzeug am Wegesrand abzustellen und auf Hilfe zu warten. Endlich, nach langer Warterei, kam ein Pferdegespann mit Räumschlitten, welches eine schmale Bahn frei machte! Nachdenklich stimmte dies den jugendlichen Schlepper-Konstrukteur schon. Da hatte man über Monate hinweg ein landwirtschaftliches Fahrzeug entwickelt und gebaut, um Mensch und Tier von beschwerlicher Zugarbeit zu entlasten, und bedurfte bei der ersten richtigen Fahrt der Hilfe durch eben diese Zugtiere, um zum zukünftigen Fahrzeugbesitzer zu gelangen!

Da war eine gehörige Portion Selbstbewusstsein vonnöten, sollte darin kein böses Omen gesehen werden. Doch Hermann Fendt war mit sich rasch im Reinen. Schnee, Glatteis und Sturm blieben schließlich die Ausnahme. Im Frühling dagegen sollte der Markt Oberdorfer Kleinschlepper seine Qualitäten schon demonstrieren.

Landwirt und Brauereibesitzer Franz Sailer, Markt Oberdorf, mit seinem Fendt-Dieselross in vollgummibereifter Ausführung (Anfang der 30er-Jahre).

Vater und Sohn Fendt haben »ihren« Guggemos-Traktor im Laufe des Jahres 1930 einige Male nach Markt Oberdorf geholt, um ihn in der Werkstatt zu warten und bei dieser Gelegenheit der Öffentlichkeit vorzustellen. Zu denen, die angelegentlich in die Fendt-Werkstatt kamen, um nach Neuem Ausschau zu halten, gehörten Vater und Sohn Sailer, ortsansässige Landwirte und wohlhabende Brauereibesitzer dazu. Ihr Betrieb umfasste annähernd 100 Tagwerk (ca. 35 Hektar) und zählte zu den großen der Region, wie überhaupt die Sailers im Ort eine herausgehobene Stellung inne hatten.

Der Fendt-Kleinschlepper schien ihnen durchaus zum Einsatz auf dem eigenen Betrieb geeignet zu sein. Und so machten sie aus ihrem Interesse keinen Hehl. Den Fendts tat dies gut. Sollte eine wichtige Familie im Ort eine ihrer ersten Maschinen erwerben, so wäre dies mit einem gewaltigen werbenden Effekt verbunden. Bestens bekannt war ihnen der bäuerliche Grundsatz, nach dem das erfolgreiche Beispiel immer noch der beste Garant für gute Folgegeschäfte ist. Doch auch Vater und Sohn Sailer stand die Anschaffung eines Fendt-Schleppers gut zu Gesicht. Ihr Ruf, fortschrittlich und die Meinung prägend zu sein, ließ sich mit einer solchen Aktion auf jeden Fall untermauern.

Und die Sailers beließen es nicht bei der Kaufabsicht. Sie erwarben den nächsten Kleinschlepper, für den sie eine passende Bezeichnung suchten. Mit »Motorpferd«, wie die Fendts ihren Schlepper nennen wollten, konnten sie nichts anfangen. Der Name war ihnen zu elegant, nicht kräftig genug. Auch gab es bei der Konkurrenz schon ein »Motorpferd«. Die Motorenwerke Mannheim MWM hatten bereits 1924 eine Motorpferd genannte Zugmaschine vorgestellt, die nicht zuletzt deshalb in die Geschichte einging, weil sie als einer der ersten Traktoren überhaupt über einen 2-Zylinder-Dieselmotor verfügte. Der Name überzeugte also nicht und war zudem belegt. Die Fendts berührte dies allerdings wenig. Nach Hermann Fendts Bekunden wussten sie vom MWM-Motorpferd nichts, und was der Bauer nicht kennt, treibt ihn nicht um.

Man soll die Bedeutung eines Produktnamens nicht überschätzen, doch beliebig ist er deshalb nicht. Die Firma Heinrich Lanz, Schlepper-Hersteller in Mannheim, hatte mit dem Produktnamen Bulldog für ihre Traktoren deutlich

Fendt-Dieselross mit eisenbereiftem Getreidewagen.

gemacht, wie man einen Gattungsbegriff kreieren kann, der schließlich sogar als Synonym für alle landwirtschaftlichen Zugmaschinen Verwendung fand. Bulldog, so die Schlepper-Bezeichnung von Dr. Fritz Huber, konnte zuletzt jeder Traktor unabhängig von Hersteller und Typ heißen. Selbst der Duden billigt dies bis in die Gegenwart. Bei dem Fendt-Kleinschlepper aber schien guter Rat teuer. Da kam Franz Sailer der rettende Einfall. »Dieselross« so befand er, ist lautmalend, steht für Robustheit und Stärke und ruft beim Landwirt positive Assoziationen hervor. »Dieselross« sollte sein Fendt-Traktor daher heißen, ein Namen, den Vater und Sohn Fendt sogleich akzeptierten.

Das Sailer'sche Dieselross bot den Fendts gute Möglichkeiten, die Praxistauglichkeit der Zugmaschine mitzuerleben. Sie sahen, dass die teils bei Konrad Fendt, dem sogenannten »Brunnenmacher-Fendt«, teils bei der Spenglerei Ebenhoch geformten Blechteile der ersten Dieselrösser allen Belastungen gut standhielten. Die Fendts freute dies besonders, schließlich lagen beide Betriebe in unmittelbarer Nachbarschaft zur Markt Oberdorfer Jahnstraße. Denn auch das war für den Aufstieg der Firma Fendt von Anfang an wichtig: Ein Zulieferer in der Nähe hatte bei gleicher Qualität der Ware immer leichter eine Chance, ins Geschäft zu kommen, als ein unbekannter Anbieter, der nur über den Preis agierte.

Zum Gespräch im Ort wurde Franz Sailer aber auch, da er alles andere als langsam mit seinem Dieselross durch den Ort fuhr. Acht Stundenkilometer, so lautete die Vorgabe für ein führerscheinfrei zu führendes Fahrzeug, doch daran gehalten hat er sich nicht. Vielmehr ging es stets in flotter Fahrt, wie Franz Sailer und Hermann Fendt in einem Gespräch des Jahres 1979 berichteten, hinaus zum Umsetzen der Heufuder, zum Ziehen des Heuwenders und zum Mähen. Über Vorschriften machte man sich in den 30er-Jahren kaum Gedanken, bei der Fahrzeugherstellung übrigens ebenso wenig wie beim Führen der Zugmaschinen.

In den Jahren 1931 bis 1933 produzierten die Fendts nur einige wenige Dieselrösser. Die Jahresproduktion schwankte zwischen einer und zwei Zugmaschinen und blieb geprägt von handwerklichem Tun. Keines der Dieselrösser war dem anderen baugleich. Kundenwünsche konnten ebenso berücksichtigt werden wie Verbesserungsvorschläge. Für das 1932er-Dieselross bedeutete dies, dass es einen stärkeren, nun 9 PS leistenden Deutz-Dieselmotor erhielt. Auch experimentierten die Fendts bei der Bereifung. Gusseiserne Speichenräder konnten durch eiserne Vollscheibenräder mit Gummiauflage ersetzt werden. Und den Weg in Richtung Traktor wies auch der 1932 erstmals vorgenommene Einbau einer gefederten Vorderachse.

Gelegenheiten zur publikumswirksamen Vorstellung des Diesel-Kleinschleppers nahmen Vater und Sohn Fendt im Verlaufe des Jahres 1932 gerne wahr. Als im August im Kemptener Spitalhof ein Maschinenlehrkurs für Motormäher durchgeführt wurde, zählten sie zu jenen, die für die auf den Nachmittag anberaumten praktischen Übungen eine Motormähmaschine bereitgestellt hatten. Und die Resonanz etwa im »Markt Oberdorfer Landboten« gab ihnen recht. Der Berichterstatter des Lokalblattes vermerkte: »Dabei wurde die Dieselmotor-Mähmaschine des Herrn Fendt von den Fachleuten allgemein am günstigsten qualifiziert«. Ähnlich in der Wirkung als Forum schätzten die Fendts auch das Markt Oberdorfer Landwirtschaftliche Kreisfest vom Oktober 1932 ein. In einer mit Bild versehenen Annonce der Festschrift ließen sie die verehrten Festgäste selbstbewusst wissen: »Xaver Fendt, Markt Oberdorf, baut das Dieselross, die konkurrenzlos billigste und sparsamste Kraftquelle, die vielseitigste Zukunftsmaschine für die Landwirtschaft. Dieselbe mäht, pflügt, zieht alle Lasten, treibt Maschinen und Dynamo zur elektrischen Stromerzeugung«.

Das Jahr 1933 brachte für den Betrieb der Fendts in vielfacher Weise Umstellungen. Natürlich war da zunächst einmal die nationalsozialistische Machtübernahme, die an Markt Oberdorf nicht spurlos vorüber ging. Dieselross-Besitzer Franz Sailer, schon vor 1933 NSDAP-Kreisleiter und NSKK-Standartenführer, stieg nun zum NS-Führer des Kreises Markt Oberdorf-Füssen auf. Auch andere Markt Oberdorfer Bürger machten Karriere. Franz Schmid beispielsweise avancierte zum stellvertretenden Gauleiter von Schwaben und wirkte mit darauf hin, dass in Markt Oberdorf eine der ersten SA-Führerschulen Deutschlands sowie Einrichtungen des Reichsarbeitsdiensts eröffnet wurden.

Auf jeden Fall tat sich im Ort eine Menge und vom Ort aus wurden vielfältige Aktivitäten für das Umland entwickelt. Das ortsansässige Gewerbe zog daraus wirtschaftlichen Vorteil. Die Geschäfte erlebten im Vergleich zu den Jahren zuvor einen spürbaren Aufschwung, der vor der Landwirtschaft nicht haltmachte. »Hat der Bauer Geld, so hat's die ganze Welt«. Dieser auf dem Lande gerne gehörten Volksweisheit von einst widersprach im Markt Oberdorf des Jahres 1933 keiner.

Auch bei Fendt stellte man 1933 die Weichen. Die Aufgabe der Landwirtschaft, die zuletzt nur noch im Nebenbetrieb bewirtschaftet wurde, fiel vor allem dem Vater schwer. Doch der zunehmende Werkstattbetrieb ließ keine Wahl. Stall und Scheune wurden für die Lagerhaltung und die Produktion benötigt. Hinzu kam, dass die Fendts erstmals den Blick über den engen regionalen Horizont hinaus richteten.

Auf dem Zentrallandwirtschaftsfest in München stellte man das Sailer'sche Dieselross aus und heimste einige Anerkennungen dafür ein. Doch von Dauer war die Freude nicht. Kurz nach der Rückkehr von der Münchner Ausstellung schloss Johann Georg Fendt, gerade 65 Jahre alt geworden, für immer die Augen.

Der Markt Oberdorfer Landbote vom 12. Dezember 1933 widmete dem Verstorbenen einen bemerkenswerten Nachruf. Unter anderem hieß es dort: »Eine riesengroße Zahl von Trauergästen bekundete heute Vormittag durch die Anteilnahme an der Beerdigung des Bleizugfabrikanten und Mechanikermeisters Herrn Johann Georg Fendt, Inhaber der Firma Xaver Fendt, die große Hochachtung, die dem Verstorbenen weit über seine Heimat entgegengebracht wurde. Nachdem Hochw. Herr Benefiziat Bachhofer die Einsegnungsgebete gesprochen hatte, zeichnete er in kurzen eindrucksvollen Worten ein wahrheitsgetreues Lebensbild des Dahingeschiedenen. Er schilderte, wie Herr Hans Georg Fendt, eine geniale achtungsgebietende Persönlichkeit Markt Oberdorfs, gelebt und gekämpft, wie er sein Leben gemeistert hat als ein ganzer Mann. Seinen Beruf habe er als tüchtiger Meister voll und ganz ausgefüllt. Nie habe er sich Rast gegönnt, sein Streben ging immer weiter. Neben seinem Beruf habe er seine Pflicht getan, männlich sei er auch gestorben. Erbauend seien seine Sterbestunden gewesen. Das Begräbnis von Herrn Hans Georg Fendt hat sich zu einer erhebenden Trauerfeier gestaltet und war würdig des Mannes, dem es gegolten.«

Für Hermann Fendt gab es keinen Zweifel an der Fortführung des Geschäfts. Mehr noch, im Ausbau des Fahrzeugbaus sollte die Zukunft liegen. Diese Entscheidung war mutig und vorausschauend zugleich. Mutig war sie, weil die Motorisierung der Landwirtschaft noch in den Kinderschuhen

Fendt-Dieselross beim Transport von Getreide auf zwei eisenbereiften Erntewagen.

steckte. Erhebungen hatten ergeben, dass 1933 in Bayern gerade einmal 2116 Zugmaschinen existierten, von denen mit 1103 weniger als die Hälfte überwiegend in der Land- und Forstwirtschaft zum Einsatz kamen.

Doch was waren das für Zugmaschinen? Die größte Gruppe gehörte zu den Rad-Schleppern deutscher Fertigung mit einem Eigengewicht zwischen 2500 und 5000 kg. Raupen-Schlepper fielen mit knapp über 60 Maschinen kaum ins Gewicht. Größer war dagegen mit rund 15 % der Anteil ausländischer Traktoren. Allen Zugmaschinen gemeinsam aber war eine hohe Reparaturanfälligkeit. Das geflügelte Wort »Der Motorpflug stinkt und raucht, und geht niemals, wenn man ihn braucht« hatte auch bei den Traktoren Berechtigung und lastete als Hypothek mehr oder weniger auf der gesamten Motorisierung.

Als vorausschauend kann Hermann Fendts Entscheidung bezeichnet werden, da er die Vorzüge einer mechanisierten Landwirtschaft frühzeitig erkannte und sich auch von der maschinenfeindlichen Haltung der zunächst tonangebenden nationalsozialistischen Agrarpolitiker um den Reichsbauernführer Walter Darrè nicht beeinflussen ließ. Hermann Fendt sah in dieser Haltung rückwärtsgewandte Ideologie, die sich auf Dauer nicht gegen den technischen Fortschritt würde behaupten können.

Sicher, noch war das Anforderungsprofil an den zukünftigen Kleinschlepper nicht endgültig definiert. Dass der Kleinschlepper jedoch eine Zukunft haben würde, stand für Hermann Fendt außer Frage. Der Blick in die Schweiz machte ihn sicher. Dort befanden sich rund 6000 Kleintraktoren im Einsatz, zumeist auf Familienbetrieben mit Betriebsgrößen zwischen 5 und 15 Hektar. Sie ersparten, das hatte die Praxis gezeigt, je Betrieb 2–3 Pferde und eröffneten der intensiven Landwirtschaft neue Chancen.

Die 1933 eingeleitete Umstrukturierung des Betriebs wurde 1934 konsequent fortgesetzt. Die unternehmerische Basis verbreiterte sich, da Bruder Xaver als Meister aus der Industrie zurückkehrte und sich sogleich mit großem Elan im Betrieb engagierte. Seine auswärts erworbenen Kenntnisse taten dem Familienunternehmen mit seiner Handvoll Mitarbeiter gut. Gewissenhafte Buchführung und Kalkulation waren bislang zu kurz gekommen und bildeten fortan das Fundament für die technische Kreativität. Auch kümmerte sich Xaver ab sofort um die Bereiche Produktion und Materialwirtschaft, die in dem Maße an Bedeutung gewannen, wie das Geschäft anwuchs. Und die Aktivitäten nahmen zu. Noch 1934 wurde das alte Haus in der Jahnstraße 10 abgerissen und mußte einem großzügigen Neubau weichen, in dem neue Werkzeugmaschinen, so zwei Drehbänke und eine Metallzange, zur Aufstellung gelangten. Fünf neue Mitarbeiter wurden eingestellt und ab September 1935 wurde sogar in Nachtschicht gearbeitet.

Innovationsbereitschaft blieb der Garant für den weiteren Weg des Unternehmens und beschränkte sich keineswegs ausschließlich auf den Fahrzeugbau. Hermann Fendt erzählte in späteren Jahren gerne, dass er beinahe zum Flugzeugbauer geworden wäre. Beim Bau des ersten Markt Oberdorfer Segelflugzeugs 1934 jedenfalls hatte er seine Hände im Spiel. Auch wurde die Maschine nach der Fertigstellung unter anderem von den Gebrüdern Fendt geflogen. Beim Steuern allerdings unterlief Hermann dann eines Tages ein gravierender Fehler. Die Maschine geriet aus dem Ruder und wurde zerstört. Ihm persönlich passierte dabei nichts, doch die Konsequenz war klar: »Schuster, bleib bei deinen Leisten!« sagte sich Hermann Fendt und konzentrierte sich fortan uneingeschränkt auf den Schlepperbau.

Das Jahr 1934 brachte mit vier ausgelieferten Dieselrössern einen neuen Produktionsrekord. Doch wichtiger als die bloße Zahl war, dass Dipl.-Ing. Helmut Meyer erstmals auf die Fendt-Dieselrösser aufmerksam wurde. Helmut Meyer, in späteren Jahren zum Professor ernannt und von der ganzen Traktorwelt respektvoll »Schlepper-Meyer« genannt, betreute seit 1928 die vom RKTL finanzierten, breit angelegten Untersuchungen an Traktoren. Dazu war ihm unter anderem der Aufbau des Schlepper-Prüffelds in Potsdam-Bornim übertragen.

Er genoß das Vertrauen der Landtechnik-Professoren Geheimrat Fischer und Dr.-Ing. Dencker, die in ihm, obschon er gerade erst 30 Jahre alt war, den Garanten für qualitativ hochwertige Traktorenprüfungen sahen. Seine Veröffentlichungen zu Themen wie »Beiträge zur Auswertung von Schlepperversuchen« (1930) oder »Der Einfluss der Triebräder auf die Leistung der Rad-Schlepper« hatten in der Wissenschaft und bei den Herstellern große Beachtung gefunden.

1934 nun beschäftigte sich Helmut Meyer mit Kleinschleppern. Ausgehend vom damaligen Autarkiestreben und der verbreitet einsetzenden Abwanderung von Arbeitskräften aus der Landwirtschaft hatte man ihn beauftragt zu erforschen, ob der vermehrte Einsatz von Kleinschleppern einen Beitrag leisten könnte, die landwirtschaftliche Leistungsfähigkeit zu erhalten, bzw. besser noch zu steigern.

Dazu bereiste Helmut Meyer Deutschland und kam im November auch ins Allgäu.

Sieben Betriebe mit Fendt-Dieselrössern machte er ausfindig und befragte die Betriebsinhaber nach ihren Erfahrungen mit dem Schlepper. Interessantes brachte schon die erste Frage nach der Betriebsgröße der Dieselross-Höfe ans Tageslicht. Zwei Betriebe waren danach größer als 70 ha und zählten zu den Großbetrieben. Die drei Betriebe mit 40, 35 und 26 ha Fläche gehörten der Kategorie der Mittelbetriebe an, während zwei Betriebe mit 7 bzw. 2,5 ha als Kleinbetriebe einzustufen waren. Bei allen Betrieben handelte es sich um Grünlandbetriebe, doch gab es im Einzelfall auch Ackerland, das ein Viertel der Gesamtfläche umfasste. Schwere bis mittlere Böden, Hanglagen und Steine waren keine Seltenheit und zeigten an, dass die Dieselrösser nicht geschont wurden.

Auch die Entfernungen zur nächstgrößeren Stadt ermittelte Meyer. Zwischen 3 und 8 Kilometer schwankten die Strecken, die immer wieder von den Dieselrössern zurückgelegt werden mussten. Die Frage nach der Kaufentscheidung für die Dieselrösser beschäftigte Meyer ebenfalls. Vor allem der Ersatz für die teuren Pferde und Zugkühe schlug zu Buche. »Der Gaul frisst das ganze Jahr, das Dieselross nur, wenn es schafft«, lautete die Erkenntnis eines Landwirts.

Aber auch die Arbeitserleichterung, insbesondere in der Heuernte, sprach für die Dieselrösser, die je nach Betriebsgröße auf 350–650 Betriebsstunden pro Jahr kamen. Und wo kamen sie nicht überall zum Einsatz! In der Gras- und Getreideernte, beim Pflügen und Schälen, als Zug- und Antriebsmaschine.

Für fast alles war das Dieselross zu gebrauchen, vor der Kreissäge ebenso wie vor der Dreschmaschine und an der Güllepumpe. Entsprechend eindeutig fiel das zusammenfassende Urteil von Schlepper-Meyer aus: »Die Besitzer der Maschinen äußerten sich über dieselben durchweg zufrieden, und zwar sowohl hinsichtlich Leistung als auch Kraftstoffverbrauch und Haltbarkeit«.

Nach der mehr betriebswirtschaftlichen Auswertung kümmerte sich Meyer in einem zweiten Teil um die Technik der Dieselrösser. Keinerlei Kritik gab es im Hinblick auf die Motoren. Als problematisch empfunden wurden einzig die offenliegende Ventilsteuerung und eine unzureichende Luftreinigung. Die Luftfilter waren, wenn überhaupt vorhanden, verstopft oder in der Wirkung mangelhaft.

Lob erhielten die Fendt-Dieselrösser wegen des geschützten Kettentriebs. Als Blechverkleidung ausgeführt, bewährte sich der Schutz gegen Gras und Staub. »Ein wenig stabiler«, so notierte Meyer, »hätte er aber dennoch sein dürfen.«

Mit großer Meisterschaft setzte sich der Prüfer mit dem Hinterradantrieb der Dieselrösser auseinander. Tatsächlich lag da eine Achillesferse, deren Bewältigung für die Zukunft der Fendt-Traktoren von ausschlaggebender Bedeutung war. Meyers Stellungnahme indes fiel so präzise aus, dass sie von Hermann Fendt später als Handlungsanweisung verstanden wurde. Im einzelnen notierte Meyer:

»Zur Erleichterung des Wendens kann das linke Triebrad abgekuppelt werden. Infolgedessen ist die Wendigkeit nach links besser als nach rechts. Bei Transporten auf ungünstigen Wegen macht sich der starre Antrieb beider Hinterräder günstig bemerkbar; sobald jedoch eine enge Kurve gefahren werden muss, schiebt die Maschine bei schwerem Zug oder die Zugfähigkeit ist durch diejenige des rechten Rades allein beschränkt, da der Antrieb des linken Rades ausgeschaltet werden muss.

Nach diesen Beobachtungen erscheint die Anbringung eines Differenzials sehr erwünscht. Ob das ZF-Differenzial das richtige ist, muss sehr bezweifelt werden. Es bleibt dann nur die Verwendung eines Kegelrad-Differenzials übrig, das aber zur Überwindung von schwierigen Stellen eine leicht einrückbare Sperre aufweisen muss. Hierdurch tritt eine Verteuerung ein, vermutlich aber lässt sie sich nicht umgehen, sobald der Schlepper allgemein verwendet wird.«

Das Leistungsvermögen der Traktoren hing zu Beginn der 30er-Jahre weitgehend von der Bereifung ab. Eisenräder eigneten sich auf dem Acker, kamen aber für Transporte auf befestigten Wegen und Straßen nicht in Betracht. Räder mit Elasticbereifung dagegen waren für die Straße, nicht aber für Feld und Flur geeignet. Luftgummireifen schließlich befanden sich erst in der Einführung und hatten die Dieselrösser noch nicht erreicht. Die Besitzer der Fendt-Schlepper hatten sich daher für einen Kompromiss entschieden. Sie fuhren durchweg mit Elasticreifen, an die seitlich Greiferräder angeschraubt waren, die im Durchmesser kleiner blieben als die Elasticreifen.

Ein Landwirt hatte sich sogar für Zwillingsbereifung entschieden, doch dies alles war einer qualifizierten Luftgummibereifung unterlegen. »Nur auf schmierigem Boden genügt die Haftfähigkeit der Luftreifen nicht«, urteile Helmut Meyer und hob die Kritik mit dem Hinweis wieder ein wenig auf, dass die durch die Luftgummibereifung erreichte Beschleunigung der Feldarbeiten den Landwirt in die Lage versetze, nur bei hinreichend gutem Wetter zu arbeiten.

Ackerschleppern mit Luftgummibereifung würde die Zukunft gehören, das machte Meyer unmissverständlich klar. Doch welche Luftgummireifen kamen für die Dieselrösser in Betracht? Niederdruck-Luftgummireifen konkurrierten mit normalen Luftreifen mit Geländeprofil und auch die Reifengröße stand zur Disposition. Da bei Fendt aber das Problem nicht entschieden war, machte Meyer einen Vorschlag. Als Hinterradreifen hielt er normale Luftreifen der Abmessung 6.50–19 mit Tiefbettfelgen und als Vorderradreifen weiche Reifen mit großer Breite, vielleicht 6.00–16, für geeignet.

Und bei der Frage der Reifen beließ er es nicht. Die Fahrgeschwindigkeit veränderte sich schließlich in Abhängigkeit von der Reifenwahl. Doch hier musste Vorsicht walten. Eine Überschreitung der Höchstgeschwindigkeit von 8 km/h war mit derart hohen Auflagen hinsichtlich Bremsen, Beleuchtung usw. verbunden, dass der Preis des Kleinschleppers beachtlich würde steigen müssen. Das Fazit lautete: »Nur bei Verwendung als ausgesprochene Verkehrsmaschine bzw. bei landwirtschaftlichem Verkehr über große Strecken würde sich die Überschreitung der angegebenen Höchstgeschwindigkeit lohnen.«

Herausragendes Merkmal der ersten Dieselrösser war ihr Mähwerksantrieb. Die gefundene Lösung des Antriebs mittels Friktionsscheibe beeindruckte. Alle Dieselross-Besitzer äußerten sich voll des Lobes: »Die Reibkupplung springt von selbst aus, wenn etwas in das Messer gerät!« hieß es. Gleichwohl waren Verbesserungen möglich. Eine Vorrichtung zum Ausheben des Mähwerks, sollte ein Hindernis wie Baum oder Grenzstein auftauchen, würde das Dieselross noch besser machen. Daran jedoch bestand für die kleine Dieselross-Gemeinde kein Zweifel: Leistung und Betriebskosten ihres Kleinschleppers stimmten. Auch die Haltbarkeit im Grünlandeinsatz ließ nichts zu wünschen übrig. Einzig bei starker Benutzung zur Bodenbearbeitung sollte der Staubschutz verbessert werden.

Am 22. Dezember 1934 teilte Schlepper-Meyer Hermann Fendt das Ergebnis seiner Prüfung mit. Ein Weihnachtsgeschenk war dies, denn auch das war offenbar geworden. Die beiden Bayern verstanden sich nicht nur menschlich, sie hatten auch fachlich Respekt voreinander. »Unsere Feststellungen« so heißt es in Meyers Brief, »bitten wir als vertraulich zu betrachten, sie dürfen nicht irgendwie propagandistisch verwendet werden.« Genau das aber verbot sich für Hermann Fendt von selbst. Er gedachte vielmehr, den guten Draht nach Bornim zum Schlepper-Prüffeld in aller Stille auszubauen. Schließlich konnte er von dort mit kompetenten Verbesserungsvorschlägen rechnen, ohne Gutachtergebühren und sonstige Prüfkosten bezahlen zu müssen.

Tatsächlich ersuchte Meyer Fendt noch Ende 1934 um Zusendung eines Fotos des für Guggemos entwickelten Anbaupflugs. Die Fendt'sche Lösung schien ihm so interessant zu sein, dass er sie mit einem von einem Bauern im niedersächsischen Syke für einen Hagedorn-Motormäher entwickelten Gerät vergleichen wollte. Zusätzlich schlug Meyer vor, im Frühjahr 1935 das erste luftbereifte Dieselross in Bornim einer ausgiebigen Prüfung zu unterziehen. Kleinschlepper, diese Botschaft wurde in Markt Oberdorf aufmerksam registriert, standen bei Politik und Wirtschaft hoch im Kurs. Stutzig machte, dass sich die Humboldt-Deutz-Motorenwerke für den Fendt-Mähwerksantrieb zu interessieren begannen. Meyer riet Fendt zur Vorsicht: »Ihre Ausführung ist, wie Sie uns berichtet haben, noch nicht geschützt!«

Hermann Fendt war ein Mann mit Visionen, der technische Ideen kurz, aber prägnant zu skizzieren verstand. Lange schriftliche Erläuterungen dagegen lagen ihm nicht. Wenn er am 7. Januar 1935 dennoch einen ausführlichen Brief an Helmut Meyer schrieb, dann unterstreicht er damit die Wichtigkeit des Kontakts. Im einzelnen legte Fendt die Pläne für die Weiterentwicklung der Dieselrösser dar, die zukünftig werkseitig mit einem Dellbag-Luftfilter ausgerüstet werden sollten. Auch hatte er eine Stärkung des Profilrahmens vorgesehen, um die Stabilität der Schlepper zu verbessern.

Versuche liefen ferner mit einem Differenzial sowie mit unterschiedlichen Reifen, wobei Luftreifen mit der Abmessung 7.00–20 den besten Eindruck hinterlassen hatten. Allerdings machten alle diese Veränderungen das Dieselross schwerer. 1200 kg Eigengewicht hatte der Schlepper nun, was bei einem Kleinschlepper nicht nur Vorteile brachte. Vor allem aber bat Fendt angesichts der hellhörig gewordenen Konkurrenz um Diskretion. Er schloss sein Schreiben mit der unmissverständlichen Formulierung »Ersuche Sie höflichst wie dringend, meine Angaben vertraulich zu behandeln und nicht eventuell an die Konkurrenz weiterzugeben.«

Hermann Fendt führt das Dieselross beim Pflügen vor.

1935 produzierte Fendt 30 Dieselrösser, dreimal so viel wie in den Jahren zuvor zusammen. Alle Maschinen verfügten über den bewährten 9-PS-Deutz-Dieselmotor, der zur Kritik keinen Anlass bot. Sorgen bereitete Hermann Fendt dagegen die Beleuchtung seiner Schlepper. Der zunächst verwendete Rückstrahler reichte nun als Schlusslicht nicht mehr aus und wurde durch ein selbstleuchtendes Schlusslicht ersetzt. Auch bei der Frontbeleuchtung musste man sich etwas einfallen lassen. Die Befestigung von Fahrradlaternen wurde zwar ernsthaft erwogen, kam dann aber doch nicht in Betracht. In dem Maße, wie Dieselrösser auf öffentlichen Straßen bewegt wurden, hatten sie sich den Vorschriften der Reichs-Straßenverkehrsordnung vom 28. Mai 1934 zu unterwerfen, die auch Fendt nach und nach akzeptierte.

Nicht alle Verbesserungen, die Fendt 1935 an den Dieselrössern vornahm, stießen bei den Kunden auf uneingeschränkte Akzeptanz. Vor allem Dellbag-Filter und Ventilschutzhaube wurden selten geordert, obschon der Hersteller beides als wichtig für die Haltbarkeit des Schleppers herausstellte. Der Mehrpreis von 40 RM war den Käufern einfach zu hoch. Anders verhielt es sich beim spritzwassersicheren Verdampferaufsatz und der Drehzahl-Verstellvorrichtung. Mit beiden Neuerungen entsprach Fendt uneingeschränkt den Vorstellungen der Dieselross-Käufer.

Helmut Meyer registrierte die Bemühungen von Fendt um eine Verbesserung der Dieselrösser aufmerksam. Dabei ging es ihm weniger um das einzelne Dieselross, als vielmehr um die Gattung Kleinschlepper insgesamt. Im April 1935 schrieb er: »Nach unserern Beobachtungen ist das Interesse der Bauern an Kleinschleppern sehr groß. Es ist nur zu befürchten, dass nicht ausgereifte Konstruktionen verkauft werden, durch die dann das Vertrauen der Bauern zur ganzen Entwicklung gestört wird.«

Dies aber war politisch unerwünscht. Dem neugegründeten Reichsnährstand ging es mit Nachdruck um »Nahrungsfreiheit« und »Erzeugungsschlacht«. Hier waren möglichst ausgereifte Maschinen gewünscht, weshalb Helmut Meyer Hermann Fendt bat, Dellbag-Filter und Ventilschutzhaube in die Grundausstattung einzubeziehen. Nur so, bemerkte er, ist scheinbar zu erreichen, »dass der Käufer gar nicht erst auf den Gedanken kommt, er könne diese Teile weglassen.«

Auch die anstelle eines Differenzials nach wie vor von Fendt verwendete Radausschaltung ließ Meyer nicht ruhen. Am Differenzial würde, sobald das Dieselross größere Stückzahlen erreiche, ohnehin kein Weg vorbeiführen. Er schlug Hermann Fendt vor, sich mit dem Berliner Getriebe-Hersteller Prometheus in Verbindung zu setzen. Hauptmann Hennig von Prometheus sei zwar kein einfacher Partner, die Firma aber habe ein selbstsperrendes Differenzial im Angebot, welches sich für Kleinschlepper gut eigne.

Die Verbindung von Fendt zu Prometheus kam ebenso zustande wie ein Kontakt zu ZF. Hier wie dort wirkte Meyer als Ratgeber, was Hermann Fendt gerne annahm. Gleichzeitig wünschte Meyer, von Fendt ein Dieselross für ausgedehnte Prüfungen zu erhalten. Die »Schlepper-Vergleichsprüfung für den bäuerlichen Betrieb«, später bekannt geworden als »Kleinschlepper-Prüfung« stand vor der Tür. Getragen vom Reichsnährstand, dem inzwischen DLG und RKTL angegliedert worden waren, sollte sie den von der Politik gewünschten präzisen Überblick über den Stand des deutschen Kleinschlepperbaus liefern.

Die Aufforderung, an der Kleinschlepper-Prüfung teilzunehmen, machte Fendt nicht nur Freude. In Markt Oberdorf wusste man um die Wirkung eines möglicherweise negativen Urteils. Auch sah man nicht ein, einen Schlepper unentgeltlich bereitzustellen. Hinzu kamen Lieferschwierigkeiten des Getriebe-Herstellers, die die Fertigstellung einer ersten Dieselross-Serie um Monate verzögerten. Tatsächlich standen teilmontierte Dieselrösser wochenlang im Werkshof und konnten nicht fertiggestellt werden. Erst Mitte August 1935 zeichnete sich ein Ende der Probleme ab, doch bis zur Auslieferung der Schlepper wurde es November. Untätig blieb man bei Fendt während dieser Warterei allerdings nicht. Die Vorderachse der Dieselrösser erhielt Gelenk und Federung, die Hinterachse eine zweite, von der Fußbremse unabhängige Bremse.

Eine erfreuliche Nachricht traf schließlich aus Bornim ein. Der zu prüfende Fendt-Schlepper sollte nun nicht ausgeliehen, sondern regulär gekauft werden. Fendt und der Prüfungsausschuss einigten sich auf einen Preis in Höhe von 2375 RM, in dem Mähvorrichtung und Geländereifen inbegriffen waren.

Der Abstimmungsprozess über die Modalitäten der Kleinschlepper-Prüfung setzte im November 1935 ein. RKTL-Geschäftsführer Dr. Willi Schlabach, dessen besonderes Verdienst in der engen Verzahnung von Wissenschaft und Praxis, Industrie und Beratung lag, besorgte die Koordination. Für die Prüfer bat er Helmut Meyer und Ingenieur Friedrich Kliefoth um Vorschläge, doch auch die Herstellerfirmen konnten auf das Prüfverfahren Einfluss nehmen. Hermann Fendt beispielsweise wurde gebeten, sich über Versuche mit Eisenrädern und Luftgummireifen, mit geteilten und ungeteilten Felgen zu äußern. Alle Stellungnahmen zusammen ergaben dann den Fahrplan für den auf mehrere Monate angelegten Test. Das Prozedere war im besten Sinne umständlich. Vor Prüfungsbeginn wurden alle 16 beteiligten Zugmaschinen in Potsdam-Bornim zerlegt und gewissenhaft vermessen. Ein besonderes Augenmerk galt den Verschleißteilen. Sie sollten über die Haltbarkeit der Fahrzeuge Auskunft geben. Gleichzeitig wurden die Zeiten der Demontage der wichtigsten Baugruppen ermittelt. Dann folgte eine »Gebrauchswert-Prüfung« auf ausgewählten Betrieben.

Um gleiche Voraussetzungen zu schaffen, wurden die Traktoren von Betrieb zu Betrieb ausgetauscht. Die Kombination mit hofeigenen Arbeitsmaschinen brachte Aufschluss über die Eignung als Pflugschlepper und Zugmaschine, als selbstfahrender Mäher und als Antrieb für Arbeitsgeräte. Ergänzend fand eine Umfrage bei Besitzern von Maschinen der geprüften Typen statt. Rund 1000 Fragebögen kamen zusammen und verstärkten die Eindrücke der Prüfer.

Eine Veröffentlichung der Prüfergebnisse erfolgte zur allseitigen Überraschung nicht. Gründe für diese Entscheidung sind nicht bekannt. Im Jahresbericht 1938 des RKTL wurde lapidar vermerkt: »Obgleich manche Schlepper die anderen gerade in ihrer vielseitigen Verwendung überragten, hat sich der Richterausschuss des Reichsnährstands nicht entschließen können, diese Maschinen besonders auszuzeichnen, da auch hier noch manche Wünsche offengeblieben waren.«

Doch so ganz diskret endete die bis dahin wohl umfassendste Schlepperprüfung in Deutschland nicht. Es wurde bekannt, dass noch während der Prüfung zwei Kleinschlepper von ihren Herstellern wegen offensichtlicher Mängel zurückgezogen worden waren. Vier weitere überstanden zwar die Tests, erhielten aber das Prädikat »unbrauchbar«. Nur vier Traktoren wurden als »gut brauchbar« bezeichnet.

Allen Herstellern aber gingen ausführliche Informationen über die Tests zu, in der Hoffnung, dass dies dazu beitragen werde, die politisch gewünschte Schleppergattung »Klein- oder Bauern-Schlepper« technisch vollkommener zu machen.

Nach Aufzeichnungen von Dr.-Ing. Willi Kloth, anerkannter Experte für Werkstoffe im Landmaschinenbau und nachmaliger Direktor des Instituts für landtechnische Grundlagenforschung in Braunschweig, ist aber dennoch eine Bewertung einzelner, an der Prüfung beteiligter Kleinschlepper möglich. Der Kramer K 12 M beispielsweise wurde als gut für Grünland und leichte Bodenverhältnisse eingestuft. Der Brummer-Kleinschlepper Modell L 237 erhielt dagegen das Votum »schlecht«. Beim Normag-Kleinschlepper hieß es »leidlich« und für den Diesel-Kleinschlepper Wurr wurde das Prädikat »Vorsicht« notiert. Am besten aber schnitt das Fendt-Dieselross ab. Dort bemerkte Kloth kurz und bündig »gut«.

Mit der Teilnahme am Kleinschleppervergleich hatte Fendt unwiderruflich die nationale Bühne betreten. Man war zwar ein bayerischer Hersteller und wusste auch die meisten Kunden in Bayern, das Aktionsfeld hieß jetzt aber Deutschland. In den Produktionsziffern spiegelt sich der größer gewordene Rahmen ebenso wider wie in der Belegschaftsstärke. So produzierte Fendt 1936 mit 23 Mitarbeitern 233 Traktoren, von denen 60 zur Baureihe der 9-PS-Dieselrösser gehörten, werkseitig auch als Typ F 9 bezeichnet. 173 Traktoren verkörperten eine neue Baureihe F 12, gekennzeichnet unter anderem durch Einbau eines 12-PS-Motors.

Das gestärkte Selbstbewusstsein zeigte Fendt in der den Traktoren mitgegebenen Leistungsbeschreibung. So sollten die 1936er-Dieslrösser in einer Stunde bis zu zwei Tagwerk mähen können, ein- und zweischarig pflügen sowie auf ebener, fester Straße Lasten bis zu vier Tonnen ziehen.

Zum Einbau gelangte ein 12-PS-1-Zyl.-Viertakt-Dieselmotor des Kölner Herstellers Humboldt-Deutz mit ausziehbarer Zylinderbüchse, Kurbelwelle auf Kugellagern laufend, Pressumlaufschmierung, Drehzahlverstellvorrichtung, Ventilschutzkapselung, spritzwassersicherem Verdampferaufsatz und Spezial-Luftfilter. Das Dreigang-Präzisionsgetriebe »ersten deutschen Fabrikates« bestand aus gehär-

Fendt-Dieselross bei der Heuwerbung mit einem gezogenen Schubrechwender.

tetem Chromnickelstahl, gehärteten und geschliffenen Zahnrädern und Wellen, in Öl auf Kugellagern laufend und erlaubte Geschwindigkeiten von 3, 5 und 8 km/h bei 2,5 km/ im Rückwärtsgang. An Rädern und Bereifung standen Stahlscheibenräder, vorne Normalluft 4,50 – 17 und hinten Ackerluft geländebereift 6,00 – 20 zur Verfügung. Dass es dabei vor allem bei feuchten Bodenverhältnissen zu Haftungsproblemen kommen konnte, war Fendt wohl bekannt. Kaufinteressenten ließ man deshalb wissen: »Zur Erhöhung der Adhäsion für besondere Fälle wird eine Garnitur Ackerketten nebst Haken beigegeben.«

Je nach Ausstattung schwankte der Verkaufspreis »ab Fabrik« zwischen 2500 und 2975 RM. Für eine Universalmaschine, die mähen, pflügen, ziehen und alle einschlägigen Maschinen treiben konnte, war er nach Herstellerangabe »als normal anzusehen«. Tatsächlich aber war er so kalkuliert, dass die Gebrüder Fendt einigen Gewinn erzielen konnten. Vorausschauend erweiterten sie das Werksgelände an der heutigen Johann Georg Fendt-Straße in unmittelbarer Nähe zum Markt Oberdorfer Bahnhof. 1936 allerdings hieß die Straße noch nach dem Weitfeld, dem westlichen »Ösch« der einstigen Dreifelderwirtschaft.

Damit begaben sich die Fendts auf historischen Boden, denn die alten Markt Oberdorfer verbanden mit dem Weitfeld mehr als nur die Rotation von Winterfrucht, Sommerfrucht und Brache. Für sie war zweimal auf dem Weitfeld Ortsgeschichte geschrieben worden. 1796 hatte dort im Rahmen des ersten Koaltionskriegs ein kaiserliches Heer mit 17 000 Soldaten gelagert und Not und Schrecken verbreitet. Auch 1917 war das Weitfeld neuerlich mit einem Kriegsereignis ins Rampenlicht getreten. Oskar Behr, der erste Oberdorfer Flieger, landete dort und faszinierte mit seinem Doppeldecker vor allem die Jugend. Und die Jugend beeindruckte nun auch die Fendts. Die Grundsteinlegung für die neue Fabrik weckte jedenfalls bei Jung und Alt Hoffnungen auf eine erfolgreiche Zukunft.

Die Aufwärtsentwicklung setzte sich für Fendt im Jahr 1937 fort. Die Nachfrage nach Dieselrössern stieg weiter an, bis schließlich beim Regierungspräsidium Schwaben in Augsburg um eine Genehmigung für Überstunden und Nachtarbeit nachgesucht werden musste. Auch hoffte Fendt, im Mehrschichtbetrieb die Vorteile des billigen Nachtstroms nutzen zu können. Forciert wurden ferner die Neubaumaßnahmen im Weitfeld. Die dort im Aufbau befindlichen größeren Kapazitäten sollten den vorhandenen Lieferengpässen ein Ende bereiten.

Daneben vergaß Fendt die Produktpflege nicht. Im März 1937 erfolgte die Vorstellung des Dieselkleinschleppers »F 18«. Doch bevor es soweit war, kamen aus Köln-Deutz als bedrohlich empfundene Nachrichten nach Markt Oberdorf. Humboldt-Deutz hatte den 11 PS Bauernschlepper auf den Markt gebracht und schickte sich mit seiner Marktmacht und über sein gut ausgebautes Vertriebsnetz

Fendt-Dieselross-Vorführung mit Anbaupflug.

an, den Raum für junge Wettbewerber wie Fendt einzuengen. Dr. Meyer, Bornim, wusste um die Gefahr, die auf Fendt zukam und suchte das Gespräch mit den Gebrüdern. Er schlug ihnen einen Ausweg vor und bot an, sich bei KHD für Fendt verwenden zu wollen. Der Ausstieg der Allgäuer aus der Schlepperfabrikation sollte durch einen langfristigen Vertrag als KHD-Händler versüßt werden, wobei alle Nutznießer sein würden. Durch den Einstieg eines großen Anbieters in den bislang eher regional ausgerichteten Markt für Kleinschlepper würde dieser eine Ausweitung erfahren, was auch dem Handel zugute käme. Hermann und Xaver Fendt jedoch waren für diesen Vorschlag nicht zu gewinnen. Beide sprachen sich für eine eigene Produktoffensive aus und brachten das Modell F 18 auf den Markt, dessen Preiskalkulation, wie Hermann Fendt später erzählte, speziell am Endpreis des 11er Deutz ausgerichtet war. Bei gleichem Preis sollte das Mehr an Leistung des F 18 in der Lage sein, den anerkannt guten Namen von Deutz zu egalisieren. Und genau diese Einschätzung traf zu. Das Dieselross F 18, das sich nicht nur hinsichtlich des jetzt 16 PS starken 1-Zylinder-Deutz-Dieselmotors vom Vorgängermodell F 12 unterschied, fand bei den Bauern gute Aufnahme. Größere Luftbereifung (5.00 – 16 vorne; 8.00 – 20 hinten), Kotflügel über den Hinterrädern, und ein längeres Seitenmähwerk zeigten an, dass es sich hier im Grunde um ein neues, mit 1500 kg Leergewicht zugleich auch schwereres Fahrzeug handelte.

Zur Serienausstattung des F 18 gehörten ein Getriebe mit vier Vorwärtsgängen und einem Rückwärtsgang sowie eine elektrische Bosch-Anlage mit Dynamo und Batterie. Als Sonderausstattung angeboten wurden Greiferräder, Ackerketten, Moorverbreiterungen und Differenzialsperre. Der Preis für die Normalausführung betrug 3800 RM und lag damit um einiges höher als beim F 12, war aber im Vergleich zu den Zugmaschinen der Konkurrenz immer noch günstig. So kostete der 20 PS starke Bauern-Universal-Schlepper »Westfalia« von Hagedorn 4500 RM, der Kramer »K 18 M« 3825 RM und der 20 PS Dieselschlepper »Modell 37« von Lanz-Aulendorf 4300 RM. Für Hermann Fendt lag in der Preiskalkulation ein Grund für den Erfolg des F 18. Kurz vor seinem Tode sagte er in einer Rückschau auf die späten 1930er-Jahre: »Das Dieselross konnte nicht einfach genug sein. Im Preis musste es unter der Konkurrenz liegen. Dennoch hatte es alle Arbeiten zur Zufriedenheit der Bauern auszuführen.«

Ein im Dreifarbdruck erstellter vierseitiger Prospekt stellte die Vorzüge des F 18 Dieselrosses anschaulich heraus. Als »Helfer in der Erzeugungsschlacht« sollte es dem Bauern beim Ackern, Düngen, Mähen und Ernten ein unverzichtbarer Helfer sein. Fünf Vorzüge pries Fendt für den F 18 gesondert an:

1. Unbedingte Betriebssicherheit.
2. Einfache, jedoch robuste Konstruktion.
3. Billigste Betriebs-Unterhaltungskosten.
4. Einfache Bedienung mit Gewähr für lange Lebensdauer sowie
5. Kundendienst und schnellste Ersatzteilbeschaffung.

Für diese fünf Argumente bürgte die Maschinen- und Schlepperfabrik mit ihrer »10-jährigen Erfahrung im Bau von Kleinschleppern«.

Mit 228 produzierten Dieselrössern erzielte Fendt 1937 das bis dahin zweitbeste Produktionsergebnis. Nur noch 18 Fahrzeuge des Modells F 12 kamen zur Auslieferung, dagegen 210 Dieselrösser F 18. Zugenommen hatte die Belegschaftsstärke. 42 Mitarbeiter, darunter erstmals auch Albert Mauthe, über Jahrzehnte hinweg bei Fendt für Finanzen und Verwaltung zuständig, standen nun bei Fendt auf der Gehaltsliste.

Mit dieser Größe aber war das Unternehmen endgültig in den Kreis der wichtigen Arbeitgeber im Orte aufgestiegen. Die am 31. Dezember 1937 in Kempten vorgenommene Eintragung in das Handelsregister als »Xaver Fendt & Co., Maschinen- und Schlepperfabrik« trug der nun erlangten Bedeutung Rechnung.

Mit der Namenswahl »Xaver« hielten sich die zu gleichen Teilen an der Firma beteiligten Brüder Hermann und Xaver Fendt zwei Optionen offen. Zum einen erinnerten sie weiterhin an den Großvater. Ihm fühlten sie sich in vielfacher Weise verbunden. Zum anderen konnte so dem Umstand Rechnung getragen werden, dass Xaver als Handwerksmeister nach Maßgabe der Bestimmungen des § 129/1 der Reichsgewerbeordnung zur Anleitung von Lehrlingen berechtigt war.

Darüber hinaus lohnt der am 23. November 1937 zwischen den mit der Berufsbezeichnung »Fabrikant« auftretenden Xaver und Hermann Fendt sowie der Mechanikermeisterwitwe Kreszenzia Fendt abgeschlossene Gesellschaftsvertrag

Hermann Fendt mäht mit einem luftbereiften Dieselross (1934).

eine nähere Betrachtung. Unter anderem bestimmte er im § 2: »Die Einlagen der Herren Xaver und Hermann Fendt beziffern sich auf RM 30 000,–. Die beiden persönlich haftenden Gesellschafter leisten ihre Einlage dadurch, dass sie in die Gesellschaft ihre Gratifikationsguthaben bei der Firma Xaver Fendt, Schlepperbau, Markt Oberdorf, in Höhe von je RM 15 000,– einbringen. Die restigen je RM 15 000,– werden dadurch geleistet, dass die Kommanditistin (= Mutter Kreszenzia Fendt) von ihrem Kapitalkonto je einen Betrag von RM 15 000,– schenkungsweise an ihre beiden Söhne, die persönlich haftenden Gesellschafter Xaver und Hermann Fendt, abzweigt. Diese sind verpflichtet, sich die schenkungsweisen Zuwendungen auf ihren künftigen Erbteil anrechnen zu lassen.«

Auch was die Rolle der Mutter in der neuen Gesellschaft anbelangt, gibt § 2 Auskunft. Dort heißt es »Die Einlage der Kommanditistin Frau Kreszenzia Fendt beträgt auf Grund der Eröffnungsbilanz per 1. Oktober 1937 nach Abzug der vorerwähnten je RM 15 000,– RM 36 860,17. Auf ihre Einlage bringt Frau Kreszenzia Fendt das von ihr unter dem Namen Xaver Fendt, Schlepperbau, Markt Oberdorf, betriebene

Unternehmen mit allen Aktiven und Passiven ein, mit Ausnahme des Anwesens Jahnstr. 17/3 in Markt Oberdorf. Hinsichtlich der Betriebsgrundstücke wird jedoch das Recht zur Nutzung derselben für die Betriebszwecke eingebracht.«

In den §§ 3 und 4 folgten Festlegungen zur Dauer der Gesellschaft, zu Kündigungsfristen und zur Gewinnverteilung. Als früheste Kündigungsmöglichkeit des Gesellschaftsvertrags kam der 30. September 1947 in Betracht, 10 Jahre waren also das Minimum, welches die Gesellschafter ihrem Unternehmen zugestanden. Was den Jahresgewinn betraf, so war er auf die beiden persönlich haftenden Gesellschafter zu je 2/5 und auf die Kommanditistin zu 1/5 aufzuteilen. Entsprechend lautete das Verhältnis im Falle eines Verlusts, mit der Einschränkung für die Kommanditistin allerdings, dass sie zur Leistung von Zuschüssen nicht verpflichtet war.

Insgesamt umfasste der Gesellschaftsvertrag neun, keineswegs lange Paragraphen, die nach heutigen Maßstäben als kurz und bündig bezeichnet werden können. Die für den Geschäftsbetrieb wichtigen Punkte waren geklärt. Ihnen lag Einvernehmen der Beteiligten zugrunde, das über die Jahrzehnte hinweg angedauert hat.

Der Aufstieg der Schlepperfabrik Fendt setzte sich 1938 beschleunigt fort. Erneut konnte die Belegschaft um 10 Mitarbeiter auf nun 52 Personen aufgestockt werden. Wichtiger aber war, dass die Produktivität beträchtlich verbessert werden konnte. 497 Dieselrösser, darunter 446 F 18, verließen im Laufe des Jahres die Fabrikhallen, womit unter Berücksichtigung der ersten Motormäher-Generation die magische Zahl von »1000 produzierten Schleppern seit Produktionsbeginn« überschritten war.

Auch unter technischen Gesichtspunkten erzielte Fendt 1938 große Fortschritte. Dies gilt vor allem im Hinblick auf die von Hermann Fendt nach eigenem Bekunden konstruierte fahrunabhängige und lastschaltbare Zapfwelle, die der Hersteller als Sonderausstattung anbot. Rudolf Franke beschrieb den Zapfwellenantrieb in seiner Expertise von 1980 so:

»Die Kettenspannrolle des Kettenantriebes war mit dem Außengehäuse einer fahrunabhängigen zweiten Konus-Reibkupplung fest verschraubt. Diese federbelastete Konus-Kupplung konnte über die Schaltung von einem Handschalthebel ein- und ausgekuppelt werden und beliebig lange ausgekuppelt laufen. Auf diese Weise war die am Schlepperheck etwas rechts außerhalb der Mitte angeordnete Zapfwelle fahrunabhängig unter Last schaltbar«.

Damit war Fendt eine von der Fachwelt mit Staunen zur Kenntnis genommene Pionierleistung gelungen. Als erster Traktorenhersteller in Europa hatte er die in Nordamerika von Hart-Parr 1930 erstmals vorgestellte fahrunabhängige Zapfwelle konsequent in einen Schlepper integriert. Für die Dieselrösser selbst erschlossen sich so verbesserte Einsatzmöglichkeiten: In hervorragender Weise konnten sie ab sofort vor den gerade neu in Mode kommenden Zapfwellen-Mähbindern verwendet werden.

Angesichts der heute bei allen Traktoren-Herstellern vorhandenen großen Konstruktionsabteilungen muss man dem technischen Leistungsvermögen der kleinen Entwicklungsbüros von 1930 oder 1940 mit größtem Respekt begegnen. Ohne High-Tech-Büros und virtuelle Arbeitsmöglichkeiten gelangten ihnen binnen kürzester Frist bemerkenswerte konstruktive Leistungen.

Für Fendt hieß dies, dass neben der Produktpflege am Modell F 18 ein weiterer Typ serienreif gemacht wurde. Mit dem Dieselross Modell F 22 beschritt Fendt insofern Neuland, als man hier erstmals einen Traktor rahmenlos zusammengebaut hatte. Man folgte damit dem durch Henry Ford im Jahre 1917 begründeten Trend im Schlepperbau, Motorblock, Getriebe und Hinterachse selbsttragend und zugleich gewichtssparend zusammen zu montieren.

Angetrieben wurde das Dieselross F 22 von einem stehenden 2-Zylinder-4-Takt-Deutz-Dieselmotor der MAH-Baureihe. Mit Umlaufkühlung und Ventilator, Wasserpumpe sowie Jalousie mit Thermometer für die Wärmeregulierung verkörperte er besten technischen Fortschritt. Als Standard angeboten wurde eine Glühkerzen-Anlasseranlage, doch konnte sie auf Wunsch durch einen elektrischen Anlasser ersetzt werden.

Bereits im F 18 hatte sich das Getriebe mit vier Vorwärtsgängen und einem Rückwärtsgang bewährt. Größer geworden war dagegen erneut die Bereifung (5.25–16 vorn; 9.00–24 hinten). Sie entsprach nun der Bereifung eines sogenannten »Standard-Schleppers«, auf dessen Tätigkeitsmerkmale der F 22 ohnehin ausgerichtet war. Ein »unentbehrlicher Helfer in der Erzeugungsschlacht« sollte er sein, was 1938 auch schon 51 Käufer überzeugte.

Fendt im 2. Weltkrieg

Zu Beginn des Jahres 1939 hatte die Maschinen- und Schlepperfabrik Xaver Fendt & Co. allen Anlass, mit Zuversicht in die wirtschaftliche Zukunft zu schauen. Der Schlepperboom beschleunigte sich und vor allem, man hatte regen Anteil daran. 20 654 Schlepperzulassungen im Jahr 1938 bedeuteten ein zuvor im Deutschen Reich nicht erreichtes Ergebnis. Der Fendt-Anteil daran betrug 2,4 %, womit man an 9. Stelle der Herstellerrangliste lag.

Die eingehende Analyse ergab, dass man das Verkaufsergebnis nahezu ausschließlich in Bayern erzielt hatte. 470 neu zugelassene Fendt Dieselrösser entsprachen im schlepperfreundlichsten Gebiet Deutschlands einem Marktanteil von 14,6 % und bedeuteten Rang 2. Vor Fendt rangierte nur die Firma Heinrich Lanz mit ihren Bulldogs (33,6 %), während alle anderen bayerischen Wettbewerber wie die Traktorenfabrik Eicher (2,2 %) und Anton Schlüter (1,6 %) weit abgeschlagen auf hinteren Plätzen landeten.

Diese starke Marktposition in Bayern war Fendt nicht in den Schoß gefallen. Sie ergab sich vielmehr als Ergebnis der konsequenten und partnerschaftlichen Zusammenarbeit mit der 1923 als zentrales Handelsunternehmen der bayerischen Genossenschaften gegründeten Bayerischen Warenvermittlung landwirtschaftlicher Genossenschaften, der heutigen und im folgenden Text so bezeichneten BayWa. Am 30. März 1935 hatte sie erstmals ein Fendt-Dieselross verkauft – Käufer war übrigens Bauer Johann Steinberg aus Mühldorf –, drei Jahre später war es dann fast schon die gesamte Jahresproduktion.

Dabei wäre es beinahe nicht zu der erfolgreichen Kooperation gekommen. Als der Vertreter der BayWa-Niederlassung Memmingen, Herr Martin, erstmals zu Fendt kam, um Möglichkeiten einer Vertriebsübernahme auszuloten, musste er sich von Hermann Fendt sagen lassen, dass ein Unternehmen wie die BayWa, welches wohl über »Sackwaren«, nicht aber über qualifizierte Schlepper-Werkstätten verfüge, kaum ein geeigneter Fendt-Partner werden könne. Hinzu komme, dass die Genossenschaften den handwerklichen Mittelstand gefährdeten, dem Fendt sich zurechnete.

Doch die BayWa strotzte schon vor über 70 Jahren vor Selbstbewusstsein. So leicht jedenfalls ließ sie sich von einem Allgäuer Fabrikanten nicht zurückweisen. Nur kurze Zeit später trat ein anderer BayWa-Mann in Markt Oberdorf in Erscheinung. Er hatte das Glück, zuerst bei Mutter Fendt zu landen. »Hermann«, sagte sie nach einem ersten Gespräch mit dem BayWa-Repräsentanten zu ihrem Sohn, »da ist ein netter Mann, mit dem musst Du sprechen. Er will gleich mehrere Schlepper kaufen.«

So eingeführt, nahm die Unterredung einen anderen, günstigeren Verlauf. Hermann Fendt merkte jedenfalls rasch, dass sein Gegenüber über guten Sachverstand verfügte und es ernst meinte. Es handelte sich um Hans Asmus, den technischen Leiter der BayWa. Bei der traditionsreichen Landmaschinenfabrik Epple & Buxbaum in Augsburg hatte Asmus sich ab 1914 die landtechnischen Sporen verdient, ehe ihn die BayWa mit dem Aufbau der Maschinenabteilung und der Werkstätten betraut hatte.

In dieser Eigenschaft hörte sich Asmus mit großem Interesse die Vorstellungen Fendts an. Sie lauteten in den Worten Hermann Fendts so:

1. »Ich kann Ihnen die Fendt-Vertretung nur geben, wenn die BayWa in jedem bayerischen Kreis zumindest eine Werkstatt einrichtet.
2. Jeder BayWa-Werkstattleiter muss bei Fendt eine Schulung mitmachen, bei der er in mögliche Reparaturen eingewiesen wird.
3. Die BayWa stellt Verkäufer ein, die nicht nur an die Bauern verkaufen können, sondern zugleich in der Lage sind, die Schlepper praktisch vorzuführen.

Hermann und Xaver Fendt bei der Einsatzerprobung mit einem Allgäuer »Bschüttfass« (Jauchefass).

4. Fendt liefert Traktoren an die BayWa zum Herstellerpreis, bar bezahlt zuzüglich 2 %.«

Doch auch Asmus hatte konkrete Vorstellungen. Ihm ging es vor allem um das Allein-Verkaufsrecht für die Fendt-Dieselrösser im BayWa-Gebiet. Durch eine klare Preisbindung sollte ein Unterbieten verschiedener Händler durch die Einräumung von Rabatten von vorneherein ausgeschlossen werden. Nach einigem Überlegen leuchtete Fendt dies ein. Als Geschäft auf Gegenseitigkeit akzeptierte man schließlich das Forderungspaket, gab sich die Hand und besiegelte so »unter Männern« einen Vertrag, der sich über Jahrzehnte hinweg als Grundlage einer engen Geschäftsbeziehung bewährt hat.

Die Feuertaufe überstand das Abkommen noch vor Kriegsausbruch. 1938 setzte die Humboldt-Deutz AG, Köln, alles daran, mit der BayWa ins Geschäft zu kommen. Sie erhoffte sich davon, ihre Ackerschlepper im Leistungsband zwischen 11 und 50 PS besser an die bayerischen Bauern verkaufen zu können. Über Mittelsmänner, allen voran Helmut Meyer, ließ Deutz Fendt wissen, dass man das Markt Oberdorfer Unternehmen mit der Funktion einer bayerischen Generalvertretung betrauen wolle. Doch sowohl Fendt als auch BayWa zeigten dem Konkurrenten die kalte Schulter. Gemeinsam sah man sich stark genug, um im Wettbewerb bestehen zu können.

Größere Sorgen bereitete Fendt Anfang 1939 die Politik. Sie, die die Motorisierung der Landwirtschaft forderte und förderte, schickte sich nun an, dem munteren Wettbewerb der Hersteller einen Riegel vorzuschieben. Der Beauftragte für den Vierjahresplan, Generalfeldmarschall Hermann Göring, sah in der Pluralität eine Ressourcenvergeudung. Eine Auswertung der Produktionsstatistiken durch den »Generalbevollmächtigten für das Kraftfahrwesen«, Oberst im Generalstab von Schell, hatte ergeben, dass Ende 1938 im Reichsgebiet 105 verschiedene Schleppertypen produziert wurden, darunter nicht weniger als 62 Ackerschlepper-Varianten. Rechnete man nun die Gesamtzahl der hergestellten Zugmaschinen auf die einzelnen Typen um, dann waren »dies knapp 230 je Einzeltype im Jahr, oder etwa 20 Schlepper im Monat.«

Die meistgebauten 16 Typen aber umfassten allein etwa 19 000 Traktoren, mithin rund $^{4}/_{5}$ des Kuchens. Diese Produktionsstruktur erschien den Nationalsozialisten »düster genug«. In kleinen Herstellungsserien sahen sie eine »untragbare Verschwendung der heute so knappen Arbeitskraft und des beschränkten Werkstoffes«.

Und dabei beließen es die Machthaber nicht. Am 2. März 1939 ordneten sie eine Begrenzung der Typen in der Kraftfahrzeugindustrie an, die zwei Monate später, am 29. April 1939, um eine Ausführungsvorschrift für den Schlepperbau und Schleppereinsatz ergänzt wurde. Sie entschied über Wohl und Wehe der einzelnen Schlepperhersteller, weshalb Hermann Fendt im Vorfeld nichts unversucht gelassen hatte, über Helmut Meyer für seine Firma bei Oberst Adolf von Schell das Bestmögliche zu erreichen. Doch große Hoffnungen machen konnte er sich nicht. Es hatte sich rasch gezeigt, dass Fendt nicht würde ungeschoren davon kommen können. Immerhin sollten von 62 Ackerschleppertypen nur 17 übrigbleiben, gemäß der Parole »Auf wenigen Stufen wenige Typen, die dafür aber in großer Stückzahl«.

Die Veröffentlichung der Typenbegrenzungsliste im Ackerschlepperbau offenbarte einmal mehr, dass die Nationalsozialisten in ihrem Drang, die gesamte Volkswirtschaft durchzuorganisieren, gewaltige planokratische Absichten entwickelten. Auf dem Papier bildeten sie nicht nur 11 Leistungsklassen zwischen 11 und 60 PS, es wurden vielmehr innerhalb der Leistungsklassen auch Unterscheidungen in Haupt-, Sonder- und Nebentypen angeordnet. In der 15 PS-Leistungsklasse sah dies beispielsweise so aus, dass IHC den Haupttyp Vergaser-, Orenstein & Koppel den Haupttyp Diesel- und Heinrich Lanz den Sondertyp Glühkopf-Schlepper produzieren sollte. Weitere 15- oder gar 18-PS-Acker-Schlepper waren nicht vorgesehen.

Viel umständlicher noch präsentierten sich ihre Absichten in der 20/22 PS Leistungsklasse. 23 Hersteller, darunter auch Fendt, waren vor der Typenbegrenzung in diesem Segment aktiv gewesen. Nun aber sollten, nachdem Pläne für eine Konzentration auf Stock im Norden und Fahr im Süden gescheitert waren, immer noch 19 Firmen im Geschäft verbleiben. Vier Hersteller hatten danach die Produktion einzustellen, während 18 Firmen für die Produktion des Haupttyps Diesel-Schlepper vorgesehen waren. Eine Ausnahmeregelung erreichte einzig die Firma Ritscher. Ihr wurde die Fabrikation eines Sondertyps Diesel zugebilligt.

Zu den 18 Herstellerfirmen des Haupttyps zählte die Schlepperfabrik Xaver Fendt. Nach den Vorstellungen der Planer um Oberst von Schell sollte sie mitwirken an der Entwicklung einer »Gemeinschaftskonstruktion aller Hersteller, die in den wichtigsten Teilen übereinzustimmen hatte«. Auf dem Papier war dies einmal mehr einfacher als in der Praxis. Immerhin sollten sich bisherige Wettbewerber zukünftig über hunderte Kilometer hinweg »freundschaftlich die Hände reichen und am gleichen Stück arbeiten.«

Für Fendt sah das Konzept eine 2-Stufen-Lösung vor. Zunächst sollte eine enge Zusammenarbeit mit dem benachbarten Schlepper-Hersteller Otto Martin in Ottobeuren stattfinden. In einem zweiten Schritt war dann an die Kooperation mit den Herstellerfirmen Güldner, Deuliewag, Kramer, Hermann Lanz, Wahl, Miag, Eicher, Primus, Hagedorn, Ritscher, Schlüter, Normag, Stock, Zettelmeyer sowie Epple & Buxbaum im österreichischen Wels gedacht.

Doch wie so oft, so klafften auch bei dieser Planerei Theorie und praktische Umsetzung auseinander. Die Schlepperfabrik Fendt mit ihren 69 Mitarbeitern hatte 1939 jedenfalls ohnehin mehr als genug damit zu tun, den ständig umfassender werdenden Bewirtschaftungsvorschriften zu genügen. Auch war es für Fendt umständlich genug gewesen, sich an der Leipziger Reichsnährstandsschau unmittelbar vor Kriegsbeginn mit einem Stand zu beteiligen. So hielten sich die Abstimmungsprozesse mit anderen Schlepper-Herstellern in begrenztem Rahmen. Die Produktion des Modells F 18 wurde jedenfalls mit 430 Maschinen das ganze Jahr über ebenso fortgesetzt wie die Herstellung des Typs F 22.

Bei den Landwirten hielt das Interesse an Fendt-Dieselrössern ungebrochen an. Einer der Käufer des Jahres 1939 war übrigens der in Reinharts bei Kempten ansässige Georg Kiechle, Vater des 1930 geborenen späteren Bundeslandwirtschaftsministers Ignaz Kiechle.

1940 erfuhr die Motorisierung der Landwirtschaft kriegsbedingt weitere Beeinträchtigungen. Mit immer neuen Verordnungen suchte der Staat, das Leben der Menschen auf den Krieg auszurichten. Für die Bauern hieß dies unter anderem, dass sie ihre Schlepper nicht mehr einsetzen durften, wie und wo sie wollten. Nur noch für landwirtschaftliche Tätigkeiten im engeren Sinne sollten sie auf den Traktor zurückgreifen können, während das Antreiben ortsgebundener landwirtschaftlicher Arbeitsmaschinen vom Schlepper aus völlig untersagt war.

Doch damit nicht genug. Am 27. Juli 1940 folgte der Erlass einer »Anordnung über die Verteilung von Landmaschinen und Ackerschleppern.« Sie besagte, dass die Anschaffung eines Acker-Schleppers nur noch mit Genehmigung des Landesernährungsamtes erfolgen dürfe und diese war schwer zu erhalten. Gummibereifte Traktoren sollten sogar ausschließlich gemeinschaftlich gekauft werden dürfen. Doch was der Staat vorschrieb, war das eine – was die Bauern taten, das andere. Die Nachfrage nach Traktoren hielt jedenfalls ungebrochen an, mehr noch, sie nahm weiter zu. Auf vielen Betrieben versuchten die Landwirte,

Titelbild eines Dieselrossprospektes aus dem Jahr 1938.

fehlende männliche Arbeitskräfte durch Schleppereinsatz auszugleichen.

Auch Fendt spürte die gute Nachfrage. Die Jahresproduktion erreichte 996 Zugmaschinen, und nimmt man einige fast fertiggestellte Maschinen hinzu, dann konnte erstmals in der Firmengeschichte die magische Zahl 1000 erreicht werden. Erfreulich fiel ferner die Produktivitätssteigerung aus. 71 Mitarbeiter machten Fendt zwar zum unbestritten größten Arbeitgeber Markt Oberdorfs, bedeuteten gegenüber dem Vorjahr aber nur eine Zunahme von zwei Personen.

Der Schwung des Jahres 1940 ließ sich mit fortdauerndem Krieg nicht beibehalten. Vermehrt wirkten sich bürokratische und kriegswirtschaftliche Restriktionen aus. Stammpersonal wurde zur Wehrmacht eingezogen und konnte nur mühsam ersetzt werden. Die Zuweisung von Kriegsgefangenen wurde beantragt und positiv beschieden. Auch wenn ihre Arbeitszeit mit 48 bis 58 Wochenstunden festgesetzt wurde, so vermochten die Kriegsgefangenen die fehlenden Facharbeiter nicht gleichwertig zu ersetzen. In den Produktionszahlen spiegelt sich die Situation wider. Nach 608 produzierten Fendt-Schleppern im Jahre 1941 verließen 1942 nur noch 363 Maschinen die Hallen am Weitfeld.

Stattdessen erhielt Fendt zunehmend fachfremde Rüstungsaufträge zugewiesen. Krankenhausaufzüge, Feldküchen und sonstige Apparate mussten produziert werden und wehe, Fendt kam den Auflagen nicht pünktlich nach. Mehr als einmal schwebte über der Schlepperfabrik das Verdikt, geschlossen zu werden. Helmut Meyer erwies sich auch hier als guter Partner. Nicht zuletzt über seinen guten Draht zu den Rüstungsbehörden gelang es den Gebrüdern Fendt, die schlimmste Unbill vom Unternehmen fernzuhalten.

Am 3. November 1941 leitete der Bevollmächtigte für die Maschinenproduktion mit einer Anordnung die Umstellung der Ackerschlepper auf den Generatorbetrieb ein. Ein halbes Jahr verging zwar noch, doch am 30. Juni 1942 folgte dann der definitive Beschluss. Ab sofort musste die Herstellung von landwirtschaftlichen Schleppern mit Motoren für flüssige Treibstoffe eingestellt werden. Umfangreiche Versuche waren dieser radikalen Entscheidung seit 1938 vorausgegangen. Sie hatten ergeben, dass Ackerschlepper auch ohne flüssige Treibstoffe eingesetzt werden können, wenn sie nur über eine geeignete Generatortechnik verfügen. Auch zeigte sich, dass es auf die Abstimmung von Fahrgestell, Motor, Generator und Getriebe ankommt. Um hier die nötigen Voraussetzungen zu schaffen, erhielt das RKTL den Auftrag, eine Forschungsstelle für Gas-Schlepper ins Leben zu rufen. Ihr gelang es, bis 1941 einen geeigneten Holzgaserzeuger für Acker-Schlepper zu konstruieren und Richtlinien aufzustellen, die einen nachträglichen Einbau in frühere Diesel-Schlepper ebenso ermöglichen sollten wie die Herstellung fabrikneuer Holzgas-Schlepper.

Betroffen von diesen Entscheidungen war auch Fendt. Im Rahmen einer Produktumstellung mussten die Modelle F 18 und F 22 aus dem Programm herausgenommen und stattdessen mit der Herstellung eines Holzgas-Schleppers begonnen werden. Alleine ging man an diese keineswegs einfache Aufgabe nicht heran. Man war vielmehr eingebunden in die gesamtdeutsche Holzgas-Schlepper-Produktion, über die sowohl Einheits-Gasgeneratoren und der Deutz-Einheits-Gasmotor zur Verfügung standen. Darüberhinaus kooperierte Fendt mit der Firma Fahr, Gottmadingen, die ihre bisherigen 22-PS-Ackerschlepper gleichfalls durch ein Holzgasmodell ersetzen musste.

Der Fendt-Dieselross-Holzgasschlepper wurde von einem stehenden 2-Zylinder-Otto-Viertaktmotor der Fa. Deutz angetrieben, der bei einer Verdichtung von 8,5 : 1 aus einem Hubraum von 3979 cm^3 etwa 25 PS-Leistung herauszuholen imstande war. Als Verbrauch wurden je PS und Stunde 1 kg Holz bei etwa 20 % Feuchtigkeit angegeben. Besonders geeignet war Buchenholz, doch kamen auch Birke, Kiefer, Fichte usw. in Betracht. Der optimale Feuchtigkeitsgehalt des Brennholzes lag bei 15 %, doch selbst bei 40 % lief der Motor, vorausgesetzt, das Holz besaß die Form kleiner Würfel von ca. 7 cm Länge.

Als Gaserzeuger kam im Holzgas-Dieselross der Einheitsgenerator in Blockbauweise EG 60 zum Einbau. Er vereinte in sich wesentliche Elemente unterschiedlicher Generatorbauarten und hatte sich in besonderer Weise für den Einsatz im Ackerschlepper als geeignet erwiesen. Auch wurden die Einfachheit der Bedienung sowie der geringe Reinigungsaufwand von nur etwa 5 Minuten pro Tag positiv herausgestellt. 230 Liter fasste der Holzbunker, was für einen Verbrauch von ca. 2–3 Stunden bei Normalbetrieb ausreichte. Das Holz der Gaszone war dagegen erst nach etwa 1000 Betriebsstunden aufzufüllen.

Mit 3410 mm hatte das Holzgas-Dieselross eine für einen Schlepper jener Zeit überdurchschnittliche Länge und auch der mit 2180 mm lange Achsenabstand konnte tückisch werden. Ein vergrößerter Radeinschlag sorgte dafür, dass der Schlepper dennoch wendig blieb. Sorgen hatte man zunächst auch im Hinblick auf den Startvorgang. Nachdem aber mehrfach demonstriert worden war, dass die Zündung ohne größere Umstände mit Benzin begann, um nach einigen Minuten auf Holzgas weiterzulaufen, begegnete man dem Holzgas-Fendt um einiges gelassener. Der Norm entsprach ferner das von Prometheus stammende Getriebe. Es hatte vier Vorwärtsgänge und einen Rückwärtsgang, verfügte über Ölbad und Kugellager und galt als robust.

In den Jahren 1943 und 1944 produzierte Fendt mit einer 1943 auf 95 bzw. 1944 auf 101 Personen angewachsenen Belegschaft 684 bzw. 531 Holzgas-Dieselrösser. Lieferengpässe und fachfremde Rüstungsaufträge waren ursächlich dafür verantwortlich, dass nicht noch mehr Schlepper in Markt Oberdorf hergestellt werden konnten. Selbst 1945

Xaver Fendt testet den Holzgasgenerator-Schlepper (1942).

Fendt-Dieselross G 25 mit Holzgasgenerator (1942).

verließen noch 123 Holzgas-Schlepper das Fendt-Werk, welches, von einem Bombentreffer abgesehen, unzerstört über den Krieg kam.

Die letzten sechs Holzgas-Dieselrösser des 2. Weltkriegs eignete sich übrigens kurz vor der Einnahme Markt Oberdorfs durch die Amerikaner am 28. April 1945 eine Wehrmachts-Reparatur-Abteilung an. Sie wollte, wie Hermann Fendt später erzählte, mit den Schleppern nach Tirol fahren. Ob sie ihr Ziel erreichte, ist nicht bekannt. Hermann Fendt jedenfalls hat später mehrmals in Tirol Nachforschungen nach »seinen« Holzgas-Dieselrössern angestellt, die jedoch erfolglos blieben.

Erfolgreicher war Hermann Fendt allerdings, als unmittelbar vor Kriegsende im Zuge eines sogenannten Speer-Erlasses die für die Ernährung der Bevölkerung wichtigen Betriebe aufgefordert wurden, von Rüstungsunternehmen Werkzeugmaschinen zu erwerben. Mitten im stürzenden Reich erkannte Fendt dies als Chance für die Zukunft. Er kaufte im Alpenvorland etliche dieser Maschinen auf, holte sie nach Markt Oberdorf, nur ließ er sie nicht in den Werkshallen aufstellen. Er gab Order, sie vielmehr in Heustadeln zu verstecken, um sie zur Verfügung zu haben, wenn wieder reguläre Ackerschlepper gebaut werden konnten. Keiner der Mitwisser hat Fendt verraten. Alle hofften auf ein Ende des Kriegs und einen Neuanfang.

FENDT

MARKT OBERDORF
ALLGÄU

TAVCHMANN

Mit den Dieselrössern erfolgreich durch die schwere Zeit nach dem 2. Weltkrieg

Am 27. April 1945 erreichten, von Norden kommend, amerikanische Soldaten Markt Oberdorf. Zu Kämpfen kam es nicht, wohl aber zu Ausgehverboten, Beschlagnahmungen und Internierungen. Das Wirtschaftsleben brach weitgehend zusammen und beschränkte sich für die meisten Menschen darauf, Mehl, Salz, Fett und andere Grundnahrungsmittel für den eigenen Bedarf zu organisieren. Im Naturaltausch wechselten fortan Sachen und Güter den Besitzer, Plünderungen dagegen blieben die Ausnahme.

Als Ordnungsmacht wurden die Amerikaner ebenso aktiv wie als Instanz zur Aufarbeitung der nationalsozialistischen Vergangenheit. Das 1946 erlassene Entnazifizierungs-Gesetz diente als Grundlage für die Einsetzung von Spruchkammern, vor denen zahlreiche Bürger Rechenschaft abzulegen hatten. Auch den Inhabern und Leitern der größeren Markt Oberdorfer Betriebe wurde mit Vorsicht begegnet. Monatelang durften sie den eigenen Betrieb nicht betreten. Die Militärregierung setzte an ihrer statt Treuhänder ein, »die völlig freies Verfügungsrecht über den ganzen Betrieb hatten«. Hermann Fendt hat der zeitweise Ausschluss vom eigenen Unternehmen tief getroffen. Einzig der Umstand, dass die Amerikaner seinen Mitarbeiter und langjährigen Weggefährten Albert Mauthe zum Treuhänder einsetzten, ließ ihn hoffen.

Tatsächlich hat sich Mauthe als Garant für eine kontinuierliche Weiterentwicklung bestens bewährt. Als Kaufmann und Finanzexperte trug er in schwierigster Zeit dafür Sorge, dass selbst 1946 und 1947 Schlepper in Markt Oberdorf gebaut und verkauft werden konnten. Mit einer Belegschaft von 70 bzw. 79 Personen schaffte er das Kunststück, aus vorhandenen Ersatzteilen sowie gegen Schweine, Butter, Käse und Alkohol eingetauschten Rohmaterialien 169 bzw. 112 Dieselrösser zusammenbauen zu lassen.

Fendt-Produktionsstandort Anfang der 50er-Jahre.

Die Zusammensetzung der 1946er Produktion spiegelt die schwierigen Bedingungen wider. Es konnten vier Traktoren des Typs F 18, sechs Maschinen des Typs F 22, 33 Holzgasschlepper der Baureihe G 25 und 126 Fahrzeuge des Typs G 25 Z fertiggestellt werden. Um Serienfertigung im heutigen Sinne handelte es sich dabei allerdings nicht. Kein Traktor entsprach dem anderen, man war vielmehr froh, wenn aus den verfügbaren Teilen Fahrzeuge hergestellt werden konnten, die in den Hauptmerkmalen bestimmten Typen zuzuordnen waren. Eisen, Leder, Leim und Farbe unterlagen einer strengen Bewirtschaftung. Wollte man Rohstoffbezugsrechte wahrnehmen, so war zuvor ein kompliziertes Antragsverfahren zu erledigen.

Und selbst dann war die Materialzuweisung keineswegs sicher. In einer Mitteilung des »Vereins Bayerischer Maschinenbau-Anstalten« (VBMA) vom Frühjahr 1946 wurden die Mitgliedsfirmen darauf aufmerksam gemacht, dass die zur Verteilung gelangende Eisenlieferung maximal 30 Prozent des beantragten Kontingents umfassen könnte. Umgerechnet auf den Normalbedarf bedeutete dies eine Materialzuweisung von 7 bis 8%. Eine weiter rückläufige Landmaschinen- und Ackerschlepperproduktion war die unausweichliche Konsequenz. Vor allem aber bedeutete dies das Ende der Holzgasschlepper-Fertigung. Nach insgesamt 1497 produzierten Holzgasschleppern beteiligte sich Fendt ab sofort an der Umrüstung von Holzgas-Schleppern auf Dieselbetrieb. Beim Dieselross G 25 D, so die Bezeichnung des Holzgas-Schlepper-Umbaus, trat an die Stelle von Gasmotor und Generatoranlage ein stehender 2-Zylinder-4-Takt-Dieselmotor mit 22 PS Leistung bei 1500/min. Den Interessenten wurde mitgeteilt: »Soweit es möglich ist, werden die alten Teile des Holzgasschleppers wieder verwendet, so dass der Umbau sowohl materialmäßig als auch preislich sehr günstig ist.« Der Rückbau hatte dennoch

Nachkriegswerbung für die Dieselrösser (1948)

seinen Preis. Mit 3800 Mark zuzüglich möglicherweise notwendig werdender Aufwendungen für Getriebe- und Fahrgestellmodifikationen war er nicht gerade billig. Am Ende aber stand ein betriebsbereiter Traktor, und das war zu jener Zeit allemal etwas Ungewöhnliches. Auch hielt sich Fendt einiges darauf zugute, für den Umbau die Gewähr der Ersatzteil-Beschaffung zu übernehmen.

Ansonsten setzte Fendt 1947 auf das Modell F 22 V. Neben nur zwei Schleppern des Typs F 18 und drei Traktoren der Baureihe F 22 konnten 107 Maschinen dieses weitgehend dem Vorkriegsmodell F 22 ähnelnden Typs montiert werden. Geworben wurde für den F 22 V unter anderem mit dem Hinweis: »Der tausendfach bewährte Bauernschlepper«. Ob Fendt sich und der Belegschaft mit einer solchen Aussage angesichts der bescheidenen Produktionszahlen Mut machen wollte, oder ob man sich an die Erkenntnisse der vom »Kuratorium für Technik in der Landwirtschaft« (KTL) vom 9. bis 11. September in Rothenburg o. d. Tauber veranstalteten Schleppertagung anhängen wollte, muss offen bleiben. Auf jeden Fall aber hatte die von Koryphäen des deutschen Schlepperbaus wie Dipl.-Ing. Helmut Meyer, Dr. Wilhelm Gommel von der LH Hohenheim, den Professoren Carl-Heinrich Dencker, Walther Fischer-Schlemm, Willi Kloth und Heinz Speiser besuchte KTL-Tagung ergeben, dass ein großer Bedarf an Traktoren vorhanden sei. Kalkuliert wurden zur Aufrechterhaltung der westdeutschen Landwirtschaft ca. 310 000 Traktoren, darunter zu einem beträchtlichen Anteil Zugmaschinen der 20- bis 25-PS-Klasse. Berechnungen zufolge galten gerade einmal 32% der für Traktoren dieser Leistungsklasse in Betracht kommenden Betriebe als motorisiert. Noch bescheidener sah es bei den Betrieben aus, die für den Einsatz von Schleppern mit Leistungen zwischen 11 und 15 PS geeignet waren. Hier belief sich der Motorisierungsgrad gerade einmal auf 10%, während bei den Betrieben mit Eignung für Traktoren über 40 PS von erreichter Vollmotorisierung ausgegangen wurde. Und nicht nur die zu erwartende Nachfrage nach Schleppern konnte den Schlepperherstellern Mut machen. Auch die sich konkretisierenden erweiterten Kombinationsmöglichkeiten von Schleppern und Arbeitsmaschinen sprachen für eine bald einsetzende, umfassende landwirtschaftliche Mechanisierungswelle.

Für Fendt blieb im Jahr 1948 das Dieselross-Modell F 22 V mit 145 Einheiten der meistgebaute Schlepper. Das Modell F 22 VZ wurde erstmals in das Produktionsprogramm aufgenommen und folgte mit 107 produzierten Einheiten. Der Unterschied beider Modellreihen war gering. Die Bereifung spielte dabei eine entscheidende Rolle. Traktoren der Baureihe F 22 V kamen mit Vorderreifen der Abmessung 6.00 – 20, Fahrzeuge des Typs F 22 VZ mit Vorderreifen 6.00 – 16 zur Auslieferung. Serienmäßig kamen bei beiden Modellreihen 4-Gang-Getriebe mit der Abstufung 3,7, 5,5, 8,3 und 15,0 km/h zum Einbau. Auf Wunsch war allerdings ein Zusatzgetriebe für höhere Geschwindigkeiten bis 19,9 km/h lieferbar. Vier bzw. zwei Traktoren der Vorkriegs-Baureihen F 22 und F 22 Z wurden auf Kundenwunsch zusätzlich montiert. Doch wichtiger war, dass die Zeichen eindeutig auf Aufbruch standen. Mit der Währungsreform vom 20. Juni füllten sich die Geschäfte beinahe über Nacht wieder mit Waren, und die Menschen fassten Mut, Eigeninitiative zu entfalten. Das über fast ein Jahrzehnt hinweg aufgestaute Interesse an leistungsfähigen Klein- und Mittelschleppern brach sich die Bahn und wollte bedient sein.

Und nicht nur für die Nachfrage eröffneten sich nach der Beseitigung administrativer Hemmnisse neue Perspektiven. Auch das Angebot wurde von Auflagen wie der Bewirtschaftung von Eisen und Stahl sowie der Existenz von Bezugsscheinen befreit. »Freie Bahn dem Tüchtigen« lautete eine in jenen Tagen vielfach geäußerte Losung, die auch für den Schleppermarkt Gültigkeit erlangte. Dies fand unter anderem in von den Bauern mit Interesse beobachteten Preisvergleichen seinen Niederschlag. »Was kosten Schlepper heute?« lautete der Titel einer erfolgreichen Rubrik der Zeitschrift »Landtechnik«. Unmittelbar nach der Währungsreform befanden sich dort 13 Hersteller mit insgesamt 30 Modellvarianten aufgelistet, darunter nicht weniger als

10 mit 20 bzw. 22 PS Leistung. Das 22-PS-Dieselross stand mit 10 120 DM zu Buche und zählte zu den teuersten seiner Kategorie, während der 20-PS-McCormick des Neußer Herstellers IHC in der Ausführung mit Stahlrädern schon für 6620,– DM und in der Variante mit Ackerluftgummireifen für 8720,– DM zu erwerben war.

Der Orientierung der Bauern diente auch die von der DLG vom 29. August bis zum 5. September 1948 in Frankfurt/Main erstmals nach dem Krieg wieder veranstaltete Landmaschinen-Ausstellung. Fendt beteiligte sich daran und stieß mit dem bescheiden angelegten Stand G 53 in der Ausstellungsgruppe IV b beim Publikum auf beachtliches Interesse. Die früher einmal von Professor Karl Vormfelde, Bonn, formulierten Worte »Landwirt: Die Technik reicht Dir die Hand zum Bunde, nimmst Du sie an, ist sie Dein Freund; schlägst Du sie aus, geht sie über Dich hinweg!« machten überall dort die Runde, wo Menschen daran gingen, Traktoren und Landmaschinen zu konstruieren und zu produzieren.

Zur gleichen Zeit kehrten in Markt Oberdorf die Brüder Hermann, Paul und Xaver Fendt in das Unternehmen zurück, um sich künftig in klarer Kompetenzabgrenzung um den Fortbestand und den Ausbau des Unternehmens zu kümmern. 101 Mitarbeiter zählten zu ihrer Mannschaft, die über die Zukunftsaussichten des Unternehmens informiert sein wollte. Hermann Fendt beschrieb das Ergebnis vieler, ganze Nächte hindurch geführter Gespräche später so: »Schaffen wir es, auf Bewährtem aufbauend, jeweils im Rhythmus von etwa fünf Jahren mit einer wirklich durchgreifenden Innovation aufzuwarten, dann sollte es gelingen, die Fendt-Traktoren auf Dauer zukunftsträchtig im Markt zu halten.« Und bei der bloßen Konzeption beließ man es nicht. Ein erster Ansatz zur Realisierung schien ihnen die Entwicklung eines Allrad-Schleppers zu sein, dessen Planung sogleich eingeleitet wurde.

Das Fendt'sche Bemühen, die offenkundig einsetzende Motorisierungswelle aktiv mitzugestalten, trug 1949 gute Früchte. Die Produktion konnte binnen Jahresfrist von 258 Schleppern auf 2001 Fahrzeuge verachtfacht werden. Vor allem Xaver Fendt zeigte sich hier als ein wahrer Meister auf den Gebieten Fertigung und Montage. Mehr im Hintergrund stehend, steuerte er Produktionsabläufe und motivierte Mitarbeiter. Auch die Aufhebung der Bewirtschaftungsvorschriften setzte Kräfte frei und nicht zu vergessen ist der weiter gewachsene Leistungswille der Belegschaft. 237 Mitarbeiter standen jetzt bei Fendt in Lohn und Brot, so viele, wie noch nie zuvor.

Und diese Belegschaft war alles andere als beliebig zusammengestellt. Sie rekrutierte sich im Wesentlichen aus drei Gruppen. Da waren zunächst bewährte Mitarbeiter, die nach Krieg und Gefangenschaft wieder ins Werk zurückgefunden hatten. Georg Echtler, fast vier Jahrzehnte für die Einkaufsabteilung zuständig, gehörte ebenso zu ihnen wie Albert Ländle und Georg Spiegel. Dazu gesellten sich junge Kräfte aus der Region, die wie Dr. Werner Finkenwirth, anderthalb Jahrzehnte lang Leiter der Abteilung Landtechnik, einem Arbeitsplatz in der Industrie den Vorrang vor einer Tätigkeit in Landwirtschaft und Handwerk gaben. Die dritte Gruppe schließlich bestand aus Heimatvertriebenen, die wie Kaspar Abold über beste technische und handwerkliche Qualifikationen verfügten. Und diese drei Gruppen neutralisierten sich nicht. Sie wirkten zusammen und entwickelten sich bei Fendt zum Garanten für Dynamik und Leistungsfreude.

Das 1949er Produktionsprogramm umfasste im Wesentlichen die bewährten, im Rahmen der Produktpflege weiterentwickelten Modelle F 18, F 22 V und F 22 VZ. Im Laufe des Jahres brachten sie es zusammen auf 1992 Fahrzeuge. Mit ihnen stellte sich Fendt auf der vom 26. Juni bis zum 3. Juli dauernden »DLG-Landmaschinen-Schau« in Hannover vor. Das Dieselross F 18 mit der Bereifung 5.00 × 16 (vorne) und 8.00 × 20 (hinten) sollte ab Werk 7175,– DM und das Dieselross F 22 VZ mit einem nun auf 24 PS gebrachten 2-Zyl.-4-Takt-Dieselmotor 8500,– DM kosten. Hinzu kamen erste Fahrzeuge des völlig neu konzipierten Dieselross F 15, mit dem Fendt auf Marktsignale reagierte. So hieß es in der Zeitschrift »Landtechnik«: »In Fachkreisen weiß man schon längst, dass im deutschen Schlepperbau sehr intensiv an der Entwicklung des 15 PS Schleppers gearbeitet wird«. 13 Firmen, von Alpenland bis Schlüter, wurden aufgelistet, die sich in dieser Leistungsklasse engagierten, nun also auch Fendt.

Vorgestellt wurde das Dieselross F 15 als »der langersehnte moderne, landwirtschaftliche Universal-Schlepper«, dessen bevorzugtes Einsatzfeld der bäuerliche Klein- und Mittelbetrieb sein sollte, der daneben aber durchaus auch »für den Großbetrieb als Zusatzschlepper« in Betracht kam. Mit ihm begann Fendt die jahrzehntelange, fruchtbare Verbindung zum Mannheimer Motorenhersteller MWM. Sein stehender 1-Zylinder-4-Takt-Dieselmotor holte aus einem

Hubraum von 1153 cm³ bei 1600/min 15 PS Leistung heraus. Er verfügte über eine verchromte, auswechselbare Zylinderlaufbüchse, Zahnrad-Ölumlaufschmierung, Wasserkühlung und war im Drehzahlbereich von 600–1600 variabel. Als Kraftstoffverbrauch wurden 1,5 l in der Stunde angegeben.

Das Getriebe steuerte Fendt selbst bei. Vier Vorwärtsgänge erlaubten Geschwindigkeiten von 4,0, 6,0, 9,0 und 17,0 km/h. Der Rückwärtsgang wurde mit 3,5 km/h angegeben. Zapfwelle, Riemenscheibe, elektrische Anlage mit zwei Scheinwerfern, zwei Schlussleuchten, Horn, Batterie, Lichtmaschine und Glühanlage gehörten ebenso zur Standardausrüstung wie ein 4½"-Mähwerk, das, wie bei Fendt üblich, direkt vom Motor aus angetrieben wurde und unabhängig von der Fahrgeschwindigkeit des Schleppers arbeitete.

Im »normalen Lieferungsumfang« enthalten waren ferner die vollkommen neu gestaltete, nun rundere Kühlerschutzhaube, Fernthermometer, Öldruckmanometer, vorderes Ackermaul und die beiden Vorderrad-Kotflügel. Als Zusatzausstattung zum F 15 konnten bestellt werden eine elektrische Anlasseranlage, Seilwinde mit Sicherheitskupplung, Zusatzgetriebe mit 8 Gängen für eine Geschwindigkeitserhöhung auf bis zu 24 km/h, ein geschlossenes Fahrerhaus mit Allwetterverdeck, Fendt-eigene Klappgreifer sowie Kraftheber für Anbaugeräte.

Der Markt reagierte positiv auf den F 15. Mit Differenzierungen beim Getriebe, bei der Reifengröße und der Grundausstattung war das Unternehmen darüberhinaus bemüht, Kundenwünschen zu entsprechen. So konnten alle im Jahr 1950 produzierten 1975 Schlepper des Modells ohne Umstände verkauft werden, und Ende des Jahres lag es nahe, einen F-15-Schlepper zum »10 000 Fendt«-Jubiläums-Traktor zu machen.

Weitgehend entsprach der »Zehntausendste« der Serie und doch hatte man ihn dem Anlass entsprechend »herausgeputzt«. In Grau gehalten und mit gelben Zierlinien versehen, sah er vornehm aus. Und auch bei der Technik wusste Fendt nochmals zuzulegen. So hatten die Konstrukteure die Vorderachse verstärkt und die Vorderradnaben staubdicht gekapselt. Die im Zusatzangebot zu erwerbenden Zapfwellen-Reifenfüllpumpe, Anbau-Baumspritze und Anbau-Pflug standen zudem für die Vielseitigkeit des Erfolgsschleppers F 15.

Und über alles sollte die interessierte Öffentlichkeit kompetente Informationen erhalten. Willi Zinnecker wurde mit dieser Aufgabe betraut. Er hat sie bis zu seinem Ruhestand im Jahr 1990 so engagiert wahrgenommen, dass er zahlreiche Ehrungen erhielt, vor allem aber über vier Jahrzehnte das uneingeschränkte Vertrauen von Inhabern und Belegschaft genoss.

Bei aller Freude am F-15-Modell war den Fendtlern klar, dass für die Großbetriebe ein stärkerer Traktor angeboten werden musste. Eine Leistung von 25 PS schien zunächst ausreichend, so wie es bei vergleichbaren Zugmaschinen anderer Hersteller von Eicher über Lanz bis zu Mercedes-Benz bereits vorher der Fall war. Das Dieselross F 25 sollte den Anforderungen der Betriebe entsprechen, die die Zugtiere bereits völlig vom Hofe verbannt hatten. Angetrieben wurde das 25-PS-Dieselross von einem stehenden 2-Zylinder-4-Takt-Dieselmotor der Firma MWM, der gleichfalls in Traktoren der Wettbewerber Miag und Wahl eingebaut war. Das Getriebe stammte diesmal von der Zahnradfabrik Passau, verfügte über vier Vorwärtsgänge mit der Abstufung: 5, 7, 10,4 und 19,5 km/h. Der Rückwärtsgang war auf 4,2 km/h ausgelegt. Auf Wunsch waren 8 Vorwärtsgänge lieferbar, die eine Geschwindigkeitserhöhung bis 24 km/h brachten oder aber ein zusätzlicher Kriechgang für eine Arbeitsgeschwindigkeit von 1,7 km/h. Letzterer prädestinierte den Traktor damit für besonders intensiv auszuführende Kulturarbeiten.

Gefederte Vorderachse, Zapfwelle, Riemenscheibe, elektrische Beleuchtung gehörten zur Standardausrüstung, während elektrischer Anlasser, Mähwerk, Allwetterverdeck und Kotflügelsitzbank als Zusatzausstattung gesondert bestellt werden mussten. Dennoch, Fahrzeug und Ausstattung fügten sich gut zusammen.

Ingenieur Erwin Neubauer, Herausgeber der zwischen 1950 und 1960 erscheinenden Schlepper-Jahrbücher, bezeichnete das in Blockbauweise gehaltene Dieselross F 25 »als sehr leistungsfähigen Dieselschlepper in der schwereren Klasse«. Damit aber hatte Fendt sein Ziel fürs erste erreicht. Eine Produktdifferenzierung in Untertypen wie G, H, P sowie später PH I und PH II trug dazu bei, gezielt auf Kundenwünsche eingehen zu können. Und diese fielen wahrlich dezidiert aus. Unterschiedliche Bereifung beispielsweise reichte aus, um neue Typenbezeichnungen zu veranlassen. Bei den Modellen der Baureihe F 25 sah dies beispielsweise so aus, dass das Basismodell F 25 mit Vorderreifen 5.50–16 und Hinterreifen 9.00–24 ausgeliefert wurde. Der Typ F 25 P verfügte über eine Bereifung vorn 5.50–16 AS Front und

Fendt-Dieselross F 18 H, die erste Neuentwicklung nach dem 2. Weltkrieg mit liegendem Motor und Motorhaube.

hinten 10–28 AS. Das Modell F 25 PH I wiederum kam mit Reifen 6.00–20 vorn und 9–42 hinten zu den Kunden. Blieb schließlich noch das Modell F 25 PH II. Hier bestand die Serienbereifung aus Pneus der Größe 5.50–16 AS Front und 8–36 AS auf den Hinterrädern. Aber was in der Rückschau kompliziert aussieht, entsprach den Vorstellungen der Bauern. Je nachdem, wo der Schwerpunkt ihrer Betriebe lag, orderten sie Acker-, Grünland- oder Hackfruchtbereifung und scherten sich wenig darum, ob ihr Dieselross deshalb als Modell P, PH I oder PH II zu ihnen kam.

Anders lagen die Dinge allerdings bei dem gleichfalls 1950 auf den Markt gebrachten Dieselross-Modell F 25 A. Hier handelte es sich um die Umsetzung des bereits seit Monaten in der Entwicklung befindlichen Allradschleppers. Als »moderner Schlepper für höchste Leistung bei schwersten Bedingungen« wurde er den Landwirten vorgestellt und vor allem die »konstruktiv stark bemessene« Vorderachse sowie die »starke Geländegängigkeit trotz Vorderradantriebs« herausgestellt. Mit einem Gesamtgewicht von 2100 kg war er gut 300 kg schwerer als die ausschließlich über die Hinterachse angetriebene F 25-Version.

Die Frage der Akzeptanz des nun im Wesentlichen aus den Dieselross-Baureihen F 15, F 18, F 25 bestehenden Fendt-Traktorenprogramms sollte auf der vom 11. bis 18. Juni in Frankfurt/Main durchgeführten 40. DLG-Wanderausstellung beantwortet werden. Acht Dieselrösser hatte Fendt auf Stand Nr. 872 ausgestellt, drei F 15, zwei F 18 H, wobei H für Haube stand, zwei F 25 und einen Vierradschlepper F 25 A. Wer das Schauverzeichnis aufmerksam studiert hatte, konnte allerdings noch ein neuntes Dieselross erwarten. Angekündigt war es als F 35 A und sollte über einen stehenden 3-Zyl.-4-Takt-Dieselmotor mit 35/40 PS Leistung verfügen. Vierradantrieb, 8-Gang-Getriebe, elektrische Anlasseranlage und zwei Zapfwellengeschwindigkeiten ließen erkennen, dass Fendt mit diesem Dieselross beabsichtigte, in das Segment der

Großtraktoren einzusteigen. Doch noch war die Zeit dafür nicht reif.

442 Mitarbeiter stellten 1950 insgesamt 3806 Dieselrösser her. In der Zulassungsstatistik belegte man mit 3713 Maschinen oder 9,6 % nach KHD, Allgaier und Lanz den achtbaren vierten Platz. In Bayern hatte Fendt sogar souverän den ersten Platz inne, weit vor KHD und Lanz.

Aufschlussreich war hier eine für das erste Halbjahr 1950 von der Zeitschrift »Landtechnik« veröffentlichte Auflistung der Zulassungszahlen nach Bundesländern. Sie zeigte, dass die Fendt-Dieselrösser im Norden Deutschlands so gut wie unbekannt waren. Addiert man die Fendt-Zulassungen der Bundesländer Schleswig-Holstein, Hamburg, Niedersachsen, Bremen und Nordrhein-Westfalen, so brachte es Fendt dort in den ersten sechs Monaten des Jahres 1950 gerade einmal auf sechs Neuzulassungen. Überschaubar blieben die Zulassungsergebnisse auch in Rheinland-Pfalz (16) und Baden (16). Besser stand es um den Fendt-Vertrieb in Hessen (73 Neuzulassungen), Württemberg-Baden (72) und Württemberg-Hohenzollern (89).

Dominierend waren die Fendt-Zulassungen dagegen in Bayern. 1537 Neuzulassungen sprachen für die Marktnähe des bayerischen Fendt-Vertriebspartners BayWa, über den Anfang 1950 rund 80% aller Dieselrösser den Weg zu den Käufern fanden. Allerdings zeichnete sich ab, dass Bayern und auch Westdeutschland für Fendt zu eng zu werden begann.

Erstmals nach dem Krieg blickte man wieder über die Landesgrenzen ins Ausland und setzte den Aufbau eines Exportgeschäfts in Gang. Das aber war alles andere als einfach. Hier stand Fendt tatsächlich bei Null. Allerdings wusste man sich in guter Nachbarschaft. Vielen deutschen Traktorenherstellern erging es ähnlich, so dass man wenigstens von annähernd gleichen Voraussetzungen beim Aufbau einer ausländischen Vertriebsorganisation ausgehen konnte.

21,6 Mio. DM Umsatz erreichte die Maschinen- und Schlepperfabrik Fendt & Co. im Jahre 1950. Dies ermöglichte es den Familiengesellschaftern, Investitionen vorzunehmen. Nutznießer waren sowohl das Werk selber als auch die Sozialeinrichtungen. Nachhaltig wirkte dabei insbesondere die Gründung einer Fendt eigenen Wohnungsbaugesellschaft.

Die Fendt-Familie feierte Ende des Jahres 1950 die Fertigstellung des 10 000sten Fendt-Schleppers, ein F 15 mit 15 PS.

Drei Blocks mit 15 Wohneinheiten entstanden am Jörglweg und an der Bahnhofstraße. Am Feilenweg, einem Gelände, das Bürgermeister Schmid dem Unternehmen anläßlich der Produktion des 10 000. Fendt-Dieselrosses übereignete, folgte der Bau weiterer 45 Wohnungen. Heiß begehrt waren sie alle, auch wenn der Komfort anfangs bescheiden ausfiel. Fließendes Wasser und ein Gemeinschaftsbad waren aber immer noch besser als eine Wasserpumpe im Hof oder überhaupt kein Bad, so wie es 1950 nicht nur im Voralpenland vielerorts dem Standard entsprach.

Aber nicht nur als Unternemer schaute Hermann Fendt nach vorn. 38-jährig heiratete er Frau Marianne, geborene Eitel, die ihm bis zu seinem Tode eine treue Weggefährtin blieb. Damit aber waren im Unternehmen wie im Privaten Grundlagen für die 1950er-Jahre geschaffen, auf denen aufgebaut werden konnte. Konkret bedeutete dies, dass zunächst einmal die Produktionsanlagen zu erweitern waren. Eine neue Montagehalle sollte die Voraussetzung bieten, jährlich bis zu 6000 Dieselrösser herzustellen. Nur so glaubte man in der Lage zu sein, dem erwarteten gewaltigen Schlepperhunger der deutschen Bauern entsprechen zu können. Unter den Traktoren-Herstellern hatte sich zu diesem Zeitpunkt die Erkenntnis breit gemacht, dass derjenige, der der Nachfrage nicht genügen könnte, wahrscheinlich der Erste sein würde, der auf der Strecke bleiben müsste.

Auch erkannten die Fendtler die Notwendigkeit, das Traktoren-Programm weiter auszubauen. Mit den beiden Dieselross-Serien F 15 und F 25 lag man zwar gut im Markt, tat sich aber dennoch schwer, in allen Fällen auf das breitgefächerte Programm der Konkurrenz eine passende Antwort parat zu haben. In die gleiche Richtung zielten auch Vorstellungen der Vertriebspartner. Sie drängten nach einem umfassenderen Angebot, dem Fendt noch 1951 durch die Entwicklung der Modellreihen F 20, F 28 und F 40 entsprach. F stand dabei naheliegend jeweils für Fendt, während die nachgenannte Zahl die PS-Leistung des Motors signalisierte.

Eine wichtige Rolle kam dabei insbesondere dem Dieselross F 20 G zu. Dies sollte das über die Jahre hinweg erfolgreichste Dieselross-Modell, den Typ F 18, ersetzen. In offiziellen Verlautbarungen ließ Fendt wissen: »Das Dieselross F 20 G ist ein neuer Schlepper in der bewährten Blockkonstruktion, die sich schon beim Dieselross F 15 und F 25 gut eingeführt hat. Die äußere Form des Schleppers

Die Weltkugel auf dem Fendt-Ausstellungsstand war schon in den 50er-Jahren ein deutliches Zeichen für die weitsichtige und weltweite Vertriebsstrategie.

ist die typische Dieselross-Form, wie wir sie ebenfalls vom F 15 und F 25 her kennen. Die verstärkte Ausführung des Getriebe- und Kupplungsgehäuses verleiht dem Schlepper ein robustes und kräftiges Aussehen, wie es auch seiner Leistung entspricht.« Beim Motor stellte Fendt vor allem die niedere Drehzahl und die sich daraus ergebende Robustheit heraus. Das Getriebe wiederum wurde als so großzügig dimensioniert angepriesen, »dass es allen in der Praxis auftretenden Belastungen standhält«. Wie überhaupt die Eignung für »höchste Beanspruchungen« ein wichtiges Argument bei der Vorstellung des F 20 G war. Bei dieser Ausrichtung setzte Fendt auf Erfahrungen der Vergangenheit. Aus zahlreichen Korrespondenzen hatten die Allgäuer Schlepperhersteller den Eindruck gewonnen, dass

Robustheit, hohe Belastbarkeit und geringe Reparaturanfälligkeit für den Erfolg der Dieselrösser wesentlich waren. Zuschriften wie die der Landwirtschaftlichen Kreisgenossenschaft Öhringen vom 29. 11. 1949 hatten ihre Wirkung nicht verfehlt. Unter anderem hatte es dort geheißen: »Die Schleppervorführungen mit ihrem F 15-Dieselross, welche augenblicklich durch uns im Kreis Öhringen veranstaltet werden, begegnen überall großem Interesse. Ausnahmslos wird die unglaubliche Leistungsfähigkeit dieser Maschine und besonders die Tatsache, dass ein Aufbäumen selbst bei stärkster Belastung nicht erfolgt, anerkannt. In der Zugleistung erreichte Ihre Maschine in geschältem Acker bergauf 140 Zentner und erreichte damit die Zugleistung des Lanz-Bulldogs D 7506.«

Das alles konnte sich durchaus sehen lassen. Voller Selbstvertrauen beteiligte sich Fendt deshalb mit einem großen Stand und einem breit gefächerten Angebot an der vom 27. Mai bis zum 3. Juni 1951 in Hamburg stattfindenden 41. DLG-Wanderausstellung. Die Dieselrösser der Reihe F 15 wurden dem Publikum dabei als »Kleinschlepper« bzw. »Hackfruchtschlepper«, die neuen Dieselrösser des Typs F 20 als »Mittelschlepper«, die Reihe F 25 als »Universal-Schlepper« und die für den Einsatz auf Gutsbetrieben ausgerichtete Modellreihe F 40 als »Großschlepper« vorgestellt. Doch für welches Modell sich der Landwirt auch entschied, im Aufbau entsprachen die Dieselrösser einander und vermittelten zusammen das Bild einer in sich abgerundeten, schlüssigen Typenpalette.

So hatte Fendt für den Aufbau der neuen Dieselrösser F 20 und F 40 auf bestehende Geschäftsverbindungen zurückgegriffen. MWM lieferte wieder die Motoren, darunter im F 40 erstmals in der Fendt-Geschichte einen Dreizylinder. Das Getriebe im F 20 baute Fendt wie beim F 15 selbst, während im Großschlepper F 40 erneut die Zahnradfabrik Passau zulieferte. Für die Lenkung stand ZF, für die Kupplung Fichtel & Sachs, für die Elektrik Bosch und so ging es weiter: Zum Einbau gelangten durchweg Bauteile erster Adressen im deutschen Traktorenbau, so dass die Parole durchaus Substanz besaß, die Fendt allen Dieselrössern voranstellte: »Ausgereifte Konstruktion, neuzeitliche Formgebung, wirtschaftlich und zuverlässig, beste Qualität, große Produktion, besonders preiswert«. Hinzu kam nicht zuletzt die von etlichen Kritikern herausgestellte »bestechende Formschönheit« der Dieselrösser, die sie zum Stolz ihrer Besitzer werden ließen.

Dem Engagement von Fendt in Hamburg war ein großartiger Erfolg beschieden. Mehr als 800 000 interessierte Besucher hatte man zuvor noch nie auf einer einzelnen Veranstaltung ansprechen können. Wichtiger aber noch war, dass man als Marktführer in Bayern nun auch bundesweit Flagge gezeigt hatte, was von der landtechnisch interessierten Öffentlichkeit unmittelbar zur Kenntnis genommen wurde. Seinen Niederschlag fand dies beispielsweise im Programm der von der Maschinen- und Geräte-Abteilung der Deutschen Landwirtschafts-Gesellschaft veranstalteten Studienfahrt der Maschinenberater. Mit Unterstützung durch das Bonner Ministerium für Ernährung, Landwirtschaft und Forsten hatten sich dazu für die Zeit vom 10. bis 15. September 1951 45 Multiplikatoren angemeldet, darunter die Landtechnik-Professoren Brenner, Kloth und Meyer, alle drei Braunschweig-Völkenrode, Gallwitz, Göttingen, Marks, Berlin-Charlottenburg, Rheinwald, Hohenheim und Victor, Geisenheim. Stark vertreten waren ferner die Landtechnik-Experten der verschiedenen Agrarministerien und Landwirtschaftskammern. Oberregierungsrat Abel, Bonn, Dipl.-Ing. Fischer, Kiel, Ing. Jeberin, Dr. Kaschny und Dr.-Ing. Mertens, alle Hannover, Ing. Knoch, Mainz, Dipl.-Ing. Kriebel, Münster, und Dipl.-Landw. Rilling, Künzelsau, wussten genau, wo die Bauern der Schuh drückte und wurden als Ratgeber von ihnen geschätzt. Blieben schließlich noch die Vertreter von DLG, KTL, ESSO-Hof Dethlingen und Schlepperprüffeld Rauischholzhausen bei Marburg, die, wie beispielsweise die Herren Dipl.-Ing. Ebertz, Dr.-Ing. Franke, Dr. Hechelmann und Dipl.-Landw. Stauss ein gewichtiges Wort bei allen Fragen der landwirtschaftlichen Mechanisierung mitzureden hatten.

Diese Mannschaft bereiste nun Süddeutschland, unter anderem, um sich über die Leistungsfähigkeit von Schleppergemeinschaften kundig zu machen. Eine Station bildete der kleine Weiler Amrichshausen. Hier hatten sich im Oktober 1950 sechs Landwirte mit zusammen 31 ha landw. Nutzfläche zusammengetan und ein Fendt Dieselross des Typs F 15 GH mit Mähwerk gekauft. Neun Monate lang hatten die Landwirte über alle Aktivitäten des Traktors gewissenhaft Buch geführt und konnten dem Expertengremium nun über 395 Dieselross-Arbeitsstunden detailliert Auskunft geben. Dabei zeigten sich die Stärken des Dieselrosses bei der Erledigung von Transporten, Ackerarbeiten und der Futterernte. Auch im Forst und beim Mistfahren bewährte sich das Dieselross mit der Konsequenz, dass keiner der in der Schleppergemeinschaft zusammengefassten Betriebe zukünftig auf den Traktor verzichten wollte, mehr noch, die Entscheidung war definitiv gegen Kuh- und Pferdeeinsatz gefallen, was seitens der Maschinenberater aufmerksam registriert wurde.

Der positive Verlauf des Jahres 1951 hinterließ in den Produktionszahlen in Markt Oberdorf sofort Wirkung. Mit 5860 Dieselrössern konnte ein neuer Produktionsrekord aufgestellt werden, der eine veränderte Sprachregelung erforderte. Die Rede war nun von »Großserienfertigung«, die allerdings nicht bei allen Modellreihen erreicht wurde. Im Einzelnen stellte sich die Produktionsstatistik so dar: Hauptumsatzträger war das Dieselross-Modell F 15 G mit 2547 produzierten Einheiten. Das Modell F 25 P folgt mit 1163 Traktoren vor dem Modell F 18 H mit 955 Fahrzeugen. 535 Traktoren der F 20-Serie bestätigten die gute Akzeptanz der neuen mittleren Modellreihe, während die Stückzahlen der erstmals in Serie gegangenen Großtraktoren F 28 und F 40 mit 47 bzw. 18 Einheiten noch zu wünschen übrig ließen. Die Fendt-Belegschaft blieb von solchen Betrachtungen weitgehend unberührt. Sie stieg auf 570 Mitarbeiter an, was gleichfalls einen Rekord für Fendt bedeutete.

Bei aller Freude über dieses starke Wachstum war Fendt nicht verborgen geblieben, dass das Produkt »Traktor« auf Dauer nicht ausschließlich als Zugtierersatz würde auskommen können. Fendt besaß zwar, was das Schleppermähwerk anbelangte, beinahe schon traditionell einen Vorsprung vor der Konkurrenz, doch einigen Landwirten reichte dies nicht aus. Sie begannen, mehr vom Schlepper zu erwarten als das Mähen von Grünland, das Antreiben von Arbeitsmaschinen über Riemenscheibe und Zapfwelle sowie das bloße Ziehen von ursprünglich für den Gespannbetrieb entwickelten Geräten. Sie wollten ihren Traktor als selbstfahrende Kraftzentrale einsetzen, von der aus in hoher Effizienz gepflügt und geeggt, angetrieben und gezogen werden konnte.

Der Schwingrahmen bot sich einige Jahre als Lösung für den Geräteanbau an, doch kaum waren um 1951 erste Norm-Entwürfe beschlossen, da kamen aus dem Ausland Traktoren, die über Vorrichtungen zum Dreipunktanbau verfügten. In allen Konstruktionsbüros, so auch bei Fendt, rief dies heftige Betriebsamkeit hervor. Allerorten wurde über das Für und Wider von Schwingrahmen und Dreipunktanbau gestritten. Hinzu kam, dass es Patente gab, die berücksichtigt sein wollten. So blieb Fendt zunächst bei Kraftheber und Schwingrahmen, experimentierte aber gleichzeitig mit Vorrichtungen für einen Dreipunktanbau, um für alle Eventualitäten gerüstet zu sein.

Die 1952er-Produktion der Dieselrösser belief sich auf 6771 Maschinen. Dies bedeutete wiederum Rekord, vor allem aber befand sich das 20 000. Dieselross darunter, was jedoch vergleichsweise ruhig zur Kenntnis genommen wurde. Der Ausbau der Markt Oberdorfer Fertigungskapazitäten hatte Vorrang vor großen Feiern, denn noch schien der Höhepunkt des Schlepperbooms nicht erreicht. Auch verlangte die Pflege des Traktoren-Programms volle Aufmerksamkeit. Das vielfach bewährte Modell F 18 in seinen unterschiedlichen Ausprägungen lief nach 15 Jahren endgültig aus, es hatte wahrlich seine Schuldigkeit getan. Daneben kam das Dieselross F 12 in der wassergekühlten GH-Version neu ins Programm. Angetrieben von einem 1-Zylinder-4-Takt-Dieselmotor des Herstellers MWM verfügte es bei 2000/min über bescheidene 12 PS. Doch was an Kraft fehlte, glich das Fendt-Getriebe mit 6 Vorwärts- und 2 Rückwärtsgängen an Spritzigkeit wieder aus. Fendt-Getriebe-Experte Martin Schmidt hatte es in Markt Oberdorf entwickelt und laut Oberingenieur Friedrich Görner mit dem Motor zu einem »konkurrenzlos klein bauenden Motor-Getriebeblock« zusammengefügt.

Spritzigkeit und Vielseitigkeit waren denn auch die besonderen Merkmale des kleinsten aller Dieselrösser. Der ihm von seinen Konstrukteuren anvertraute Aufgabenbereich reichte von der Übernahme der Zugarbeiten bis hin zur Wahrnehmung der Bestell- und Pflegearbeiten, für die der Landwirt bislang Pferde-, Ochsen- oder Kuhgespann bereithalten musste. Während Letztere aber das ganze Jahr über versorgt und gefüttert sein wollten, blieb das Dieselross in seinen Ansprüchen sehr bescheiden. Der mittlere Kraftstoffverbrauch betrug gerade einmal 1 Liter je Stunde und lag damit niedriger als bei allen anderen Dieselrössern.

Was die Handhabbarkeit betraf, konnte sich das F-12-Dieselross gleichfalls sehen lassen. Zapfwelle, Differenzialsperre, Einzelrad-Lenkbremse, Riemenscheibe sowie der tiefenverstellbare Schwingrahmen befanden sich so angeordnet, dass sie gut zugänglich bzw. einfach zu bedienen waren. Nicht von ungefähr hoffte Fendt daher, mit dem F 12 GH in besonderer Weise Bäuerinnen ansprechen zu können. In ihnen sahen die Markt Oberdorfer längst nicht mehr nur die Herrin des Hofes und zuverlässige Helferin des Bauern in der Außenwirtschaft. Sie werteten die Bäuerin vielmehr als in der Innen- wie Außenwirtschaft gleichwertige Persönlichkeit, für die die Motorisierung entsprechende Möglichkeiten anzubieten hatte.

Allerdings hatte das 12-PS-Dieselross auch seine Tücken. In Versuchen hatte sich gezeigt, dass dem F 12 GH eine Tendenz zum rückwärtigen Überschlag innewohnte. Bevor dies aber richtig ruchbar wurde, hatten die Fendtler eine Abhilfe gefunden. Unter der Dieselross-Motorhaube des F 12 GH wurden Ballastgewichte angeordnet, die das Gewicht und damit auch die Zugkraft erhöhten, was von den Kunden positiv aufgenommen wurde.

Doch was vermögen alle Erklärungen und Prospekte im Vergleich zu einem wirkungsvollen Praxistest zu bewirken? Letzterer, kompetent durchgeführt und gut publiziert, besaß bei den Bauern immer schon besondere Aussagekraft. 1952 erkannte Fendt den in der Nähe Freiburgs gelegenen Baldenwegerhof als geeignetes Terrain für eine solche Demonstration. Am Fuße des Schwarzwalds, inmitten bäuerlicher Familienbetriebe gelegen, leitete dort Paul Mertznich eine Maschinen- und Beratungsstelle, die das Vertrauen des Landvolks in besonderem Maße genoss. Basisnah, ehrlich und verständlich wurden dort Maschinen in aller Öffentlichkeit einer intensiven Prüfung unterzogen.

Der von Mertznich zusammen mit KTL und Badischem Landwirtschaftsministerium am 17. Oktober 1952 durchgeführten »Kleinschlepper-Vergleichsvorführung« war das öffentliche Interesse gewiss. Aus dem In- und Ausland kamen Berater und Bauern zum Baldenwegerhof und staunten nicht schlecht, als sie den Fendt F 12 GH mit großer Anbaugerätereihe im Einsatz erlebten. Vom Vielfach- und Hackgerät über den Grubber bis hin zum Winkeldrehpflug reichte die Palette, die entweder von Fendt selbst oder aber von renommierten Landmaschinen-Herstellern wie Stoll und Fella eigens für den F 12 entwickelt worden waren.

Das kleine F-12-Dieselross schlug sich wacker auf der einstigen badischen Domäne. Auf ebenem, aber schwerem Boden überzeugte es Publikum wie Experten ebenso wie im Hang bei bis zu 30 % Neigung. Dem 12er war, darüber herrschte im Südbadischen Einigkeit, eine gute Zukunft sicher. Tatsächlich konnten sich die Produktions- und Absatzzahlen des F 12 GH mit 296 Schleppern schon im ersten Produktionsjahr 1952 sehen lassen. Die Akzeptanz lag sogleich höher als für den Großtraktor F 40, der für die bayerischen Grünlandbetriebe, die Hauptabnehmer der Dieselrösser, damals noch eine Nummer zu groß war.

Das Potenzial des Dieselrosses F 12 GH war gewaltig. 1953 belief sich die Produktion auf sage und schreibe 2409 Einheiten, was Rekord bedeutete. Von einem einzigen Schleppertyp hatte Fendt binnen eines Jahres fast zweieinhalbmal so viele Traktoren fabriziert wie zu Beginn der Traktorenfertigung in 10 Jahren insgesamt.

Ohne den ständigen Ausbau der Werksanlagen wäre dies nicht möglich geworden, und auch das stetige Anwachsen der Belegschaft trug dem Unternehmenswachstum Rechnung. 1953 verdienten 702 Personen bei Fendt ihr Einkommen, womit die Schlepperfabrik unangefochten der größte Arbeitgeber am Orte blieb, dessen Bedeutungsgewinn durch die Erhebung zur Stadt unterstrichen wurde. Ab sofort änderte sich die Schreibweise und lautete von nun an »Marktoberdorf«.

Nicht nur Wachstum allein kennzeichnete für Fendt das Jahr 1953. Mit großem Interesse hatte man den Markt beobachtet, auf dem die Wettbewerber Eicher und KHD mit luftgekühlten Schleppern Aufsehen erregten. Auf der vom 31. Mai bis zum 7. Juni in Köln stattfindenden 42. DLG-Wanderausstellung wurde die Unempfindlichkeit luftgekühlter Motoren gegen Frost von den Werbeexperten groß herausgestellt, blieb aber nicht das einzige Argument. In der ATZ (Automobiltechnische Zeitschrift) erschienen in den Konstruktionsabteilungen der Schlepperhersteller vielbeachtete Aufsätze, in denen behauptet wurde, luftgekühlte Dieselmotoren seien in ihren Emissionen weniger umweltbelastend.

In Marktoberdorf begegnete man diesen Feststellungen von vorneherein mit Skepsis, doch dem Wunsch vieler Landwirte nach luftgekühlten Traktoren entzog man sich nicht. Das Modell F 12 HL erhielt denn auch einen luftgekühlten 1-Zylinder-4-Takt-MWM-Dieselmotor, der bei 2000/min aus 905 cm³ 12 PS herauszuholen vermochte. 445 Einheiten des Typs konnten im ersten Produktionsjahr hergestellt werden, womit die F-12-Reihe insgesamt auf 2854 Einheiten kam, was einem Anteil von beachtlichen 42 % an der Fendt-Jahresproduktion entsprach.

Der Trend zu Traktoren mit luftgekühlten Motoren setzte sich 1954 fort. Bei den 12er-Dieselrössern überstieg die Zahl der luftgekühlten Schlepper die der wassergekühlten um fast 200. Noch erfolgreicher aber entwickelte sich auf Anhieb das neu in das Fertigungsprogramm aufgenommene Dieselross F 24 L. 1946 Einheiten des vom luftgekühlten MWM-2-Zylinder-4-Takt-Dieselmotor Bauart AKD 12 Z angetriebenen Traktors machten dieses Modell auf Anhieb zum »Shooting-Star« unter den Fendt Traktoren.

Dafür ausschlaggebend war allerdings weniger die Positionierung in der dichtbesetzten 24-PS-Klasse, als vielmehr das Ausstattungspaket. Es reichte von Mähwerk und Klappgreifern bis hin zur neuen, sowohl mit Dreipunktgestänge als auch mit Normschwingrahmen zu kombinierenden Fendt-Hydraulik-Kraftheberanlage. Zusammen mit dem gleichfalls verfügbaren hydraulischen Frontlader kam das 24-PS-Dieselross der Idee von der vielseitig einsetzbaren Kraftzentrale in besonderer Weise nahe, was die technikbegeisterten Landwirte mit großer Genugtuung zur Kenntnis nahmen.

Die Entwicklung der Fendt-Schlepperhydraulik entbehrte der Dramatik nicht. Dass sie für die weitere Zukunft der Marktoberdorfer Traktoren von größter Bedeutung sein würde, hatte man rechtzeitig erkannt und für die Realisie-

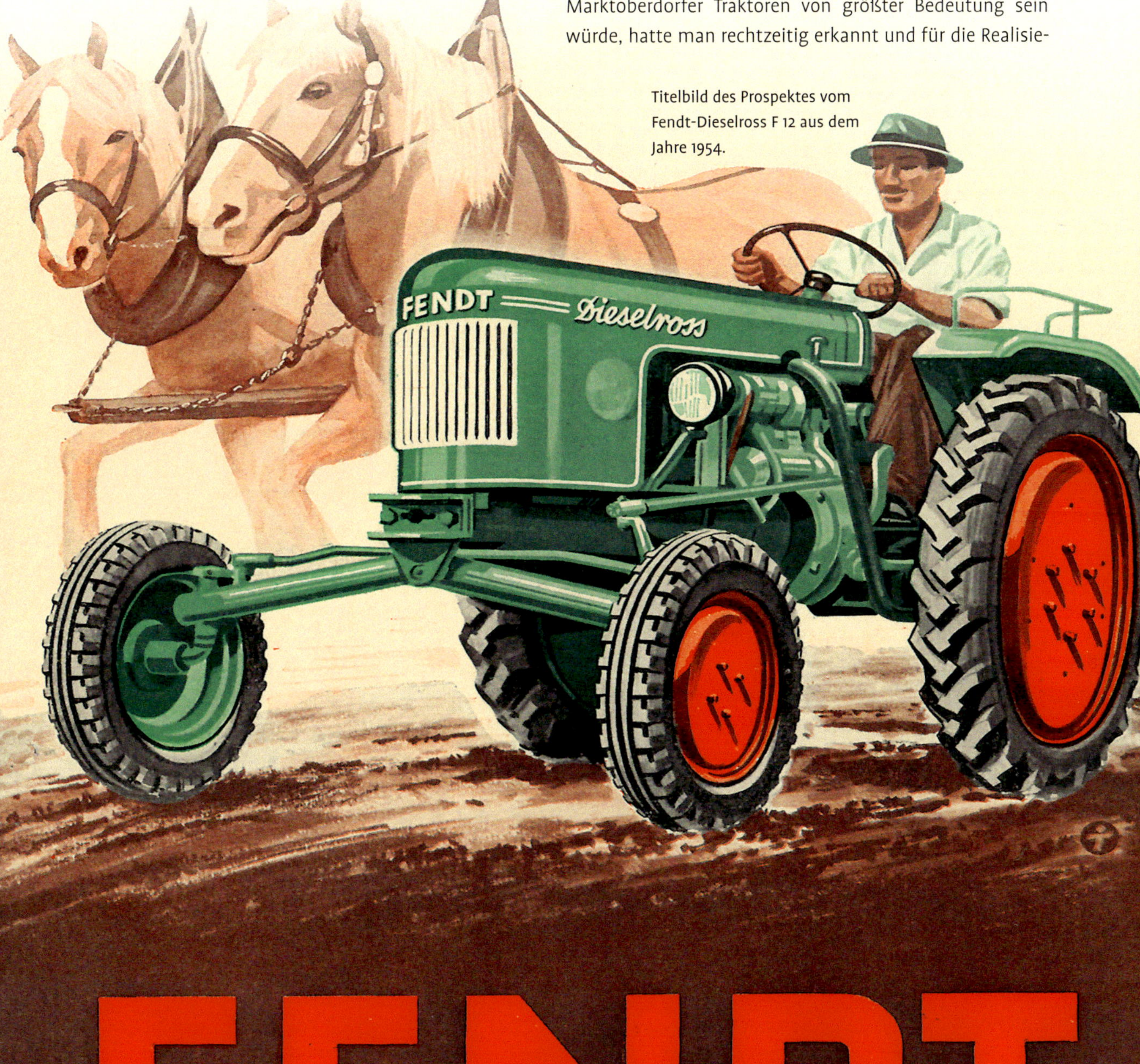

Titelbild des Prospektes vom Fendt-Dieselross F 12 aus dem Jahre 1954.

Schnittbild vom Fendt-Dieselross F 15 (15 PS) mit eigenem Getriebe und Mähantrieb direkt hinter der Schwungscheibe.

rung unter anderem die Verbindung zur Helmut Sachse KG in Kempten aufgenommen. Sachse betätigte sich zwar in der Hauptsache auf dem Gebiet der Kettelmaschinenproduktion, wie sie in der Textilherstellung verwendet werden. Daneben jedoch hatte das etwa 200 Mitarbeiter beschäftigende Unternehmen Sachse eine interessante Fertigungsschiene für Hydraulikventile und -anlagen aufgebaut, die wichtige Teile für Fendt zuzuliefern imstande war.

Die Kooperation Fendt – Sachse ließ sich zunächst gut an, doch kam es bei dem Kemptener Unternehmen noch im Laufe des Jahres 1954 zu Liefer- und Zahlungsschwierigkeiten. Fendt als einer der Hauptabnehmer sah sich in die Verantwortung genommen. Um die Produktion der F-24-L-Dieselrösser mit ihrer Fendt-Hydraulik nicht zu gefährden, entschlossen sich die Gebrüder Hermann und Xaver Fendt, zum 1. November 1954 die H. Sachse KG komplett zu übernehmen. Mehr noch, Xaver Fendt trat persönlich die Stelle eines Geschäftsführers an und setzte so ein Zeichen für die Fortführung des Geschäftsbetriebs.

Bis zum Jahre 1975 hatte er diese Position inne und wirkte, unterstützt unter anderem von dem langjährigen technischen Leiter Karl Peter, mit, die Produktionsanlage in Kempten zum leistungsfähigen Werk 2 auszubauen. Allerdings behielt das Werk Kempten seine unternehmerische Selbstständigkeit. Als »Kemptener Maschinenfabrik GmbH« (KMF) engagierte sich das Werk vor allem in der Entwicklung und Produktion von Dreipunkt-Regelhydrauliken, Steuerventilen, Hubzylindern und Mähwerks-Antriebsaggregaten, wie sie in hoher Qualität in immer größerer Zahl in Marktoberdorf verlangt wurden. Daneben behielt die KMF die Herstellung von Kettelmaschinen im Programm, ja sie baute die Kettelmaschinentechnik sogar im Laufe der Jahre weiter aus.

Das unternehmerische Engagement der Brüder Fendt im Ostallgäu blieb nicht ohne Reaktion. Bundespräsident Theodor Heuss verlieh Hermann und Xaver für die Leis-

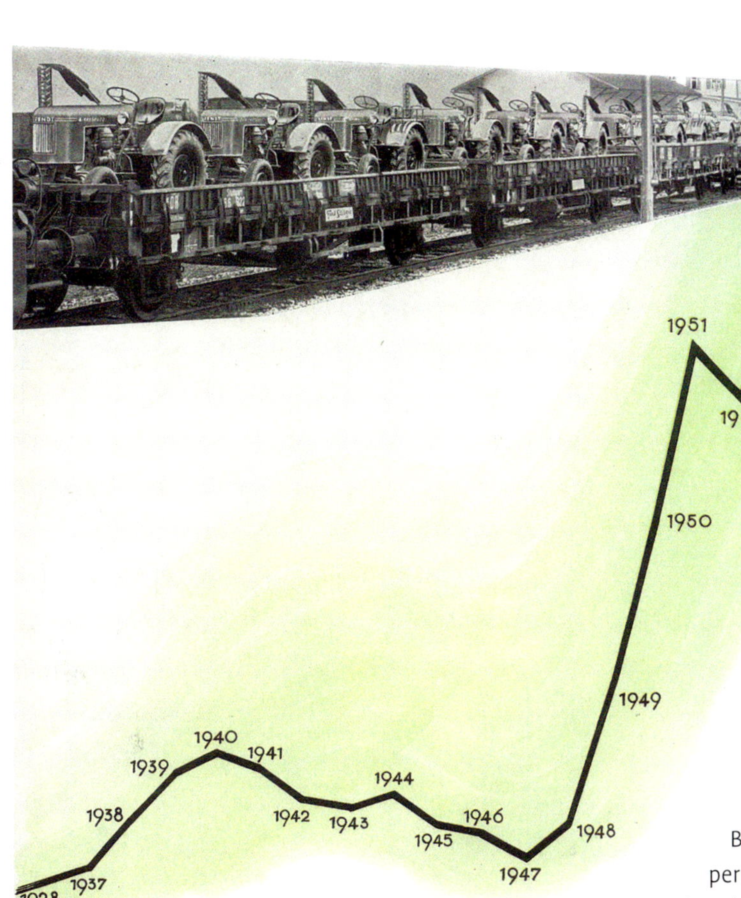

Dynamische Produktionsentwicklung der Fendt-Dieselrösser in den 50er-Jahren.
Ganzzüge mit Dieselrössern auf dem Weg nach Bremerhaven zur Schiffsverladung in den Nahen Osten.

tungen als Industriepioniere noch im gleichen Jahr das Bundesverdienstkreuz, welches Landrat Dr. Meyer-Falckenberg im Marktoberdorfer Rathaus feierlich aushändigte. »Ein Festtag bei den ›Dieselrössern‹«, überschrieb die Presse den Bericht, der vor allem auf die in der Schlepperfabrik Fendt realisierten sozialen Leistungen aufmerksam machte. Sie reichten von den inzwischen auf 120 angewachsenen Werkswohnungen über eine Unterstützungskasse für in Not geratene Werksangehörige bis hin zur Tag und Nacht geöffneten werkseigenen Kantine. Auch in Kleinigkeiten zeigte Fendt ein weites Herz. Den teilweise von weither mit dem Motorrad zur Arbeit kommenden Werksangehörigen wurden kostenlos Motorradhelme zur Verfügung gestellt, und um Fußverletzungen im Werksgelände vorzubeugen, konnten in einer Kleiderkammer Sicherheitsschuhe bezogen werden.

Dies alles konnte sich sehen lassen und führte, wie Hermann Fendt später lächelnd zu erzählen pflegte, dazu, dass Mitte der 1950er-Jahre allein schon die Zugehörigkeit zur Schlepperfabrik ein wichtiges Argument in Heiratsanzeigen war. »Fendt Arbeiter bevorzugt«, ließen einige junge Frauen wissen, wenn sie nach einem Mann für das Leben Ausschau hielten. Für ihre Zukunft sahen sie darin ein solides Fundament.

Und noch ein Ereignis bot Fendt 1954 Anlass zur Freude. Als 30 000. Dieselross verließ ein Fendt F 24 L die Fließbänder. Da konnte ein Ministerbesuch nicht ausbleiben. Bundeslandwirtschaftsminister Heinrich Lübke persönlich machte Fendt die Aufwartung. Sicher, der obligatorische Rundgang durch die Werksanlagen fand auch statt, doch der Bundesminister wollte mehr. Mit einem Typen-Vereinfachungsprogramm hatte er zuvor von sich Reden gemacht, das der umfassenden Motorisierung hilfreich sein sollte. Ferner wünschte Lübke die Produktion eines 5000-DM-Traktors für klein- und mittelbäuerliche Betriebe. Für beide Anliegen suchte er den Rat von Hermann Fendt, der wiederum auf die niedrige Preiskalkulation der Fendt-Dieselrösser verwies. »In Leistung und Preis ist Fendt unschlagbar«, sagte Fendt und stellte zusätzlich fest: »Wir stellen Traktoren her, mit denen eine Person ohne Werkzeug alles machen kann.« Das Selbstbewusstsein eines Unternehmers, in dessen Werk 849 Mitarbeiter im Jahr 1954 exakt 9370 Traktoren produzierten, sprach aus diesen Worten.

Schlepperproduktionszahlen sind das eine, Zulassungsstatistiken das andere Indiz, um die Position eines Traktorenherstellers im Markt zu bestimmen. Mit einem dritten Indikator beschäftigte sich 1954 das Kraftfahrt-Bundesamt, als es den bundesweiten Schlepperbestand zum Stichtag 1. Juli 1954 vorstellte. Danach waren in Westdeutschland

30 074 zugelassene Dieselrösser gezählt worden, womit Fendt bei einem Anteil von 7,9% hinter Lanz, KHD und Hanomag den vierten Rang inne hatte. Nach wie vor waren die Dieselrösser in Bayern Marktführer, doch erfreuten sie sich inzwischen auch bundesweit großer Beliebtheit. Eine Ausnahme bildete allein Hamburg. Unter statistisch erfassten 2104 Hamburger Zugmaschinen befand sich kein einziges Dieselross.

Das Jahr 1955 markiert in der deutschen Traktorengeschichte einen Höhepunkt. 99 341 neu zugelassene Zugmaschinen stellen einen Rekord dar, der vermutlich nicht mehr übetroffen werden wird. Fendt erreichte einen Marktanteil von fast 10 % und rangierte mit 9834 Maschinen hinter Hanomag, KHD und Lanz-Mannheim auf dem vierten Platz. Stark vertreten war man insbesondere in den Leistungsklassen »bis 12 PS« sowie »18–24 PS«, während man in der Klasse der Großtraktoren (35–60 PS) mit gerade 48 Neuzulassungen Aufholbedarf besaß. Gleichwohl lag man auch in dieser Leistungsklasse immer noch vor dem bayerischen Konkurrenten Schlüter, der es nur auf 14 neu zugelassene »Großschlepper« gebracht hatte. Beherrscht wurde die oberste Leistungsklasse dagegen von Hanomag, Lanz-Mannheim, MAN und aus dem Ausland importierten Ford-Traktoren.

Fendt focht dies nicht an. Man sah sich bei den bäuerlichen Familienbetrieben erfolgreich, denen die besondere Sympathie der Politik galt. Und auf allen Hochzeiten zu tanzen, das war noch nie das Ziel der Allgäuer gewesen. Man hatte mit dem Ausbau der Kapazitäten ohnehin mehr als genug zu tun. Neue Fertigungsanlagen mussten errichtet werden und zusätzliches Personal war einzustellen. Letzteres bereitete inzwischen große Probleme. Hermann Fendt beklagte mehr als einmal den Facharbeitermangel, der den Ausbau des Werks erschwerte.

Südtiroler Fendt-Händler präsentieren Dieselrösser in Bozen (1951).

Doch es boomte auch so. Nur wenige Monate nach der Feier für das 30 000. Dieselross konnte am 13. November 1955 in einem Festakt das 50 000. Dieselross vorgestellt werden. In der Feierstunde erklärte Hermann Fendt den Gästen, darunter Vizekanzler Blücher: »Heute sind wir die größte Schlepperfabrik des Landes Bayern und beschäftigen hier und in unserem Marktoberdorfer Werk 1500 Mann. Unsere Tagesproduktion liegt je nach Bedarf zwischen 50 und 70 Maschinen mit einem Jahresausstoß von über 12 000 Stück.«

Voller Stolz legte Fendt erstmals eine Festschrift vor. 20 Seiten umfasste die im Allgäuer Heimatverlag, Kempten, hergestellte Schrift, die einen reich bebilderten Bogen von den Gründern und Inhabern der Fendt-Werke bis hin zur grafischen Darstellung des Dieselross-Absatzes schlug. In Schrift und Bild wurde über Werkzeugmaschinen, Fertigungsstraßen, Spritzlackiererei und die vielfältigen Sozialleistungen informiert. Letztere reichten vom »geschmackvoll eingerichteten Speisesaal bis hin zum gehobenen Standard der sanitären Einrichtungen«. Waschräume, Wannen- und Duschbad waren einer gesonderten Vorstellung wert, erfüllten sie doch »alle Anforderungen an eine vorbildliche Arbeitshygiene«.

Bis zum Jahresende 1955 produzierte Fendt exakt 11 811 Traktoren, ein Ergebnis, das vor allem von den Reihen F 12, F 15, F 20 und F 24 getragen wurde. Letztere war neben der luftgekühlten Version nun auch in wassergekühlter Bauart F 24 W verfügbar und belegt damit das Bemühen des Herstellers, den Wünschen der Bauern möglichst umfassend zu entsprechen. Insgesamt zählte Fendt sieben verschiedene Dieselross-Baureihen im Programm, das von 12–40 PS reichte. Auch was die Ausrüstung der Schlepper-Modelle anbelangte, wurde Differenzierung verlangt. Hydraulik befand sich offenkundig auf dem Vormarsch, doch gab es immer noch Bauern, die sie als »modernen Schnickschnack« ablehnten. Nach wie vor sahen sie im Dieselross den stählernen Bruder des Hafer fressenden

Hermann (links) und Xaver Fendt vor dem Schnittbild des neuen 40 PS starken Fendt-Schleppers F 40.

Ackergauls, doch in dieser Funktion waren seine Tage gezählt.

Eine neue Dimenson hatte zudem der Schlepper-Export erreicht. In 30 Länder lieferte Fendt Dieselrösser, für die damalige Zeit war dies beinahe weltumspannend. Stolz verschickte Pressechef Willi Zinnecker seine Mitteilungen, wenn wieder einmal »Ganzzüge« mit Traktoren Marktoberdorf in Richtung Bremerhaven verlassen hatten. Dort übernahmen dann Frachter die Dieselrösser, um sie in großer Zahl in die Türkei oder auch nach Saudi-Arabien zu transportieren. Dass Klappern zum Handwerk gehört, unterstreicht ferner die Schenkung eines F-15-Schleppers an das persische Kaiserpaar. Der bei dieser Gelegenheit geäußerte Wunsch, das Dieselross möge zum Symbol für die Mechanisierung der iranischen Landwirtschaft werden, wurde vom Schah seinerzeit zustimmend zur Kenntnis genommen und bildete die Grundlage für jahrzehntelange gute Geschäftsbeziehungen.

Es ist schwierig genug, auf einem wachsenden Markt erfolgreich zu agieren. Fendt hat in den Nachkriegsjahren gezeigt, dass das Unternehmen diesen Herausforderungen gewachsen war. Die Schlepper-Fabrik entwickelte sich kontinuierlich, verzichtete auf Finanzierungsabenteuer und achtete vor allem darauf, dass das Preis-Leistungs-Verhältnis der Produkte stimmte. Mit den Worten von Hermann Fendt ließ sich der Erfolg so erklären: »Hohes technisches Können, kaufmännischer Wagemut, Fleiß, Beharrlichkeit, Präzision und vor allem eine tiefe Kenntnis der bäuerlichen Erfordernisse haben das stolze Ergebnis ermöglicht. Dem Bauern seine schwere Arbeit erleichtern helfen, wird auch in Zukunft das Hauptziel der Fendt-Werke bleiben.«

Doch was bleibt von hehren Vorhaben, wenn an die Stelle von Zuwachsraten plötzlich rückläufige Produktions- und Absatzzahlen treten? Manches Unternehmen verliert in dieser Situation die Selbstständigkeit, andere suchen in Kooperation und Übernahme ihr Heil. Allen gemeinsam ist das Bemühen, möglichst ungeschoren aus dem Abschwung

FENDT
FENDT Dieselross
12·15·20·
·28·40
PS
CV
HP
Dieselross
TRACTOR
ARGENTINIEN·BRASILIEN·
CUBA
·PARAGUAY·URUGUAY
ÄGYPTEN
TUNIS
TÜRKEI
·MAROKKO·SCHWEDEN·INDONESIEN·NORWEGEN·GRIECHENLAND·ALGERIEN·SCHWEIZ·FINNLAND·LIECHTENSTEIN·DÄNEMARK·NIEDERLANDE·BELGIEN·LUXEMBURG·FRANKREICH·ÖSTERREICH·ITALIEN·DEUTSCHLAND

herauszukommen. Genau diese Situation kennzeichnete den deutschen Traktoren-Markt nach dem Boomjahr 1955.

Abnehmende Zulassungszahlen machten sämtlichen Traktoren-Herstellern zu schaffen. Die Gerüchteküche brodelte und erfasste von Lanz bis Porsche-Diesel, von Deutz bis Fahr und Güldner nahezu jedes Unternehmen. Auch Fendt bekam die Krise zu spüren. Betrug der Umsatz 1955 noch 76,2 Mio. DM, so verminderte er sich im Jahr 1956 auf 67,1 Mio. DM. Die Produktion sank um 2405 Traktoren auf 9406 Einheiten, was einem Rückgang um mehr als 20 % entsprach.

Konkret bedeutete dies, dass in der zweiten Jahreshälfte 1956 erstmals wieder seit Jahren nur eine Schicht gefahren wurde. Dies aber rief sogleich Kommune und ortsansässige Geschäftsleute auf den Plan. Es hieß in Marktoberdorf: »Wenn der Fendt einen Schnupfen bekommt, hat die Gemeinde gleich eine schwere Grippe.«

Doch so dramatisch wie etwa in Mannheim, wo Lanz die unternehmerische Selbstständigkeit verlor, wirkte sich der Abschwung bei Fendt nicht aus. Hermann und Xaver Fendt konnten darauf hinweisen, dass der Aufbau des Unternehmens »aus eigenen Mitteln finanziert« war, dass »Bankkredite lediglich zur Finanzierung des Lagerumschlags herangezogen wurden«. Hinzu kam, dass sich wieder einmal das Fendt spezifische Vertriebssystem bewährte. Die großen Warenzentralen in Bayern, Württemberg, Baden und Hessen wussten das ihnen vom Hersteller zugestandene Alleinvertriebsrecht der Fendt-Traktoren zu schätzen. Sie blieben, wie Hermann Fendt später mit einiger Genugtuung erzählte, im Boot, auch in rauer gewordener See.

Neue Traktoren brachte Fendt 1956 auch auf den Markt. Pünktlich zur vom 9. bis zum 16. September in Hannover stattfindenden 44. DLG-Wanderausstellung wartete Fendt mit »zahlreichen Überraschungen« auf. Neben dem Geräteträger F 12 GT, der allerdings nicht im Zeichen des Dieselrosses präsentiert wurde, waren dies die Modelle FL 114, F 17 und FL 236. Beim Dieselross FL 114 handelte es sich um einen Kleintraktor zur Mechanisierung klein- und kleinstbäuerlicher Betriebe. Er sollte, so die Vorgabe der Fendt-Planer, »an die Stelle des noch häufig verwendeten Pferde- oder Ochsengespannes treten und damit Bauer und Bäuerin von schwerster körperlicher Arbeit entlasten«. Angetrieben von einem 1-Zyl.-2-Takt-Dieselmotor des Herstellers Ilo sollte er es je nach Einstellung auf 10 bzw. 12 PS Leistung bringen. Als Kraftstoffverbrauch wurden ca. 1 Liter pro Arbeitsstunde im Jahresdurchschnitt in Aussicht gestellt. Das Getriebe stammte von ZF, verfügte über 6 Vorwärts- und 2 Rückwärtsgänge und konnte auf Wunsch um den Superkriechgang mit drei Stufen ergänzt werden. Differenzialsperre, motorabhängige Zapfwelle, verstopfungsfrei arbeitendes Mähwerk mit An- und Abbau durch Schnellverschlüsse, Fendt-3-Punkt-Hydraulik und Riemenscheibe rundeten das FL 114-Paket ab. Hervorgehoben wurden ferner die niedrige Bauart bei hoher Bodenfreiheit unter den Achsen und die durch das geringe Eigengewicht von nur 800 kg bedingte geringe Bodenverdichtung. Bei Fendt erhielt das FL 114-Dieselross bald den Beinamen »Eggelings Favorit«. Damit spielte man auf den langjährigen Fendt-Werksbeauftragten für Württemberg an, Herrn Eggeling, der mit diesem Traktor bei seinen nur über kleine Flächen verfügenden Bauern auf große Resonanz stieß.

Übersicht über das Leistungsangebot der Dieselrösser und die inzwischen aufgebauten Auslandsmärkte Mitte der 50er-Jahre.

Beim ebenfalls neu vorgestellten Dieselross F 17 handelte es sich um einen in einer luft- und einer wassergekühlten Version verfügbaren Traktor. MWM lieferte wie gehabt die Motoren (AKD 311 Z bzw. KD 211 Z) zu, während Fendt unter anderem den ölhydraulischen 3-Punkt-Kraftheber und Mähwerksantrieb beisteuerte. Stolz wies Fendt auf die verstärkte Vorderachse und den neu konstruierten Mähwerks-Aufzug hin. Schnellverschlüsse ermöglichten dem Fahrer eine um 50% leichtere und bequemere Bedienung. Auch das Getriebe mit 6 Vor- und 2 Rückwärtsgängen bei Fahrgeschwindigkeiten zwischen 0,9 und 20 km/h war eine Fendt-Eigenkonstruktion. Es entstammte einer personell kleinen, vom Kreativpotenzial her aber wichtigen Abteilung, deren Arbeit seit 1953 maßgeblich von Friedrich Görner bestimmt wurde. Der 1922 in Ronneburg/Thüringen geborene Ingenieur hatte sich zunächst mit den Unzulänglichkeiten der zuvor in die Dieselrösser eingebauten Getriebe beschäftigt. Dabei zögerte er nicht, Getriebe renommierter Spezialhersteller auf Herz und Nieren zu prüfen und Schwachstellen zu benennen. Die Unterstützung durch die Inhaber war ihm dabei sicher. Hermann Fendt wird nachgesagt, mehrfach betont zu haben, »Die Getriebe sind alleweil das Wichtigste«. Deshalb wurde 1956 auch mit einem 7-Gang-Getriebe experimentiert, aus dem sich später das für Fendt so erfolgreiche F7P-Getriebe entwickelte.

Erfolgreicher Fendt-Händler in Belgien.

Um das Vertrauen des Herstellers in den eigenen Schlepper nach außen zu unterstreichen, meldete Fendt das Dieselross F 17 im November 1956 beim KTL-Schlepper-Prüffeld Marburg zur Technischen Prüfung an. Als Prüfung Nr. 170 wurde es über mehrer Monate hinweg in beiden Versionen harten Tests unterzogen. Der später publizierte Bericht trägt unter anderem die Unterschrift von Prof.Dr.-Ing. Rudolf Franke und bestätigte, dass es sich beim F-17-Dieselross um einen robusten, leistungsstarken und sparsamen Ackerschlepper handelte.

Das dritte in Hannover erstmals der Öffentlichkeit vorgestellte Fendt-Dieselross trug die Bezeichnung FL 236. In der DLG-Sonderausgabe 4 der »Fendt-Nachrichten« wurde der Traktor als »besonders bemerkenswerte Neukonstruktion und Erweiterung des Dieselross-Programms« vorgestellt. Angetrieben wurde er über den erneut aus Mannheim (MWM) kommenden luftgekühlten 2-Zyl.-4-Takt-Dieselmotor des Typs AKDS 311 Z, der bei 2000 U/min auf 20 PS Leistung ausgelegt war. Das Fendt-Getriebe besaß vier Arbeitsgänge, je einen Kriech- und einen Schnellgang, 2 Rückwärtsgänge, Differenzialsperre und Normzapfwelle. Die gefederte Vorderachse konnte als Schwingachse mit einer Zusatzfederung für den immer häufiger von den Bauern in Betracht gezogenen Frontladerbetrieb verstärkt werden. Das KTL-Schlepper-Prüffeld Marburg unterzog das Dieselross FL 236 einer gewissenhaften Prüfung, über die der Bericht 176 Auskunft gibt.

So wichtig solche Testergebnisse im Einzelnen auch waren, auf die Entwicklung des Traktoren-Markts insgesamt hatten sie in der Regel keinen Einfluss. Hier setzte sich vielmehr die Entwicklung des Jahres 1956 verstärkt fort, brachte einen Zulassungsrückgang von 94 472 Zugmaschinen im Jahr 1956 auf 80 463 im Jahr 1957. Die Rangfolge wurde dabei mächtig durcheinander gewirbelt. Lanz und Hanomag zählten zu den Verlierern, während IHC, Deutz und Fendt Marktanteile hinzugewinnen konnten.

Erstmals rangierte Fendt auf dem dritten Platz, doch zufrieden konnten die Marktoberdorfer damit nicht sein. 6928 Neuzulassungen auf dem Inlandsmarkt reichten für diese gute Plazierung aus, ein untrügliches Zeichen für den noch härter gewordenen Wettbewerb. Auch bereitete Sorge, dass man in den stärkeren Leistungsklassen 25–34 PS und 35–60 PS nur schwach vertreten war. Der bayerische Konkurrent Eicher hatte Fendt hier überholt, was nach einer Antwort verlangte. Wenigstens beim Umsatz konnte Fendt auf 67,6 Mio. DM wieder etwas zulegen. Die höherwertige Ausstattung der Dieselrösser wirkte sich positiv aus, wenn auch die Produktion nochmals auf 9182 Einheiten zurückgenommen werden musste.

Beinahe wäre Fendt im Jahr 1957 der Landtechnik untreu geworden. Das einsetzende Wirtschaftswunder ließ in Marktoberdorf Überlegungen reifen, sich mit der Herstellung von Kleinst-Pkws am allgemeinen Motorisierungsboom zu beteiligen. Beispiele für einen erfolgreichen Einstieg in den Automobilbau gab es zur Genüge. Sie reichten von BMW mit der Isetta über Hans Glas mit seinem Goggomobil bis hin zu Messerschmidt und dem Kabinenroller. Das »Fendtmobil«, wenn es denn gekommen wäre, hätte einen BMW-Motor mit 500 oder sogar 700 cm³ erhalten. Für die Karosserie stand Kunststoff zur Debatte, denn vom Gewicht her leicht und einfach zu pflegen sollte der Kleinwagen allemal sein. Zwischen dem Erbauer des Goggomobils, Hans Glas in Dingolfing, und Hermann Fendt fanden sogar sondierende Gespräche statt. »Hermann, willst mi hi mache?«, fragte Hans Glas bei einer dieser Gelegenheiten, als Fendt ihn wissen ließ, dass man in Marktoberdorf Pkw-Prototypen baue. Doch dabei blieb es. Fendt sah seine Zukunft im Traktorengeschäft, womit man richtig lag, wie die Geschichte gezeigt hat.

Der Fendt-Geräteträger entsteht

»Gut Ding braucht gut Weile« heißt es bei den Bauern, wenn sie sich eine Entscheidung drei- und viermal überlegen. Oft ist das Abwarten richtig, doch mitunter kommt es vor, dass der Zug auf einmal abgefahren ist und keine Chance mehr besteht, an der Entwicklung teilzuhaben. In diesem Falle gilt der in der Politik später bekannt gewordene Satz von Gorbatschow »Wer zu spät kommt, den bestraft das Leben«. Fast wäre es Fendt so ergangen, als 1951 gleich zwei Wettbewerber auf der Hamburger DLG-Ausstellung Geräteträger präsentierten. Lanz, Mannheim, zeigte den Alldog und die Ruhrstahl AG, Witten, präsentierte ihre Landbaumaschine.

Hinter beiden Fahrzeugen standen bemerkenswerte Konstrukteure. Professor Wilhelm Knolle hatte sich bereits vor dem Kriege als Pionier moderner Rübensä-Verfahren einen großen Namen verschafft, ehe er bei Lanz daran ging, ein Fahrzeug zu entwickeln, mit dem der Bauer alle auf seinem Betrieb anfallenden Arbeiten auf dem Wege der »Ein-Mann-Bedienung« unkompliziert zu bewältigen in der Lage sein sollte. Darüber hinaus war die Maschine nach dem »Schau-voraus-System« angelegt, um dem Bediener eine allzeit gute Sicht auf die Arbeitsgeräte zu ermöglichen.

Auch Hermann Hildebrand galt als anerkannter Fachmann. Aus einer traditionsreichen Landmaschinenfirma stammend, bewegte er sich auf den Spuren des Erfinders des Packesels, Emil Endres, und experimentierte schon länger mit Zugmaschinen, die den Forderungen Ein-Mann-Bedienung, Schnell-Kupplung von Anbaugeräten, Vielseitigkeit im Einsatz sowie Ladefläche genügen sollten. Seine Landbaumaschine wurde denn auch im »Amtlichen Schauverzeichnis« der DLG als »Allzweckmaschine, Zugmaschine und Geräteträger« vorgestellt.

Fendt registrierte beide Entwicklungen mit großer Aufmerksamkeit, doch eine Antwort wusste man zunächst nicht. Auch war man sich nicht sicher, ob der Geräteträger neben Standard-Schlepper und dem ebenfalls neu entwickelten Trag-Schlepper eine Zukunft haben würde. Mängel der ersten Geräteträger-Konstruktionen waren jedenfalls unübersehbar. Sie begannen bei teilweise zu schwachen Motoren, führten über eine nicht genügende Hydraulik und reichten hin bis zu Schwächen bei den Anbaugeräten. Aber da man nicht wusste, wie die Sache ausgehen würde, begannen die Marktoberdorfer Konstrukteure, sich mit Vorarbeiten für einen Fendt-Geräteträger zu beschäftigen. Hermann Fendt gab ihnen als Motto mit auf den Weg »Innerhalb von fünf Minuten muss beim Geräteträger der Zukunft der werkzeuglose An- und Abbau jedes Arbeitsgeräts möglich sein.« Der Dorn allein, den jeder Landwirt ohnehin im Arbeitskittel trägt, musste ausreichen, um die Vielseitigkeit des zukünftigen Fendt-Geräteträgers unter Beweis zu stellen.

Mit großem Elan begannen die Mannen um Werner Finkenwirth und Hermann E. Albrecht die Arbeit. Angesichts der umfassenden Arbeit, die beim Ausbau des Dieselross-Programms zu erledigen war, blieb der Geräteträger dennoch in einer Außenseiterrolle. Dies änderte sich, als Hermann Fendt eine alte Bekanntschaft aktivierte. Über die Person von »Schlepper-Meyer« hatte er zu Kriegszeiten Georg Heidemann kennengelernt, einen Konstrukteur, der den Ingenieuren Knolle und Hildebrand in nichts nachstand.

Tatsächlich entsprach sein Lebenslauf einem Spiegelbild der deutschen Traktorengeschichte. 1912 begann der 21-jährige Heidemann seine berufliche Tätigkeit bei der Siemens-Schuckert AG, Berlin. Vier Jahre später wechselte er zur Stock-Motorpflug AG, ebenfalls Berlin, wo er als junger Ingenieur an der Entwicklung der Stock-Motortragpflüge mitwirkte. 1920 wurde Heidemann bei Stock zum Oberingenieur und Chefkonstrukteur ernannt. In dieser Eigenschaft hatte er maßgeblichen Anteil an der Entwicklung des Stock-Raupen-Schleppers und des 22-PS-Stock-Ackerschleppers, der bei Kriegsbeginn mit seinem 6-Gang-Getriebe zu den fortschrittlichsten deutschen Traktoren überhaupt zählte.

Nach dem Krieg wirkte Heidemann als freischaffender Konstrukteur für mehrere Landmaschinenhersteller, bis ihn 1953 der Ruf von Hermann Fendt erreichte. Dieser bot ihm an, an der Entwicklung von Geräteträger und Anbaugeräten mitzuwirken mit dem erklärten Ziel, beides zusammen zu einer Einheit zu kombinieren, dem zukünftigen »Fendt-Ein-Mann-System«. 62 Jahre war Heidemann damals alt, doch seiner Originalität tat dies keinerlei Abbruch. Einfache Lösungen waren ihm stets das Wichtigste gewesen, sie, so seine Philosophie, überzeugten den Landwirt und brachten substanzielle Hilfe.

Das luftgekühlte Dieselross F 12 war mit der Antriebseinheit Motor und Getriebe identisch mit dem Geräteträger F 12 GT.

Und genau dies wurde zur Maxime für den ersten, noch 1953 gebauten Geräteträger-Prototyp. Man entschied sich, Motor und Getriebe ganz eng zusammenzubauen. Um Platz zu sparen, verzichtete man auf die Kupplungsglocke, und auch das Getriebe wurde so konstruiert, dass es im Hinterachsgehäuse untergebracht werden konnte. Auf diese Weise fiel der Kraftstrang kurz aus und es konnte erreicht werden, dass sich die Motorvorderseite auf der Höhe der Hinterräder befand. Umgekehrt erfuhr der Vorderachsbock eine gewaltige Ausdehnung. Er besaß die Form eines langgestreckten Zwischenträgers, an den man vorne die Vorderachse befestigt hatte.

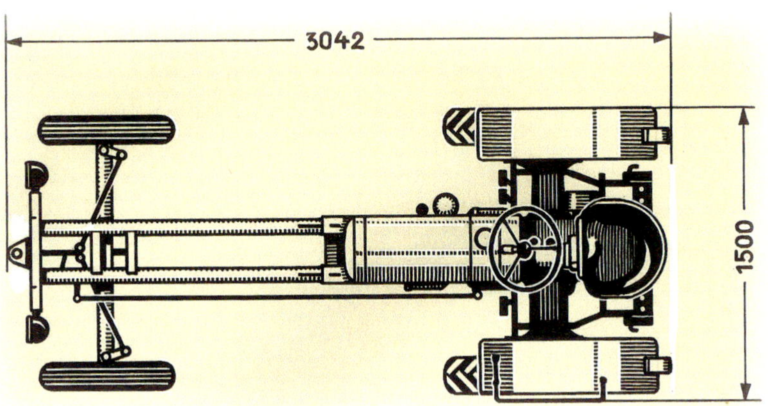

Starr war diese dem Einholm-Prinzip folgende Anordnung nicht, da der Motortriebblock um eine Längsachse pendelte. Auch deuteten sich erste Einsatzmöglichkeiten an. Ohne Pritsche bot der Geräteträger dem Fahrer einen offenen Blick auf den Raum sowohl zwischen den Fahrzeugachsen als auch vor den Vorderrädern. Mit Pritsche fungierte der Geräteträger dagegen vorrangig als Lastenschlepper, so wie es die Protagonisten dieser Fahrzeuggattung immer gefordert hatten.

Die 1953er DLG-Wanderausstellung bot eine gute Gelegenheit, den F 12 GT, so die Typenbezeichnung, dem Publikum vorzustellen. Die Resonanz fiel durchweg positiv aus, doch letzte Gewissheit erlangte Fendt in Köln nicht. So setzte man in Marktoberdorf das Experimentieren fort, konstruierte sinnreiche Befestigungsvorrichtungen für kurze Rüstzeiten, verbesserte Anbaugeräte und optimierte den hydraulischen Kraftheber.

Ein Jahr später, 1954, erhielt der Geräteträger auf dem Münchner Zentrallandwirtschaftsfest eine erneute Chance. Die hinsichtlich der Akzeptanz im Vergleich zum Vorjahr erzielten Fortschritte waren dabei unübersehbar und doch nahm Fendt weiterhin von der Serienproduktion Abstand. Das Risiko eines Fehlschlags schien den Allgäuer Schlepper-Herstellern immer noch zu groß zu sein.

Ähnlich stellte sich die Situation 1955 dar. Immer zahlreicher waren inzwischen die Anbieter von Geräteträgern

Fendt-Geräteträger F 12 GT mit Doppelholm und Zwischenachs-hacke ohne Zentraldrehgelenk (1953).

geworden. Die Palette der Herstellerfirmen reichte von Eicher bis Ritscher, von Claas bis Wesseler, ohne dass auch nur eines der Unternehmen mit der Entwicklung seines Produkts so richtig zufrieden sein konnte. Entweder bereitete die Fahrzeugtechnik Schwierigkeiten und verlangte fortwährende Nachbesserungen, oder aber die Stückzahlen stimmten nicht. Vorsicht blieb also angesagt, weshalb Fendt 1955 die 43. DLG-Ausstellung in München erneut als Testgelände nutzte. In der Tat zählten neutrale Beobachter den F 12 GT mit seinen vielseitigen Anbaugeräten zu den Sensationen der Schau auf der Theresienwiese, allein abgeschlossen war die Testphase deshalb auch diesmal noch nicht.

Um endgültige Klarheit zu erlangen, musste ein umfassender Test her, der Wissenschaft und Praxis gleichberechtigt einschloss. Der Gang nach Weihenstephan zum dortigen Institut für Landtechnik der Technischen Hochschule München bot sich an, war dort doch Professor Dr.-Ing. Walter Gustav Brenner tätig, der seit seinem Engagement für die Firma Claas, Harsewinkel, größtes Ansehen in der Landmaschinenbranche genoss. Ihm oblag die Auswahl eines unter schwierigen Gelände- und Bodenverhältnissen arbeitenden familienbäuerlichen Betriebs, dem dann von Fendt ein nagelneuer F 12 GT einschließlich passender Gerätereihe zur Verfügung gestellt werden sollte.

Professor Brenner machte sich die Sache nicht einfach. Nach gewissenhafter Prüfung entschied er sich für den 11-ha-Betrieb des Landwirts A. Hörger in Hohenbercha bei Allershausen, 35 km nördlich von München. An Zugkraft standen dem Betrieb seit 1953 ein 17-PS-Standard-Schlepper sowie für leichte Arbeiten ein »Restpferd« zur Verfügung. Beide, Traktor und Gaul, wurden nun Anfang 1956 abgeschafft und an ihre Stelle trat der Fendt F 12 GT, dessen Einsatz von Werner Finkenwirth bis ins Detail notiert und bewertet wurde.

Zunächst wurde eine technische Beschreibung des Fahrzeugs vorgenommen, ehe dann die Verbindungsglieder zwischen Träger und Geräten ins Zentrum der Untersuchung rückten. Zwischenachs-Geräterahmen und öl-hydraulische Kraftanlage wurden als wichtig erachtet, denn nur wenn sie funktionierten, konnte das Ein-Mann-System überhaupt Wirklichkeit werden. Damit im Zusammenhang standen die »landtechnischen Beobachtungen bei der praktischen Geräteträger-Arbeit«. Das Ergebnis fiel eindeutig aus. Finkenwirth notierte: »Durch den Heckanbau des Pfluges wird eine Spurverstellung vermieden und die Pflugarbeit mit der Normalschlepperspur von 1,25 m ermöglicht. Auf die Güte der Pflugarbeit konnte bei dieser Arbeitsweise kein nachteiliger Einfluss festgestellt werden. Die Rüstzeiten für An- und Abbau liegen unterhalb der Fünf-Minuten-Grenze.

Fendt-Geräteträger F 12 GT mit Einholm und Zentraldrehgelenk (1955).

Das Rüsten und die Pflugarbeit selbst sind in Ein-Mann-Bedienung ohne körperliche Anstrengung durchzuführen. Werkzeug dazu ist nicht erforderlich.«

Ähnlich lauteten die Resultate für den F 12 GT bei Einsätzen zur Saatbettbereitung und beim Drillen, bei Pflege- und Erntearbeiten, beim Kartoffel pflanzen und bei der Grünlandbewirtschaftung. Die Fendt'sche Vorgabe, mühe- und werkzeugloser An- und Abbau der jeweiligen Arbeitsgeräte durch eine Person innerhalb von fünf Minuten, wurde überall erreicht. Noch besser sah es bei den Ladearbeiten aus. Es hieß: »Während das Tier nur ›Zugkraft‹ abgeben kann, ist der Motor in der Lage, außer dieser auch andere Kraftformen zur Verfügung zustellen, so beispielsweise ›Drehkraft‹ an den Zapfwellen und ›Hubkraft‹ an den Hebeorganen der Kraftheberanlage.« Genau dies aber machte den Geräteträger in den Augen der Prüfer nicht nur dem Gespann gegenüber überlegen. Sie sahen ihn vielmehr auch in der Lage, menschliche Muskelarbeit zu übernehmen und werteten ihn damit höher denn als einen »bloßen Zugtier-Ersatz«.

Ja und dann kamen erst die Transportarbeiten. Die Ladepritsche mit den Abmessungen 1650 × 1400 × 300 mm musste bei einer Tragfähigkeit von 750 kg wie ein reines Zauberwerk erscheinen. Im Originalton Finkenwirth klang dies so: »Im Hinblick auf die Variationsmöglichkeit des Eigengewichts zählt somit die Ladepritsche zu den bedeutungs- und wirkungsvollsten Zusatzgeräten des Geräteträgers bei der gespannlosen Vollmotorisierung des Kleinbetriebs.« Ihr An- und Abbau musste beinahe wie ein Kinderspiel erscheinen. Zwei mühe- und wiederum werkzeuglose Minuten wurden dafür, allerdings unter Anwendung der Hydraulik, bewilligt.

Auch sonst gab es so gut wie keine Beschwerden. Auf respektable 897 Einsatzstunden kam der F 12 GT binnen eines Jahres, wobei Transporte (43,9 %) vor Erntearbeiten (23,9 %) und Bestellarbeiten (11,5 %) rangierten. Eher bescheiden blieben dagegen Einsätze von Riemenscheibe (3,9 %) und Frontlader (3,2 %), wie sie vor allem in der Hofwirtschaft anfielen. Letzteres aber konnte dem Gesamturteil nichts anhaben: Der GT würde, dessen war sich die Mannschaft um Professor Brenner sicher, eine gute Zukunft haben, gelänge es nur, Träger und Gerät als »eng miteinander verflochtene Einheit« auszugestalten.

Die Untersuchung erstreckte sich über die Jahre 1956/57. Flankierend kamen weitere F 12 GT in 17 anderen, über das ganze Bundesgebiet verteilten Betrieben zum Einsatz. Auch hier ging es vorrangig um die Leistungsfähigkeit der Fahrzeuge, um Rüstzeiten und Arbeitshandhabung, um die Kombinierbarkeit von Arbeitsgängen und die sich aus der Geräteträger-Vollmotorisierung ergebenden Konsequenzen für den Gesamtbetrieb. Sicher gab es da im Detail unterschiedliche Bewertungen. Der Grundtenor jedoch blieb stets gleich und lautete: Nehmt den GT in die Serienfertigung, er hat die Chance verdient und wird Landwirte und Hersteller nicht enttäuschen!

1956, kurz vor Ausstellungsbeginn der 44. DLG-Ausstellung in Hannover, schloss sich die DLG-Prüfstelle unter Leitung von Oberingenieur W. Metzenthin dem positiven Urteil über den F 12 GT an. Nach umfassender, etwa 1000 Betriebsstunden umfassender Prüfung legte man den Marburg-Test 149 vor und verlieh dem Fendt GT als erstem Geräteträger überhaupt die »Große Bronzene DLG-Preismünze«. Zur Begründung hieß es unter anderem: »Der F 12 GT ist die ortsbewegliche Kraftzentrale geworden, mit welcher der Bedienungsmann allein nicht nur sämtliche Gespannarbeiten, sondern auch vielfältige Handarbeiten des landwirtschaftlichen Arbeitsjahres in bisher nicht gekanntem Umfang schneller, leichter, besser und billiger bewältigen kann.«

Dem war seitens Fendt nichts hinzuzufügen. Die Entscheidung war gefallen: Im Mai 1957 lief, wie in Marktoberdorf mitgeteilt wurde, die »Großserienfertigung« des F 12 GT an. Bis Jahresende brachte sie es auf 698 Einheiten, die sämtlich gute Aufnahme in der Landwirtschaft fanden. Ungeteilte Freude wollte aber dennoch nicht aufkommen. Der massenhafte Praxistest durch die Bauern zeigte rasch Schwächen auf, die alle Profi-

	Drei Arbeitsgänge nacheinander → Düngerstreuen	Drillen	Saateggen	Gesamte Bestellungsarbeit	Drei Arbeitsgänge gleichzeitig Düngerstreuen Drillen Saateggen	
erforderliche Arbeitspersonen	2	2	1	2	Einmann	
erforderliche Zugkraft	–	2	2	2	GT	
Arbeitszeit	½ Tag	1 Tag	1 Tag	2½ Tage	1 Tag	Arbeitszeit um etwa 60 % geringer
Personenkosten	1 Taglohn	2 Taglöhne	1 Taglohn	4 Taglöhne	1 Taglohn	Personenkosten um etwa 75 % geringer
Zugkraftkosten	–	1 Gespann-Tag	1 Gespann-Tag	2 Gespann-Tage	ein GT-Tag	Zugkraftkosten um etwa 15 % geringer

Arbeitsaufwand für die Bestellung von 5 ha Getreide

Ergebnisse der praktischen Untersuchung von Dr. Finkenwirth zum Fendt-Ein-Mann-System Mitte der 50er-Jahre.

Höchste Auszeichnung der DLG für den Fendt-Geräteträger auf der DLG-Ausstellung 1962 in München. Der Leiter der DLG-Maschinenprüfungsabteilung in Braunschweig, Ober.-Ing.-Metzenthin überreichte die Preismünze an Hermann Fendt (3. v. l.).

tester zuvor gering geschätzt hatten. Den Bauern waren 12 PS Motorleistung angesichts der dem GT zugemuteten Aufgaben einfach zu wenig. Von der Gerätetträger-Idee überzeugt, verlangten sie ein stärkeres Fahrzeug und zwar nicht irgendwann, sondern bald.

Fendt spürte den Ernst der Bauernforderung. Nur noch 354 weitere F 12 GT baute man 1958 zusammen, um dann zum neuen Modell F 220 GT überzuwechseln. Herzstück dieser in den Abmessungen geringfügig größeren Maschine war ein 19 PS starker 2-Zylinder-4-Takt-Dieselmotor von MWM, der zwar je Betriebsstunde 0,4 l zusätzlichen Betriebsstoff benötigte, dafür aber vom Kraftheber bis zum Frontlader die gewünschte Kraft zur Verfügung stellen konnte. Auch verbesserte Fendt beim F 220 GT die Getriebeabstufung. Vier Super-Kriechgänge (3 Vorwärtsgänge, 1 Rückwärtsgang) konnten nun als Zusatzleistung geordert werden und verbesserten die Einsatzmöglichkeiten des Fahrzeugs etwa beim Pflanzen setzen und Rüben ernten.

Im ersten Jahr bereits produzierte Fendt 597 F 220 GT und es zeigte sich, dass es dem Hersteller tatsächlich gelungen war, die bäuerlichen Vorbehalte weitestgehend auszuräumen. Die Weihen der Prüfer durften da nicht ausbleiben. Zwischen Mai 1958 und April 1959 unterzogen das Institut für Schlepperforschung der FAL, Braunschweig, die KTL-Versuchsstation, Dethlingen, sowie das KTL-Schlepperprüffeld, Darmstadt, den F 220 GT nebst Anbaugeräten als »Fendt-Ein-Mann-System« einer nun 1200 Betriebsstunden dauernden Prüfung. Das Urteil, unterschrieben unter anderem von den anerkannten Landtechnik-Experten Professor Meyer, Dr. Hechelmann, Dr. Böttcher, Specht und Skalweit, fiel noch eindeutiger als beim Test des F 12 GT aus.

Unter anderem hieß es im DLG-Maschinenprüfbericht 1a/13: »Der Geräteträger F 220 GT mit der dazugehörigen Gerätereihe der Firma Xaver Fendt & Co., Marktoberdorf/Allgäu, von ihr als ›Fendt-Ein-Mann-System‹ bezeichnet, hat sich sehr gut bewährt. Der Geräteträger war als Schlepper allen Anforderungen der technischen Prüfung und der landwirtschaftlichen Einsatzprüfung gewachsen. Seine Bauform hat sich in Verbindung mit der Kraftheberanlage als sehr geeignet für die Aufnahme von kippbarer Ladepritsche, Frontlader und einer großen Reihe von Front-, Zwischenachs- und Heckgeräten erwiesen. Durch seine vielseitige Einsatzmöglichkeit ist der Geräteträger mit seinen Geräten für Ein- und Mehrschlepperbetriebe gleich gut geeignet. Das ›Fendt-Ein-Mann-System‹ (F 220 GT mit Gerätereihe) wird ›DLG-anerkannt‹ und mit der ›Silbernen Preismünze der DLG‹ ausgezeichnet.«

Als öffentlichkeitsswirksames Forum für die Übergabe der Auszeichnung bot sich die 45. DLG-Ausstellung 1959 in Frankfurt/Main an. Die drei Fendt-Brüder Hermann, Paul und Xaver waren persönlich zugegen und unterstrichen so den Wert des Preises. Hinzu kamen die Fendt-Konstrukteure Ober-Ing. Heidemann und Ing. Albrecht, denen die Realisierung des GT-Projekts maßgeblich zuzuschreiben war. Auch Politik und Publikum wurden in die Ehrung eingebunden.

Der auf dem Messegelände aufgebaute DLG-Lehrhof setzte selbstverständlich das Fendt-Ein-Mann-System ein, das so sowohl Bundeslandwirtschaftsminister Lübke, dem hessischen Ministerpräsidenten Georg Zinn als auch 546 000 Ausstellungsbesuchern vorgeführt werden konnte. Ganze Arbeit hatte Fendt da geleistet. Nach fünfjährigem Experimentieren und zweijähriger Serienfertigung hatte man es geschafft. Der Fendt-Geräteträger war am Markt fest etabliert. In der Schlepperkategorie »System-Schlepper« war er zur Nummer 1 geworden.

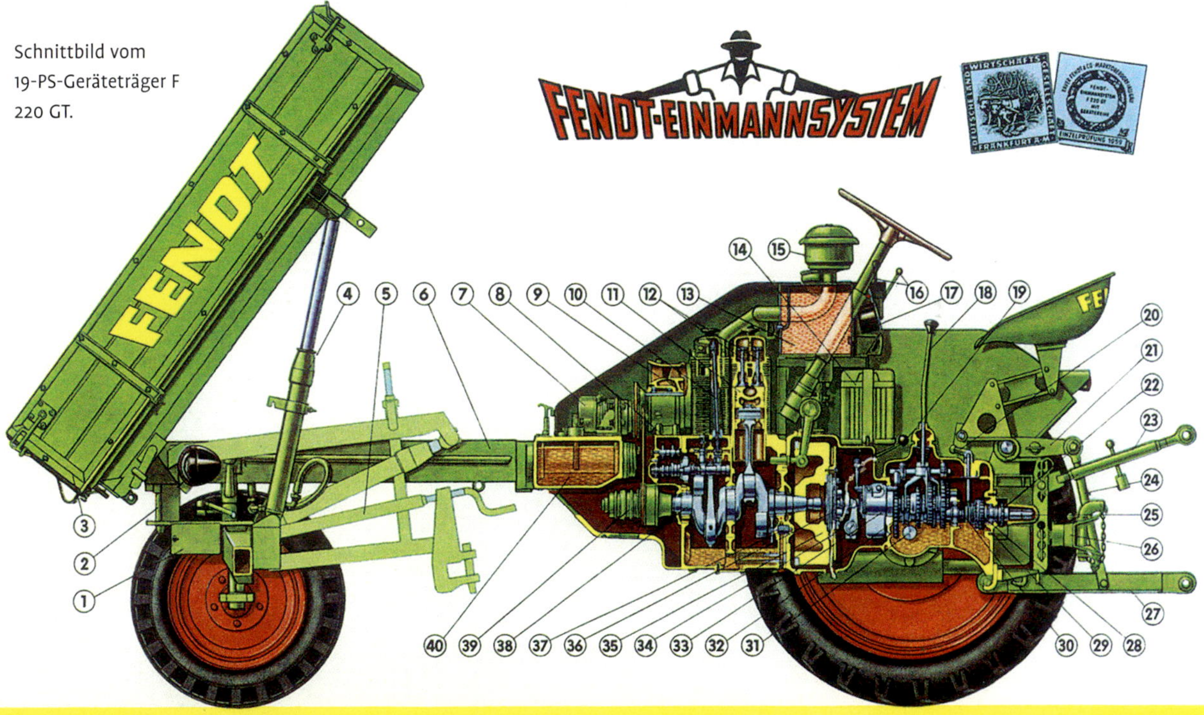

Schnittbild vom 19-PS-Geräteträger F 220 GT.

1 Werkzeugkasten
2 Anhängevorrichtung vorn
3 Ladepritsche
4 Hubzylinder
5 Zwischenachsgeräterahmen
6 Zentralholm
7 Lichtmaschine
8 Nockenwelle
9 Kühlluftgebläse
10 Ventilstößel
11 Kolben
12 Ein- und Auslaßventil
13 Kraftstoffbehälter
14 Batterie
15 Ölbad-Luftfilter
16 Hydraulik-Schalthebel
17 Armaturenbrett
18 Gangschaltung
19 Kriechgangschaltung
20 Zapfwellenschaltung
21 Hubarme
22 Zapfwellenantrieb nach vorn
23 Oberer Lenker
24 Hubstreben
25 Zapfwelle
26 Anhängekupplung
27 Unterer Lenker
28 Antrieb für Wegzapfwelle
29 Riementrieb-Kegelrad
30 Antrieb für Getriebezapfwelle
31 Differentialwelle
32 Wechselgetriebe
33 Kriechgang-Getriebe
34 Weg der Kupplungs-Kühlluft
35 Schwungmasse
36 Tornado-Kupplung
37 Pumpe für Druckumlaufschmierung
38 Kurbelwelle
39 Mähantrieb
40 Ölbehälter für Hydraulik

Fix, Farmer und Favorit als Trümpfe im Traktorenbau der 60er-Jahre

Man ahnte in Marktoberdorf, dass das Jahr 1958 erneut ein Entscheidungsjahr für Fendt werden könnte. Doch wie es ausgehen würde, wusste am Weitfeld niemand. Zum einen stabilisierte sich der deutsche Traktorenmarkt und legte bei den Zulassungen innerhalb eines Jahres von 80 463 Maschinen auf 89 250 um mehr als 10% zu. Hoffnungsfroh wurde unter Schlepperleuten bereits einer Trendumkehr das Wort geredet. Auch Fendt selbst erreichte 1958 bei den Zulassungen einen Anstieg um 447 Einheiten auf 7375 Traktoren. Zum anderen aber warnten die Marktoberdorfer Analysten. Sie sahen Fendt bei erstmals rückläufigem Marktanteil auf den vierten Platz zurückfallen und befürchteten, dass die Produkt-Aufsplitterung zu einer Zerfaserung der Kräfte führen würde. 23 verschiedene Modelle führte Fendt im Programm und dass Stückzahlen zwischen 2 und 1133 Fahrzeugen wirtschaftlich eine Belastung bedeuteten, war ihnen allemal klar.

Eignerfamilie und Mitarbeiter, Konstruktionsbüro, Fertigung und Vertrieb standen auf dem Prüfstand. Die Herausforderung galt dem Unternehmen insgesamt, das seine Zukunft nur über markante Produkt-Innovationen würde sichern können. Im Konstruktionsbüro entzogen sich die Ingenieure um Ober-Ing. Heidemann der Verantwortung nicht. Es wurde beinahe rund um die Uhr entwickelt und konstruiert, gerechnet und montiert, bis Mitte des Jahres die Präsentation eines 40-PS-Schleppers erfolgte, der für sich zu Recht die Attribute »neu« und »modern« in Anspruch nehmen konnte.

Äußerlich erkannte man dies vor allem an der veränderten Haube mit eingebauten Scheinwerfern. Alle Teile, selbst der Ölbad-Luftfilter, befan-

Der Favorit 1 markiert 1958 mit seiner neuen schnittigen Motorhaube und eingebauten Scheinwerfern den Übergang vom Dieselross zur modernen Fendt-»ff«-Reihe.

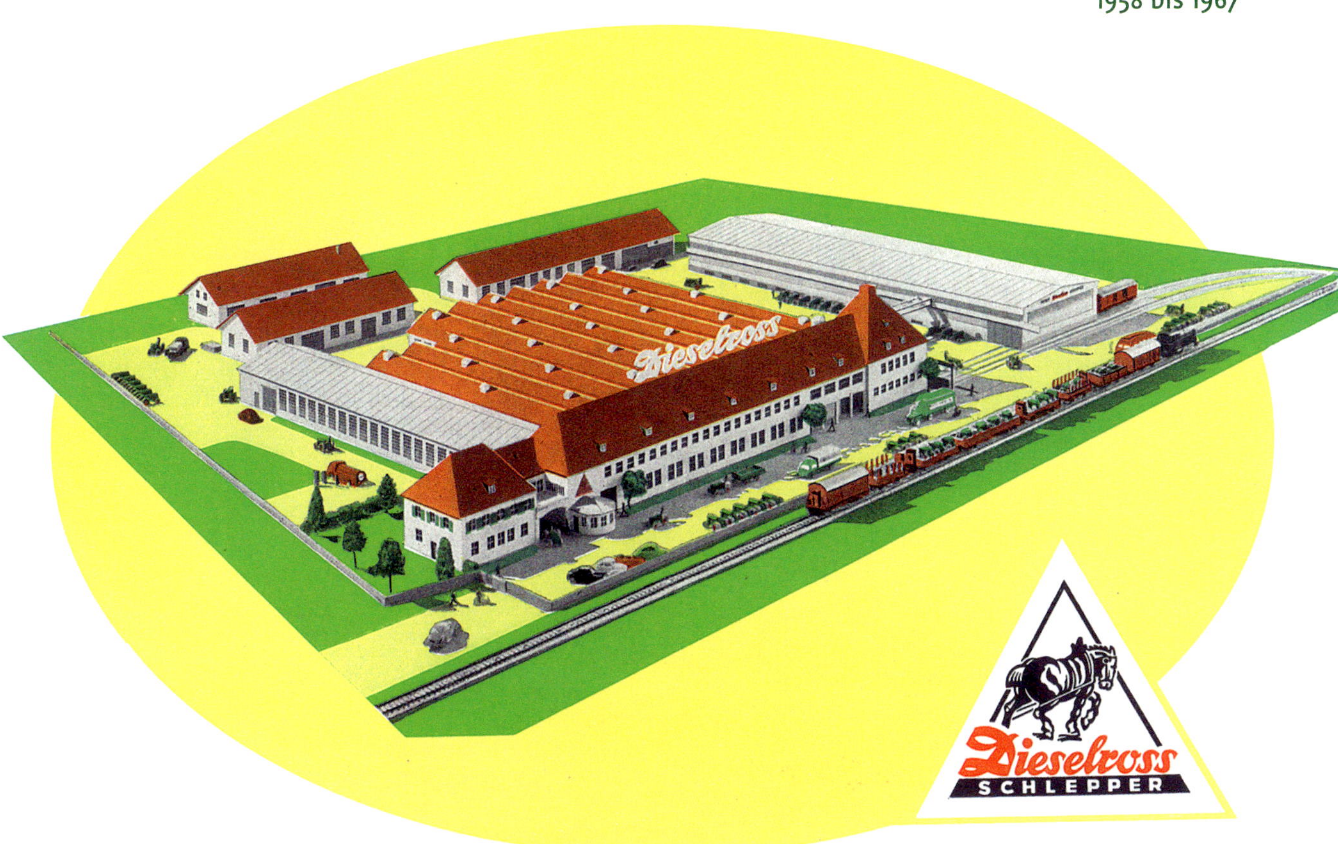

Der Marktoberdorfer Fendt-Standort Ende der 50er-Jahre mit neuen Fertigungs- und Montagehallen.

den sich nun integriert. Das Armaturenbrett war wettergeschützt und beleuchtet. Für die Fahrzeugpapiere hatten die Konstrukteure ein verschließbares Ablegefach eingebaut. Der Fahrersitz wiederum war tief in den Schlepper eingeordnet, so dass die Hebel gut vom Sitz aus bedient werden konnten.

Als Herz des neuen 40-PS-Fendt-Traktors hatte man sich für einen 3-Zylinder-4-Takt-Dieselmotor von MWM entschieden. Er arbeitete nach dem neuartigen Gleichdruck-Vorkammer-Verbrennungs-Verfahren und verlieh dem Traktor einen gleichmäßigen, ruhigen Lauf. Zylinderlaufbüchsen wie Zylinderköpfe waren austauschbar. Vierfach gelagerte Kurbelwelle, Zweikreis-Thermostat-Kühlsystem, Bosch-Einspritzpumpe mit Kaltstart-Vorrichtung waren weitere Merkmale des neuen Fendt-Traktors, der ferner über ein verbessertes Fendt-Halbsynchron-Getriebe mit 9 Vorwärts- und 2 Rückwärtsgängen einschließlich 5 Kriechgängen verfügte.

Die Geschwindigkeitsabstufung reichte von 350 m/h bis 20 km/h. Mit als Sonderwunsch lieferbarer Schnellgang-Übersetzung betrug die Höchstgeschwindigkeit sogar 29 km/h. Das Halbsynchron-Getriebe funktionierte ohne die Schaltung von Zahnrädern. Die Verbindung der ständig mitlaufenden Zahnräder mit den jeweiligen Wellen erfolgte vielmehr über eine Stiftenkupplung, was ein leichtes Schalten ermöglichte. Aufmerksamkeit verdiente ferner die Tornado-Duplex-Kupplung. Dank eines neuartigen Kühlsystems verringerte sie den Verschleiß und erhöhte so die Lebensdauer der Kupplung beträchtlich. Respektabel fiel schließlich die Zapfwellen-Ausstattung aus: Zu ihr gehörten neben der über 2-Stufen-Pedal schaltbaren kupplungsunabhängigen Motorzapfwelle die kupplungsabhängige Getriebezapfwelle und eine Wegezapfwelle.

Vieltausendfach bewährt hatte sich bereits die Fendt-Dreipunkt-Hydraulik. In der nun zum Einbau kommenden verbesserten Version erzielte sie bei einem Arbeitsdruck von 120 bar ein Arbeitsvermögen von ca. 1000 mkg, womit ihre Hubkraft zu den stärksten zählte, die auf dem deutschen Traktorenmarkt angeboten wurden.

Beachtung fand außerdem das Fendt-Hydro-Drucksystem. Über ein Steuergerät war es nun möglich, mit der Hydraulik die Hinterachse des Traktors zu belasten und so den Schlupf der Hinterräder zu vermindern. Darüber hinaus gab es noch eine Fülle von Zusatzgeräten wie Frontlader, Allwetter-Verdeck, Forstseilwinde und Mähwerk, die sämtlich dem neuesten Stand der Technik entsprachen. Bundeslandwirtschaftsminister Heinrich Lübke, der mehrfach und gerne nach Marktoberdorf reiste, überzeugte sich am 13. November 1958 persönlich vom neuen 40-PS-Fendt und sprach ihm seine Anerkennung aus.

Aber handelte es sich bei diesem 40-PS-Traktor überhaupt noch um ein Dieselross? Heftige Diskussionen entbrannten darüber in Marktoberdorf. Die Fendt-Brüder selbst setzten zunächst weiterhin auf den bewährten Namen, doch die Marketing-Experten des Hauses rieten ab. Eine neue Bezeichnung für ein neues Produkt, lautete ihr Votum und Willi Zinnecker musste seine ganze Überzeugungskraft einsetzen, um Bewegung in die Namensfrage zu bekommen. Zunächst intern, dann offen wurden Vorschläge eingesammelt und wieder verworfen, ehe zuletzt alles auf die Bezeichnung »Favorit« hinauslief. Von Ober-Ingenieur Metzenthin, Leiter der Maschinenprüfungsabteilung der DLG, stammte der Vorschlag, die neuen Fendt-Traktoren als »ff«-Reihe vorzustellen.

Was sich dahinter verbarg, erläuterte Willi Zinnecker in der Ausgabe 4/1958 der Hauszeitschrift »Fendt-Nachrichten« in einzigartig eingängiger Weise: »Was versteht man eigentlich unter ›ff‹? ›Viel Vergnügen‹ sagen die Schlaumeier. Das ›Feinste vom Feinsten‹ oder im übertragenen Sinn ›Das Beste vom Besten‹ ist die richtige Auslegung der bekannten Bezeichnung ›ff‹. Nachdem der Fendt-Favorit einer der besten Schlepper auf dem deutschen Schlepper-Markt ist, bezeichnen wir ihn als ff-Schlepper. Dem Schlaumeier geben wir selbstverständlich auch recht, denn einen Fendt-Favorit fährt man mit viel Vergnügen. Werden zur Bezeichnung ›ff‹ noch die beiden Buchstaben ›wf‹ vorangesetzt, dann ergibt diese Buchstabenzusammenballung ›wfff‹: ›Wer Fendt fährt – führt!‹«

Da war es also, das Erfolgsmotto der Firma Fendt über Jahrzehnte. Es deckte den Großschlepper Favorit, bald als Favorit 1 bezeichnet, ebenso ab, wie den gleichfalls noch 1958 aus der Taufe gehobenen Kleinschlepper Fendt Fix. Gelegentlich wurden beide zwar noch als Dieselross bezeichnet, doch auf den Traktoren selbst war die Kennzeichnung »Dieselross« verschwunden. »Favorit« oder »Fix« reichten fortan zur Kennzeichnung aus.

Aus der Festschrift anlässlich des 100 000sten Fendt-Schleppers.

Der Fix wurde übrigens angetrieben von einem 1-Zylinder-4-Takt-Dieselmotor und hatte in der wassergekühlten Version 15 und in der luftgekühlten 14 PS Leistung. Die erneut von MWM zugelieferten Motoren arbeiteten nach dem beim Favorit bereits eingeführten Gleichdruck-Verbrennungs-Verfahren mit Vorkammersystem, und auch das dem Fix eingebaute Getriebe konnte sich sehen lassen. Es handelte sich um das reichlich dimensionierte 12-Gang-Doppel-H-Schaltung-Getriebe des 19-PS-Fendt Geräteträgers, welches es dem Fahrer erlaubte, aus 6 Vorwärts- und 2 Rückwärtsgängen, 3 Kriechgängen und einem Rückwärts-Kriechgang auszuwählen.

Mit dem Fix sprach Fendt die motorisierungswilligen Kleinbauern an. Die größere und wichtigere Gruppe der mittelgroßen Familienbetriebe hoffte man dagegen mit dem als letztem Schlepper der »ff«-Reihe vorgestellten Fendt-Farmer zu erreichen. Erneut hatte es in der Firma einen Namensstreit gegeben, zielte die Bezeichnung Farmer doch auf den konkurrierenden Berufskollegen in den angelsächsischen Ländern ab, der sich gerade anschickte, agro-industrielle Produktionsformen zu entwickeln. Davon konnte in Westdeutschland noch keine Rede sein. Die Politik ging vielmehr davon aus, dass dem 20-ha-Betrieb die Zukunft gehöre. Genau dieser Betriebsgröße aber entsprach die Dimensionierung des Fendt Farmer Traktors. 25 PS standen in einer luft- und einer wassergekühlten Version zur Verfügung, die über ein Fendt-8-Gang-Doppel-H-Schaltung-Getriebe einsetzbar waren. Zapfwellen, Dreipunkt-Hydraulik, Tornado-Duplex-Kupplung und viele andere Bauteile mehr offenbarten die Zugehörigkeit des Farmer-Schleppers zur Familie der neuen »ff«-Traktoren.

Damit aber hatte Fendt innerhalb nur eines Jahres das Kunststück fertiggebracht, das Typenprogramm inhaltlich und äußerlich zu erneuern und zwar derart, dass

Ein starkes Führungsteam: Hermann, Xaver und Paul Fendt (von links) Ende der 50er-Jahre.

Ein Favorit 1 im Einsatz am Kaspischen Meer im Jahre 1960; der Iran entwickelte sich in den 60er-Jahren zu einem wichtigen Exportland für Fendt.

Ein sichtlich zufriedener Fendt-Besitzer im Iran.

dies auch von den Bauern als Novität verstanden wurde. In einer gewaltigen Kraftanstrengung war es gelungen, die Weichen auf Zukunft umzustellen, und der Erfolg ließ nicht auf sich warten. Die Jahresproduktion stieg im Jahre 1959 um exakt 2600 Einheiten auf 10 823 Traktoren an, wovon der überwiegende Teil auf Geräteträger und »ff«-Schlepper entfiel. Der Inlandsabsatz konnte von 7180 Einheiten im Jahr 1958 auf 8983 Stück erhöht werden, was einer Zunahme von rund 25 % entsprach. Der Umsatz konnte gar um 29 % auf nunmehr 92 Mio. DM aufgestockt werden. Möglich wurde dies durch den guten Absatz des kompletten Fendt-Ein-Mann-Systems sowie der PS-stärkeren Traktoren. Auch was die Belegschaft betraf, markierte die Zahl 1475 einen neuen Fendt-Beschäftigtenrekord.

Hier zahlte sich die Geschäftspolitik von Fendt aus, technisch innovative und auf jeden Fall ausgereifte Modelle auf den Markt zu bringen.

Daneben erntete Fendt einmal mehr die Früchte seiner Vertriebsorganisation. Dort, wo man mit den Genossenschaften verbunden war, gewährte man diesen die Ausschließlichkeit. In anderen Regionen setzte Fendt auf ein System von Werksvertretungen, Ersatzteillagern und Gebietsmonteuren, das ständig weiter ausgebaut wurde. Allein 1959 kamen der Fendt-Stützpunkt Lünen mit Ausstellungsräumen für 130 Traktoren und die kaum kleinere Zweigniederlassung Hannover hinzu. Außerdem stützte sich Fendt auf 908 Vertriebsstellen, so dass in Westdeutschland insgesamt eine flächendeckende Präsenz gewährleistet war.

Der dem Vertrieb zugrunde liegende Grundsatz lautete: »Der Schlepper ist so gut wie sein Kundendienst«. Dazu unterhielt Fendt in Marktoberdorf einen Schulungsdienst, in dem Meister, Monteure und Werkstattpersonal weitergebildet wurden. Für den Schulungseinsatz vor Ort gab es darüber hinaus einen speziellen Schulungswagen. Ausgestattet mit Arbeitsmodellen der wichtigsten Schlepperteile, suchte er die einzelnen Fendt-Vertriebspartner auf und informierte über technische Neuheiten der Fendt-Traktoren.

»Wer Schlepper kennt, wartet auf Fendt«, hieß es, wenn ein Fendt nicht sogleich ausgeliefert werden konnte. Lieferfristen kamen zu Beginn des Jahres 1960 vor, auch wenn Fendt alles daran setzte, die Kunden möglichst umgehend zufriedenzustellen. Um Produktionsengpässe zu überwinden und zugleich eine höhere Wirtschaftlichkeit zu erzielen, führte man 1960 ein Typenvereinfachungs- und Rationali-

Der Kundendienst und Ersatzteildienst in Marktoberdorf mit den mobilen Kundendienst-Technikern Ende der 50er-Jahre.

sierungs-Programm durch, das mit der Konzentration auf 12 Baumuster endete.

Auf der 46. DLG-Wanderausstellung vom 15.–22. Mai 1960 in Köln präsentierte Fendt das aktuelle Programm, in dessen Mittelpunkt die »4 Trümpfe im Traktorenbau« standen, so Willi Zinnecker in einer Pressemitteilung. Ausgestellt wurden in größerer Anzahl: Fendt-Fix 15/19 PS; Fendt-Farmer 25/34 PS; Fendt-Favorit 40/46 PS sowie Fendt-Ein-Mann-System 19-PS-Geräteträger und Anbaugeräte. Insgesamt zeigte die Palette, dass Fendt sich bereits wieder im Stadium der Typenpflege befand. Der Farmer 2 mit 34 PS entsprach dabei ebenso dem Trend nach stärkeren Traktoren wie der Favorit 2 mit nunmehr 46 PS.

Die Fendt-Trümpfe hielten, was sie auf der Kölner DLG-Ausstellung versprochen hatten. Bis Jahresende erreichte die Produktion 10 960 Traktoren, von denen 9640 auf dem Inlandsmarkt abgesetzt werden konnten, was hinter KHD und IHC den 3. Platz in der Zulassungs-Rangliste bedeutete. Wichtige »Hausmacht« aber blieb Bayern, wo Fendt die Position des Marktführers erfolgreich verteidigte. Sehen lassen konnten sich ferner die Anstrengungen zum Ausbau des Produktionsprogramms außerhalb des Schlepperbaus. Gelenkspindel-Bohrmaschinen,

Ein eigener Fuhrpark sorgte für pünktliche Teilelieferung.

100.000
FENDT

Transferstraßen für Motorenwerke und Textilmaschinen trugen inzwischen den Fendt-Schriftzug und steuerten in Millionenhöhe zum Umsatz bei.

Fasste man alles zusammen, so betrug der Umsatzzuwachs rund 20 % und lag beträchtlich über dem Branchendurchschnitt. Stolz wies Hermann Fendt darauf hin, dass Fendt trotz eines Jahresumsatzes von nunmehr 110 Mio. DM nach wie vor ohne fremde Kapitalbeteiligung auskam. Man fühlte sich in Marktoberdorf als »großer Mittelständler«, und die Inhaber scheuten sich nicht, gelegentlich zu wirtschaftspolitischen Fragen pointiert Stellung zu beziehen

Das kleine, aber feine Fendt-Traktoren-Museum im Verwaltungsgebäude beherbergt unter anderem den »Goldenen Fendt«, einen Fendt Farmer 2 aus dem Jahre 1961. Verdient hat der Schlepper diese königliche Kennzeichnung allemal, handelt es sich doch um den 100 000. Fendt-Traktor überhaupt. Am 26. Mai 1961 lief er von einem der drei Fließbänder und bot der 1691 Personen zählenden Fendt-Mannschaft Anlass, mit Stolz auf die eigene Leistung zurückzublicken.

Alle sechs Minuten verließ 1961 ein Traktor die Marktoberdorfer Produktionshallen, die umfassenden Kontrollen miteingerechnet. Bis auf 1000stel Millimeter wurden dabei Zahnräder geprüft, und auch hinsichtlich Härterei und Lackierung duldete man keine Schlamperei. Solche Sorgfalt honorierten die Bauern durchaus. Sie wussten den Wiederverkaufswert ihrer Fendt-Traktoren zu schätzen und rechneten es sich als Vorzug an, eine Zugmaschine zu besitzen, die eine hohe Lebenserwartung besass. Die von Wissenschaftlern stammende Aussage, nach der etwa 10 % des insgesamt auf ca. 865 000 Traktoren geschätzten westdeutschen Schlepperbestands Fendt-Traktoren waren, tat ihnen gut.

Und Neues gab es aus Anlass des 100 000. Fendt-Traktors auch. Die Vorstellung des 25-PS-Geräteträgers F 225 GT mit Motorzapfwelle und größerer Bereifung eröffnete dem Ein-Mann-System zusätzliche Einsatzmöglichkeiten. Vor allem als »selbstfahrender Rüben-Vollernter« beeindruckte er die Festgäste. In einem Arbeitsgang konnte der F 225 GT dank der Gerätegruppen und Aggregate die Rüben köpfen, putzen und roden. Rund um den Fahrer herum wanderten Rüben und Rübenblätter über Schleudersterne und Becherwerke entweder auf den Schwad oder in einen hydraulisch kippbaren, 15 Zentner fassenden Bunker. Ja, der GT als Rüben-Vollernter war schon eine in jeder Beziehung markante Maschine!

Der 100 000ste Fendt-Schlepper, ein Farmer 2, rollt im Jahr 1961 vom Band.

Die Landwirte aber staunten nicht schlecht, wie in gut einer halben Stunde ohne großen Werkzeugeinsatz aus ihrem Schlepper ein selbstfahrender Vollernter werden konnte. Auch der Rückbau dauerte nicht länger, womit die Fendt-Konstrukteure der idealtypischen Vorstellung vom Trägerfahrzeug sehr nahe gekommen waren. Die Bedeutung der Systemschlepper für das Unternehmen Fendt zeigen die Produktionszahlen für 1961 an. Unter den im Laufe des Jahres insgesamt produzierten 10 221 Schleppern befanden sich 1126 Einheiten F 225 GT und 1021 Stück F 220 GT. Bei mehr als jedem fünften in Marktoberdorf hergestellten Traktor handelte es sich also um einen Geräteträger, der für Fendt längst die Rolle eines Gütezeichens eingenommen hatte.

Und noch ein Highlight hielt Fendt für die Ehrengäste bereit. Da rollte doch ein Favorit 1 ferngesteuert über den Acker, als Sendbote gleichsam einer neuen, vollautomatisierten Landwirtschaft! Willi Zinnecker würdigte die wahrlich futuristische Demonstration und wies zugleich auf einige noch zu lösende Probleme hin: »Bei dem vorgeführten ferngesteuerten Schlepper arbeitet die Sende- und Empfangsanlage im Ultrakurzwellen-Bereich mit einer Trägerfrequenz, die durch Modulation in zahlreiche Kanäle aufgeteilt wird. Zu jedem Kanal gehört ein bestimmtes Kommando, z.B. ›links‹, ›Pflug ausheben‹, ›Anhalten‹ usw. Mit Ultrakurzwellen arbeiten aber auch die Luftfahrt, das Fernsehen und der Rundfunk. Auch sind unzählige Geräte der Industrie und der Medizin darauf abgestellt. Dabei können unerwartete gegenseitige Beeinflussungen auftreten. Es muss beispielsweise möglich sein, in der engen Umgebung eines Dorfes 50 Schlepper gleichzeitig, aber unabhängig unter Fernkommando zu stellen, ohne dass sie auf die ›Stimme‹ des Nachbarn hören. Diese Aufgabe dürfte nach dem heutigen Stand der Funktechnik schon beherrschbar sein.

Wir dürfen weder heute noch morgen die Fernsteuerung eines Ackerschleppers als eine in sich geschlossene Aufgabe betrachten, sondern müssen sie als eine Teilaufgabe in den viel größeren Rahmen – Automation in der Landwirtschaft! – stellen. Dieses Wort wird zunehmend die Geister bewegen und wird eine intensive Zusammenarbeit zwischen Landwirtschaft, Industrie und Wissenschaft hervorrufen.« Wie wahr, kann man da Jahrzehnte später voller Respekt nur sagen.

Die Maschinenhallen der Fendt -Werke Ende der 50er-Jahre.

Ein Familienunternehmen hängt in seiner Entwicklung stark von den Eignerpersönlichkeiten ab, zumal dann, wenn sie auf die unternehmerischen Geschicke unmittelbar selbst Einfluss nehmen. Bei den Gebrüdern Fendt war dies uneingeschränkt der Fall, wobei auffallend blieb, auf welch unterschiedlichen Ebenen innerhalb und außerhalb des Unternehmens sie sich engagierten. Nach außen am stärksten in Erscheinung trat dabei beinahe schon traditionell Hermann Fendt. Er nahm die Rolle des Firmensprechers wahr und wirkte darüber hinaus auch als Unternehmer aktiv in den berufsständischen Organisationen mit.

Viele Jahre war die »Arbeitsgemeinschaft Ackerschlepper« (AGA) sein Betätigungsfeld gewesen, die sich um die Durchsetzung der Belange der Hersteller von Traktoren große Verdienste erworben hatte. Von der Normung bis zum Ausstellungswesen reichte ihr Betätigungsfeld, das häufig gemeinsam mit den im LMV zusammengefassten Landmaschinen-Fabrikanten, gelegentlich aber auch gegen sie, zu beackern war. Hermann Fendts Wort besass bei den Sitzungen der AGA-Gremien großes Gewicht, seine Unabhängigkeit zeichnete ihn aus. So war sein Rat gefragt, als 1959/60 erste Gespräche zu einer Fusion von AGA und LMV stattfanden.

Im Grundsatz waren sich die Ackerschlepper- und Landmaschinen-Hersteller rasch einig. Im Detail dagegen schienen die Probleme fast unüberwindbar. Alois Mengele (Günzburg) für die Landmaschinenseite und Dr. Franz Ahlgrimm (Mannheim) für die Traktorenseite skizzierten die Unterschiede, Heinrich Jakopp (Köln), Johann Georg Fahr (Gottmadingen), Anton Schlüter (Freising), und Hermann Fendt beschworen dagegen die Gemeinsamkeiten. Letztere setzten sich schließlich durch und bewirkten, dass zum 1. Februar 1961 die »Landmaschinen- und Ackerschlepper-Vereinigung« (LAV) als Dachverband der gesamten, in der Bundesrepublik Deutschland tätigen Agrartechnikhersteller gegründet wurde.

Zum ersten Vorsitzenden mit dem Titel »Präsident« wählten die Gremien Hermann Fendt. Damit hatte er, genau in dem Jahr, in dem er seinen 50. Geburtstag feiern durfte, die Spitze der deutschen Landmaschinen- und Ackerschlepper-Industrie erreicht. Ihm oblag nun die verantwortungsvolle Aufgabe, neben seiner Marktoberdorfer Tätigkeit einen schlagkräftigen Verband zu formen und zu repräsentieren. Beide wahrlich schwierigen Aufgaben meisterte der Allgäuer Unternehmer dank seiner Persönlichkeit, seines großen Durchsetzungsvermögens und der Fähigkeit, leistungswillige Personen um sich zu scharen, wie in der 1997 erschienen Festschrift »Einhundert Jahre für die Landtechnik-Industrie. Die Geschichte des Verbandes – vom Verein der Fabrikanten zur LAV« nachzulesen ist.

1962 zählt für die Schlepperfabrik Fendt zu den Jahren der Konsolidierung. Mit der Jahresproduktion von 10 465 Traktoren hatte man das ohnehin schon hohe Vorjahresniveau nochmals geringfügig überboten und auch bei der Belegschaft konnte mit 1754 Personen nochmals um 63 Mitarbeiter zugelegt werden. Dies alles gelang bei einer gleichzeitigen Reduzierung von 14 Baureihen (1961) auf 9 Baureihen (1962). Aus dem Programm genommen hatte Fendt die kleinen Schlepper mit bis zu 19 PS Motorleistung. Einen starken Nachfrageanstieg verzeichneten dagegen die Modelle F 225 GT mit 2784 Einheiten und das Modell FW 228, besser bekannt als Farmer 2 D, 28 PS, mit 2200 Stück.

In diesen Größenordnungen hätte Fendt eigentlich wirtschaftlich produzieren müssen, doch nicht alles, was glänzte, war Gold. Die Frankfurter Allgemeine Zeitung berichtete in ihrer Ausgabe vom 16. Juni 1962: »Fendt hat wieder Lieferfristen im Schlepperbau«, und machte auf gravierende Engpässe aufmerksam. Bis Oktober reichten danach die Lieferfristen, die Fendt so leicht nicht beheben konnte. Der Arbeitsmarkt hatte an Flexibilität eingebüßt, qualifizierte Kräfte zur Aufstockung der Belegschaft waren kaum zu bekommen. Auch stiegen die Ausfallzeiten in eine Höhe von zuvor ungekannten 15 % bei gleichzeitigem Wunsch der Arbeitnehmer nach Arbeitszeitverkürzung. Statt drei Schichten vermochte Fendt nur noch zwei Schichten zu fahren und geriet so, trotz Auftragsbooms, in ein Kostendilemma.

Aber Fendt wäre nicht Fendt, hätte man nicht doch nach Auswegen gesucht. Spürbare Entlastung brachte vor allem die Inbetriebnahme eines automatischen Taktbands in Marktoberdorf, das die drei bisherigen Montagebänder ersetzte. Eine Tagesleistung von bis zu 100 Traktoren oder Geräteträgern wurde durch die Investition möglich gemacht. Zur gleichen Zeit konnte in Kempten für die KMF im Stadtteil »Auf dem Bühl« ein Neubau in Betrieb genommen werden, der über 10 000 m² Produktions- und 4000 m² Verwaltungsfläche verfügte.

Erneuert wurde aus diesem Anlass auch die Produktpalette der KMF. Kettelmaschinen mit noch größerer Tourenzahl wiesen ebenso in die Zukunft wie der Herstellungsbeginn von in Marktoberdorf entwickelten Fendt-Gabelstaplern, die nach Motorleistung und Tragfähigkeit differenziert angeboten wurden.

Am 1. Oktober 1962 blickten die Fendt-Werke auf ihr 25-jähriges Bestehen zurück. Hermann Fendt nutzte dies zum einen, um die Firmengeschichte Revue passieren zu lassen, zum anderen aber für eine Schau nach vorn. In der Europäischen Wirtschaftsgemeinschaft (EWG) erkannte er positive Perspektiven für das Unternehmen, dessen Heimat Bayern bleibe, dessen Nationalität Deutschland sei und dessen Markt Europa, ja die Welt sein werde. Nationale wie internationale Prominenz trugen dieser Unternehmensphilosophie gerne Rechnung. In Marktoberdorf oder auch auf den verschiedenen Messen, an denen sich Fendt beteiligte, informierte sie sich, angefangen beim bayerischen Landwirtschaftsminister Dr. Dr. Hundhammer über Bundeslandwirtschaftsminister Schwarz und den italienischen Finanzminister Trabucci bis hin zum sowjetischen Botschafter Andreij Smirnow, über die Fendt-Trümpfe im Traktorenbau.

Im Endergebnis erreichte Fendt 1962 einen Umsatz von 126 Mio. DM. Rechnete man die Umsätze der Kemptener Maschinenfabrik GmbH (KMF) und ausländischer Tochterunternehmen hinzu, dann belief er sich sogar auf 148 Mio. DM, womit erneut ein Rekord erreicht war.

Die zunehmende Ausrichtung auf den internationalen Markt brachte aber nicht nur Vorteile. So schickten sich auf dem für Fendt nach wie vor bestimmenden Inlandsmarkt zunehmend ausländische Hersteller an, größere Marktanteile zu erobern. Von 1962 auf 1963 stieg der Marktanteil der Importfirmen von 10,5 % auf 13,2 %, wobei MF, Ford und Renault an der

Das im Jahr 1962 neu eingerichtete automatische Taktband war auf einen Ausstoß von bis zu 100 Schleppern pro Tag in zwei Schichten ausgelegt.

Spitze rangierten. Daneben nahm auch der Anteil ausländischer Kapitalgesellschaften an den Neuzulassungen in Westdeutschland weiter zu. IHC und John Deere erreichten von 1962 auf 1963 einen Anstieg von 15,7 % auf 17,3 %, so dass der Anteil ausländischer Konzerne bei den Schlepper-Neuzulassungen in Westdeutschland inzwischen 30,5 % ausmachte.

Der Wettbewerb im Inland hatte also an Härte zugenommen, entwickelte sich der Traktorenbedarf insgesamt doch rückläufig. In den Medien tauchte gelegentlich schon das Wort »SchlepperKrise« auf, das so falsch nicht war. Immerhin sahen sich einige traditionsreiche Hersteller zu kurzlebigen Partnerschaften oder gar zur Produktionseinstellung gezwungen.

Auch Fendt zeigte Wirkung. Der Produktionsrückgang um 1648 Einheiten auf 8817 Traktoren entsprach fast 16 % und hatte zur Folge, dass erstmals seit Jahren fast hundert Arbeitsplätze in Marktoberdorf abgebaut werden mussten. Eine Steigerung des Schlepper-Exports um 20 % gegenüber 1962 brachte zwar Entlastung, reichte zur Kompensation der Probleme auf dem Inlandsmarkt jedoch nicht aus. Dies wiederum rief die Fendt-Strategen auf den Plan. Das ganze Unternehmen kam auf den Prüfstand und die Überprüfung ergab, dass vor allem auf den Geräteträger F 225 GT und die Farmer Varianten 2 und 2 D Verlass war. Diese drei Modelle zusammen brachten es auf 6370 Einheiten oder 72 % der Gesamtproduktion. Das restliche Programm dagegen bedurfte einer gründlichen Überarbeitung, sollte der dauerhafte Markterfolg des Unternehmens gesichert sein.

Ein erster Schritt in diese Richtung war der Produktionsbeginn des Modells Farmer 1 Z. Ihm zugrunde lagen vor allem Erfahrungen, die Fendt mit dem erfolgreichen 25 PS-Geräteträger gesammelt hatte. Dies galt für den luftgekühlten 2-Zylinder-4-Takt-Dieselmotor von MWM ebenso wie für Fendt-Getriebe, Differenzial und Hinterachse. Zusammmen mit Regelhydraulik, Mähwerk, Frontlader, Zapfwellen, gefederter Pendelachse und dem endlich serienmäßig mit Sitzkissen ausgestatteten Fahrersitz ergaben sie einen für mittelbäuerliche Betriebe ausgelegten Traktor, der es schon im ersten Jahr der Serienfertigung auf beachtliche 1605 Einheiten brachte.

Wichtiger aber noch war die im Oktober 1963 erfolgte Vorstellung des neuen Fendt Favorit 3 Traktors, der an die Stelle der Schleppertypen Favorit 1 (40 PS) und Favorit 2 (46 PS) trat. Er brachte dem Unternehmen einerseits einen Rationalisierungsvorteil, andererseits stand er für das

Die Tochtergesellschaft Kemptener Maschinenfabrik GmbH (KMF) nahm 1961 den Neubau am Stadtrand von Kempten/Allgäu in Betrieb und fertigte Blockkraftheber, hydraulische Ventile, Gabelstabler und Textilmaschinen.

Favorit 1: Der Einstieg von Fendt in die Klasse der Großtraktoren für die weite Welt.

Bemühen von Fendt, der Landwirtschaft Traktoren mit größerer Leistung zur Verfügung zu stellen.

Kennzeichen des Favorit 3 war unter anderem der wassergekühlte 4-Zylinder-4-Takt-Motor von MWM, der erste 4-Zylinder-Motor in einem Fendt-Traktor überhaupt! Aus 3 l Hubraum holte er bei 2300/min eine Leistung von 52 PS heraus, die den Motor jedoch nicht erschöpften. Messungen hatten ergeben, dass unter Einsatz eines Aufladegebläses 75 PS und mehr hätten erreicht werden können. Die Drosselung bürgte dagegen für gute Beschleunigung, hohes Durchzugsvermögen und eine hoffentlich lange Lebensdauer.

Aus gemeinsamer Entwicklung von ZF und Fendt kam das Halbsynchron-Getriebe des Favorit 3, das diesmal über 20 Gänge verfügte. 16 Vorwärts- und 4 Rückwärtsgänge, von denen serienmäßig 4 als Super-Kriechgänge und 2 als Kriechgänge ausgelegt waren, deckten Arbeitsgeschwindigkeiten von 0,25 – 30 km/h ab. Über einen Vorschalthebel ließ sich zudem jeder Gang um 25 % verringern. Dies lief zum einen auf eine Erhöhung der Zugkraft und zum anderen auf beinahe stufenlose Geschwindigkeitsregulierung hinaus. Genau letzteres aber war das erklärte Ziel der Fendt-Getriebeexperten. In letzter Konsequenz schwebte ihnen ein Getriebe vor, das den Landwirt in die Lage versetzen sollte, die Kraft seines Traktors optimal, also stufenlos, unter Last auf den Acker zu bringen. Der Einstieg in dieses zukunftweisende

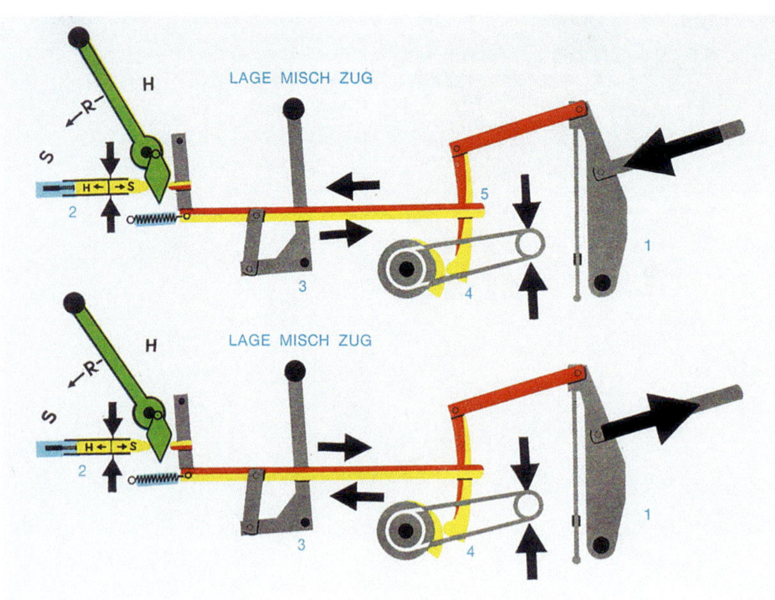

Funktionsmodell der automatischen Fendt-Regelhydraulik mit der stufenlos verstellbaren Zug-, Lage- und Mischregelung.

Mit 2600 kg Eigengewicht zählte der Favorit 3 nicht zu den Leichtgewichten unter den Traktoren. 50 kg Schleppergewicht je PS Motorleistung lautete seine Relation, die sich mit 40 : 60 % auf Vorder- und Hinterachse verteilte. Durch Front-Aufbaugewichte von ca. 150 kg ließ sich der Schwerpunkt jedoch ohne größere Umstände in Richtung Vorderachse verlagern, wie es vor allem beim Einsatz schwerer Aufsattelgeräte gewünscht wurde.

Konzept war mit dem Favorit 3 gemacht, doch bis zu seiner endgültigen Realisierung sollte noch einige Zeit vergehen.

Interesse verdiente ferner die automatische Fendt-Regelhydraulik, deren Regelbereich bei Zugbelastung bis 2500 kg und bei Druckbelastung bis 2000 kg ausgelegt war. Sie verfügte über eine Mischregelung, die, stufenlos zwischen Zug- und Lagesteuerung einstellbar, sich insbesondere bei Pflugarbeiten in extremen Bodenverhältnissen bewährte.

Der Farmer 1Z mit luftgekühltem Dreizylinder-Motor war mit dem Fendt-Doppel-H-Schaltgetriebe ein idealer Transportschlepper.

An Technik mangelte es im Favorit 3 also nicht. Doch wie stand es um den Bedienerkomfort? Vorbei war die Zeit, da man dem Traktoristen alles zumuten konnte, da der Einbau einer einfachen Stahlschüssel schon ausreichte, um von »bequemer Arbeitsposition« zu sprechen. Im Favorit 3 setzten die Konstrukteure ganz auf Federungskomfort. Beginnend bei der gefederten Vorderachse gipfelte ihr Komfortangebot im gummigefederten, nach Größe und Gewicht des Fahrers einstellbaren Polstersitz, von dem aus die verschiedenen Schalthebel ordentlich erreicht werden konnten. Ein umsturzsicheres Panoramaverdeck gab es als Zusatzausstattung, das dem Fahrer einen Schleppereinsatz selbst unter widrigen Wetterbedingungen erlaubte.

Das alles hörte sich gut an und ließ Fendt für das Jahr 1964 hoffen, das mit der vom 31. Mai bis zum 7. Juni in Hannover stattfindenden DLG-Ausstellung über ein landtechnisches Schaufenster im Europaformat verfügte. Doch reichten die Modelle Farmer 1 Z und Favorit 3 als Neuheiten aus? In Marktoberdorf beantwortete man die Frage mit einem eindeutigen Nein. Die Programmpflege musste vielmehr mit Nachdruck weiter betrieben werden, denn soviel war klar, auch die Konkurrenz schlief nicht. Wollte man in Hannover im Gespräch sein, dann mussten zusätzliche Attraktionen bereitstehen, die vor allem dem Wunsch nach größeren und komfortableren Traktoren entsprachen.

Fendt-Dieselrösser im Jahr 1960 auf der Messe in Amsterdam.

Auf dem Weg dorthin entschied sich Fendt, den Geräteträger stärker zu motorisieren. Als F 230 GT erhielt er einen luftgekühlten 3-Zylinder-4-Takt-Dieselmotor, der aus einem Hubraum von 2230 cm^3 bei 2000/min 30 PS Leistung bereitstellte. Das 12-Gang-Getriebe verfügte über 8 Vorwärts- und 4 Rückwärtsgänge und deckte Arbeitsgeschwindigkeiten zwischen 0,3 und 20 km/h ab. Der neue Fendt-Sattelsitz war dem Vorbild des Reitsattels nachempfunden und bot hinlänglichen Fahrkomfort. Die Ladepritsche des Geräteträgers schließlich, vielfach bewährt bei allen in der Landwirtschaft anfallenden Transporten, konnte wiederum hydraulisch gekippt werden, und verschaffte den Fendt GT's den Beinamen »Hydraulik-Kipper«.

Bei den Landwirten kam diese Ausstattung sehr gut an. Mit 1650 produzierten Einheiten stellte der F 230 GT das Vorgängermodell F 225 GT, das es nur noch auf 990 Einheiten brachte, jedenfalls sogleich in den Schatten. Zusammen waren die Fendt-GT-Modelle ohnehin eine Macht. Sie dominierten den Markt der Systemschlepper und erreichten den beachtlichen Marktanteil von 87 %! Fendt war zu dem Geräteträger-Spezialisten schlechthin geworden. Das Konzept, den Geräteträger über den sytematischen Ausbau der Anbaugeräte zu einer »full-line« zu entwickeln, hatte sich als richtig erwiesen und dem Fahrzeug vor allem im Gartenbau und bei den Sonderkulturen zahlreiche neue Freunde beschert.

Erstmals zur Vorstellung gelangte 1964 auch das Modell Farmer 3 S. Mit ihm rundete Fendt sein Mittelklasse-Programm nach oben ab, statteten die Konstrukteure den Traktor doch mit dem aus dem Favorit 3 bekannten 4-Zylinder-4-Takt-Dieselmotor von MWM aus. Allerdings entschied man sich für eine Drosselung des Motors auf 45 PS und setzte stattdessen darauf, über ein neues Direkteinspritz-Verbrennungs-Verfahren zu einem besonders günstigen Kraftstoffverbrauch zu gelangen.

Das Potenzial des Farmer 3 S war damit nicht erschöpft. Das neue Fendt-Gruppenschalt-Getriebe arbeitete mit 21 Gängen, 13 Vorwärts-, 4 Rückwärts- und 4 Super-Kriechgängen. Von 0,1 km/h im 1. Gang, auch Super-Kriechgang genannt, bis zu 30 km/h im 16. Gang, dem Schnellgang, reichte das Einsatzspektrum, das insofern eine echte Innovation bedeutete, als sich die wichtigsten Geschwindigkeiten synchronisiert schalten ließen. Nicht zu unterschätzen war ferner der im Fendt-Getriebe installierte Drehmomentwandler. Über einen Gruppenhebel ließen sich mit seiner Hilfe alle Gänge mit Ausnahme des Schnellgangs um ca. 30 % in der Geschwindigkeit oder in der Zugkraft erhöhen, was einen beinahe übergangsfreien Betrieb des Farmer 3 S erlaubte. Die Rede ging um vom »stufenlosen Schalten«, das greifbar nahe zu sein schien.

Und in diese Richtung wirkte auch die zwischen Motor und Verteilergetriebe serienmäßig eingebaute ölhydraulische Kupplung. Oberingenieur Friedrich Görner, aber auch Richard Wolk, hatten sich für ihre Entwicklung stark gemacht, die sich nach und nach unter der Bezeichnung »Turbo-Kupplung« zu einem Fendt-Gütezeichen entwickelte. Sie gestattete dem Landwirt die Realisierung eines lange gehegten Wunsches: Stufenloses Anfahren und Anhalten unter Last!

Der Terminus »modern« wurde hier von Fendt bewusst und zutreffend verwendet. Er erstreckte sich zusätzlich auch über die von Fendt erreichte Reversierbarkeit des Getriebes. Erstmals war es möglich geworden, einen Fendt-Traktor ohne zu schalten und zu bremsen, vor- und rückwärts zu fahren. Zur Fahrtrichtungs-Umkehr brauchte der Bediener nur das Kupplungspedal zu bedienen. Ab sofort hatte er beide Hände für das Lenkrad bzw. das Steuergerät des Frontladers frei!

Modern gehalten war ferner die Zapfwellen-Ausrüstung des Farmer 3 S. Sie bestand aus zwei hinteren und einer vorderen Zapfwelle und konnte mit Hilfe eines einzigen Hebels unabhängig vom Fahrbetrieb des Traktors ein- und ausgeschaltet werden. Mit diesem Ausrüstungspaket entsprach der Farmer 3 S weitgehend den Vorgaben, die Landwirte und Techniker seit Jahren immer dann formulierten, wenn sie vom Schlepper der Zukunft sprachen, der in der Lage sein sollte, die Funktion einer gut bedienbaren Kraftzentrale für vielfältigste landwirtschaftliche Arbeitsmaschinen zu übernehmen.

Mit diesem qualitativ hochwertig ergänzten Programm hätte Fendt gut nach Hannover fahren können, wäre da nicht die Lücke im hohen PS-Leistungsbereich gewesen. Der Favorit 3 lief zwar in der Serienproduktion gerade erst an, doch überkamen die Marktoberdorfer Bedenken, ob 52 PS nicht doch zu wenig seien, um bei der offenkundig einsetzenden »Olympiade« der Traktoren gut vertreten zu sein. 80 PS, so mutmaßten einige der Fendtler, sollten es schon sein, besser wäre vielleicht sogar ein Traktor mit einem 100 PS starken Motor. Da genau lag die Schallmauer, an die man sich aber noch nicht so recht herantraute.

Den 80-PS-Traktor dagegen wollte man in Hannover zeigen, nicht als Serienfahrzeug, wohl aber als Prototypen, als Fingerzeig gleichsam auf die weitere Entwicklung. Und man beließ es nicht bei der Absicht. Bis Mitte Mai 1964 baute Fendt ein Favorit 4 genanntes Modell, das erstmals in der Fendt-Geschichte von einem 6-Zylinder-4-Takt-Dieselmotor angetrieben wurde. 4,5 l-Hubraum, Direkteinspritz-Verbrennungs-Verfahren, Wasserkühlung und Allrad-Antrieb zählten zu den Kennzeichen des zukünftigen Fendt-Flaggschiffs, dessen Marktreife allerdings noch nicht gegeben war.

Marktreife besaßen dagegen die Allrad-Versionen des Favorit 3 und des Farmer 3 S. Sie lagen, wie es heißt, voll im Trend und zählten zu den nicht weniger als 32 verschiedenen Allrad-Schlepperversionen, die für Hannover gemeldet worden waren. Ja, und dann war es endlich soweit. Die Tage der DLG-Ausstellung begannen und führten 1250 Aussteller mit mehr als 15 000 Landmaschinen auf einem erstmals über 500 000 m² großen Ausstellungsgelände zusammen.

Alles, was Rang und Namen hatte, war angetreten und geizte nicht mit Neuheiten. Fendt aber brauchte sich wahrlich nicht zu verstecken. »Mehr PS sind Trumpf«, lautete das Motto des großzügigen Fendt-Stands in Halle 8, auf dem neben den bekannten »ff«-Traktoren sämtliche Neukonstruktionen publikumswirksam aufgeboten waren. In bunter Reihe standen sie nebeneinander, die Favoriten 3 und 4, der 30-PS-Geräteträger und vor allem der Farmer 3 S mit seiner neuen, einzigartigen Getriebekonzeption. »Schlepper-Meyer«, sonst zögerlich mit überschwänglichem Lob, hielt sich diesmal nicht zurück. »Die höchste Gangzahl dürfte im Augenblick beim Schlepper ›Farmer 3 S‹ (Fendt) zu finden sein« notierte er im Ausstellungsbericht und machte zusätzlich noch darauf aufmerksam, dass Fendt möglicherweise bald schon mit einem praxisreifen hydrostatischen Getriebe auf den Markt kommen werde.

Der neue Favorit 4 Allrad war mit 80 PS auf der DLG-Ausstellung 1964 in Hannover der größte Schlepper auf dem Fendt-Stand.

Das Jahresergebnis von Fendt trug den gewaltigen Anstrengungen Rechnung und fiel positiv aus. Der Um-

Das Erfolgsmodell Fendt Farmer 3 S mit 45 PS, Turbo-Kupplung und dem 21-Gang-Feinstufengetriebe wurde erstmals auf der DLG 1964 in Hannover vorgestellt.

satz für Schlepper, Geräteträger und Landmaschinen stieg um 13 % auf 140 Mio. DM. Der Gesamtumsatz des Unternehmens, in den zusätzlich die Ergebnisse der KMF, verschiedener ausländischer Tochterunternehmen sowie einer Beteiligung an der südafrikanischen Fa. Leers, Kapstadt, eingingen, erreichte sogar 165 Mio. DM. Wesentlicher Faktor für den Erfolg aber war der Produktionsanstieg in Marktoberdorf. 10 673 Traktoren konnten produziert werden, was gegenüber dem Vorjahr einen Zuwachs um 1856 Einheiten bedeutete. Im Inland nahm Fendt mit 8971 Schleppern den dritten Rang bei den Neuzulassungen ein und steigerte den Marktanteil auf 11 %. Der Auslandsumsatz machte gleichfalls einen Sprung nach vorn und lag nun bei 28 Mio. DM.

Neben den DLG-Ausstellungen erfreute sich alljährlich die Berliner »Grüne Woche« großer Aufmerksamkeit. Als »Fenster in den Osten« sollte sie zum einen das Beharrungsvermögen der Westberliner stärken und zum anderen Osteuropa die Überlegenheit der westlichen Wirtschaftsweise demonstrieren. Die Grüne Woche wurde entsprechend massiv von der Politik gefördert, die nur das Beste ausgestellt sehen wollte. Fendt folgte 1965 dem Ruf nach Berlin und stellte neben dem 30-PS-Geräteträgersystem die Typen Farmer 2 (35 PS) und Favorit 3 (52 PS) aus. Für landwirtschaftliche Fachbetriebe im Obstbau sowie für landwirtschaftliche Großbetriebe mit Sägewerken hatte man ferner einen 2,5-t-Gelände-Gabelstapler mitgebracht, der bei der KMF gefertigt wurde.

Für das Firmenimage waren solche Engagements wichtig, auch wenn sie sich nicht immer gleich in klingender Münze niederschlugen. Dies trifft unter anderem für die zahlreichen von Fendt in Marktoberdorf durchgeführten Informationsveranstaltungen zu. Eng arbeitete Fendt dabei nicht zuletzt mit den 15 im Bundesgebiet bestehenden Deula-Lehreinrichtungen zusammen. Kam das Lehrpersonal nach Marktoberdorf, dann ließ es sich Hermann Fendt nicht nehmen, persönlich über den aktuellen Stand der Traktorentechnik zu informieren.

Genau das aber hinterließ Wirkung, die sich von den 155 Lehrkräften auf die alljährlich rund 40 000 Lehrgangsteilnehmer übertrug. Hinzu kam, dass Fendt den Deula-Schulen großzügig Schlepper und Landmaschinen neuester Technik zur Verfügung stellte. Eine Prüfung im Jahre 1965 ergab, dass der Gesamtwert der so von Fendt bereitgestellten Maschinen und Schlepper 6 Mio. DM betrug.

»Klotzen statt Kleckern« lautete die Parole, wenn Fendt für seine Produkte warb. Bei presse- und öffentlichkeitswirksamen Aktionen traten die Inhaber, wann immer möglich, persönlich in Erscheinung. Daneben standen als Experten leitende Mitarbeiter bereit, so dass Kompetenz stets gegeben war. Das Ergebnis dieser zweifellos aufwendigen Strategie zahlte sich im Nach-Ausstellungsjahr 1965 aus. 12 410 Traktoren, die Produktionsrekord bedeuteten, konnten produziert werden. Guten Anteil daran hatte der 30-PS-Geräteträger, der es inzwischen bei den Systemschleppern auf satte 90 % Marktanteil brachte. Hervorragend im Markt lagen auch die verschiedenen Farmer 2-Modelle sowie der Favorit 3, der sich in der Hinterachs-Version immer noch sechsmal so häufig verkaufen ließ wie als Allrad-Traktor. Fendt beirrte dies nicht. Man war sich sicher, dass dem Allrad-Schlepper die Zukunft gehören würde und intensivierte seine Bemühungen auf diesem Sektor.

Jubeltage gab es 1965 in den Fendt-Werken auch. Anfang November lief der 150 000. Fendt-Traktor vom Band, ein F 230 GT, der zugleich der 20 000. Geräteträger war. Als Erfolgsschlepper gab man ihm die Ehre, obschon einige Fendtler lieber den Farmer 3 S im Lorbeerkranz gesehen hätten. Aber so liefen die Dinge bei Fendt nun einmal. »Ehre, wem Ehre gebühret«, lautete die Devise, auch wenn bei einem anderen Traktor die Technik noch ein Stück fortschrittlicher war. Die Bauern hatten für solche Grundsätze allemal Verständnis, verfuhren sie zu Hause doch ebenso.

Der Markt indes hat für solche Reminiszenzen wenig übrig, er folgt anderen Gesetzen. Dass Fendt auch da sein Geschäft verstand, belegt der Sprung auf den 2. Rang in der Zulassungsstatistik. Hinter KHD rangierte man nun vor IHC, Rheinstahl-Hanomag und Massey-Ferguson und begann, nach dem Spitzenplatz zu schielen. Der Gesamtumsatz von Fendt erreichte mit 185 Mio. DM wiederum ein Top-Ergebnis, doch die Gewinnentwicklung ließ zu wünschen übrig. Auch wenn die Fendt-Brüder in dieser Hinsicht keine Angaben machen mussten und nicht machten, so beklagte Hermann Fendt mehr als einmal, dass es Zeiten gebe, in denen das Unternehmenswachstum von den Eignern selbst bezahlt

Der Fendt-Geräteträger mit 32 PS, 24-Gang-Getriebe und 30 km/h-Schnellgang aus dem Jahre 1967.

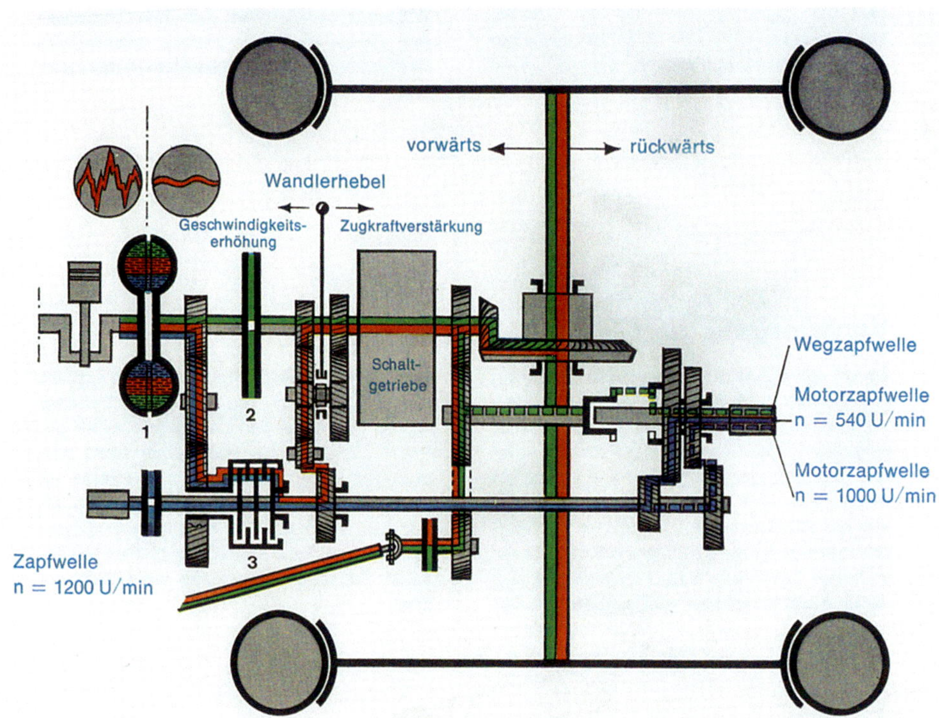

Das komplett neue Fendt-Getriebe TWS mit Turbo-Kupplung im Farmer 3 S wurde hinsichtlich Bedienung und Fahrkomfort zum Vorbild für die nächsten Jahrzehnte.

würde. Dem Gesetzgeber machte er in diesem Zusammenhang den Vorwurf, zu wenig unternehmerfreundlich zu sein, schließlich erfordere unternehmerisches Wagnis eine angemessene Honorierung, sonst könne man gleich in das Rentnerdasein überwechseln.

Doch soweit wollten die Gebrüder Fendt nicht gehen. Ihnen lag an »ihrer« Schlepperfabrik, die auch 1966 Kraft genug besaß, sich gegen den großen Trend zu behaupten. Durch den landwirtschaftlichen Strukturwandel bedingt, nahm die Zahl der Neuzulassungen binnen 12 Monaten von 84 361 auf 75 713 Traktoren ab, was einem Rückgang um 10,3 % entsprach. Bei Fendt dagegen verminderten sich die Zulassungszahlen nur um 5,7 % auf 9806 Einheiten. Eine Festigung der 2. Position auf dem westdeutschen Schleppermarkt war das Ergebnis. Vor allem Bayern hatte sich einmal mehr als Stütze im Fendt-Geschäft bewährt. 49 % aller 1966 im Bundesgebiet zugelassenen Fendt-Traktoren und -Geräteträger entfielen auf Bayern, wurden also über die BayWa an die Bauern verkauft.

Steigende Bedeutung gewann für Fendt der Export. 2046 im Jahr 1966 exportierte Traktoren brachten 34 Mio. DM in die Fendt-Kasse und trugen zum gesamten Schlepper- und Landmaschinen-Umsatz von 156 Mio. DM 21,8 % bei. Damit war Fendt in die Spitzengruppe der exportierenden deutschen Schlepperfirmen aufgerückt und maß dem weiteren Ausbau des ausländischen Vertriebsnetzes verstärkte Aufmerksamkeit bei. Mit dieser Ausrichtung entsprach das Unternehmen dem von der DLG für seine Frankfurter Ausstellung vorgegebenen Ziel. »Internationale Landwirtschaftsschau« nannte sie jetzt ihre einstige »Wanderausstellung« und die Aussteller bestätigten sie darin. Von 37 Ausstellern, die Traktoren oder den Traktoren ähnliche Fahrzeuge zeigten, kam rund die Hälfte aus dem Ausland.

Der Frankfurter Fendt-Stand bot ein getreues Spiegelbild der Produktpalette. 11 verschiedene Modelle standen für das Publikum bereit. Sie reichten bei den hinterachsgetriebenen Schleppern vom 20-PS-Fix über vier verschiedene Farmer-Modelle (1 Z: 28 PS; 2 D: 30 PS; 2: 35 PS, 3 S: 45 PS) und zwei Favoriten (3: 55 PS; 4: 80 PS) bis hin zum 30-PS-Geräteträger F 230 GT. Als Allrad-Version hatte Fendt den Farmer 3 S (45 PS) sowie die Favoriten 3 (55 PS) und 4 (80 PS) aufgefahren, die bei allen Experten Staunen hervorriefen. Das mit der dem Getriebe vorgeschalteten Turbo-Kupplung möglich gewordene weiche Anfahren suchte in der Schlepperwelt seinesgleichen und auch das Reversiergetriebe beeindruckte nicht nur bei der Demonstration im »Großen Ring«.

Allerdings bewirkte Fendt mit seinen Innovationen erhöhten Informationsbedarf. Immer mehr Landwirte wollten wissen, was es mit dem »Lastschalt-Wendegetriebe«, auch TWS-Getriebe genannt, auf sich hatte. Auf einmal drehten sich die Diskussionen um Drehmomentwandler, Geschwindigkeits-Überlappung, Zugkraft-Erhöhung und Vorschaltgruppen. Daneben wollte aber auch die Anfahrautomatik an den Mann gebracht sein. Überall, wo es um Kraftströme, Turbo-Kupplung und Schaltgetriebe ging, bildeten sich Menschenansammlungen, mittendrin stand stets ein Fendt-Mitarbeiter, der auf bohrende Fragen kompetente Antworten zu geben hatte.

Und als ob das alles noch nicht genug wäre, setzte Fendt mit einem 50-PS-Prototypen ein zusätzliches Highlight. Für die Zukunft ausgelegt, verfügte der Traktor über ein stufenlos hydrostatisches Getriebe, mit dem, ohne zu kuppeln und zu schalten, bis zu 30 km/h vorwärts und bis zu 15 km/h rückwärts gefahren werden konnte. Die Regelung des Fahrbetriebs erfolgte über einen beim Lenkrad angebrachten Hebel, der zugleich die Bremswirkung herbeiführte und mit dem jede Geschwindigkeit einstellbar war. Acht Jahre Entwicklungsarbeit steckten in dem Antrieb, der wohl funktionierte, hinsichtlich seiner Lebensdauer aber nicht über alle Zweifel erhaben schien. Eine Serienherstellung konnte, so die hausinterne Vorgabe, jedoch erst in Betracht kommen, wenn eine den herkömmlichen Getrieben vergleichbare Einsatzdauer gegeben war, und genau die konnte nicht garantiert werden.

Man befand sich also bei Fendt im Stadium des innovativen Forschens und Experimentierens, das Ende Oktober 1966 beim 80 PS starken Favorit 4 zu einer überraschenden Konsequenz führte. Die Länge des Kraftstrangs Motor, Getriebe, Hinterachse ließ sich einfach nicht befriedigend in den Rahmen der bisherigen, patentrechtlich geschützten Form der »ff«-Traktoren hineinbringen. Auch verlangte der 6-Zylinder-Motor nach vergrößertem Kühlergrill und verbesserter Luftzu- und -abführung, sollte eine Überhitzung unter Last vermieden werden. Eine neue, kantig gehaltene Form bot sich den Fendt-Designern an. Sie entsprach, wie es bei Fendt hieß, »ausschließlich den technischen und praktischen Überlegungen für den Einsatz dieses Schleppers«, während für alle anderen Fendt-Schleppertypen die bewährte Grundform beibehalten bleiben sollte. Doch die »Fendtologen«, also jene Personen, die bei Pressemitteilungen zwischen den Zeilen zu lesen vermögen und von Erlkönigen auf bevorstehende Typenwechsel schließen können, wussten mehr. Für sie bahnte sich da eine Umstellung an, an deren Ende die Fendt-Traktoren eine neue Kontur haben würden.

Zunächst jedoch galt es für Fendt, das Geschäftsjahr 1967 weitgehend mit dem bewährten Programm zu bestehen. Dass dies mit einigen Schwierigkeiten verbunden sein würde, zeichnete sich im ersten Halbjahr ab. Mit einem Zulassungsrückgang um 25,5 % lagen die Marktoberdorfer sogar noch um 3,4 % über dem ohnehin schlechten Bundesdurchschnitt von minus 22,1 %. Hermann Fendt deutete mehrfach an, dass dieses katastrophale Ergebnis hätte vermieden werden können, wenn man, wie die Konkurrenz, bereit gewesen wäre, »ruinöse Verkaufshilfen« zu gewähren. Doch sich selbst und auch den inländischen Vertriebspartnern wollte Fendt dies nicht antun und forcierte stattdessen den Export.

18 % vom gesamten Schlepperabsatz betrug der Export im Jahre 1966, was 2046 Traktoren entsprach. Vor allem im EWG-Ausland war mehr drin, auch wenn angesichts von Turbulenzen am Währungsmarkt die Rendtite zu wünschen übrig ließ. Am besten sah es bei den niederländischen und französischen Bauern aus, die aufgrund staatlicher Investitionsanreize am ehesten Neuanschaffungen vornehmen konnten. Und die Fendt-Exportorganisation wusste diese Chancen zu nutzen. Auf 2131 Traktoren bzw. 22 % des gesamten Schlepperabsatzes steigerte die Mannschaft um Heinz Pfalzgraf das Exportergebnis im Verlaufe des Jahres 1967 und hatte damit gebührenden Anteil daran, dass Fendt – über das Gesamtjahr 1967 gesehen – gerade noch einmal mit einem »blauen Auge« davon kam.

Auch so schrumpfte der Gesamtumsatz des Unternehmens von 181 auf 152 Mio. DM, nahm die Traktorenproduktion von 11 535 auf 8694 Maschinen ab. Die Belegschaft indessen blieb mit 1695 Mitarbeitern bis auf 40 Personen nahezu konstant. Mit Kurzarbeit beugte Fendt einem stärkeren Beschäftigtenrückgang vor, entsprach es doch der Unternehmensphilosophie, qualifiziertes Personal über Konjunkturtäler hinweg an das Unternehmen zu binden.

Kontinuität lautete die Losung, die jedoch angesichts des Produktionsrückgangs um fast 3000 Traktoren nicht so einfach zu vermitteln war. Vielmehr brodelte die Gerüchteküche. Sie sah Fendt mal als Übernehmenden der Sämaschinenfertigung von Hans Glas in Dingolfing, mal als Investor für eine weitere Traktorenfabrik auf dem Gelände der stillgelegten Pechkohlengrube im oberbayerischen Peiting, mal als Juniorpartner in einer noch zu formierenden deutschen Landmaschinen- und Schlepperunion. Doch auch da bezog Hermann Fendt klar Position. »Wenn wir kooperieren, wollen wir das wichtigste Rad am Wagen sein«, ließ er alle Auguren unmissverständlich wissen.

Die Arbeit am Traktorenprogramm wurde ungeachtet dieser unternehmenspolitischen Unwägbarkeiten konsequent fortgeführt. Sie führte Mitte August 1967 zur Vorstellung des neuen Geräteträgers F 231 GT, bei dem es sich zugleich um den 25 000. Fendt-Geräteträger überhaupt handelte.

Sein luftgekühlter 3-Zylinder-4-Takt-MWM-Motor war nun auf 32 PS ausgelegt und damit um nur 2 PS stärker als das Vorgängermodell F 230 GT, doch handelte es sich dabei um einen qualitativen Schritt hin zu höherer Motorleistung, wie sie insbesondere bei Geräteträgern nicht unumstritten war. Die häufig gestellte Frage lautete: Funktioniert die Zuordnung von Fahrzeug und Anbaugeräten auch bei stärkerer Leistung und höheren Arbeitsgeschwindigkeiten? Der F 231 GT, der noch 1967 in 750 Einheiten produziert werden konnte, zeigte, dass Befürchtungen, das Ein-Mann-System könne im höheren Leistungsbereich den Belastungen nicht standhalten, unangebracht waren.

Hoffnungen aufkommen ließ bei Fendt ferner der Mitte Oktober 1967 neu vorgestellte Traktor Favorit 3 S. 62 PS leistete sein 4-Zylinder-4-Takt-Motor mit Direkteinspritzung, dessen Kraft über das bekannte ZF-Fendt-Halbsynchron-Getriebe im Geschwindigkeitsbereich zwischen 100 m/h und 30 km/h einsetzbar war. Dank des Drehmomentwandlers, der in allen 20 Gängen die Zugkraft bzw. die Geschwindigkeit um bis 30 % zu steigern vermochte, wurde wiederum eine beinahe stufenlose Geschwindigkeitsanpassung erreicht. Verbesserungen wiesen außerdem der Sattelsitz, die Dreipunkthydraulik und der Schnellkuppler auf. Der Leistungsstärke entsprechend wurde der Favorit 3 S auch in Allrad-Version angeboten, die bei den Landwirten sogleich dreimal so oft nachgefragt wurde wie die Hinterachs-Version.

Ein Fendt-Farmer 3 S auf einem holländischen Bauernhof bei Nijkerk.

Fendt do Brasil

Wann genau Fendt erstmals Lateinamerika als Feld für geschäftliche Aktivitäten entdeckte, lässt sich nicht mehr feststellen. Hermann Fendt selbst konnte das Datum nicht nennen, brachte es aber in Zusammenhang mit dem späteren Geschäftsführer von Fendt do Brasil, F. Höpfner, der ihn während eines Lufthansa-Flugs auf den gewaltigen südamerikanischen Nachholbedarf bei Traktoren aufmerksam gemacht hatte. Brasilien allein, so Höpfner, war 25-mal so groß wie Westdeutschland, verfügte 1957 aber nur über einen Bestand von rund 35 000 Traktoren, allesamt Importfahrzeuge. Der westdeutsche Schlepper-Bestand dagegen belaufe sich zur gleichen Zeit auf rund 620 000 Fahrzeuge und nehme weiter zu. In Brasilien, ja in ganz Lateinamerika, befinde sich die landwirtschaftliche Motorisierung erst im Anfangsstadium und böte für Interessenten weitgehende Chancengleichheit. Auch gebe es zahlreiche landbesitzende Deutsche, die dem landtechnischen Fortschritt aufgeschlossen gegenüberstünden und einen Fendt-Schlepper bereitwilligst erwerben würden.

Auf Hermann Fendt verfehlte diese Argumentation ihre Wirkung nicht. Er willigte noch 1957 ein, in Sao Paulo eine Fendt-Niederlassung zu gründen. Die offzielle Bezeichnung des Tochterunternehmens lautete »Fendt do Brasil, Commercio e Indústria de Máquinias Agricolos Ltda.« und deutete an, dass man zunächst zwar als reines Vertriebsunternehmen begann, einen späteren Produktionsbetrieb aber nicht ausschloss. Die Geschäftsräume befanden sich in einem angemieteten Geschäftshaus im Stadtzentrum von Sao Paulo und erstreckten sich über Ausstellungs- und Büroräume sowie Werkstatt und Ersatzteillager.

Euphorie jedoch war fehl am Platze. Probleme ließen nicht lange auf sich warten. Schon als die ersten Fendt-Traktoren nach Brasilien exportiert werden sollten, erwies sich der Weg dorthin als lang und risikobehaftet. An den Bahntransport von Marktoberdorf nach Hamburg schloss sich eine drei- bis vierwöchige Überfahrt im Rumpf eines großen Überseefrachters an. Entladen wurde in der brasilianischen Hafenstadt Santos, von wo aus die Traktoren dann per Lkw 80 km weit ins Landesinnere nach Sao Paulo transportiert wurden. Jedes Umladen aber bedeutete Gefahr. Bis zuletzt erinnerte sich Hermann Fendt daran, dass einmal eine Ladung von 30 fabrikneuen Dieselrössern irgendwo auf dem weiten Weg über den Atlantik abhanden kam und nie wieder auftauchte.

Die ersten in Brasilien montierten Farmer-1-Traktoren 1961.

Das Fendt-Angebot für Brasilien bestand im Wesentlichen aus zwei Schleppertypen. Das Modell F 24 W erhielt die Bezeichnung FWT 233 und unterschied sich von der für Europa gefertigten Version vor allem dadurch, dass erstens der Motor von MWM-Brasilien zugeliefert wurde, zweitens die hinteren Kotflügel die Form von Muschelkotflügeln erhielten und drittens in der Motorhaube ein feinmaschiges Drahtgitter an die Stelle des bekannten Frontgitters trat. Ähnlich verhielt es sich auch beim 40 PS starken Dieselross-Modell F 40 U 1, das in der Brasilien-Version als F 40 U 1 T bezeichnet wurde.

Doch reichten diese geringfügigen technischen und optischen Änderungen aus, um die Dieselrösser brasilientauglich zu machen? Der Kundendienst war jedenfalls von Anbeginn an gefordert und bekam deutlich zu spüren, dass brasilianische Dimensionen andere waren als deutsche. Fahrten über Hunderte, ja Tausende von Kilometern waren an der Tagesordnung. Autobahnen gab es, doch zumeist handelte es sich um Fahrten durch unwegsames Gelände, durch Urwälder und Indianersiedlungen. Bei Willi Zinnecker klang dies 1958 so: »Das Kundendienstfahrzeug ist der Jeep, und selbst dieser bleibt trotz seines Vierradantriebs stecken, wenn ein heftiger tropischer Regen die ›Straßen‹ aufweicht.«

Doch wie heißt es auf dem Lande? »Wer A sagt, muss auch B sagen«, und so hielt Fendt trotz der Irritationen am Brasilien-Abenteuer fest, mehr noch, die Marktoberdorfer setzten alles daran, das Engagement auszubauen. Denn auch an der Relation gab es nichts zu deuteln: Betrug in Westdeutschland das Verhältnis der in der Landwirtschaft tätigen Personen pro Traktor inzwischen 1,5 : 1, so lautete für das brasilianische Bundesland Santa Catarina, eine besonders intensiv ackerbaulich genutzte Region, die Vergleichsgröße 740 : 1. Für Traktoren bestand zweifellos ein riesiger Markt, gelänge es nur, die vorwiegend klein- und mittelbäuerlich strukturierte Landwirtschaft mit Kaufkraft auszustatten. Genau das aber war das Ziel der Regierung Kubitschek. Günstige Kredite wurden bereitgestellt und sollten den Bauern helfen, trotz gewaltiger Inflationsraten Investitionen zu tätigen.

Gleichzeitig sollte die Industrialisierung des Landes einen Schub erhalten. Arbeitsplätze statt Importe, lautete die Maxime und ließ die brasilianische Regierung einen Wettbewerb unter möglichen Traktorenherstellern veranstalten. 30 Firmen bewarben sich, darunter alle internationalen Größen sowie einige Hersteller aus Ostblockländern. Auch Fendt reichte Unterlagen ein und gehörte zu guter Letzt neben Ford und Valmet zu den sechs Unternehmen, die im Dekret Nr. 47 373 des Staatspräsidenten den Zuschlag erhielten. Gekoppelt war der Zuschlag seitens der brasilianischen Regierung an die Zusage von Vergünstigungen, die sich im Wesentlichen auf die freie und ungehinderte Betätigung des Kapitals, die Sicherung des Absatzes durch eine ausreichende Absatzfinanzierung und die Nichteinmischung in Firmenbelange erstreckten. Demgegenüber verpflichtete sich Fendt, die neuen Traktoren weitestgehend, möglich zu 100 %, aus einheimischem Material zu fertigen. Auch wurde nach der Anlaufphase der Produktion die Schaffung von Arbeitsplätzen verlangt, Auflagen, denen zu entsprechen sich Fendt zutraute.

Zunächst musste ein neues, größeres Firmengelände erworben werden. Die Fendt-Experten um Exportleiter Heinz Pfalzgraf und Fertigungsplaner Otto Huttner entschieden sich für ein 10-ha großes Areal in der Gemeinde Diadema, südöstlich Sao Paulo gelegen. Zu den Nachbarn zählten renommierte Unternehmen wie Mercedes-Benz, VW und Willys Jeep, was zwar nicht den Ausschlag gab, aber die Entscheidung erleichterte. Und dann wurde geplant. »Nicht die Fassade, sondern der Inhalt ist ausschlaggebend«, hieß die Parole, als am 6. Januar 1961 die Grundsteinlegung für die neue Fabrik stattfand. Tatsächlich ging es im ersten Bauabschnitt um die Errichtung funktionaler Fabrikhallen, sollte doch ein möglichst rascher Produktionsbeginn erreicht werden. Dem diente auch die Überführung von Produktionsanlagen aus Marktoberdorf, die in der Heimat neuen Anlagen hatten weichen müssen.

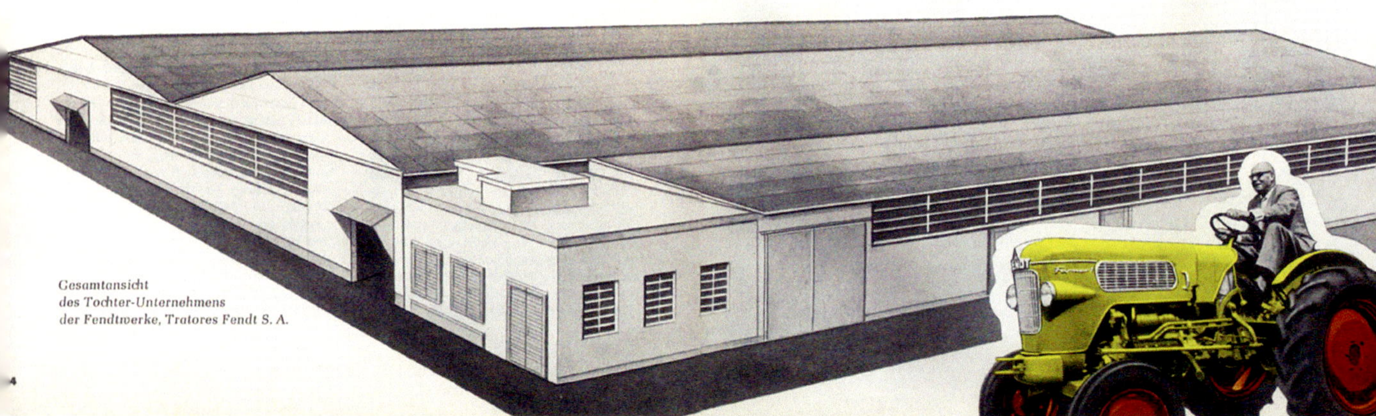
Gesamtansicht des Tochter-Unternehmens der Fendtwerke, Tratores Fendt S. A.

Ende 1962 konnte der erste Bauabschnitt termingerecht abgeschlossen werden. Leicht gefallen war dies Fendt nicht. Allein die Bohrung nach Wasser auf dem firmeneigenen Gelände gestaltete sich überaus schwierig. Zeitweise sah es so aus, als ob überhaupt kein Wasser sprudeln wollte. Doch bei etwa 350 m hatte man endlich Erfolg. Die Produktion von brasilianischen Fendt-Traktoren konnte beginnen, wobei das erste Ziel in einer Jahresfertigung von 1500 Einheiten bestand. Nach Abschluss aller Baumaßnahmen sollten es dann sogar 3000 Traktoren pro Jahr werden, was vor dem Hintergrund der braslianischen Gesamt-Jahresproduktion von rund 10 000 Traktoren die Größenordnung des Fendt-Engagements verdeutlicht. Doch bis dahin war es noch ein weiter Weg.

Bei dem in Diadema gefertigten Fendt-Schlepper handelte es sich um eine Weiterentwicklung des deutschen Modells Farmer 1. Allerdings stammten rund 95 % der Bauteile aus brasilianischer Produktion, und was den Motor betraf, so hatte sich Fendt an Stelle des in Deutschland üblichen 25-PS-Motors für den Einbau einer auf 37 PS ausgelegten, stärkeren Maschine entschieden. Ausgetauscht hatte Fendt ferner das Dieselross-Dreieck an der Seite der Haube. An seiner Stelle befand sich nun das Wappen von Diadema, welches aus einem Schild mit Löwen, Türmen und Johanniskreuz bestand.

300 Mitarbeiter zählte die ab dem 19. Juli 1962 als Aktiengesellschaft mit einem Kapital von 135 Mio. brasilianischen Cruzeiros (Cr$) registrierte Schlepperfabrik »Tractores Fendt S.A.«, darunter etwa 10 Deutsche in leitenden Funktionen. Die Motivation und das Können der Brasilianer lobte Hermann Fendt sehr. »Fingerfertig« seien sie gewesen, und zu ihrem Produkt hätten sie stets einen engen Bezug gehabt.

So lag es nicht an ihnen, dass die Fendt'schen Hoffnungen nicht in Erfüllung gingen. Politische Vorgaben wie vor allem die galoppierende Inflation bei gleichzeitiger Festsetzung der Verkaufspreise für Traktoren durch die Regierung verhinderten ein positives Wirtschaftsergebnis. Gängelung und Bürokratismus traten hinzu, so dass Fendt Jahr um Jahr rote Zahlen in Brasilien schreiben musste. Und eine Besserung zeichnete sich nicht ab, im Gegenteil. Als die neue Regierung Castelo Branco im Zuge umfangreicher Sparmaßnahmen auch noch die Absatzfinanzierung von Schleppern einstellte, kam der brasilianische Traktorenmarkt zeitweise sogar völlig zum Erliegen. Ein Strudel tat sich auf. Analysten befürchteten die Gefahr eines Übergreifens der brasilianschen Krise auf die Schlepperfabrik in Deutschland.

Farmer 1 aus brasilianischer Produktion im Einsatz bei der Bodenbearbeitung.

Am 14. Mai 1965 lud Hermann Fendt nach Sonthofen zu einem Journalistengespräch mit dem einzigen Tagesordnungspunkt »Brasilien« ein. Er deutete das Engagement in Lateinamerika als Beitrag zur Bonner Entwicklungspolitik, die gut beraten wäre, solch großzügiges Verhalten einzelner Unternehmern zu unterstützen. Fendt erklärte: »Ich darf in diesem Zusammenhang an das Beispiel der USA erinnern, wo Unternehmen großzügige steuerliche Abschreibungen ihrer Investitionen im Ausland vornehmen dürfen, selbst wenn diese in den absolut risikoarmen Ländern Europas erfolgen.«

Doch in der Bundesrepublik Deutschland liefen die Uhren anders. Hier sahen sich die Marktoberdorfer Schlepperfabrikanten von der Politik verlassen, weitgehend auf sich allein gestellt. Entsprechend mühsam war es, aus dem brasilianischen Abenteuer wieder herauszukommen.

1966, die Inflationsrate betrug gerade wieder einmal an die 40 %, fuhr Fendt die Traktorenproduktion in Diadema zurück. Die Beschäftigtenzahl sank auf unter 300 Personen. Doch ungenutzte Kapazitäten führten das Unternehmen auch nicht näher an die Rentabilitätsschwelle heran. Einzig der Glaube an das »Zukunftsland« Brasilien blieb, den die Allgäuer Traktorenbauer so leicht nicht aufgeben wollten. 1968 standen noch 210 Mitarbeiter bei der »Tratores Fendt S.A., Sao Paulo«, inzwischen als »Sorgenkind« der Fendt-Firmengruppe bezeichnet, auf den Lohnlisten.

Brasilien – Fendt bei Rundfahrten am Zuckerhut in Rio.

Da gelang es, die Firma L. Schuler AG, Pressenbau, aus dem schwäbischen Göppingen, für das Werk zu interessieren. Mitte 1969 kam es zu einem Vertragsabschluss mit der brasilianischen Schuler-Tochterfirma »Schuler do Brasil«, der Fendt einen Rückzug ohne Gesichtsverlust erlaubte. Schuler erwarb nicht nur die Produktionsstätte mit den meisten der Fendt-Mitarbeiter, die Firma erklärte sich vielmehr auch vertraglich bereit, den Kunden- und Ersatzteildienst für die über 4000 in Brasilien im Einsatz befindlichen Fendt-Traktoren zu übernehmen. »Etwa 50 Mio. DM hat uns das brasilianische Abenteuer gekostet«, resümierte Hermann Fendt später und schätzte doch den Erfahrungswert hoch ein. Vor allem was die Bewertung des Standorts Deutschland betraf, hatte man eine Lektion erhalten, die weiteren Abenteuern im Ausland einen Riegel vorschob.

Mit neuen Traktoren auf dem schwierigen Schleppermarkt der späten 60er- und frühen 70er-Jahre

Woran es genau lag, dass sich der Traktorenabsatz 1967 in Westdeutschland so ungünstig entwickelt hatte, vermochte niemand genau zu sagen. An den objektiven Daten allein konnte es jedenfalls nicht gelegen haben. Im Gegenteil, die Bruttoerlöse der Landwirtschaft hatten mit 27,6 Mrd. DM einen absoluten Höchststand erreicht, blieben aber ohne positive Konsequenzen. Und auch Anfang 1968 hielten sich die Bauern mit Investitionen zurück. Im ersten Quartal erlebten die Schlepper-Neuzulassungen im Vergleich zum Vorjahreszeitraum einen neuerlichen Rückgang um 34,6 % und lagen nun bundesweit bei nur noch 12 142 Traktoren.

Hermann Fendt, erster Vorsitzender der Gruppe Ackerschlepper in der LAV, wurde angesichts dieser Dramatik zum gefragten Gesprächspartner und hielt, wie es seine Art war, mit der Meinung nicht hinter dem Berg. »Alles deutet darauf hin, dass die Landwirtschaft kein Vertrauen zur politischen Führung mehr hat«, ließ er wissen. Politisch-psychologische Gründe waren seiner Meinung nach ausschlaggebend für die bäuerliche Kaufzurückhaltung, die von anderen

Die drei Brüder Paul, Hermann und Xaver Fendt (von links) auf dem F 250 GT, dem ersten Fendt-Geräteträger mit Unterflurmotor Ende der 60er-Jahre.

Personen auch schon einmal als »Käuferstreik« bezeichnet wurde.

Aber Hermann Fendt wäre nicht er selbst gewesen, hätte er nicht sogleich Chancen für eine Besserung der Lage erkannt. Von Dauer, so mutmaßte er, würde die Kaufzurückhaltung nicht sein. Er sah vielmehr eine aufgestaute Nachfrage bei den Bauern, die sich spätestens 1969 ihren Weg bahnen würde. Dann käme die Stunde der Produzenten, die mit guten Produkten bereitstünden, um teilzuhaben an dem dann einsetzenden Aufschwung. »Schlepper-Industrie lebt von der Hoffnung«, hieß es daraufhin in der Wirtschaftspresse, die Hermann Fendts Äußerungen breiten Raum gewährte. Die Aussagen aber galten nicht nur den Medien. Für das eigene Unternehmen hatten sie allemal Gültigkeit, steckten sie doch die mittelfristigen Ziele ab. Zuvor jedoch drehte sich in Marktoberdorf alles um die im Mai 1968 in München stattfindende 50. DLG-Ausstellung. Gleichsam als Seismograf sollte sie anzeigen, in welche Richtung sich der nationale wie auch der internationale Traktorenmarkt tatsächlich entwickeln werde.

Der Fendt Fix »war ein typischer Grünland-Schlepper mit Seitenmähwerk und gefederter Vorderachse«.

Die am 19. Mai 1968 eröffnete Münchner DLG Jubiläums-Schau stand unter dem Motto »Mit der Technik besser leben«. 1400 Aussteller, davon rund 300 aus dem Ausland, präsentierten auf 45 ha ihre Produkte vor 600 000 Besuchern, die im Zuge des nun endgültig Realität gewordenen europäischen Agrarmarkts aus dem In- und Ausland in die bayerische Metropole strömten. Auch Fendt hatte sich etwas Besonderes einfallen lassen. Als »moderne Fendt-Serie« wurde das neue Schlepper- und Geräteträger-Programm vorgestellt, das im Kern von den nun in kantiger Formgebung gehaltenen Traktoren der Baureihen Fix, Farmer und Favorit bestritten wurde. In verschiedenen Ausführungen deckten sie das Leistungsband von 22–90 PS ab, und doch war bei allen Fahrzeugen die einheitliche Handschrift erkennbar. Sie bildete die Voraussetzung für das Baukastenprinzip, das für alle Modelle Bedienungsgleichheit und eine Normung gewährleistete, die vom Motor bis zur Hydrauklik reichte.

Kleinstes Fendt-Modell war der Fix 2 E, für den Fendt mit dem Motto »Kleiner Schlepper ganz groß« groß warb. Sein luftgekühlter 2-Zylinder-4-Takt-Dieselmotor stammte von MWM, arbeitete nach dem Direkteinspritz-Verbrennungs-

Mit Allrad-Antrieb und völlig unabhängiger Motorzapfwelle war der 56 PS starke Farmer 4 S in Verbindung mit zapfwellengetriebenen Erntemaschinen ein leistungsfähiges Gespann.

Verfahren und leistete 22 PS. Serienmäßig waren ein Fendt-8-Gang-Getriebe, Drehmomentwandler, automatische Regelhydraulik, gefederte Vorderachse, hydraulischer Kraftheber und Schnellkuppler. Mit 30, 35 und 40 PS stärker ausgelegt waren die Farmer-Modelle 1 E, 2 DE und 2 E. In der Ausstattung einander ähnelnd, kamen sie dem Wunsch der Landwirte nach einem in Leistung und Ausstattung wohl abgestuften Programm entgegen.

In neuer Form präsentierte Fendt auch sein 45 PS starkes technisches Paradestück, den Farmer 3 S. Die durch die hydraulische Turbo-Kupplung erzielte stufenlose Anfahrautomatik, kurz Turbomatik genannt, war sein Markenzeichen, das nichts an Faszination eingebüßt hatte. Der Farmer 4 S überzeugte dagegen vor allem in der Allrad-Version 4 S A. Er kam auf den Fendt-Ausstellungsstand mit dem soeben von der DLG erhaltenen Zertifikat »DLG anerkannt«. Im Beschluss der Prüfkommission hieß es unter anderem: »Der Farmer 4 S (mit Allrad-Antrieb) hat sich gut bewährt. Der Motor hat eine Leistung von 56 PS und ist betriebssicher und wirtschaftlich; er springt auch bei Kälte gut an. Das Getriebe ist gut abgestuft. Das Wendegetriebe ist vorteilhaft, besonders für den Frontladereinsatz. Die Zugsicherheit ist infolge des Allrad-Antriebs und der günstigen Gewichtsverteilung gut. Die Lenkung mit hydraulischer Lenkhilfe läßt sich leicht bewegen.« Dies alles machte die Fendt-Konstrukteure stolz, ihr Meisterstück jedoch war, die Auszeichnung genau mit Beginn der Serienproduktion verfügbar zu haben. Erreicht hatte man dies, indem Fahrzeuge der Vorserie zur Prüfung kamen, die allerdings der späteren Serie bis ins Detail glichen.

Neues bot Fendt auch auf dem Geräteträger-Sektor. Das Auffallende am erstmals gezeigten Modell F 250 GT war aber nicht einmal sein nun schon 45 PS starker 3-Zylinder-Motor, sondern die Fahrzeuganordnung. Von allen Aufbauten, die bisher das Bild der Fendt GT bestimmt hatten, war nur noch die Lenksäule übrig geblieben. Dem Motor hatten die Konstrukteure die Form eines Unterflurmotors gegeben und ihn ganz aus dem Blickfeld des Fahrers verbannt. Neu war ferner das im Ölbad liegende, vor dem Motor angeordnete Zentral-Drehgelenk. Es teilte den Geräteträger in zwei

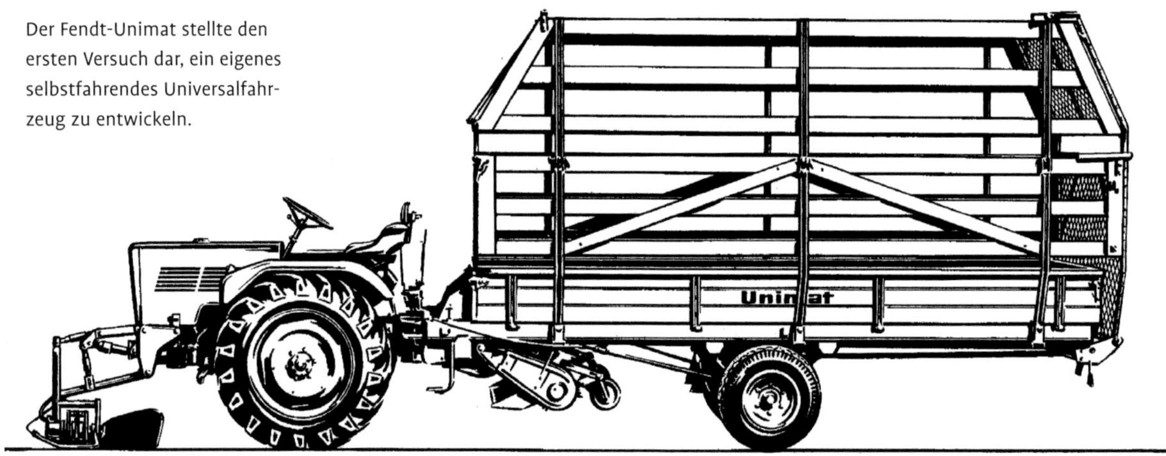

Der Fendt-Unimat stellte den ersten Versuch dar, ein eigenes selbstfahrendes Universalfahrzeug zu entwickeln.

Funktionseinheiten, die zum einen aus Vorderachse und Zentralholm und zum anderen aus Hinterachse, Motor und Getriebe bestanden.

Wichtig für die Besitzer älterer GT-Modelle war, dass ihre Zwischenachs-Geräterahmen in das Vorderteil des neuen F 250 GT hineinpassten. Vorhandene Arbeitsgeräte konnten also auch zusammen mit dem F 250 GT eingesetzt werden, zu dem es aber auch neu dimensionierte, bis zu 3 m breite und auf dem aktuellen Stand der Technik angesiedelte Anbaugeräte gab.

Das alles waren unübersehbare Zeichen einer großen Kraftanstrengung, die die Fendtler unternommen hatten, um den Worten des Firmensprechers Taten folgen zu lassen. Doch auch damit gaben sie sich noch nicht zufrieden. Der mit dem Durchbruch des Ladewagens einsetzende Trend hin zu selbstfahrenden landwirtschaftlichen Arbeitsmaschinen, insbesondere zum selbstfahrenden Ladewagen, war ihnen nicht verborgen geblieben. Mit großem Interesse hatten die Marktoberdorfer alle Versuche der Konkurrenz beobachtet und waren nun zur Überzeugung gekommen, dass sie die damit verbundenen Probleme besser und sinnvoller würden lösen können. Ihnen schwebte vor, Erfahrungen des Farmer-Traktorenprogramms so mit Elementen des Geräteträgerbaus zu kombinieren, dass daraus ein Selbstfahrer entstehen könnte, der in der Lage wäre, als Universalfahrzeug die Transport- und Ladeprobleme der Landwirtschaft zu bewältigen.

Tatsächlich kombinierten die Fendt-Konstrukteure aus dem F 231 GT bekannte Bauteile wie den luftgekühlten 36 PS starken 3-Zylinder-4-Takt-Dieselmotor, das 12-Gang-Fendt-Getriebe und die komplette Hinterachse so mit einem einachsigen Ladewagen, dass daraus ein insgesamt 2,9 t schwerer Selbstfahrer mit der Bezeichnung »Unimat« entstand. Der Ladewagen war mit einer Pick-up versehen und konnte bis zu 11 m^3 Grüngut aufnehmen. Ergänzte man ihn um das als Sonderausrüstung zu erwerbende Doppelmesser-Dreipunkt-Frontmähwerk, dann war es möglich, mit dem Unimat die komplette Futterbergung in einem Arbeitsgang zu erledigen.

Darüber hinaus konnte der Unimat aber auch so umgerüstet werden, dass er für den Einsatz als selbstfahrender Stallmiststreuer in Betracht kam. Das Interesse der Landwirte am Unimat war groß, allein zur Serienfertigung reichte es nicht. Aufmerksam hatten die Fendt-Leute alle Verbesserungsvorschläge der Bauern notiert. Nun galt es, sie in das Projekt »selbstfahrendes Fendt-Universalfahrzeug« einzubauen.

Die DLG-Ausstellung verlief insgesamt sehr erfolgreich für Fendt. Gemessen wurde dies längst nicht mehr an Kaufabschlüssen, wichtiger waren vielmehr die ernsthaften Kontakte zu den Fachbesuchern und das sich abzeichnende Nach-Messegeschäft. Gut getan hatte auch die am 20. Mai vorgenommene Verleihung der »Silbernen Max Eyth-Gedenkmünze« an Hermann Fendt. Staatsminister Lorberg händigte dem Allgäuer Unternehmer die begehrte und seltene Anerkennung persönlich aus und würdigte damit seine herausragenden Verdienste um das landtechnische Ausstellungswesen. Auch in der Presse fanden die

Fendt-Aktivitäten gebührenden Widerhall, so dass es nicht überraschte, als das Geschäft in der zweiten Jahreshälfte wieder anzog.

Entsprechend zuversichtlich präsentierten sich die Gebrüder Fendt am 10. Oktober 1968 auf dem »Allgäuer Berghof« bei Sonthofen. Da wurden der Fachpresse nicht nur die neuesten Fendt-Traktoren im Einsatz vorgeführt, man nutzte die Gelegenheit auch zu Hintergrund-Informationen. Unvergessen blieb den Teilnehmern unter anderem Hermann Fendts Plädoyer für PS-stärkere Traktoren: »Ich empfehle den Landwirten, neue Schlepper sozusagen ›zwei Schuhnummern‹ größer zu kaufen«, ließ der Firmenchef damals wissen und fuhr fort: »Bei dem allgemeinen Trend zu PS-stärkeren Maschinen kann er einen gebrauchten PS-stärkeren Schlepper sicher wieder leichter absetzen. Außerdem läßt sich ein Schlepper, der über mehr PS verfügt als genaugenommen für den Bauernhof notwendig sind, bei der Nachbarschaftshilfe und innerhalb der Maschinenringe besser einsetzen.« Da war er also, der Hinweis auf die überbetriebliche Maschinennutzung, die seit Ende der 1950er-Jahre gerade in Bayern mit dem Agrarjournalisten Dr. Erich Geiersberger einen engagierten Fürsprecher gefunden hatte.

Bemerkenswert fiel ferner die Fendtsche Differenzierung »Billig ist nicht preiswert« aus. Für jedermann verständlich klärte Fendt auf: »Wir bieten nicht den billigsten Schlepper auf dem Markt an, aber einen sehr preisgünstigen. Was nützt es dem Bauern, wenn er einen billigen Schlepper kauft und nach kurzem Einsatz feststellt, dass die technische Ausrüstung dieses Schleppers für seinen Betrieb nicht ausreicht? Wer sich vorher nicht informiert, darf nicht schimpfen, wenn er hinterher doch zu teuer gekauft hat, weil er nicht beachtete, was alles in dem billigen Preis nicht mit eingeschlossen war.« Ja, das war Verkaufsförderung pur und die verfehlte ihre Wirkung nicht.

10 313 Traktoren produzierte Fendt im Jahre 1968, 1619 Fahrzeuge mehr als im Vorjahr. 44 Traktoren rollten damit Tag um Tag vom Fließband, von denen gut und gerne drei Viertel im Inland und ein Viertel im Ausland abgesetzt wurden. Auf 163 Mio. DM stieg der Umsatz, an dem der Hauptgeschäftszweig Traktoren mit 150 Mio. DM den Löwenanteil hatte. Gute Arbeit geleistet hatte schließlich auch die Abteilung Öffentlichkeitsarbeit. Neben Anzeigen, Produktinformationen und Werbekampagnen schlugen bei ihr 13 368 Werksbesucher zu Buche, die sämtlich qualifiziert betreut worden waren. Zu den Nutznießern dieser Serviceleistung zählte aber nicht nur Fendt. Die ganze Stadt Marktoberdorf zog Vorteile daraus!

Die Trendwende war bei Fendt also eingeleitet, als im Frühjahr 1969 ein mächtiger Konjunkturaufschwung die Wirtschaft erfasste. »Die deutsche Landwirtschaft investiert wieder«, jubilierten die Zeitungen, und an Begründungen mangelte es nicht. Hieß es hier, dem Mansholt-Plan sei der Schrecken genommen worden, so wurde dort auf die Politik der »Großen Koalition« verwiesen, die die Mittel für Investitionsbeihilfen aufgestockt hatte. Aussichten auf eine gute Ernte trugen das ihre zur verbesserten Stimmung bei, die die Landwirte seit langem wieder vermehrt Technik kaufen ließ. Das Ausmaß der Stimmungswende aber überraschte dennoch. Bei Fendt entstanden gleichsam über Nacht Lieferfristen, die sich zuletzt bei einzelnen Typen auf bis zu 16 Wochen aufsummierten.

Dichtes Gedränge auf dem Fendt-Stand der DLG-Ausstellung 1970 in Köln.

Wie aber sollte dem Dilemma der überbordenden Nachfrage begegnet werden? Unter dem Motto »Bauern werden Maschinenschlosser« kreierte Fendt Mitte 1969 ein Umschulungsprogramm, das Landwirten aus den Landkreisen Sonthofen, Kempten, Füssen, Schongau, Kaufbeuren und Marktoberdorf die Chance bot, den Beruf zu wechseln. Als erste und einzige Schlepperfabrik Deutschlands engagierte sich Fendt auf diese Weise in beruflicher Umschulung, doch zum Abbau der Lieferengpässe reichte dies allein nicht aus. Eine Kapazitätsaufstockung schien unausweichlich zu sein, als Fendt die Nachricht erreichte, in Lechbruck bei Füssen stehe die Tuchfabrik Richard Schmutzler KG zum Verkauf. Lange zögerten die Brüder Fendt nicht. Noch Anfang August 1969 erwarben sie die Produktionsanlagen und weckten damit große Hoffnungen. Nach einer Umbauphase sollten bis zu 300 Mitarbeiter in Lechbruck tätig werden, um als Zulieferer von Teilen die Marktoberdorfer Schlepperproduktion zu entlasten.

Getreu der Devise, dass in einem dynamischen Markt Stillstand Rückschritt bedeutet, präsentierte Fendt im Laufe des Jahres 1969 wiederum einige neue Produkte. So wurde auf der 15. Internationalen Baumaschinen-Messe in München erstmals ein Spezial-Tiefbauschlepper vorgestellt, der auf der Basis des 62 PS starken Farmer 4 S aufgebaut war. Turbo-Kupplung, stufenlose Anfahrautomatik, Wendegetriebe und hydraulische Spindellenkung waren für Fendt zwar nicht neu, in einer Baumaschine bis dahin aber eher ungewöhnlich. Hinzu kamen Allrad-Antrieb, Frontlader und Anbautieflöffel, die einen vielseitigen Einsatz der Maschine auch unter ungünstigen Bodenverhältnissen ermöglichen sollten. Allein stand der Fendt-Tiefbauschlepper übrigens nicht auf dem »bauma«-Stand. Die Fendt-Tochter KMF nutzte die Gelegenheit, um gleichzeitig ihre Gabelstapler

Die Turbo-Kupplung und das Fendt-Wendegetriebe waren ideale Komponenten für den Einstieg in das Marktsegment Tiefbauschlepper.

vorzustellen, die mit einer Tragfähigkeit zwischen 1,75 und 2,75 t verfügbar waren.

Erstmals wagte sich Fendt 1969 mit einem Traktor auch über die 100-PS-Grenze. Favorit 12 S hieß das neue Topmodell aus Marktoberdorf, dessen wassergekühlter 6-Zylinder-4-Takt-Dieselmotor einen mächtigen 6,2-l-Hubraum besaß und 110 PS leistete. Ausgestattet mit der kompletten Fendt-Technik vom Drehmomentwandler bis zur Turbo-Kupplung trauten ihm die Marktoberdorfer zu, sich unter den immer größer werdenden »Ackergiganten« behaupten zu können.

Mit einer Jahresproduktion von 11626 Traktoren zählte 1969 zu den bis dahin besten Fendt-Geschäftsjahren überhaupt. Ausgeliefert wurden sogar 11794 Schlepper, da vom Vorjahr noch einige Fahrzeuge am Lager bereit standen. Im Inland abgesetzt werden konnten 9166 Traktoren, was einem Marktanteil von 12,8 % gleichkam und den dritten Rang unter 21 Anbietern bedeutete.

Ohne Überstunden und Samstagarbeit wäre dieser Erfolg nicht möglich geworden. Die Geschäftsleitung war sich bewusst, dass die Belegschaft großen Anteil am Jahresergebnis hatte. In einer Betriebsvereinbarung gestand sie unter anderem eine Erhöhung des Weihnachtsgelds, Anhebung des Fahrkosten-Zuschusses und Treueprämien bei langer Betriebszugehörigkeit zu. Außerdem gewährte Fendt finanzielle Beihilfen bei Heirat und Geburten und verstärkte so nochmals das Zusammengehörigkeitsgefühl der Fendt-Belegschaft.

Für das Betriebsklima und den »Fendt-Geist« waren solche Aktionen wichtig. Sie schufen die Voraussetzung für eine ausgeprägte »Corporate Identity«, lange bevor es dieses Wort in der deutschen Unternehmenslandschaft gab. Vielleicht haben den Brüdern Fendt auch hier die engen Kontakte zur bäuer-

Die Entwicklung und Produktion von Fendt-Geländestaplern gehörten zu den Aktivitäten der Tochtergesellschaft Kemptener Maschinenfabrik GmbH in Kempten/Allgäu.

lichen Klientel geholfen, zukunftsweisende Entscheidungen zu treffen? »Wie man in den Wald hineinruft, so schallt es wieder hinaus«, heißt es draußen auf dem Lande. Für die Marktoberdorfer bedeutete dies: Soll die Belegschaft außerordentliche Leistungen vollbringen, so muss sie sorgsam behandelt und an den Erfolgen beteiligt werden.

Und dass 1970 erneut ein Jahr großer Anstrengung werden würde, zeichnete sich schon in den ersten Wochen ab. Der Wettbewerb forderte unaufhörlich seinen Tribut und sparte selbst langjährige Marktführer nicht aus. Porsche-Diesel, MAN und Güldner gehörten zu denen, die dem Traktorenbau Adieu gesagt hatten und nun kündigte auch noch Rheinstahl-Hanomag seinen Rückzug an. Ganz anders Fendt! Hier setzte man auf Investitionen. Der Bau einer neuen Montagehalle im Werk Marktoberdorf wurde in Angriff genommen. Anfang März meldete das Werk Lechbruck nach umfangreichen Umbau-Maßnahmen Betriebsbereitschaft. Fertigungsleiter Max Zenger hatte dafür Sorge getragen, dass die ersten 60 Fendtler mit der Teilefertigung beginnen konnten.

Und im Mai rief erneut die DLG-Ausstellung. Köln wollte mit einem großen Fendt-Stand bedacht sein und die Allgäuer ließen sich nicht lumpen. Auf 1000 m² errichteten sie eine eindrucksvolle Schau, die von 80 Mitarbeitern gekonnt inszeniert wurde. Küchenchef Fritz Kohler sorgte dafür, dass keiner den Ausstellungsstand hungrig verlassen musste. Doch die wahren Attraktionen standen wieder im Fendt-grün, hießen Farmer, Favorit, GT und Agrobil S.

Der robuste Favorit 12 S mit Turbo-Kupplung und Doppeltrommelseilwinde im harten Forsteinsatz.

Bei letzterem handelte es sich um einen selbstfahrenden Ladewagen, der im Gegensatz zum Unimat Serientauglichkeit als landwirtschaftliche Arbeitsmaschine besaß. Gefördert mit Bundesmitteln zielte das Agrobil vor allem auf Grünfutter-Trocknungsanlagen und landwirtschaftliche Großbetriebe ab, die in einem Erntelastkraftwagen eine gute Ergänzung ihres Maschinenparks sahen. Angetrieben wurde das Agrobil von einem 3-Zylinder-Unterflurmotor mit 50 PS Leistung. Über ein Vollsynchron-Getriebe mit 13 Vor- und 4 Rückwärtsgängen waren bis zu 50 km/h erreichbar. Der Laderaum fasste 30 m³ und als zulässiges Gesamtgewicht wurden 7,5 t angegeben. Für den Betrieb reichte also Führerschein Klasse 3 aus, den die jüngeren Landwirte ohnehin besaßen.

Unter den ausgestellten Fendt-Traktoren befanden sich gleichfalls einige Neuheiten. So rundeten die Modelle Farmer 5 S und Favorit 10 S das Programm im Leistungsbereich zwischen 65 und 90 PS ab, während das Modell Favorit 12 S als Goliath zu den meistfotografierten Traktoren der Messe zählte. Im Freigelände zeigte Fendt zusätzlich noch einen 900 mm breiten Schmalspur-Schlepper, der für den Einsatz im Wein-, Hopfen- und Gartenbau konzipiert worden war. Die Radspur von 720 mm, kurzer Radstand und ein großer Lenkeinschlag gewährleisteten den kleinen Spurkreisradius von 300 mm und somit hohe Wendigkeit.

Auffallender noch aber war der aus nichtrostendem Stahl in silberfarbenem Glanz gehaltene Farmer Hydrostat-Traktor. Sein Innenleben und hier natürlich das Getriebe war die Attraktion. Staunend erlebten die Landwirte mit, wie ohne Schaltung eine Vorwärtsfahrt von 0 auf 30 km/h und eine Rückwärtsfahrt von 0 auf 15 km/h möglich wurden. Die Zukunft, so meinten viele von ihnen, habe begonnen, und als dann auch noch Bundeskanzler Willy Brandt auf einem F 250 GT die Ehrenrunde drehte, wollte bei Fendt keiner mehr widersprechen.

Aber die DLG-Tage von Köln 1970 brachten Fendt nicht nur Ehrenpreise und Anerkennungen, sie ließen die Geschäftsleitung auch teilhaben an dem Fiasko eines anderen bayerischen Landmaschinenherstellers. Die 1896 im bayerischen Bäumenheim gegründete Maschinenfabrik Josef Dechentreiter – groß geworden mit Dreschmaschinen und

Das Agrobil S war 1970 die erste selbstfahrende Erntemaschine für die gesamte Futterernte.

später Produzent von Mähdreschern, Miststreuern und Ladewagen – war ins Trudeln geraten. Die Übernahme durch den holländischen Lely-Konzern brachte keine dauerhafte Hilfe, und als dann auch noch Prozesskosten aus einem vom Erfinder des Ladewagens, Ernst Weichel, angestrengten Verfahren aufliefen, war der Konkurs unvermeidbar. Asbach-Bäumenheim traf dies umso härter, als das Landmaschinenunternehmen mit fast 800 Beschäftigten der mit Abstand größte Arbeitgeber am Orte war. Kommune und bayerischer Staat sahen sich in der Veranwortung und stellten Kontakte zu den Gebrüdern Fendt her, von denen man wusste, dass sie eine Kapazitätsaufstockung erwogen.

Unvergessen bleibt allen Teilnehmern die Dechentreiter-Betriebsversammlung vom 17. August 1970. Um 7.30 Uhr hatte Hermann Fendt die soeben aus dem Urlaub zurückkehrende Belegschaft in den Bäumenheimer Werksanlagen zusammengerufen und ihr mitgeteilt: »Ich bedauere außerordentlich, dass durch den Konkurs der Firma Lely-Dechentreiter bei den Mitarbeitern größte Sorgen und verständliche Beunruhigung entstanden sind. Ich weiß, dass Ihre Arbeitsplätze in Frage gestellt waren und dass ein Arbeitsplatzwechsel in jedem Fall mit vielen wirtschaftlichen und sozialen Sorgen, mit psychischen Belastungen, verbunden ist.«

Ab sofort aber gehöre Lely-Dechentreiter als Teil zur Schlepperfabrik Fendt. Keine Mark wolle Fendt aus dem Bäumenheimer Werk abziehen, vielmehr sogleich mit Investitionen beginnen, um die Bäumenheimer »Hüttenwerke« in einen modernen Ansprüchen genügenden Zustand zu versetzen. Als sichtbares Zeichen des Fendt-Engagements sicherte Hermann Fendt den Dechentreiter-Mitarbeitern zu, die seit mehreren Wochen und Monaten ausstehenden Lohn- und Gehaltszahlungen zu überbrücken.

Taten haben immer noch mehr überzeugt als alle Worte. In Bäumenheim war jedenfalls ab sofort das Eis gebrochen, die Weichen auf Kooperation gestellt. Dass die Situation für das Stammwerk nicht einfach werden würde, zeigte sich rasch. Die Dechentreiter-Produktpalette fügte sich nur teilweise in das Fendt-Programm ein. Für Pistenraupen und Wohnwagen sahen die Fendtler Marktchancen, nicht aber für die Erntetechnik, die zuvor in Bäumenheim Haupt-Umsatzträger gewesen war. An ihre Stelle sollte die Fertigung der Favorit-Traktoren und Geräteträger treten, die es gerade in letzter Zeit unter den beengten Marktoberdorfer Verhältnissen nicht leicht gehabt hatte. Die Ernüchterung folgte indes auf dem Fuße. Die Bäumenheimer Produktionsanlagen wiesen so gravierende Mängel auf, dass von einer reibungslosen Integration in den Fendt-Produktionsablauf keine Rede sein konnte. Investitionen in Millionenhöhe waren vielmehr erforderlich, für die der bayerische Staat nach schwierigen Verhandlungen zinsgünstige Kredite bereitstellte.

In dieser Phase der Werksexpansion begann die allgemeine Schlepper-Nachfrage zu stocken. Auch bei Fendt entwickelte sich der Ordereingang rückläufig. Das Unternehmen lebte von den Aufträgen des Frühjahrs. Im Gesamtergebnis für 1970 erreichte Fendt mit 11 679 Traktoren annähernd die Vorjahresproduktion, von der 8621 Fahrzeuge auf dem Inlandsmarkt abgesetzt werden konnten. Darunter befand sich auch der 200 000. Fendt-Traktor, um den allerdings vergleichbar wenig Aufhebens gemacht wurde. Anläßlich einer kleinen Feierstunde ließ Hermann Fendt wissen. »Ich muss meinen Marktanteil erweitern, um unter den Lebenden zu bleiben.« Tatsächlich erreichte Fendt bei insgesamt rückläufigen Neuzulassungen einen Anstieg des Marktan-

In den 70er-Jahren gehörten auch Pistenraupen zum Fendt-Programm, die im Werk Asbach-Bäumenheim bei Augsburg gebaut wurden (ehemaliges Lely-Dechentreiter-Werk).

Die Übernahme der Firma Lely-Dechentreiter in Asbach-Bäumenheim war 1970 ein wichtiger Schritt für das weitere Wachstum von Fendt.

teils auf 13 %, dafür ließ nun jedoch die Erlössituation zu wünschen übrig.

Mühsam gestalteten sich alle Bemühungen um eine Produktausweitung in den außer-landwirtschaftlichen Bereichen. Weder der Werkzeugmaschinenbau, noch das Gabelstaplergeschäft oder der Freizeitbereich mit Caravans und Pistenraupen brachten die Erfolge, die die Einbußen im Schlepper-Geschäft hätten ausgleichen können. Hinter vorgehaltener Hand hieß es dazu im Werk Marktoberdorf »Schuster, wärst Du doch bei Deinen Leisten geblieben.«

An der Entscheidung änderte dies aber nichts mehr. Aus der einstigen Schlepper-Fabrik war nun eine Firmengruppe geworden, zu der im werksinternen Sprachgebrauch die Werke 1 (Marktoberdorf), Werk 2 (Lechbruck), Werk 3 (Asbach-Bäumenheim) sowie die KMF (Kempten) und einige ausländische Tochterunternehmen gehörten. Der Gesamtumsatz überschritt 1970 mit 217 Mio. DM erstmals die zuvor als magisch eingeschätzte 200-Mio.-Grenze. Als Grund uneingeschränkter Freude wurde dies jedoch nicht gewertet, standen gleichzeitig doch rund 3300 Mitarbeiter auf den Lohn- und Gehaltslisten. Als »gute Hausväter« bedrückte die gewachsene Verantwortung die Inhaber schon, denn ein Teil der Flexibilität, die Fendt früher so stark gemacht hatte, schien verloren zu sein.

Dass die Befürchtungen nicht grundlos waren, bestätigte sich im Laufe des Jahres 1971. »Fendt-Schlepper fahren in die roten Zahlen« hieß es im Anschluss an die alljährliche Sonthofener Pressekonferenz der Fendt-Geschäftsleitung, bei der zwar von weiterem Umsatzzuwachs berichtet werden konnte, doch bekam die Fendt-eigene Revisionsabteilung das Gestrüpp der steigenden Kosten nicht in den Griff. »Wir werden mit der eisernen Kehrmaschine durchfahren« ließ Hermann Fendt die Journalisten wissen und kündigte ein ganzes Maßnahmenbündel an, das Einstellstopp, Abbau von Überstunden und Straffung des Sortiments, ja sogar die Rückführung von Investitionen einschloss. Allein bei der Entwicklung sparte Fendt nicht. Nutznießer war zum einen das Agrobil. Fendt stellte den Ernte-Selbstfahrer nun mit einem 80 PS-Motor und erhöhtem Leistungsvermögen vor. Zum anderen präsentierte man in München anlässlich der Internationalen Fachausstellung für Winterdienstgeräte erstmals ein aus vier Typen bestehendes Pistenraupenprogramm. Zwischen 60 und 115 PS leisteten die auf eine Arbeitsbreite von 3,70 m ausgelegten Fahrzeuge, die je nach Ausstattung zur Pistenpflege, zur Präparierung von Loipen oder auch zur Schneeräumung eingesetzt werden konnten. Vor allem aber forcierte Fendt die Entwicklung einer neuen Großschlepperreihe, deren Modelle in einer ersten Vorserie unter der Bezeichnung Favorit 610, 611 und Favorit 612 präsentiert werden konnten.

Da war sie also wieder, die Fendtsche Eigenschaft, gerade in schwierigen Zeiten kreativ gegenzusteuern. Sie beeindruckte nicht nur Firmenangehörige, Handel und Werkstätten, den Wettbewerb, nein, bis hinein in die alles andere als einfache Hochschulwelt stieß sie auf großen Respekt. Die Verleihung der Würde eines »Doktor-Ingenieurs Ehren halber« (Dr.-Ing. e.h.) durch die älteste Technische Hochschule Deutschlands, Carolo-Wilhelmina zu Braunschweig, an Hermann Fendt Anfang 1971 erfolgte denn auch in der klaren Absicht, einen Pionier des Traktorenbaus zu würdigen, der »maßgebende schöpferische und richtungweisende Beiträge zur Entwicklung des gerätetragenden landwirtschaftlichen Schleppers« vollbracht hatte. Professor Matthies stellte Fendt in seiner Laudatio neben Männer wie Gottlieb Daimler und Robert Bosch. Ihnen wie ihm sei es darum gegangen, neue Ideen in praktikable Formen zu bringen. In Marktoberdorf aber hatte Hermann Fendt ab sofort einen Beinamen weg: »Unser Doktor« oder auch »Doktor Hermann« hieß der Mitbegründer der Fendt-Werke von nun an, der am 13. August 1971 seinen 60. Geburtstag feiern konnte.

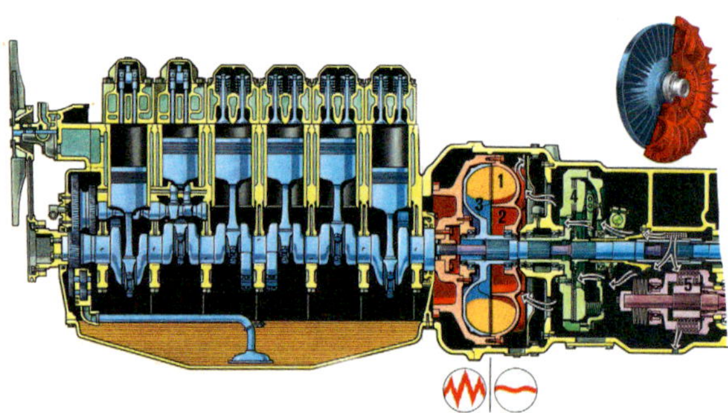

Der 120 PS starke Favorit 612 S hatte ein Vollsynchron-Getriebe mit einer-Feinstufen- und Wendeschaltung an einem drehbaren Schalthebel am Lenkrad.

Der Fendt-Geräteträger F 231 GT war wegen seiner vielseitigen Einsatzmöglichkeiten das ganze Jahr über auch bei den Kommunen sehr geschätzt.

Die rückläufige Schlepper-Nachfrage hinterließ bei Fendt deutliche Spuren. Nur noch 9354 Traktoren wurden 1971 gebaut, darunter 1692 Farmer 3 S und 1413 Exemplare des F 231 GT. Zwei bewährte Modelle trugen mithin ein Drittel der gesamten Traktorenfertigung, während sich zwei Drittel auf 15 weitere Modelle verteilten.
Und der Trend hielt 1972 an. Mit einer Jahresproduktion von 9288 Traktoren war man bei Fendt froh, das Vorjahresniveau annähernd gehalten zu haben. Auf dem Inlandsmarkt sah die Situation aber noch ungünstiger aus. Wurden 1971 58 576 Traktoren neu zugelassen, darunter 7868 Fendt-Schlepper, so betrugen die Vergleichszahlen für 1972 53 822 bzw. 7163.

Auf den Jahresumsatz blieb dies nicht ohne Auswirkung. 209 Mio. DM verlangten eine konseuqente Fortsetzung des Sparkurses, denn auch das war kein Geheimnis geblieben: Die Eignerfamilie Fendt musste in größerem Umfang Kredite aufnehmen, um den Betrieb ihrer Werke zu sichern. Gelegentlich tauchte in diesem Zusammenhang sogar die Frage auf, ob die Form einer Personengesellschaft noch angemessen sei. Die Familie mit ihren Ratgebern ließ sich davon allerdings nicht beirren. Sie war fest überzeugt, wirtschaftliche Probleme aus eigener Kraft schultern zu können.

Fendt durchlebte in den Jahren 1973–1975 ein Wechselbad der Gefühle. Gerade noch krampfhaft nach Wegen aus der Krise suchend, erlebte das Unternehmen 1973 einen gewaltigen Nachfrageboom nach Traktoren. Auf 10 446 Traktoren schnellte die Jahresproduktion hoch und erhielt ein neues Gesicht. Mit Ausnahme des schier unverwüstlichen F 231 GT, der es immer noch auf 1001 Fahrzeuge brachten, rückten nun Modelle der 1972 in Serie gegangenen Reihen Farmer 100 und Favorit 600 nach vorn.

Die Farmer 100er-Modelle reichten vom Typ 102 S mit luftgekühltem 3-Zylinder-4-Takt-Motor bis zum Farmer 106 SA, der von einem wassergekühlten 65 PS starken 4-Zylinder-4-Takt-Motor angetrieben wurde. Zu ihrer technischen Ausstattung gehörten die bestens eingeführte, im Detail aber immer weiter vervollkommnete stufenlose Anfahrautomatik, ein vollsynchronisiertes Getriebe mit 13 Vor- und 4 Rückwärtsgängen, Schnellgang mit 30 km/h, Wandler, lastschaltbare Zapfwelle, Regelhydraulik, Schnellkuppler, Fahrerhaus usw., die den Landwirten im Paket unter dem

Slogan »Fendt Agrartechnik – mehr Leistung und Erfolg« nahe gebracht wurden.

Die 600er-Favoriten hatten dagegen allesamt wassergekühlte 6-Zylinder-Motoren. Sie setzten beim 85 PS starken Typ 610 S ein und reichten bis zu den Modellen 612 S bzw. S A, die über 120 PS verfügten. 195 dieser Großtraktoren konnten 1973 produziert und abgesetzt werden. Die davon ausgehende Botschaft war klar: Fendt hatte in der Königsklasse der Traktoren gewichtige Eisen im Feuer und brauchte die Konkurrenz nicht zu fürchten.

Auf 246 Mio. DM stieg 1973 der Jahresumsatz der Fendt-Gruppe. Der gesteigerte Absatz hatte dazu ebenso beigesteuert wie der Umstand, dass vor allem größere Traktoren nachgefragt wurden. Aber auch die anderen Sparten von den Werkzeugmaschinen bis zu den Caravans leisteten ihren positiven Beitrag. Fast schien es, als habe sich Fendt

Die Traktoren der Baureihe Farmer 100 S waren preisgünstige Mittelklasse-Schlepper, die schon ab 42 PS mit Turbo-Kupplung ausgestattet waren.

am eigenen Schopfe aus dem Abschwung herausgezogen. Und ein Jubiläum gab es 1973 auch zu feiern. Die BayWa als wichtigster Vertriebspartner verkaufte ihren 100 000. Fendt-Traktor! Über 40 % aller bis dahin produzierten 234 541 Fendt-Schlepper hatten damit den gleichen Vertriebsweg gehabt, und der hieß BayWa und Bayern.

Umsatz ist das eine, Ertrag das andere und beim Ertrag gab es nach wie vor Schwächen. Hinzu kam Ende 1973 eine große Unruhe unter der Belegschaft. Sie mochte einfach nicht einsehen, dass einige 1972 gestrichene Zusatzleistungen angesichts voller Auftragsbücher nicht wieder eingeführt wurden. Wilde Streiks bei der KMF machten den Anfang, griffen aber rasch auf Marktoberdorf über. Lohnerhöhungen waren unvermeidbar, sollte der soziale Frieden gewahrt bleiben. Und den Lohnerhöhungen folgten Preisanhebungen. Sie erschwerten das ohnehin schwierige Geschäft zusätzlich.

Dennoch, mit 11 674 produzierten Traktoren gelang es Fendt auch 1974, die Kapazitäten gut auszulasten. Auf dem Inlandsmarkt hatte man den dritten Rang sicher inne, war

sogar mit einem Marktanteil von 14,1 % etwas näher an die beiden Marktführer IHC und KHD herangerückt. Bäume ausreißen konnte Fendt deshalb aber nicht. Auf der 53. DLG-Ausstellung vom 15. – 22. September in Frankfurt wählte Fendt sogar einen kleineren Stand als sonst. Hermann, Xaver und Paul Fendt leisteten persönlich Standdienst und achteten darauf, dass mit Geld vorsichtig umgegangen wurde.

Zum Glück hatte Fendt einige Neuheiten am Stand, so vor allem die Traktoren der Farmer 200er-Reihe. Vom Leistungsprofil her ergänzten sie die Farmer der 100er-Serie nach unten und überzeugten mit ihrer Kompaktheit. Ihre Klientel bestand zum einen aus Nebenerwerbs-Landwirten, die einen funktionalen 35-PS-Schlepper mit technischem Anspruch, soll heißen mit vollsynchronisiertem Getriebe, lastschaltbarer Zapfwelle und Regelhydraulik, besitzen wollten, ohne jedoch auf die Betriebsstunden eines Vollerwerbers zu kommen. Zum anderen zielte Fendt mit den Modellen 200 V, 200 V A, 203 V, 203 V A und 203 P auf die Eigner von Sonderkultur-Betrieben ab, denen an schmaler und niedriger Bauweise gelegen war, um die Traktoren in Reihenkulturen und am Hang einsetzen zu können.

Unternehmensintern wurde Fendt bei der Suche nach Kostenfaktoren im Werk II, Lechbruck, fündig. Die Erwartungen auf das Arbeitskräftereservoir Lechbruck-Steingaden hatten sich zu keinem Zeitpunkt erfüllt, so dass die angestrebte Expansion nicht weiter betrieben worden war.

Zuletzt erfolgte sogar die Rückverlegung der eben erst ausgelagerten Metallfertigung ins Stammwerk Marktoberdorf sowie zur KMF nach Kempten, und da Fendt kein Interesse an zusätzlichem Immobilienbesitz hatte, war die Entscheidung über Lechbruck gefallen: Noch 1974 erfolgte der Verkauf der Anlagen an die Spinnerei Siegfried Kartmann.

Und um Kostensenkung ging es auch im Oktober 1974. Auf dem Gebiet der Pistenraupenfertigung schloss Fendt einen Kooperationsvertrag mit der Schweizer Firma Rolba AG, Zürich. Angestrebt wurde eine bessere Auslastung des Werks Bäumenheim, das sich nach wie vor schwer tat, in schwarze Zahlen zu kommen.

Dennoch, mit einem Gesamtumsatz von 266 Mio. DM erzielte Fendt im Vergleich zum Vorjahr einen Zuwachs um

Ein Fendt-Farmer-200-P-Schlepper im Einsatz in einer Obstplantage.

Mit der Baureihe 200 V erreichte Fendt innerhalb kurzer Zeit auch auf dem interessanten Schmalspur-Schleppermarkt eine führende Marktposition.

8 %. Nur so richtig freuen konnte man sich in Marktoberdorf darüber nicht. Unübersehbare Schwächen einzelner Sparten und deutlich gewordene Risiken beim Export mahnten vielmehr weiterhin Vorsicht an.

Für Paul Fendt war es zweifellos ein großer Tag, als er auf der Royal Show 1975 im englischen Kenilworth aus der Hand des britischen Thronfolgers Prinz Charles die Silbermedaille der Royal Agricultural Society (RAS) entgegen nehmen konnte. Geehrt wurde Fendt für den F 250 GT, der die britischen Juroren so überzeugt hatte, dass sie ihm den Vorzug vor 47 konkurrierenden Landmaschinen gaben. Hausintern wurde das Ereignis allerdings niedriger gehängt.

Der Schuh drückte das Unternehmen woanders und wo, das sagte Hermann Fendt: »Die jetzige Kostensteigerung verunsichert alles. Zum Investieren bei uns selbst haben wir kein Geld.« Damit aber gerieten die Eigner in Gegensatz zu den eigenen Konstrukteuren. Soll man »das bereits Vorhandene aufgreifen, umwandeln, anpassen und dann eben doch etwas Neues daraus werden lassen« so Hermann Fendt, »oder müssen gänzlich neue Wege der

Traktorenentwicklung eingeschlagen werden?«, lautete die in der Geschäftsführung immer wieder erörterte Frage, ohne dass eine befriedigende Antwort gegeben werden konnte.

Vorsorglich beantragte Fendt Anfang 1975 sogar Kurzarbeit, schließlich gab es Prognosen, die von einem schleppenden Geschäftsverlauf ausgingen. Auf große Festlichkeiten wurde verzichtet, als der 250 000. Fendt die Marktoberdorfer Hallen verließ.

Doch die Auguren hatten sich gründlich geirrt. Eine von der Bundesregierung ausgelobte Investitionsprämie veränderte das bäuerliche Kaufverhalten rasch und grundlegend. Aus dem im Entstehen begriffenen Auftragsloch entwickelte sich binnen weniger Wochen ein Auftragshoch mit Lieferfristen. Statt Kurzarbeit mussten drei Schichten gefahren werden und anstelle befürchteter Entlassungen sah sich Fendt zur Einstellung neuer Mitarbeiter veranlasst: Im Herbst 1975 standen mit 3257 Mitarbeitern so viele Mitarbeiter wie noch nie bei Fendt auf den Lohn- und Gehaltslisten – und doch waren freie Stellen vorhanden.

12 696 Traktoren produzierte die Fendt-Belegschaft 1975, aufgeteilt auf 36 verschiedene Typen. In der hausinternen Rangliste lag das Modell Farmer 3 S mit 1375 Einheiten vor dem Modell Farmer 108 S, welches 1192-mal montiert wurde. An dritter Stelle mit immer noch beachtlichen 1124 Einheiten rangierte der Geräteträger F 231 GT, während es vor allem die Traktoren mit mehr als 100 PS Leistung auf kleinere, drei- und zweistellige Stückzahlen brachten. Doch täusche man sich nicht! Bundesweit betrug der Marktanteil von Fendt in den Klassen über 100 PS 24 %, womit man eindeutig die Position des Marktführers inne hatte.

Erfreulich entwickelte sich ferner der Export. Fast ein Drittel aller Fendt-Schlepper wurde inzwischen im Ausland verkauft. Die beiden europäischen Wirtschaftszonen EG und EFTA erwiesen sich als besonders aufnahmebereit, doch trat zunehmend der Nahe Osten und hier vor allem die Türkei als Fendt-Kunde in Erscheinung.

»An den Traktoren hängt das Geschäft«, skizzierte Hermann Fendt die Situation, die nach wie vor von Schwächen bei den Bau- und Spezialmaschinen, den Textilmaschinen und den Gabelstaplern geprägt war. Einzig bei den Caravans enstpannte sich die Lage. Das Bekenntnis zu höherpreislicher Qualität trug Früchte. Slogans wie »Camping mit Komfort« oder »Fendt macht Freizeit« kamen bei den Kunden gut an und bescherten zum Ende eines wahrlich turbulenten Jahres sogar Absatz und Ertrag.

Die Fendt-Geschäftsleitung aber ließ alle Ereignisse nochmals Revue passieren und kam letztlich doch noch zu einer Entscheidung in der zu Beginn des Jahres diskutierten Frage. Hermann Fendt persönlich ließ es sich Ende November 1975 nicht nehmen, den Bau eines großen, etwa 20 Mio. DM teuren Forschungs- und Entwicklungszentrums anzukündigen. »Klotzen statt kleckern« hieß es nun in Marktoberdorf, wo in konkreter Umsetzung einer vor allem von Hermann Fendt gesehenen Vision Ideen, Können und beste Technik als die Garanten für ein erfolgreiches Bestehen in der Zukunft bewertet wurden.

Der Fendt-Schmalspur-Schlepper Farmer 200 V in den Weinbergen von St. Emilion, Frankreich, Anfang der 80er-Jahre.

Vom Produktionsrekord zur Krise

Von Müdigkeit zeigte die Fendt-Familie keine Spur, als ihr Sprecher Hermann Fendt am 13. August 1976 seinen 65. Geburtstag feiern konnte. In einem Alter, in dem die meisten Bundesbürger in den wohlverdienten Ruhestand treten oder aber bereits im Ruhestand sind, drängte es die Brüder Fendt nach neuen unternehmerischen Taten. Die Voraussetzungen dafür waren günstig, denn nachdem bereits 1975 die Schlepper-Neuzulassungen in Westdeutschland wieder auf 64 171 angestiegen waren, pendelten sie sich 1976 auf vergleichbar hohem Niveau ein und erreichten schließlich 64 325 Fahrzeuge. Der Fendt-Anteil betrug 15,6 %, was exakt 10 047 Traktoren entsprach. Nur IHC (21,2 %) und KHD (18,9 %) waren, bei allerdings schrumpfendem Vorsprung, stärker am inländischen Markt vertreten.

Und dann war da auch noch das Ausland! Die dort erzielten Erfolge ließen sich allesamt vorzeigen und gipfelten in 5296 exportierten Traktoren, doch ungewöhnlich erschien vor allem der türkische Markt. Gute Kontakte in das Land am Bosporus hatten in den letzten Jahren nicht nur Ausfuhren bis zu tausend Einheiten ermöglicht, sie eröffneten nun auch Chancen, in weit größerem Umfange an der Mechanisierung der dortigen Landwirtschaft teilzuhaben. »Es tut sich was im Staate Türkei«, erklärte Hermann Fendt und erinnerte daran, dass der türkische Schlepperbestand gerade einmal 200 000 Einheiten betrug, obschon das landwirtschaftliche Potenzial größer war als das Westdeutschlands, welches zur gleichen Zeit über 1,4 Mio. Traktoren verfügte. Mit Interesse hatten die Marktoberdorfer registriert, dass in der Türkei Jahr für Jahr bislang nur etwa 50 000 neue Traktoren zum Einsatz kamen, davon die Hälfte aus inländischer Produktion.

Das aber sollte sich ändern. Die türkische Regierung suchte 1976 Investoren, die zusammen mit einheimischen Partnern gewillt waren, inländische Produktionsstätten aufzubauen und zu betreiben. Erste Adressen wie Fiat, Ford, IHC, Leyland, und MF fühlten sich angesprochen und engagierten sich. Auch Fendt witterte Morgenluft. Zusammen mit der Ahmet Veli Menger-Holding A.S., Istanbul, bildete man ein Joint-venture mit dem Ziel, in der Provinz, etwa 110 km südlich Ankara, eine neue Fabrik für bis zu 20 000 Traktoren jährlich zu errichten.

Mit Begeisterung allein war es jedoch nicht getan. Die nüchterne Bestandsaufnahme setzte spätestens zu dem Zeitpunkt ein, da die Angelegenheit konkret wurde. Nun kam alles auf den Prüfstand, mit der Konsequenz, dass sich der Fendt-Beitrag auf die Bereitstellung von Knowhow und die Zulieferung von Teilen reduzierte, die jedoch die Marge von 40 % am Gesamtwert des Schleppers nicht überschreiten durften. Erinnerungen an das Brasilien-Abenteuer wurden wach und machten skeptisch. Die Lizenzproduktion in der Türkei rückte jedenfalls in weite Ferne, allein ausschließen wollte sie in Marktoberdorf zu diesem Zeitpunkt niemand.

Fendt hatte auch so alle Hände voll zu tun. 16 025 Traktoren markierten erneut Produktionsrekord und bescherten dem Unternehmen einen Gesamtumsatz von 438 Mio. DM. Erstmals in der Fendt-Geschichte konnte damit die 400-Mio.-DM-Grenze überschritten werden, und nicht nur Fendt, die ganze Region zog Nutzen daraus. »Fendt – ein Glanzlicht im Allgäuer Wirtschaftsraum« überschrieb die Frankfurter Allgemeine Zeitung am 16. November 1976 eine wirtschaftspolitische Bestandsaufnahme. »Es ist Fendts Verdienst, wenn in dem Städtchen Marktoberdorf die Arbeitslosenquote mit 1,6 % weit unter dem Bundes-Durchschnitt liegt«, hieß es dort, und die Experten spannten den Bogen noch weiter: »Auch die relativ günstige Arbeitslosenquote des gesamten Allgäu (2,7 %) hat etwas mit der arbeitsmarkt-politischen Ausstrahlung des größten industriellen Arbeitgebers in dieser Region zu tun.» Die Fendtler zweifelten daran keine Sekunde. Allein vom Staat wünschten sie sich weniger bürokratische Hemmnisse. Hermann Fendts Kritik »Überhaupt sind staatliche Lenkungsmaßnahmen in der Wirtschaft nur Bremsklötze« sprach vielen aus dem Herzen.

Das Vertrauen in das eigene Können sprach aus den 1976 neu in Serie gegangenen Fahrzeugen. Dies gilt zum einen für die Geräteträger F 255 GT und F 275 GT, mit denen Fendt den Weg hin zu leistungsstarken Systemschleppern konsequent fortsetzte. Mit dem Wechsel von MWM- zu Deutz-Motoren hatte man seine Unabhängigkeit gezeigt und ob in der 50 PS starken 3-Zylinder- oder in der 70 PS leistenden 4-Zylinder-Version, gemeinsam war beiden Fahrzeugtypen die Kombination von vielseitigen Einsatzmöglichkeiten mit hohem Bedienerkomfort. Dank geräuscharmer und schwingungsisolierter Kabine waren die Zeiten endgültig vorbei, da der Geräteträger-Fahrer asketische Härte mitbringen musste. Vom gepolsterten Ledersitz bis zur Heizung reichte die ihm zur Verfügung stehende Ausstattung, die durchaus an Pkw-Sicherheit und -Komfort erinnerte.

Kaum weniger markant fielen die neuen Favorit-Großtraktoren der LS-Reihe aus. Ihr Kennzeichen waren großvolumige 6-Zylinder-Motoren, die Leistungen zwischen 85 und 150 PS bereitstellten. Bis zum Modell 612 LS (120 PS) arbeiteten sie nach dem Direkteinspritz-Verfahren, während bei den Typen 614 LS und 615 LS Abgas-Turbolader zum Einsatz kamen. Mit ihnen wurde die in den Abgasen steckende Energie genutzt, um die Verbrennungsluft mit einem Überdruck von ca. 0,7 – 0,8 bar in den Verbrennungsraum zu drücken. Vorteile des so aufgeladenen Triebwerks wurden vor allem in höherer spezifischen Leistung, besserer Verbrennung und günstiger Treibstoffausnutzung gesehen.

Für die Fahrer wichtig war ferner die neue Gestaltung des Bedienerraums. 1000 und mehr Stunden verbrachte ein Landwirt dort im Jahr, ohne dass bislang die Möglichkeiten der Optimierung ausgeschöpft worden waren. Die LS-Kabinen berücksichtigten unterschiedlichste Parameter und boten dem Fahrer von der Sitzposition bis zur Anordnung der Bedienungshebel, von der Klimatisierung bis zur Geräusch-, Stoß- und Schwingungsdämpfung zuvor nicht gekannte Vorzüge. Und die Resonanz bei den Landwirten fiel positiv aus. In ihrer Sicht schlossen sich Leistung, Technik und Komfort nicht mehr aus, sondern fügten sich in offenkundiger Weise in den Favorit-Großtraktoren zu einer Einheit zusammen.

Das Ergebnis des Jahres 1977 wird in der Fendt-Geschichte wohl einzigartig bleiben. 17 511 Traktoren wurden innerhalb

Der 75 PS starke Fendt-Geräteträger F 275 GT, Baujahr 1976, mit Front-Reihenpacker, Zwischenachs-Einzelkorn-Sägerät und Bandspritzeinrichtung im Schau-Voraus-Prinzip.

dieses einen Jahres gebaut, mehr als in den ersten 21 Jahren der Fendt-Chronik insgesamt. Auf dem Inlandsmarkt eroberte Fendt erstmals den zweiten Rang hinter IHC und avancierte in den Leistungsklassen 35–50 PS und über 100 PS zum Marktführer.

Ihre Muskeln hatten die Allgäuer spielen lassen und das Personal nochmals aufgestockt. 4051 Mitarbeiter verdienten nun bei der Maschinen- und Schlepperfabrik Fendt ihr Geld, die im 40. Geschäftsjahr einen Gesamtumsatz von über einer halben Milliarde DM, exakt 527 Mio. DM, erwirtschaftete.

Jedoch nicht alles war eitel Sonnenschein. Auf den Exportmärkten begann es zu kriseln, allen voran auf dem Hoffnungsmarkt Türkei. Ein Transfer-Stopp im März 1977 brachte den Export fast völlig zum Erliegen. Anstatt 1180 Fendt-Schlepper rollten nun gerade noch 200 Traktoren in den Vorderen Orient, und selbst für die blieb das Geld aus. Was nutzten alle Bekundungen, der Türkei-Markt sei »riesengroß«, wenn administrative Schwierigkeiten und fehlende Kaufkraft die Geschäfte blockierten.

Noch machte Hermann Fendt in Zuversicht: »Ich bin immer für Optimismus, denn Pessimismus ist ein Feld, auf dem gar nichts wächst«, ließ er in Marktoberdorf wissen. Hinter den Kulissen jedoch wurde Vorsicht angemahnt. Als die »Zeit« einen Bericht über den »Allgäuer am Bosporus« verfasste, zitierte sie Hermann Fendt mit den griffig-eingängigen Worten: »Wer sich nicht nach dem Markt richtet, wird vom Markt gerichtet.« Der Fendt »Made in Turkey« war also kein Muss, sondern nur eine Option von schwindender Bedeutung.

Eine fixe Größe dagegen war für Fendt das Jahr 1978. »50 Jahre Fendt-Dieselross« sollten gebührend gefeiert werden und Anlass sein zur Positionsbestimmung für die Zukunft. Die Einweihung des rund 25 Mio. DM teuren Forschungs- und Entwicklungszentrums in Marktoberdorf musste als Signal wirken, und als dann auch noch die Parole »Fendt forscht für die Zukunft« ausgegeben wurde, herrschte allseits Zuversicht.

Tatsächlich verkörperten Neubau und Einrichtung Meilensteine der deutschen Traktorenentwicklung. Prüfstände in dieser Güte hatte es zuvor in Deutschland nicht gegeben. Computer beherrschten das Geschehen und erlaubten den Fendt-Leuten Untersuchungen an Motoren und Getrieben, an Rahmen und Rädern, an Hydraulik und Elektrik, kurzum an allen Bauteilen, die einen modernen Traktor ausmachen. Bis auf 350 PS konnten im Einzelfall die Belastungen hochschnellen, ohne dass die Messapparaturen ihre Grenze erreichten.

Die Vorgabe für das Forschungszentrum war eindeutig. »Bei Fendt zahlt kein Kunde das oft zitierte Lehrgeld«, hieß es und wies den Ingenieuren die Aufgabe zu, im Versuchs- und Forschungszentrum alles rund um den Schlepper auf Herz und Nieren zu prüfen. Nur was die Experten dort für praxistauglich erklärten, durfte ab sofort auch in die Produktion gehen. »Fendt setzt Maßstäbe«, urteilte die Konkurrenz.

Dem Jubiläumsjahr angemessen fielen auch andere Fendt-Aktivitäten aus. Auf der DLG-Ausstellung vom 28. April bis 4. Mai 1978 bot sich dem Unternehmen in Frankfurt die Gelegenheit, das komplette Fendt-Programm publikumswirksam zu präsentieren. Gezeigt wurden Schlepper von 35–150 PS und Geräteträger im Leistungsband von 35–70 PS, darunter etliche Weiterentwicklungen wie die Modelle Farmer 103 LS und 104 LS. Wurden hier vor allem Landwirte angesprochen, so richtete sich der Mitte November veranstaltete »Informationstag« an Werksangehörige und die Marktoberdorfer Bevölkerung. Über 7000 Personen nutzten die Möglichkeit, um bei 30 hl Bier und 14 000 Würstchen ihre Verbundenheit zu Fendt zu zeigen.

»Feste feiern und feste schaffen« lautet ein geflügeltes Wort, das bei Fendt stets beherzigt wurde. 1978 hieß dies unter anderem, dem Export neue Impulse zu geben. Die türkische Option war nicht zum Tragen gekommen und auch der französische Markt zeigte Schwächen. Im benachbarten Österreich eröffneten sich dagegen vor allem für die Schmalspur-Schlepper zusätzliche Chancen. Die Gründung einer Vertriebstochter mit Sitz in Salzburg deutete an, dass Fendt verstärkt in der Alpenrepublik aktiv werden wollte.

Aber Fendt war keineswegs nur auf Europa fixiert. Der Ferne Osten und hier vor allem China lockten mit einem Markt, dessen Größe die Vorstellung vieler deutscher Schlepperleute überstieg. Nicht so bei Fendt. Auf der Internationalen Landmaschinen-Ausstellung in Peking zeigte Exportleiter Heinz Pfalzgraf mit seiner Mannschaft Flagge. Mit Farmer-Modellen und Geräteträger-Kombinationen stießen sie bei den Chinesen auf so großes Interesse, dass ein erster Teilauftrag über 30 Traktoren eingefahren werden konnte.

Und in dem Geschäft war offensichtlich mehr drin! Die Mechanisierung der chinesischen Landwirtschaft befand sich erst im Anfang und was bislang an Traktoren, zumeist russischer Herkunft, im Reich der Mitte bereit stand, entsprach den Vorstellungen der chinesischen Agrarfunktionäre nur eingeschränkt. Die Fendt-Technik dagegen fand ihre uneingeschränkte Zustimmung, doch wie bemerkte Hermann Fendt anläßlich einer Pressekonferenz: »Der Transport eines Traktors in das Reich der Mitte kostet soviel wie zu Hause ein 40-PS-Schlepper.« Nichtsdestoweniger ließen die Verbindungen nach Asien Hoffnungen aufkeimen, auch wenn sich alle Marktoberdorfer im Klaren waren, dass der Weg zum Erfolg noch manche Überraschung bieten würde.

Wenn binnen eines Jahres die Produktion um 3828 Einheiten auf 13952 Traktoren zurückgefahren werden muss, dann ist dies ein deutliches Indiz für Probleme. Bei Fendt verkannte man dies 1978 nicht, tat sich aber dennoch schwer einzusehen, dass neben dem Export nun auch der Inlandsabsatz Schwächen zeigte. In früheren Jahren war stets ein Ausgleich möglich gewesen, doch begann diesmal die Absatzfront auf der ganzen Linie zu bröckeln. 10456 neu zugelassene Fendt-Traktoren entsprachen zwar immer noch einem Marktanteil von 17,8 % und bedeuteten Rang 2, an der Abnahme um 12,3 % zum Vorjahr änderte jedoch nichts. Hinzu kam, dass seit vielen Jahren erstmals der Rückgang von Fendt stärker ausfiel als der um 8,5 % schrumpfende Traktorenmarkt. Jubiläum hin, Jubiläum her, der Wettbewerb würde rauer werden.

Tatsächlich setzte sich der Abschwung 1979 fort. Bei den Inlands-Neuzulassungen büßte Fendt weitere 2,4 % oder 1894 Einheiten ein. KHD eroberte sich mit 17,0 % den 2. Rang zurück, und es nutzte Fendt (15,4 %) nichts, dass bei der Kölner Konkurrenz Billigverkäufe zum Erfolg beigetragen haben sollen. Voller Spannung schauten die Fendtler auf den Export. Hermann Fendt persönlich reiste mit der Transsibirischen Eisenbahn ins Land der unbekannten Möglichkeiten, nach China, um den Verhandlungen

Der 120 PS starke Favorit 612 LS mit einem 6-scharigen Rauten-Volldrehpflug beim Tiefpflügen (1976).

Nachdruck zu verleihen. Tatsächlich konnte ein Vertrag über die Lieferung von 100 weiteren Traktoren unterzeichnet werden, doch das war nicht das, was er und seine Firma sich erhofft hatten.

Leichter tat sich Fendt dagegen in Südtirol. Mit den wendigen Kompakt-Traktoren für Obst- und Weinbau erreichte man den 2. Rang in der Zulassungsstatistik und gab internationaler Konkurrenz das Nachsehen.

Doch reichte das aus, um dem insgesamt 3984 Beschäftigte zählenden Unternehmen neue Perspektiven zu geben? Umsatz- und Ertragsrückgang schlugen nun einmal stärker zu Buche als noch so wohlmeinend klingende Absichtserklärungen ferner Länder. Zweifel blieben angebracht und wollten nicht verstummen, als in Kempten bei der inzwischen als Werk 2 bezeichneten Kemptener Maschinenfabrik (KMF) das 25-jährige Bestehen gefeiert wurde. Mit Herstellung und Vertrieb von Kettelmaschinen und Gabelstaplern sowie der Fertigung von Hydraulikteilen und Steuerungselementen für das Fendt-Hauptwerk in Marktoberdorf waren dort annähernd 500 Personen beschäftigt.

Zwölf von ihnen, darunter Paul Fendt und Albert Mauthe von der Geschäftsführung, waren Mitarbeiter der ersten Stunde und blickten sogar auf eine 25-jährige Betriebszugehörigkeit zurück, was allemal eine Feierstunde wert war. Dabei wurde allerdings keineswegs nur die Geschichte bemüht. Die Belegschaft erhielt vielmehr die Nachricht, dass, beginnend mit dem 1. Januar 1980, die KMF den Vertrieb der vom japanischen Hersteller Nissan produzierten Datsun-Gabelstapler übernehmen werde. 40 verschiedene Flurföderfahrzeug-Modelle mit Hubleistungen zwischen 1 und 4 t habe man dann im Angebot. Mancher Insider aber blieb skeptisch. Sie befürchteten früher oder später das Ende der Fendt eigenen Gabelstapler-Herstellung, die in der Tat ohne größere Investitionen kaum erfolgreich weitergeführt werden konnte.

Auf welchen Feldern sollte Fendt nicht alles aktiv sein? Die Aktivitäten im Werk 3, Bäumenheim, waren allein schon umfassend und belasteten die Eignerfamilie ordentlich. Für 12 Mio. DM hatte man dort mit dem Bau einer neuen, 4000 m² großen Halle begonnen. Platz für eine hochmoderne Lackieranlage nach dem Elektrophorese-Verfahren sollte sie ebenso bieten wie für ein Fließband für die Kabinenmontage. Nur irgendwie steckte in dem Projekt der Wurm. Statische und geologische Probleme machten komplizierteste Pfahlgründungen erforderlich, die Zeit und Geld kosteten.

Ein Stein fiel Hermann Fendt vom Herzen, als er den Neubau am 4. Juli 1980 im Beisein des bayerischen Staatsministers Jaumann eröffnen konnte. In seiner Ansprache erinnerte er die Festversammlung an seine vor 10 Jahren bei der Übernahme von Lely-Dechentreiter gegebene Zusage, den Standort auszubauen. Wort hatte man gehalten, über Erfolgs- und Krisenzeiten hinweg. Genau das aber machte die Stärke von Fendt aus.

Unbedingt rational war das Fendtsche Handeln in Bäumenheim nicht. Nicht nur, dass finanzielle Mittel in großem Umfang langfristig gebunden wurden, es gab auch 200 neue Arbeitsplätze, während zur gleichen Zeit in Marktoberdorf und Kempten Kurzarbeit beantragt werden musste. Grund war die sinkende Produktionsleistung, die schließlich bei 10 798 Traktoren lag. Doch selbst diese Fahrzeuge konnte Fendt nicht alle verkaufen. Auf dem Inlandsmarkt, der sich generell in einer katastrophalen Verfassung befand und um 18,2 % auf nur noch 45 477 Neuzulassungen schrumpfte, brachte Fendt exakt 7299 Traktoren an den Kunden.

Kaum leichter gestaltete sich der Export. Dort hatte die chinesische Hoffnung nicht gehalten, was man sich von ihr erwartet hatte. Im Umbruch befand sich schließlich auch der französische Markt. Nach 25-jähriger Partnerschaft mit einem Importeur hatte Fendt zum 1. Januar 1980 in Montoy-Flanville, einem Vorort von Metz, die Tochtergesellschaft Fendt-France gegründet. Mit 26 Mitarbeitern oblag der neuen Gesellschaft zum einen die Versorgung der französischen Bauern mit Traktoren und Ersatzteilen, zum anderen die Betreuung der rund 180 französischen Vertriebspartner, die ihrerseits alle Hände voll zu tun hatten, in dem 1980 um 12 % schrumpfenden französischen Traktorenmarkt nicht unterzugehen.

An den Fendts allein lag es also wahrlich nicht, dass das Unternehmensschiff im Verlaufe des Jahres 1980 in eine tiefe Krise geriet. Die Geschäftsführung agierte vielmehr wie gewohnt, indem sie investierte und Optimismus verbreitete. Gleichwohl hatte man mit den Traktoren der 100er-Baureihe seine liebe Mühe und Not. Die Modelle waren in die Jahre gekommen und wiesen vor allem an den Kupplungen sowie bei den von Edscha zugelieferten Kabinen Schwachstellen auf.

Ihnen gegenüber stand als Hoffnungsträger die kurz vor der Serienproduktion befindliche Baureihe der Farmer-300-LS-Traktoren, die zunächst in vier Modellen 305 LS, 306 LS, 308 LS und 309 LS für die Produktion vorbereitet war. Zu ihren Charakteristika gehörten Kraftstoff sparende Motoren mit Leistungen zwischen 62 und 86 PS.

Im Falle des Farmer 309 LS kam die Verwendung des Turboladers hinzu, von dem, wie Marktstudien gezeigt hatten, die Bauern wahre Wunderdinge erwarteten. Für sie stand die Verwendung des Turboladers für zusätzliche Nutzung der in den Abgasen steckenden Energie, für höheren Wirkungsgrad, günstigen Drehmomentverlauf und lange Lebensdauer.

In einer Zeit, da Rennautos als Turbo-Fahrzeuge Siege über Siege einheimsten, hegten offensichtlich viele Landwirte Sympathien für einen Turbo-Traktor, der zudem über einen richtigen 40-km/h-Schnellgang verfügte. Auffällig war ferner das Angebot, an die Stelle der üblichen zwei Zapfwellendrehzahlen 540 und 1000/min alternativ die Kombination 540 und 750/min auszuwählen. Der Einstieg in die Entwicklung der »Dreifach-Zapfwelle«, die ein verbrauchsgünstigeres und vor allem geräuschärmeres Arbeiten mit dem Traktor ermöglichte, war damit gemacht. Hinzu kam der Einbau von Fendt selbst konstruierten und gebauten Kabinen, die im Anspruch genau auf die neuen Farmer-Traktoren abgestimmt waren. Da hatten die Landwirte endlich beinahe all das beisammen, was ihnen als

Der erste Grasmäher und der Favorit 615 LS mit 150 PS markieren die Eckpunkte einer rund 50-jährigen Traktorenentwicklung bei Fendt bis 1980.

Ein Fendt-Plantagen-Schlepper mit extrem niedriger Bauhöhe im praktischen Einsatz in Südtirol.

Wunsch für ihren Traktor schon lange vorschwebte: Stärke, Verwendungsbreite, Tempo und Komfort!

Doch zunächst lief der Verkauf der neuen Farmer 300 Traktoren sowie des gleichfalls neuen Flaggschiffs Favorit 622 LSA nur zögernd an. Was und wie man es auch anpackte, die Aktionen wollten nicht richtig greifen, konnten die schwierige Grundstimmung nicht wenden. Ihnen mangelte es, zumindest zu diesem Zeitpunkt, an Fortune. Da blieben selbst noch so honorige Ehrungen ohne den großen Glanz. Die Verleihung der Ehrenbürgerwürde von Marktoberdorf an Xaver Fendt wurde allgemein, vor allem aber von der Belegschaft, als berechtigt empfunden. Das Kuratorium für Technik und Bauwesen in der Landwirtschaft (KTBL) wiederum zeichnete Hermann Fendt mit der »Tilo-Freiherr-von-Wilmowsky-Medaille« aus. Professor Reisch, Universität Hohenheim, und Bundeslandwirtschaftsminister Josef Ertl hielten die Laudatio, doch die dunklen Wolken über dem Fendt-Himmel verflogen nicht.

Folgerichtig sackte, allen Anstrengungen von Geschäftsführung, Mitarbeitern und Vertriebspartnern zum Trotz, der Unternehmensumsatz auf 490 Mio. DM ab, während gleichzeitig die Verschuldung anwuchs. Hinter vorgehaltener Hand wurde allein für 1980 ein zweistelliger Millionenverlust genannt, und wem das für eine Zustandsbeschreibung nicht reichte, der brauchte sich nur auf dem Fendt-Werksgelände umzuschauen. Über 2000 Traktoren standen dort unverkauft auf Halde und keiner wusste so richtig, wie und wo sie an den Landwirt gebracht werden sollten.

Ratlosigkeit befiel die Fendtler in den Adventswochen 1980. Das beliebte Weihnachtslied »Oh du fröhliche« wollte in Marktoberdorf jedenfalls kaum einer singen, zu schlecht standen die Vorzeichen für das nächste Jahr.

Da schlug unmittelbar vor Heiligabend, am 23. Dezember 1980, ein groß aufgemachter Bericht der Frankfurter Allgemeinen Zeitung (FAZ) wie eine Bombe ein. »Die Gebrüder Fendt ziehen sich aus der Geschäftsleitung zurück« lautete die Überschrift des Artikels, der von der Neugründung einer Fendt GmbH berichtete. Sie sollte zu den beiden bisherigen Komplementären Hermann und Xaver Fendt hinzutreten, allerdings ohne etwas an den Eigentumsverhältnissen zu verändern. Dies wurde möglich, da am Stammkapital der GmbH, ihrer paritätischen Position im Unternehmen entsprechend, wieder die beiden Brüder mit je 50 % beteiligt waren.

Wenig schien sich also auf den ersten Blick zu ändern, doch weit gefehlt. Diese als Interimslösung angelegte Konstruktion erleichterte, wenn erforderlich, den Übergang der Schlepperfabrik in eine Kapitalgesellschaft. Außerdem erhielt die Fendt GmbH einen Beirat, der im Wesentlichen die Funktion eines aktienrechtlichen Aufsichtsrats wahrzunehmen hatte.

Im Beirat also würden fortan die für Fendt wichtigen Entscheidungen fallen, vor allem aber sollte von ihm die neue Fendt-Geschäftsführung bestellt und kontrolliert werden. Denn auch das sahen die Beschlüsse vor: Die drei Brüder Hermann, Xaver und Paul Fendt sollten sich ebenso wie das einzige nicht zur Familie gehörende Geschäftsführungsmitglied, Finanzvorstand Albert Mauthe, aus der Geschäftsführung zurückziehen. Vom Alter der Betroffenen her war der Beschluss verständlich. Paul als jüngster der Vier zählte schließlich 65 und Xaver als ältester gar 73 Jahre.

So ganz auf Einfluss verzichten aber wollten zumindest Xaver und Hermann Fendt auch zukünftig nicht. Dem neuen Beirat gehörten sie als Mitglieder an, der ansonsten mit Persönlichkeiten besetzt war, die zuvor nicht dem Fendt-Unternehmensverbund angehört hatten. Die beiden Fendt-Hausbanken Deutsche Bank und Bayerische Hypotheken- und Wechselbank machten hier ihren Einfluss geltend und sorgten dafür, dass als »Senior Consultant» der frühere Vorstandsvorsitzende des Triebwerkherstellers MTU, Rolf Breuning, den Vorsitz übernahm.

Der neue Farmer 308 LS mit 75 PS und Zwillingsbereifung im Einsatz mit einer 6 Meter breiten Saatbeetkombination.

Zur Seite standen ihm als Stellvertreter das Vorstandsmitglied der ZF Friedrichshafen, Friedrich Pohl sowie Dr.-Ing. Karl Schwiegelshohn, Geschäftsführer der Liebherr Holding, während Dr. Karl-Heinz Weiß in der Funktion als Rechtsberater von Dr. Hermann Fendt und Dr. Siegfried Zitzelberger als Berater von Xaver Fendt dem Beirat angehörten. Nicht vertreten im Beirat waren dagegen Bankangehörige und ein Repräsentant des größten Fendt-Partners, der BayWa. Auch die übrigen Fendt-Familienangehörigen blieben unberücksichtigt.

Für die Unternehmensgruppe Fendt begann das Jahr 1981, wie das vorherige geendet hatte. Kurzarbeit und Einstellungsstopp beherrschten das Firmengeschehen, das so nicht weitergehen konnte und nach Ansicht der Fendt-Hausbanken auch nicht weitergehen durfte. Man mochte es drehen wie man wollte, eine neue Geschäftsführung musste bestellt werden. Mit Wirkung vom 1. März 1981 war es dann endlich soweit. Die Familien-Geschäftsleitung legte, wie im Dezember 1980 angekündigt, ihr Amt nieder. Gleichzeitig wurden als Geschäftsführer von Fendt neu bestellt Dr. Heinz Ahrens, 45 Jahre, und Dr.-Ing. Dietrich Grau, 53 Jahre.

Der gebürtige Westfale Ahrens war zuletzt Vorsitzender der Geschäftsführung bei der Stetter GmbH, Memmingen, gewesen, wo er sich vor allem um die Herstellung von Transport-Betonmischern gekümmert hatte. Bei Fendt oblag ihm die Leitung des kaufmännischen Bereichs, der Finanzen, betriebliches Rechnungswesen und Materialwirtschaft einschloss. Dietrich Grau dagegen kam von der Firma Graubremse GmbH nach Marktoberdorf. Bei dem bekannten Automobilzulieferer hatte er als Geschäftsführer gewirkt, ehe ihn Familienstreitigkeiten zum Ausscheiden zwangen. Bei Fendt sollte er für den technischen Sektor, das heißt insbesondere für die Bereiche Entwicklung und Fertigung, zuständig sein.

Der dritte Mann indes, der den Vertrieb verantwortlich leiten sollte, fehlte. Breunings Suche aber ließ hoffen. Der zum Jahresende bei der Claas oHG als »Geschäftsführer Vertrieb« ausgeschiedene Dieter Stock bekundete Interesse, und es währte nicht lange, da besaß Fendt wieder eine komplette, nun allerdings familienfremde Geschäftsführung.

Kaum im Amt, erlebte das neue Triumvirat eine interessante Geschäftsbelebung. Die teils im Vorjahr, teils im Frühjahr 1981 neu in Serie gegangenen Traktoren der Farmer Reihe 300 LS stießen bei den Landwirten auf eine stark anziehende Nachfrage. Hier wurde die über Monate hinweg geleistete Aufklärungsarbeit wirksam, die auf einen Nenner gebracht gelegentlich in der Feststellung gegipfelt hatte: »Fendt Farmer 300 – alles Turbo«.

Sicher, so einfach war es zumindest technisch auch wieder nicht, aber Fendt tat das einzig Richtige und widersprach nicht. Mit günstigen Preisen erleichterte man den Abverkauf der reichlich vorhandenen 100er-Schlepper und setzte gleichzeitig gute Preise für die aktuellen 300er-Traktoren durch, mit der Folge, dass sich binnen weniger Wochen die gewaltigen Lager leerten. Mitte des Jahres gab es für einige Modelle der Farmer 300er-Serie sogar Lieferfristen und die wiederum hatten erste Neueinstellungen zur Folge. Für Heinz Ahrens war dies ein Auftakt nach Maß, doch noch bestand die Gefahr eines Strohfeuers.

Um den überraschenden Aufschwung zu stabilisieren, wurde der gesamte Betrieb mit eisernem Besen durchgekehrt. Einige im Laufe der Jahre liebgewonnene Sparten überzeugten die Revisoren nicht. Sie erkannten vor allem in der Marktoberdorfer Werkzeugmaschinenfertigung einen Kostenverursacher und schlugen ihre Schließung vor. 180 Mitarbeiter waren betroffen, von denen 80 ein Arbeitsplatz an anderer Stelle im Betrieb angeboten werden konnte. 100 Personen aber mussten entlassen werden, was größte Unruhe auslöste. Betriebsrats-Vorsitzender Erhard Bittner mochte es nicht glauben, dass bei Fendt eine Massenentlassung möglich sein würde. Dann aber setzte er sich für einen Sozialplan ein und erreichte, dass das Unternehmen für diesen Zweck 1,5 Mio. DM bereit stellte.

Fendt-Standort in Marktoberdorf mit den Bereichen Entwicklung, Fertigung, Montage, Vertrieb, Service und Verwaltung.

Probleme stellten die Prüfer ferner bei der KMF fest. Auch in Kempten drohten Kosten aus dem Ruder zu laufen. Bevor es jedoch zu Entlassungen oder sonstigen Umstrukturierungen kam, trat einmal mehr Hermann Fendt in Aktion. Als Geschäftsführer übernahm er die KMF und gliederte sie aus der Maschinen- und Schlepperfabrik Fendt aus. Nun war die KMF eben nicht mehr das Fendt Werk 2, sondern ein Schwester-Unternehmen, dessen Partnerschaft zur Schlepperfabrik vor allem in der Person Hermann Fendt gründete. Der Fendt-Unternehmensverbund erhielt durch die neue Geschäftsleitung veränderte Konturen. Getreu dem Wort »Neue Besen kehren gut« wurden einige Zöpfe abgeschnitten, und wenn gar zu heftig agiert wurde, gab es immer noch die Gebrüder Fendt, die behutsam gegensteuerten. Ihnen war das Betriebsklima wichtig, weshalb sie den Nachfolgern nahelegten, die Ehrung verdienter Mitarbeiter ebenso beizubehalten wie die Ehemaligen-Treffen. Und ihr Appell fand offene Ohren. Kaum im Amt, ehrte die Geschäftsführung am 10. Mai 1981 in einer Feierstunde verdiente Mitarbeiter, die von 1941 an ihr ganzes Berufsleben in den Dienst der Firma Fendt gestellt hatten. Ähnlich großzügig verhielt man sich Anfang November zu mehr als 200 Ehemaligen. Heinz Ahrens fand den richtigen Ton, als er vor versammelter Mannschaft erklärte: »Ein Unternehmen ist nur so gut wie seine Mitarbeiter heute sind und in Vergangenheit waren«.

Das Geschäftsergebnis des ersten Jahres nach der Ära Fendt konnte sich sehen lassen. Zugelegt hatte 1981 vor allem die Traktorenproduktion, die nun bei 12 419 Einheiten lag. Der Zuwachs konzentrierte sich ganz auf den Export, der inzwischen 44 % der Jahresproduktion aufnahm. Neben den traditionellen Exportländern Frankreich, Niederlande und Italien hatte man mit Saudi-Arabien einen neuen Kunden gewonnen, der sich mit Kleinigkeiten nicht abgab. Auf 2000 Traktoren erstreckte sich sein Auftrag, der ein beruhigendes Polster bildete.

Schwieriger tat sich Fendt im Inland. Allerdings hatte man den eigenen Marktanteil auf nochmals deutlich kleiner gewordenem Markt (41 098 Traktoren; minus 9,6 %) ausbauen können. Mit 17,5 % war Fendt wieder ganz nahe an die Wettbewerber IHC und KHD herangerückt, bei denen ebenfalls nicht alles zum Besten stand.

»Wer Fendt fährt führt« Als Marktführer durch die 80er-Jahre

Jedes Einzelteil eines modernen Traktors bedarf sorgfältiger Entwicklung. Weitere Zeit vergeht, ehe aus vielen Einzelteilen eine Baugruppe wird, die erneut intensivster Erprobung ausgesetzt ist. Haben die Entwicklungsingenieure gut gearbeitet und zusätzlich das nötige Quäntchen Glück, dann kann die Baugruppe mit anderen Baugruppen zu einem Traktor zusammengefügt werden. Interdisziplinäres Arbeiten ist dabei ebenso vonnöten wie Kooperationsbereitschaft von Abteilung zu Abteilung, ja von Firma zu Firma.

Als Resultat entsteht denn auch jeder Traktor als das Werk vieler Personen in unterschiedlichen Tätigkeitsbereichen vom Entwicklungsbüro bis zur Erprobung, die sich allesamt mit ihrem Tun dem großen Ganzen ein- und unterzuordnen haben. Dies besagt aber nicht, dass im Traktorenbau der Moderne Einzelinitiative keine Bedeutung mehr zukommt. Im Gegenteil. Ohne den kreativ denkenden und handelnden Einzelnen kann kein »großer« Wurf gelingen, bleibt das Produkt Durchschnitt.

Es zählt zweifellos zu den Erfolgsrezepten des Traktoren-Herstellers Fendt, immer wieder solche kreative Einzelpersönlichkeiten in seinen Reihen gehabt zu haben, die sich mit ihren Ideen und Konzepten uneingeschränkt in den Dienst des Unternehmens stellten. Der 1936 in Marktoberdorf geborene Entwicklungsingenieur Hans Marschall zählte zu ihnen. Seit den 1960er-Jahren arbeitete er an der Entwicklung stufenloser hydrostatischer Traktorengetriebe und begegnete dabei zahlreichen Vorbehalten aus der Fachwelt.

»Das kann nicht gutgehen«, hieß es unter Hinweis auf Probleme beim Wirkungsgrad der Hydrostaten, bei der Geräuschentwicklung und den Kosten. Die Einwände spornten den Allgäuer Tüftler eher an, als dass sie ihn resignieren ließen. An der Jahreswende 1981/82 war es dann soweit. Hans Marschall baute ein erstes Versuchs-Traktor-Getriebe mit äußerer Leistungsverzweigung und Weitwinkel-Hydrostat-Einheiten, das tatsächlich funktionierte.

Natürlich war es nicht vollkommen, aber immerhin, viele Möglichkeiten einer weiteren Verbesserung waren aufgezeigt. Zunächst jedoch blieb es dabei. Für sich allein verfolgte Marschall das Projekt weiter, während das Werk offiziell unsicher war, ob man zukünftig den Weg revolutionärer, aufwendiger Technik weiterverfolgen oder aber den Bau einfacherer, preisgünstiger Traktoren bevorzugen sollte.

Zur gleichen Zeit, da Hans Marschall in Marktoberdorf mit Traktorgetrieben experimentierte, beteiligte sich Fendt auswärts an einem großangelegten Forschungsvorhaben auf dem Gebiet der nachwachsenden Rohstoffe, an welchem zusätzlich die Motorenwerke Mannheim (MWM) und die Universität Hohenheim beteiligt waren. Die Arbeitsteilung der Partner sah vor, dass MWM einen Diesel-Äthanol-Motor DA 226-4, Fendt einen modifizierten Schlepper Farmer 306 LS zum Einbau des Motors, und die Universität Hohenheim ein Versuchsprogramm zur Ermittlung charakteristischer Kennwerte entwickeln sollten. Bei dem Forschungsvorhaben ging es zum einen um die Eignung von Äthanol als Traktorenkraftstoff und zum anderen um einen Vergleich mit anderen Kraftstoffen wie Biogas und Diesel. Als Projektleiter fungierte Prof. Dr.-Ing. Alfred Stroppel, der in den 1970er-Jahren unter anderem bei Fendt gearbeitet hatte, ehe er einem Ruf als Hochschullehrer folgte.

Am 16. März 1982 waren bei Fendt und MWM die Vorbereitungen abgeschlossen, der Versuchstraktor montiert. Einen Monat später, am 19. April, begann der praktische Einsatz auf dem 70-ha-Betrieb von Robert Kälber in Niefern-Öschelbronn. Dabei zeigten sich rasch Schwächen des Traktors. Schlechte Kaltstarteigenschaften und ein unregelmäßiger Motorlauf im unteren Drehzahlbereich brachten Landwirt und Wissenschaftler schier zur Verzweiflung. Alle Kunststücke zur verbesserten Einstellung änderten daran wenig.

Unzufrieden waren die Tester dennoch nicht. Messungen ergaben so gut wie keinen Verschleiß an Kolben, Zylinder und Einspritzpumpe. Auf über 400 Betriebsstunden kam der »Bio-Fendt«, eingesetzt mal beim Landgestüt in Marbach, mal auf dem Ihinger Hof bei Renningen, mal auf dem Prüfstand in Hohenheim, ohne dass der Motor darunter in auffälliger Weise gelitten hätte. Chancen für die Zukunft bestanden also, zumal das Äthanol-Problem nicht unlösbar zu sein schien. Solange jedoch Diesel reichlich und preisgünstig verfügbar war, musste der »Bio-Fendt« noch auf seine große Stunde warten. MWM und Fendt hatten gleichwohl ein interessantes und zukunftsträchtiges Eisen im Feuer, das bei passender Gelegenheit jederzeit hervorgeholt und geschmiedet werden konnte.

Ob in der Fendt-Geschäftsführung oder im Beirat, stets stand Meinung gegen Meinung, ging es um die grundsätzliche Frage der Bewertung von solch aufwändigen Forschungsprojekten. Von Rolf Breuning beispielsweise ist überliefert, dass er wenig von derlei Experimenten hielt und stattdessen auf die Fertigung technisch einfacherer Traktoren setzte. Das Fendt-Image, als »der Porsche des Ackers« zu gelten, betrachtete er eher als Belastung denn als Faustpfand. Seiner Ansicht nach musste es überwunden werden, nur dann habe das Unternehmen am Markt eine dauerhafte Chance.

Andere, darunter vor allem altgediente Fendtler wie der Hauptabteilungsleiter Entwicklung Franz Wiesner und der Abteilungsleiter Landtechnik, Richard Wolk, hielten dagegen. Hohe technische Qualität sei bisher stets das beste Argument für den Kauf eines Fendt-Traktors gewesen, und dies würde angesichts des gewaltigen strukturellen Umbruchs hin zu leistungsorientierten landwirtschaftlichen Betrieben in Zukunft noch mehr Gültigkeit erlangen. Aufmerksam wurde bei Fendt in diesem Zusammenhang die Ansicht der

Die Baureihe Fendt Farmer 100 wurde in großen Stückzahlen nach Saudi-Arabien geliefert.

Exportboom zu Beginn der 80er-Jahre; Saudi-Arabien entwickelte sich zu einem bedeutenden Auslandsmarkt für Fendt.

Agrarpolitik registriert. Unvergessen ist vor allem der Besuch des damaligen CSU-Bundestags-Abgeordneten Ignaz Kiechle bei Fendt. Mitte März 1982 informierte der agrarpolitische Sprecher der Unionsfraktion im Bundestag und spätere Bundeslandwirtschaftsminister das Unternehmen über aktuelle Trends und machte unmissverständlich klar, dass das agrarpolitische Dilemma nur über eine Anhebung der Preise, nicht aber über eine Ausdehnung der Produktionsmenge zu lösen sein werde. »Klasse statt Masse« sei gefragt, und viele von den Fendtlern bezogen den Hinweis auf das eigene Unternehmen.

Am Markt schlug sich Fendt 1982 hervorragend. Um nicht weniger als 2955 Einheiten konnte die Jahresproduktion auf 15 303 Traktoren gesteigert werden, das drittbeste Ergebnis in der Fendt-Geschichte. Ursächlich dafür war zum einen der gute Absatz auf dem Inlandsmarkt, zum anderen aber auch das nochmals verbesserte Exportergebnis. In Westdeutschland konnte Fendt mit einem Marktanteil von 18,9 % der Neuzulassungen den langjährigen Marktführer IHC (17,0 %) hinter sich lassen. Nach Marktanteilen lag man nun sogar gleichauf mit KHD, allein bei der Stückzahl hatte die Kölner Konkurrenz um 23 Einheiten die Nase vorn. Das Gerücht von Scheinzulassungen machte in diesem Zusammenhang die Runde, allein bewiesen werden konnte nichts, wie meist bei solchen »Ranking-Streitigkeiten«.

Die Werbewirkung der Marktführerschaft darf nicht unterschätzt werden. Von der Spitze aus tut man sich allemal leichter, Produkte in den Markt zu bringen, als von fünfter oder sechster Position aus. Deshalb wird in den Marktforschungsabteilungen der Traktorenhersteller der Gesamtkuchen der Neuzulassungen nochmals nach Leistungsklassen differenziert. In drei der zehn Klassen rangierte Fendt 1982 vorne, darunter vor allem in der Klasse 61 – 80 PS, die den mit Abstand größten Anteil an den Gesamtzulassungen besaß. Dagegen musste man sich in der sogenannten »Königsklasse«, also Traktoren mit mehr als 151 PS, mit dem zweiten Rang zufrieden geben. Mit 96 neu zugelassenen Großtraktoren hatte hier der bayerische Konkurrent Schlüter genau um einen Traktor die Nase vorn, während Mercedes-Benz, Fiat und Same mit Abstand auf den Plätzen drei bis fünf landeten.

7700 Fendt-Traktoren gingen 1982 in den Export, so viele wie noch nie zuvor. Die Mannschaft um Paul Fendt und Heinz Pfalzgraf hatte ganze Arbeit geleistet. Allein über Fendt-France konnten binnen eines Jahres 1700 Fendt-Schlepper abgesetzt werden, was einen Umsatzsprung von 80 Mio. Franc im Jahre 1980 auf nunmehr 204 Mio. Franc zur Folge hatte. Doch auch in den Niederlanden und Italien sowie nicht zuletzt in Saudi-Arabien florierte das Geschäft. Saudi-Arabien nahm sogar etliche der fast 10 t schweren 252 PS starken Fendt-Großtraktoren vom Typ Favorit 626 LSA auf. Es zählt zu den Besonderheiten der Traktorengeschichte, dass es Scheichs waren, die den Wert der so genannten „Nasenbären" beizeiten erkannten. Nasenbär heißen die Modelle der 620er Favorit Baureihe ihrer ungewöhnlich langen, schräg nach vorn zulaufenden Motorhaube wegen. Doch auch technisch hatten die Fendt-Flaggschiffe einiges zu bieten. Der mächtige 6-Zyl.-MAN-Motor holte aus 11,4 Liter Hubraum bis zu 252 PS. Die Kraftübertragung erfolgte über ein von ZF zugeliefertes Tri-Power-Splitgetriebe mit 18 Vor- und 6 Rückwärtsgängen. Auf Wunsch konnte aber auch ein Vollsynchron-Feinstufengetriebe Synchro-Split mit 16 Vor- und 16 Rückwärtsgängen zum Einbau kommen. Um an die Technik zu gelangen, ließ sich die Haube abkippen, was seitens der Besitzer als „wartungsfreundlich" registriert wurde.

Inzwischen zählen die Traktoren der 620er Favorit-Baureihe zu den begehrtesten Oldtimer-Modellen. Wer einen der rund 80 insgesamt gebauten „Nasenbären" sein eigen nennt, gibt ihn nicht mehr her. Karl Heinz Dubbi aus Paderborn hat sich auf die Restaurierung der großen Favoriten spezialisiert. Ihm ist es mit der Unterstützung durch ehemalige Fendt-Mitarbeiter gelungen, die 622er und 626er Modelle technisch so up-to-date zu halten, dass 35 Jahre alte „Nasenbären" in Preislisten je nach Erhaltungszustand mit Werten von 70 000 Euro und mehr registriert sind.

Doch zurück zum Jahr 1982. Mit Fleiß erschloss sich Fendt neue Exportmärkte. Aus Tunesien bespielsweise kam eine Order, zu deren Erfüllung man Mitte November auf einen Schlag 156 Fendt-Traktoren auf den Weg bringen konnte. 23 Güterwaggons erforderte der Transport, mit insgesamt 630 m der längste Eisenbahnzug, der jemals im Marktoberdorfer Bahnhof zusammengestellt wurde. Als »Fendt-Tatzelwurm«, der vom Bahnübergang im Nordwesten der Stadt bis zum Schulgebäude im Süden reichte, bestaunten ihn Jung und Alt.

Daneben zeichneten sich aber auch in Großbritannien, Schweden und Australien gute Verkaufsergebnisse ab. Vor einem Gang nach Nordamerika schreckten die Marktoberdorfer dagegen zurück. Nicht, dass bei Fendt darüber nicht nachgedacht worden wäre! Das fehlende Vertriebsnetz jenseits des Atlantiks legte es nahe, das Land der ungeahnten Möglichkeiten so lange zu meiden, wie es zum Land ungeahnter Kostenexplosionen werden konnte.

Karl Jetter, Frankreich-Korrespondent der Frankfurter Allgemeinen Zeitung, ließ es sich über fast zwei Jahrzehnte hinweg nicht nehmen, gleichsam nebenbei im Wirtschaftsteil kompetent wie kein anderer über das Geschehen auf dem internationalen Traktorenmarkt zu berichten. Ihm war aufgefallen, dass in Deutschland wie auch in den anderen Ländern der industrialisierten Welt nach und nach die meisten der einst zahlreichen Familienunternehmen hatten aufgeben müssen. An ihre Stelle waren internationale Konzerne, sogenannte »global player« getreten, die indes einer anderen, stärker ökonomisch ausgerichteten Unternehmensphilosophie anhingen.

Sein am 28. März 1983 veröffentlichter Bericht »Fendt hat sich neben den großen Konzernen gehalten« würdigte die Sonderstellung des Allgäuer Familienunternehmens. Jetter schrieb: »Wenn in Deutschland von 13 bedeutenden Traktoren-Produzenten neben Fendt nur Konzerne (KHD, IHC, Daimler-Benz) übriggeblieben sind und das Familienunternehmen Fendt aus dem Mittelfeld an die Spitze gerückt ist, so muss das Unternehmenskonzept der Brüder Fendt doch richtig gewesen sein.« Tatsächlich erwirtschaftete Fendt wieder Gewinn, während gleichzeitig allein der US-Konkurrent IHC einen Jahresverlust von 1,6 Mrd. Dollar hinnehmen musste.

Was aber war die Fendt-Philosophie? Für Geschäftsführer Dr. Ahrens bot sich am 31. Mai 1983 Gelegenheit, sie anlässlich eines Besuchs der EG-Agrarminister in Marktoberdorf prägnant zu beschreiben: »Es war und ist die Philosophie von Fendt« so Ahrens, »Forderungen und Wünsche der Landwirtschaft frühzeitig zu erkennen und schnell in die Tat umzusetzen sowie Spitzentechnik und hohe Qualität zu produzieren.« Die Fendt-Trümpfe bestanden also in Kreativität, Innovationskraft und Flexibilität, und daran sollte sich auch in Zukunft nichts ändern.

Die Ingenieure leisteten ihren Beitrag durch die fortwährende Weiterentwicklung bewährter und die Konstruktion neuer Traktoren. Der Umfang dieser Tätigkeiten war gewaltig und erstreckte sich allein im Laufe des Jahres 1983 über 23 neu in Serie gegangene Traktorentypen. Die Typenvielzahl ergab sich als Konsequenz eines an der immer differenzierter gewordenen Nachfrage orientierten Angebots. Der Bogen reichte vom modifizierten Modell Farmer 200 S bis zum Großtraktor Favorit 615 LSA, schloss aber auch den Baggerlader und und den Spezialtraktor für den Obstbau Farmer 204 P ein.

In der Logistik brachte dies gewaltige Herausforderungen mit sich. Immerhin verteilte sich die Jahresproduktion von 15 303 Traktoren auf etwa 50 verschiedene Typen, die mal in kleinsten, gelegentlich auch in großen Stückzahlen produziert werden konnten. Die Organisation des Fertigungsprozesses war darüber zu einer Wissenschaft für sich geworden und erforderte den Einsatz elektronischer Datenverarbeitung. Die Zeiten, da Einzelteil-Bewirtschaftung über Zettelkästen und Lochkartensysteme stattfanden, waren unwiderruflich vorbei.

Der Bildschirm eroberte Werkstätten und Büros, um sie nicht wieder zu verlassen. Doch mit dem Einsatz von EDV allein war es nicht getan. Die Neuordnung der Montage machte Investitionen im Großen unausweichlich. 25 Mio. DM wurden alleine für den Neubau von zwei Hallen mit zusammen 11 500 m^2 veranschlagt. Sie sollten auf dem Marktoberdorfer Werksgelände den Raum schaffen, um die Umgestaltung des Produktionsablaufs zu ermöglichen.

Das Traktorengeschäft hatte Fendt die Investitionskraft zurückgegeben. Aber auch die Werke 2 und 3, Kempten und Bäumenheim, trugen 1983 kräftig zum Gesamtumsatz von 779 Mio. DM bei. So gehörte die KMF seit 1982 wieder direkt zum Fendt-Firmenverbund. Mit dem Import und Vertrieb von Gabelstaplern sowie der Zulieferung von Teilen für den Schlepperbau erreichte sie Außenerlöse von rund 20 Mio. DM.

Seit Jahren erstmals wieder ausgeglichen abschließen konnte der Bäumenheimer Caravan-Bereich. 2300 verkaufte Wohnwagen brachten einen Umsatz von rund 30 Mio. DM ein, aber wichtiger noch war, dass es gelang, den guten Ruf der Fendt-Wohnwagen als anspruchsvolles »Urlaubsquartier auf Rädern« weiter zu festigen. Dazu trugen vor allem neue Caravan-Modelle bei, die den Ansprüchen moderner Aerodynamik gerecht wurden. Intensiv hatten die Fendt-Ingenieure im Windkanal gearbeitet und dabei den zuvor bei den Wohnwagen gebräuchlichen scharfen Kanten ein Ende bereitet. Das Ergebnis bestand in abgerundeter Frontpartie und sich daraus ergebendem reduzierten Energieeinsatz. Die Kunden registrierten diese Veränderungen mit offenkundiger Sympathie.

Dankbar angenommen wurde auch das Fendt'sche Angebot zur beruflichen Ausbildung und Förderung des Nachwuchses. Zwischen 80 und 100 Schulabgänger erhielten Jahr um Jahr eine Lehrstelle bei Fendt und zumeist entwickelte sich daraus eine Dauerarbeitsstelle. Wie begehrt der Arbeitsplatz bei Fendt war, zeigte nicht zuletzt das Jahr 1983. Aus nicht weniger als 380 Bewerbern musste Personalchef Otto Ganslmeier auswählen, ehe 96 Lehrlingen eine Zusage erteilt werden konnte. Besonders begehrt waren Lehrplätze im kaufmännischen Sektor. Hier lag für die meisten Jugendlichen die Zukunft, während die Tätigkeit als Maschinenschlosser schwerer zu vermitteln war.
Blieben Lücken, so wurden sie schon seit Jahren mit Arbeits-

Schon zu Beginn der 80er-Jahre konnte Fendt mit den beiden Modellen Favorit 622 LS (220 PS) und 626 LS (252 PS) in die 200-PS-Klasse einsteigen; mit dieser Entwicklung war Fendt der Zeit weit voraus.

kollegen aus der Türkei geschlossen. 160 von ihnen zählten 1983 zur Fendt-Belegschaft, und hätten sie nicht im gleichen Jahr in einer spontanen Hilfsaktion für Erdbebenopfer in Ost-Anatolien viele Tausend DM eingesammelt und dem Roten Kreuz zur Weiterleitung übergeben, wäre ihre Zahl gar nicht aufgefallen. Dass das Betriebsklima intakt war, belegen nicht zuletzt die alljährlichen Fendtler-Treffen. 241 Fendt-Rentner, darunter als Älteste Adolf Kober, Josef Sepp und Anton Schott, kamen Mitte Oktober zu einer zünftigen Brotzeit zusammen und ließen die Zeit der Dieselrösser nochmals aufleben.

Krönender Abschluss des Jahres aber war zweifellos die Verleihung der begehrten Max-Eyth-Gedenkmünze an Oberingenieur Friedrich Görner. In der Laudatio hieß es, die Anerkennung erfolge wegen Görners herausragender Verdienste »um moderne Schlepper-Getriebe, insbesondere auf dem Gebiet der hydrodynamischen Kupplung des feinstufigen Vielgang-Getriebes mit Synchronisierung und Schnellgang und des Zapfwellen-Getriebes.«

Gänzlich anders als die beiden Vorjahre verlief 1984 für Fendt. Zum Glück hatte man ein finanzielles Polster schaffen können, aber reichte das aus, um die auf breiter Front rückläufige Nachfrage, einen wochenlangen, erbitterten Arbeitskampf und anstehende Investitionen finanzieren zu können? Dass das Jahr nicht leicht werden würde, signalisierte schon in den ersten Monaten die aufgewühlte sozialpolitische Stimmung in Deutschland. Mit einer bundesweiten Welle von Warnstreiks versuchte die IG Metall, ihrer Forderung nach Einführung der 35-Stunden-Woche bei vollem Lohnausgleich Nachdruck zu verleihen. Am 5. April war es auch in Marktoberdorf so weit. Etwa 200 Mitarbeiter legten für eine halbe Stunde die Arbeit nieder und praktizierten damit das, was man im Arbeitsrecht einen »wilden Streik« nennt.

Einen Monat später wurde die Gefahr für den Arbeitsfrieden weitaus größer. Auslöser war diesmal der inzwischen in der baden-württembergischen Metallindustrie stattfindende Arbeitskampf, von dem wichtige Fendt-Zulieferfirmen betroffen waren. Die Zahnradfabrik Friedrichshafen konnte ihren Lieferverpflichtungen bei Lenksäulen ebenso nicht mehr nachkommen wie die in Filderstadt bei Stuttgart ansässige Firma Längerer & Reich bei Kühlern. »Alle Räder stehen still, wenn Dein starker Arm es will« hieß es dort, mit Konsequenzen auch für Fendt. In einer außerordentlichen Betriebsversammlung teilte Geschäftsführer Dr. Ahrens der Belegschaft mit, dass es ab sofort für 284 Fendtler nichts

Fendt-Wohnwagen: Das Urlaubsquartier auf Rädern. Die Sparte Fendt-Caravan entwickelte sich in den 80er-Jahren zu einem kräftigen zweiten Standbein im Unternehmen.

mehr zu tun gebe. Man habe vorsorglich Kurzarbeit für sie beantragt, und sollte sich die Lage nicht entspannen, dann würden in Bälde 700 Fendt-Mitarbeiter in Marktoberdorf sowie weitere 100 KMF-Kollegen unmittelbar von den Folgen des Arbeitskampfes betroffen sein.

Die meisten Fendtler hörten das gar nicht gerne. »Seit 46 Jahren war ich noch keinen Tag arbeitslos, und nun das« machte ein altgedienter Kollege seinem Unmut Luft. Doch was sollte Fendt anders tun, als den Personalbestand befristet zurückzufahren? Dr. Ahrens verwies auf die Grundsätze der modernen Lagerhaltung, die sich gegenüber früheren Jahren grundsätzlich verändert habe. »Bei Fendt«, so informierte er »werden wichtige Teile zwischen 1 Tag z.B. Motoren und Achsen und bis zu 1 Woche gelagert«. Der tägliche Materialverbrauch entspreche einem Wert von 1,7 Mio. DM und umfasse etwa 55–60% des Umsatzes. Daraus errechne sich für die Vorratshaltung für 1 Monat ein Aufwand von 34 Mio. DM, den zu verzinsen es einen Betrag von ca. 2 Mio. DM im Jahr erfordere.

Verschlankung der Lagerhaltung sei demnach gleichbedeutend mit Ersparnis und Zeitgewinn, erfordere aber ein Höchstmaß an Abstimmung. Immerhin besitze Fendt 2000 Lieferanten, davon 600 Hauptlieferanten. Nur wenn bei denen alles auf die Sekunde funktioniere, funktioniere auch bei Fendt der eigentliche Produktionsprozess. Der aber stockte nun. Bis zu 3 Mio. DM Umsatz verlor Fendt täglich und niemand sah ein Ende des Arbeitskampfes kommen. Aber nicht nur bei Fendt zeigte der Streik in der Metallindustrie Wirkung. Der Marktoberdorfer Einzelhandel beklagte ebenso massive Umsatzrückgänge wie Hotellerie und Gaststätten. Dort blieben Betten und Tische leer, weil Reisebusse mit Werksbesuchern ausblieben. So hart es klingt, aber in der Not spürte die Stadt, was sie an Fendt hat.

Sechs Wochen dauerte der Arbeitskampf, von dem bei der Fendt-Unternehmensgruppe insgesamt 1378 Mitarbeiter unmittelbar betroffen waren. Den auf Vermittlung durch den ehemaligen Verteidigungsminister Georg Leber zustande gekommenen Tarifkompromiss werteten sie überwiegend zustimmend, auch wenn Betriebsrats-Vorsitzender Erhard Bittner beklagte, dass aus der angestrebten 35-Stunden-Woche nun eine 38,5-Stunden-Woche geworden sei. Vielen Fendtlern aber war wichtiger, dass am 9. Juli 1984 die Produktionsbänder angeworfen wurden. Für sie hatte die Zeit ohne Arbeit und damit ohne Geld ein Ende.

Für das Unternehmen selbst aber kam es weiterhin knüppelhart. Die Ergebnisse des ersten Halbjahres 1984 stellten sich als eine einzige Katastrophe heraus. Dies begann bei der Lage der Traktorenindustrie, die sich auf stark abschüssiger Straße bewegte. Im Vergleich zum Vorjahr waren die Neuzulassungen um 32,8 % geschrumpft und kein Hersteller hatte sich dem Abwärtstrend entziehen können. Die Frage lautete nur, wen trifft es am härtesten. Unter den drei Marktführern kam Fendt mit minus 31,8 % noch am besten weg, lag der Rückgang doch unter dem Durchschnitt. KHD und IHC dagegen verloren 40,5 bzw. 35,5 %, was zu dem eigenartigen Ergebnis führte, dass sich die Marktposition von Fendt sogar verbesserte.

Doch Prozente sind das eine, Stückzahlen das andere. Und da gab es nichts zu beschönigen. Ein Rückgang des deutschen Traktorenmarktes von 1983 (45567 Neuzulassungen) auf 1984 (ca. 35000 Einheiten) würde jedenfalls kaum noch zu vermeiden sein. Konkret lag die Zahl zum Jahresende sogar bei 34773 neu zugelassen Traktoren und hatte damit ein Volumen, wie zuletzt im Jahr 1949! Bescheiden fielen auch die Zulassungszahlen für Fendt aus. 6011 Traktoren entsprachen im Vergleich zum Vorjahr einem Rückgang um satte 2061 Einheiten!

Wenigstens der Export ließ die Fendtler nicht im Stich. Anziehende Nachfrage aus Frankreich, Saudi-Arabien und den Niederlanden sorgte dafür, dass 1984 erstmals innerhalb eines Jahres mehr Fendt-Traktoren exportiert als im Inland verkauft wurden. Allein den Umsatzrückgang auf 650 Mio. DM konnten die Ausfuhren nicht verhindern, und schon kam es zu Meinungsverschiedenheiten in der Geschäftsführung. Wegen unterschiedlicher Auffassungen über die Zukunftsaussichten verließen Dr. Grau und Dieter Stock das Unternehmen und wurden im Bereich Produktion durch den von Klöckner-Humboldt-Deutz kommenen Dr. Manfred Rünnenburger und ab 1. Januar 1985 im Bereich Entwicklung und Konstruktion durch Prof. Dr.-Ing. Alfred Stroppel ersetzt.

Beinahe wären angesichts der durch die personellen Veränderungen ausgelösten Diskussionen die technischen Neuerungen an den Fendt-Schleppern in den Hintergrund geraten, obschon gerade auf diesem Gebiet 1984 positive Zeichen gesetzt werden konnten. Dies gilt zum einen für die Weiterentwicklung der Traktoren der Farmer-Baureihe, die nun über Motorleistungen zwischen 52 und 100 PS verfügten. Auch erhielten die Farmer-Modelle in der Serienausstattung ein neues 21-Gang-Getriebe mit 3facher Splittung sowie eine angetriebene Vorderachse mit einem nun nahe zur Mitte gelegten Differenzial, zentral angeordnetem Gleichlauf-Lenkzylinder und dadurch vergrößertem Radeinschlag.

Bei den über 100 PS starken Favorit-Traktoren bauten die Ingenieure 1984 erstmals einen Drehmomentwandler mit elektronisch gesteuerter Überbrückungs-Kupplung ein, dessen Effekt in vielem dem Automatikgetriebe eines Pkw entsprach. Elektronik war ferner der Schlüssel für die neue »Fendt-Tronic«, die sowohl in den Traktoren der oberen Farmer-Baureihe (ab 92 PS) als auch der Favorit-Baureihe zum Einbau kam.

Hinter der modernen Wortschöpfung »Fendt-Tronic« verbarg sich unter anderem ein elektro-hydraulischer Regelkraftheber mit Kraftmessbolzen in den Unterlenkern, der eine Optimierung des Hydrauliksystems und eine verbesserte Bediener-Information zur Folge hatte. »Jetzt findet Elektronik Einzug in den Traktorenbau« hieß es in der Fachpresse und

Der Radarsensor ist eine Zusatzausstattung zur Fendt-Tronic und verhindert über eine permanente Schlupfmessung und Schlupfregelung ein Durchdrehen der Räder.

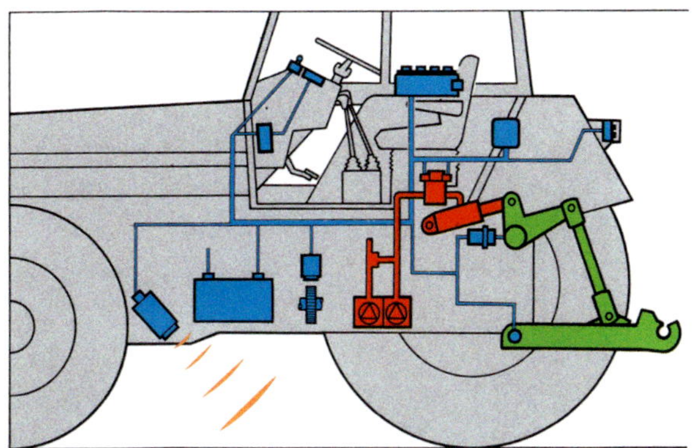

machte unmissverständlich klar, dass Fendt erneut eine bislang einzigartige Revolution in der Traktorentechnik einleitete. Ab sofort befand sich die Mechanik im Traktorenbau auf dem Rückzug, während der Kombination von Hydraulik und Elektronik die Zukunft gehörte.

An Herausforderungen für Konstruktion und Produktion mangelte es also wahrlich nicht, weshalb die Inbetriebnahme der neuen Fendt-Montagehallen gegen Ende des Jahres 1984 gerade rechtzeitig kam. Sie eröffneten zusätzliche Möglichkeiten der Flexibilisierung, die für das Unternehmen wesentliche Bedeutung erlangte, wie sich 1985 gleich in mehrfacher Hinsicht zeigte. So wurde der wichtigste Motorenlieferant von Fendt, die Motorenwerke Mannheim AG, vom Kölner Traktorenhersteller KHD übernommen, und nicht wenige befürchteten, Fendt könnte nun vom Wettbewerber KHD in die Zange genommen werden. Der Hinweis auf Massey-Ferguson, das vor Jahr und Tag über Motorenlieferungen Einfluss auf die Geschäftspolitik des bayerischen Schlepper-Herstellers Eicher genommen hatte, unterstrich nur die Brisanz der Situation.

Doch Heinz Ahrens ließ sich so leicht nicht beirren. Man werde zwar die weitere Motorenkonzeption von MWM mit großer Aufmerksamkeit verfolgen, ließ er wissen, sehe jedoch derzeit keine Veranlassung, den bewährten Lieferanten zu wechseln. Sollten sich hingegen die Vorzeichen

Ein Fendt-Farmer 300 LSA vor der Satellitenstation in Raisting / Bayern. Mit der Fendt-Tronic setzte Fendt 1984 erstmals elektronische Steuerungen für die Heckkraftheberregelung ein.

ändern, dann könne immer noch auf Motoren der Hersteller MAN bzw. Daimler-Benz zurückgegriffen werden, die beide bemüht seien, verstärkt ins Traktorengeschäft hineinzukommen.

Interessante Impulse gingen ferner vom neuen Geschäftsführer »Entwicklung, Konstruktion und Versuch«, Alfred Stroppel, aus. »Bio-Traktoren«, also Traktoren mit Eignung für alternative Treibstoffe, hatten es ihm ebenso angetan wie stufenlose Seriengetriebe. Erstere kannte er aus der Zeit des Hohenheimer Forschungsvorhabens von 1982 bestens und griff die Versuche nun auf der Basis des Fendt Traktors Farmer 306 LSA erneut auf, diesmal allerdings in Zusammenarbeit mit der Fa. Südzucker. Bei den Getrieben dagegen schuf er, gestützt auf die Rückendeckung durch Dr. Hermann Fendt, Hans Marschall Freiräume, damit dieser die Entwicklungen am Getriebe werksunterstützt fortführen konnte.

Und noch ein drittes, hoch gestecktes Forschungsprojekt prägte Stroppels Antrittsjahr. In Erweiterung des Fendt-Tronic-Konzepts setzte er sich in Kooperation mit der Fa. Bosch für die Entwicklung eines elektronischen Sensor- und Steuersystems ein, welches den Schlupf bei Traktoren ausschalten sollte. Als »Schlupf« bezeichnet man dabei das Durchdrehen der Antriebsräder eines Traktors, welches zumeist im Zusammenhang mit feuchtem Boden oder ungünstiger Geländestruktur auftritt. Gelänge es, bei Überschreiten eines bestimmten Grenzwertes die Zugkraft des Traktors automatisch zu reduzieren, etwa durch automatisches Anheben des angebauten Pfluges, dann könne es an den Antriebsrädern nicht zum Schlupf kommen.

Viel Zeit für ausgedehnte Experimente blieb den Ingenieuren nicht. Bis zu der auf Ende November 1985 in Frankfurt/Main anberaumten landtechnischen Fachausstellung »Agritechnica« mussten präsentable Ergebnisse vorliegen, ging es doch darum, auf der erstmals stattfindenden Messe für jedermann erkennbar technische Akzente zu setzen. Dabei war das Agritechnica-Engagement ohnehin ein Wagnis. Weder die veranstaltenden Institutionen LAV und DLG, noch die Aussteller besaßen konkrete Vorstellungen, ob die Fachmesse beim Publikum ankommen würde. Erst als am 25. November 1985 Landwirte, Lohnunternehmer und nicht zuletzt auch Städter zu Tausenden in das Messegelände strömten, um sich über die neuesten Entwicklungen der Landtechnik zu informieren, wurde klar, dass sich der gewaltige Aufwand gelohnt hatte.

Fendt beispielsweise hatte gleich 19 Traktoren mit nach Frankfurt gebracht, die entweder vollkommen neu aufgebaut waren oder zumindest wesentliche Verbesserungen aufwiesen. Als Blickfang wirkten vor allem der sogenannte »Biosprit-Farmer« sowie zwei Favorit-Schlepper 612 LSA und 614 LSA, die als echte »Schnellläufer« für eine Höchstgeschwindigkeit von bis zu 50 km/h ausgelegt waren. Weltpremiere feierte darüber hinaus die elektronische Schlupfregelung, die ab sofort in allen Fendt-Schleppern mit mehr als 92 PS als Wunschausstattung zur Verfügung stand. Neu waren schließlich auch die Allrad-Versionen der Geräteträger-Typen F 360 GTA und F 380 GTA, die werksseitig zunächst als »Allrad-GT«, bald jedoch schon als »Freisicht-Traktoren« vorgestellt wurden.

Die Fendt-Ingenieure hatten, das bestritt niemand, die ihnen gestellten Aufgaben auf den Punkt genau rechtzeitig zur Agritechnica gelöst. In Frankfurt dagegen schlug die Stunde der PR-Abteilung um den gerade 60 Jahre alt gewordenen Willi Zinnecker und seinen langjährigen Mitstreiter Oskar Schuler sowie die Vorführ-Mannschaft um Richard Wolk. Ihnen und dem Vertrieb oblag es, die Fendt-Leistungen vor dem kritischen Messepublikum ins »rechte Licht« zu rücken, was gleichfalls hervorragend gelang. Die Messeberichterstattung war voll des Lobes, doch wichtiger noch war das Jahresergebnis.

Bei einer Jahresproduktion von 12 681 Traktoren konnten 6388 Einheiten in Westdeutschland abgesetzt werden. Mit einem Marktanteil von 18,4 % bedeutete dies erstmals in der Fendt-Historie Rang 1, und das, obschon KHD und IHC einmal mehr nichts unversucht gelassen hatten, um selbst den Spitzenplatz einzunehmen. Doch sie scheiterten diesmal um mehr als 200 bzw. 700 Traktoren an Fendt, das seine besondere Stärke in den Leistungsklassen 41–50 PS, 81–100 PS und über 151 PS besaß.

Geringfügig rückläufig hatte sich dagegen der Export entwickelt. Ursächlich dafür war vor allem Saudi-Arabien, wo man zwar immer noch Marktführer war, aber kaum Neuaufträge einholen konnte. Gleichmäßiger entwickelten sich hingegen der westeuropäische und hier insbesondere der französische Markt. 1527 Neuzulassungen entsprachen einem Marktanteil von 3,2 % und bedeuteten Rang 9 auf dem im Vergleich zu Deutschland um rund 13 000 Einheiten größeren französischen Traktorenmarkt.

758 Mio. DM Umsatz erwirtschaftete Fendt im Jahr 1985 und beschäftigte insgesamt in den drei Werken 3736 Mitarbeiter. In schwierig gewordenem Umfeld der Landmaschinen- und Traktorenherstellung hatte man sich wacker geschlagen und trotz »eines mörderischen bis selbstmörderischen Preiskampfes der Konkurrenz« Gewinne erzielt. In den Schoß gefallen waren Geschäftsführer Dr. Ahrens die Ergebnisse nicht und jedermann erwartete, dass er die Fortführung seiner Tätigkeit als lohnende Aufgabe empfinden würde.

Um so überraschter reagierten Fendt-Belegschaft und Beirat, als Ahrens Anfang Februar 1986 mitteilte, er werde zum 31. März aus dem Unternehmen ausscheiden, um bei dem Ulmer Omnibushersteller Karl Kässbohrer als Geschäftsführer tätig zu werden. Leicht sei ihm die Entscheidung nicht gefallen, habe man bei Fendt doch im Vergleich zur Branche sehr erfolgreich gearbeitet.

Dies sei das Verdienst einer Reihe von Aktivposten gewesen, »die nicht in der Bilanz stehen, wie gute Mitarbeiter, gutes Image am Markt und eine gute Vertriebsorganisation.« Andererseits aber sei Kässbohrer fast doppelt so groß wie Fendt und biete die Stelle eines echten Vorsitzenden, der an kein Ressort gebunden sei.

Zwei Welten treffen hier in Südamerika aufeinander.
Ein Farmer 300 LSA in Vollausstattung mit Frontlader, Seitenmähwerk und Scheibenegge im Heck.

Der neue Allrad-Geräteträger F 380 GTA (80 PS) wurde mit der Bezeichnung Freisicht-Traktor ein Renner auf dem Systemschlepper-markt.

Die Fendt-Traktoren der Baureihe Farmer 200 S von 40–75 PS waren maßgeschneiderte Kompakttraktoren für die bäuerlichen Futterbaubetriebe und erzielten auf Anhieb große Stückzahlen.

Damit waren die Würfel gefallen, doch lange nach einem Nachfolger suchen musste der Beirat nicht. Bereits mit Wirkung zum 1. September 1986 wurde Dr.-Ing. Wilfried Kaiser zum Vertriebs-Geschäftsführer bestellt und trat damit neben die Herren Rünnenburger und Stroppel. Dr. Kaiser kam nicht als Unbekannter nach Marktoberdorf. Er kannte Fendt von seiner Tätigkeit als Vorstandsmitglied bei den Motorenwerken Mannheim her. Mehrfach hatte er mit der Schlepper-Fabrik, dem größten MWM-Kunden, verhandelt und dabei das Werk kennengelernt, welches bemüht war, seine Stellung als Marktführer auf dem deutschen Traktorenmarkt zu verteidigen.

Leicht fiel dies den Marktoberdorfern nicht. Harte Entscheidungen wie der Verzicht auf eine offizielle Teilnahme an der letztmals stattfindenden DLG-Wanderausstellung in Hannover oder aber eine behutsame Rücknahme der Jahresproduktion auf 12 366 Traktoren waren unvermeidbar gewesen. Auch setzte der westdeutsche Traktorenmarkt seine Schrumpfung fort. 32 926 Neuzulassungen entsprachen einem Rückgang um 5,3 % zum Vorjahr, doch am Jahresende konnten die Fendtler aufatmen. Mit 6399 Einheiten hatten sie erneut die Nase vorn, mehr noch, sie bauten den Marktanteil auf 19,4 % aus. Verloren hatten im Inland vor allem KHD und IHC auf den Rängen zwei und drei, während Daimler-Benz als vierter geringfügig zugelegen konnte.

Wenn aber 1986 selbst Sieger froh sein mussten, mit einem blauen Auge davon zu kommen, dann war die hohe Zeit für Spekulationen gekommen. In der Ackerschlepper- und Landmaschinenbranche sprach beinahe Jeder mit Jedem über Interessengemeinschaften, Bündnisse und Übernahmen. Eine Zeitlang schien die Bildung einer »deutschen Landmaschinen-Union« gute Aussichten zu haben, an der neben Fendt die Traktoren-Hersteller Daimler-Benz und Schlüter sowie der Erntemaschinen-Produzent Claas, Harsewinkel, beteiligt sein sollten.

Doch die Banken, die einen solchen Zusammenschluss gerne gesehen hätten, machten die Rechnung ohne den Wirt, in diesem Falle ohne die Eigner der Firmen Claas, Fendt und Schlüter. Als Personen zu stark und in den jeweiligen Vorstellungen zu unterschiedlich, erteilten sie dem Projekt »Landmaschinen-Union« eine Absage, bevor es ernsthaft spruchreif hatte werden können. So feierte Hermann Fendt seinen 75. Geburtstag vor 150 geladenen Gästen, darunter der ehemalige Bundeslandwirtschaftsminister Josef Ertl als Festredner, als selbstständiger Unternehmer, eine Rolle, in der er sich nach wie vor am wohlsten fühlte.

Die Absage an jede Art der Kooperation blieb für Fendt nicht ohne Folgen. Der Umsatzrückgang um 31 Mio. DM auf 727 Mio. DM fiel so stärker ins Gewicht und machte betriebsinterne Rationalisierungsmaßnahmen wie die Senkung der Lagerbestände und die Verkürzung der Durchlaufzeiten noch dringlicher. An Entlassungen dachte hingegen niemand, wohl aber an einen Stellenabbau im Rahmen der Fluktuation. Nur wenn es gelänge, die Produktionskosten um jährlich bis zu 5 % zu senken, könne Fendt auch in Zukunft Gewinn erzielen. Zusätzliches Gewicht erhielten gleichzeitig Aufwendungen für Forschung und Entwicklung. Allen drei Produktionsstätten kamen die in zweistelliger Millionenhöhe vorgenommenen Investitionen zugute, wobei die Schwerpunkte so gebildet wurden: In Marktoberdorf ging es vorrangig um Traktoren und Getriebe, in Bäumenheim um Kabinenbau und Blechbearbeitung und Wohnwagen sowie in Kempten um Kettelmaschinen, Teilefertigung und Hydraulikkomponenten.

Das Rationalisierungsprogramm lief keinen Tag zu spät an. Die Rückführung der Gewinnschwelle (Break-even-point) auf eine Jahresproduktion von 9000 Traktoren erwies sich im Verlaufe des Jahres 1987 als genau richtig, und erlaubte es Fendt, zum einen die Schlepperfertigung der Nachfrage angepasst bei 10 578 Einheiten (minus 1788 gegenüber 1986) zu belassen, und zum andern bei einem Jahresumsatz von 678 Mio. DM dennoch in der Gewinnzone zu verbleiben.

Dies mutet beinahe wie die Quadratur des Kreises an, erfolgte teilweise aber zu Lasten der Belegschaft. Kurzarbeit wurde ihr ebenso abverlangt wie Stellenstopp und -streichungen. Sogar Entlassungen standen jetzt zur Diskussion, um die Wirtschaftlichkeit des Unternehmens zu sichern.

In dieser Phase des Umbruchs fand ein Wechsel an der Unternehmensspitze statt. Nach 6-jähriger Tätigkeit legte Beirats-Vorsitzender Breuning mit Erreichen des 70. Lebensjahres sein Amt nieder. Zu seinem Nachfolger gewählt wurde Dr. Karlheinz Rummel, Geschäftsführer des Maschinenbau-Unternehmens J. M. Voith GmbH, Heidenheim. Auch auf der Ebene der Geschäftsführung tat sich einiges. Dr. Kaiser wurde auf

Der Plantagenschlepper Farmer 280 P mit 80 PS bei der Apfelernte in Südtirol.

das neugeschaffene Amt des Vorsitzenden der Geschäftsführung berufen und verglich seine neue Tätigkeit mit der »eines Steuermanns, der in schwerer See das Ruder fest in der Hand halten müsse«.

Altgediente Fendtler aber staunten angesichts der in rascher Folge stattfindenden personellen Veränderungen in der Firmenleitung. Wann immer sich eine Gelegenheit bot, ließen sie die Zeiten Revue passieren, in denen Kontinuität als wichtiger Bestandteil zur Firmenphilosophie gehörte. Und Anlässe dazu gab es gerade 1987 reichlich. Nacheinander feierten Georg Echtler vom Einkauf seinen 60., Walter Häussler vom Verkauf seinen 65. und Xaver Fendt seinen 80. Geburtstag. Über 40 Fendt-Arbeitsjahre hatte jeder von ihnen auf dem Buckel und dennoch nichts an Engagement für das Unternehmen eingebüßt.

Gelegentlich hat es den Anschein, als gebe die Geschichte Hinweise auf kommende Ereignisse, ohne dass diese von den Menschen richtig gedeutet werden können. Am 23. November 1987 fand in Marktoberdorf ein solches Ereignis statt, dessen Würdigung sich im nachhinein an-

Mit der Baureihe Farmer 200 V / P von 50–80 PS wurden hochwertige Spezialschlepper entwickelt, die sich in den Wein-, Obst- und Hopfenbauregionen europaweit neue Märkte eroberten.

Ein Farmer 200 S am Rande der Dolomiten in der Nähe von der Seiser Alm und Kastelruth vor dem Schlern in Südtirol.

ders darstellt, als es von den Zeitgenossen gesehen wurde. Angereist kam in mehreren Karossen eine hochrangige DDR-Delegation mit Werner Felfe, »Mitglied des Politbüros und Sekretär des Zentralkomitees der Sozialistischen Einheitspartei Deutschlands und Mitglied des Staatsrates der Deutschen Demokratischen Republik« an der Spitze. Erwin Moldt, »Ständiger Vertreter der DDR in der Bundesrepublik« gehörte ebenso zur Besuchergruppe wie Fritz Dallmann, Vorsitzender der »Vereinigung der gegenseitigen Bauernhilfe« und Heinz Simon, stellvertretender Minister für Land-, Forst- und Nahrungsgüterwirtschaft der DDR. Zum ersten Mal fanden so hochrangige Repräsentanten der DDR-Politik den Weg zu Fendt, um sich vor Ort über die Organisation des Traktorenbaus zu informieren.

Werner Felfe und seine Begleitung zeigten sich hochinteressiert und kompetent, immerhin war Felfe ausgebildeter Maschinenbauer. Am meisten aber staunten die DDR-Gäste, als sie in der Produktionshalle zwei Tafeln sahen. »Qualität verkauft sich besser« und »Qualität sichert Deinen Arbeitsplatz« stand darauf, Losungen, die ihnen nicht unbekannt waren, an deren Realisierung es aber häufig genug in der DDR-Wirtschaft fehlte. »Ihr habt schon einen beachtlichen technischen Vorsprung« sagte Felfe nach der Werksbesichtigung und ergänzte scheinbar erleichtert: »Auf dem Weltmarkt sind wir keine Konkurrenten – zumindest nicht in diesem Bereich.« Zur Konkurrenz sollte es auch nicht mehr kommen, denn die Tage der DDR waren bereits gezählt!

Weniger politisch, dafür in hohem Maße wirtschaftlich-technisch ging es auf der nahezu gleichzeitig zum Felfe-Besuch stattfindenden zweiten Agritechnica zu. Diesmal wussten die Fendtler genau, was auf sie in Frankfurt/Main zukam, und wie wichtig ein starkes Erscheinungsbild für die Einschätzung des Unternehmens bei den Landwirten war. Ohne technische Kabinettstücke ging es nicht, entsprechend intensiv hatte man in der Entwicklungsabteilung gearbeitet. Die Palette der Neuheiten begann mit der

Farmer-Klasse 200, die mit den Typen 240 S, 250 S und 260 S das Leistungsband zwischen 40 und 60 PS abdeckte. Entschieden hatte man sich für den Einbau luftgekühlter 3-Zylinder-Motoren von Deutz. Das Getriebe war vollsynchronisiert, besaß 21 Vorwärts- und 6 Rückwärtsgänge und gestattete eine Höchstgeschwindigkeit von 40 km/h (»Overdrive«). Hinzu kam das sogenannte »Fendt-Tronic«-Paket, das vom elektro-hydraulisch geregelten Kraftheber bis zum elektro-magnetisch zuschaltbaren Allrad-Antrieb reichte. Heinrich Maurer, Chefredakteur des »Württembergischen Wochenblatts für Landwirtschaft« betitelte seinen Bericht über die neuen 200er-Farmer-Traktoren: »Auch in der unteren Klasse hochwertige Technik« und traf damit den Nagel auf den Kopf.

Neu präsentierte Fendt ferner je drei Traktoren für den Obst- und Weinbau. Farmer 250 V bis 270 V bzw. Farmer 260 P bis 280 P lauteten die Typbezeichnungen der Fahrzeuge, die äußerlich durch ihre Kompaktbauweise auffielen. Ganze 95 cm betrug ihre Außenweite und nimmt man noch den durch eine veränderte Achsgeometrie bei einem Lenkeinschlag von 50 Grad möglich gewordenen Spurkreisradius von 2,90 m hinzu, dann besaßen diese Traktoren genau die Wendigkeit, die sie für den Einsatz in Weinbergen, Obstplantagen oder Hopfengärten prädestinierte.

Die Farmer-300-Baureihe erhielt durch das 115 PS starke Modell 312 LSA Verstärkung. Neun verschiedene Typen dieser erfolgreichsten aller Fendt-Traktoren-Familien standen den Landwirten nun mit Motorleistungen zwischen 58 und 115 PS zur Verfügung. Auf gute Stückzahlen kamen sie alle. So konnte Fendt allein von dem neuen Typ 312 LSA bis zum Jahr 1990 3148 Einheiten produzieren. Eine technische Überraschung enthielten auch die Favorit-Traktoren. Das in ihnen zum Einbau gelangte stufenlose Ackerschlepper-Getriebe »Duo-speed« ergänzte als hydrostatischer Fahrantrieb das nach wie vor vorhandene mechanische Stufengetriebe und ermöglichte überall dort, wo es hauptsächlich um Zapfwellenleistung ging, eine stufenlose Geschwindigkeitsregeleung.

Eine neue Dimension schließlich erschloss sich Fendt mit dem Freisicht-Traktor F 390 GTA. Ein luftgekühlter 6-Zylinder-Motor stellte dem Fahrzeug stolze 100 PS zur Verfügung und räumte damit mit dem Vorurteil auf, der Motorleistung bei Geräteträger-Fahrzeugen seien enge Grenzen gesetzt. Fendt Entwicklungschef Professor Stroppel

Der Farmer 312 LSA war 1987 mit 115 PS das neue Topmodell der Baureihe Farmer 300.

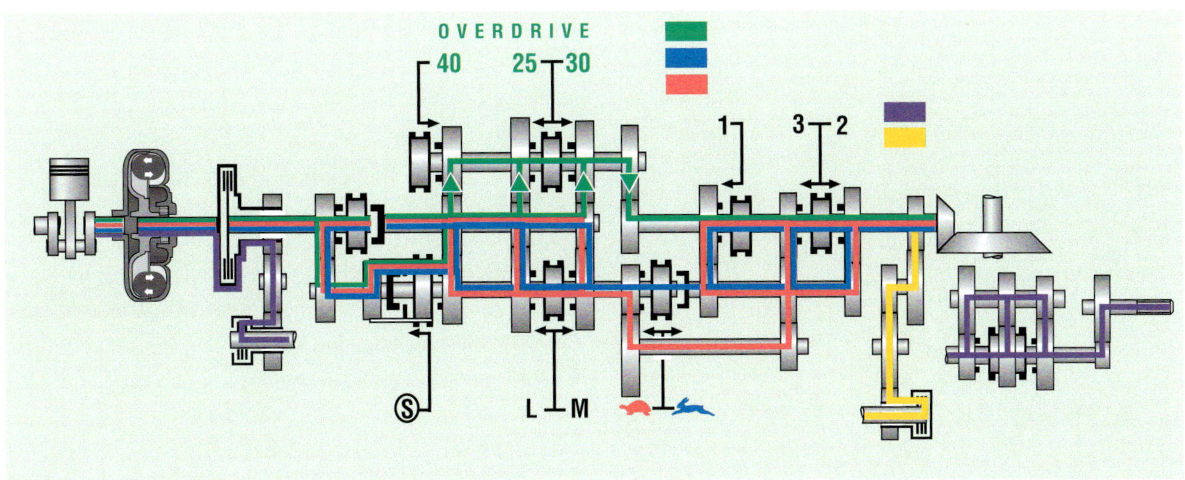

Das Getriebeschema zeigt das Vollsynchron-Getriebe mit 21 Vorwärts- und 21 Rückwärtsgängen, drei Zapfwellengeschwindigkeiten, Turbo-Kupplung und 40-km/h-Schnellgang.

rückte denn auch von der Bezeichnung Geräteträger für die Freisicht-Schlepper ab. »Das ist für mich ein normaler Ackerschlepper«, ließ er wissen, »allerdings mit besonderen Grundeigenschaften.« Die Vorzüge lagen für ihn auf der Hand: »Die Achslastverteilung im unbelasteten Zustand ist hinten : vorn von 70 : 30%.

Mit Frontanbau oder aufgebauter Spritze ist die Gewichtsverteilung ausgeglichen, ideal für eine bodenschonende Arbeitsweise. Beim Heckanbau bleibt der direkte Kontakt des Fahrers, beispielsweise zum Ladewagen oder Pflug erhalten, und nach vorn ist die Sicht auf die Vorderräder und Frontanbaugeräte unbehindert. Die Frontgeräteführung ist wegen des zentralen Drehgelenkes besser als bei jedem anderen Schlepper.« Eine solche Argumentation verfehlte ihre Wirkung nicht. In der Kategorie »Traktoren in Sonderbauweise« erzielte Fendt in der Bundesrepublik 1987 1613 Verkäufe und lag damit vor MB-tracs, Unimogs und Intracs.

Über die Zukunftsaussichten des westdeutschen Traktorenmarktes gaben sich die Marktoberdorfer keinerlei Illusionen hin. Der von Betriebsaufgaben geprägte, sich weiter beschleunigende landwirtschaftliche Strukturwandel musste Konsequenzen für den Traktorenbestand und mithin auch für die Zahl der Neuverkäufe haben. Dass der Rückgang bei den Neuzulassungen im Laufe des Jahres 1988 aber gleich 2679 Einheiten oder 8,1 % betragen würde, damit hatte man nicht gerechnet.

Vom Rückgang betroffen waren alle großen Anbieter, darunter auch Fendt, dessen Position als Marktführer jedoch nicht in Frage stand. 5619 Inlandszulassungen schmerzten dennoch, auch wenn sie einem Marktanteil von 18,4 % entsprachen. Und das Ende der Fahnenstange schien noch nicht erreicht. Fendt-Geschäftsführer Dr. Kaiser stimmte die Belegschaft vorsorglich schon auf einen Inlandsmarkt von nur noch 25 000 Neuzulassungen ein, der, wollte man wirtschaftliche Stückzahlen produzieren, verstäkte Anstrengungen auf den Auslandsmärkten zwingend erforderlich mache.

Das Exportergebnis 1988 zeigte, dass die Mannschaft um Exportleiter Heinz Pfalzgraf erneut ganze Arbeit geleistet hatte. Insgesamt konnten die Ausfuhrstückzahlen um 8 % auf 5257 Traktoren gesteigert werden, was einer Exportquote von 48 % entsprach. Besondere Erfolge verzeichnete Fendt im EG-Ausland, allen voran in Frankreich (1456 Traktoren), Italien (699) und den Niederlanden (681). Unter den »Nicht-EG-Ländern« besaß Fendt in der Schweiz (482 Traktoren) und Österreich (442 Traktoren) die stärksten Bastionen.

Zum Jahresumsatz von 725 Mio. DM trugen neben dem Werk Marktoberdorf die Werke Bäumenheim und Kempten bei. Vor allem der Absatz der in Bäumenheim hergestellten Wohnwagen und neu ins Programm aufgenommenen Wohnmobile erzielte mächtige Zuwachsraten und ließ bei einem Jahresumsatz von 50,1 Mio. DM einen ansehnlichen Gewinn übrig. Die KMF war als Zulieferer für Marktoberdorf ohnehin unverzichtbar und bewegte sich im Außenumsatz mit ihren Textilmaschinen und dem Gabelstapler-Vertrieb in einer Größenordnung von 28 Mio. DM.

Mit Angaben zu Umsatz, Absatz, Stückzahlen, Beschäftigten und technischen Daten seiner Traktoren hat Fendt selten gegeizt. Wenig zu erfahren war dagegen stets, wenn

Vor den mächtigen Allgäuer Bergen steht das gesamte Fendt-Traktoren- und Geräteträger-Programm von 35–252 PS in Position.

man auf Ertrag und Eigenkapital zu sprechen kam. Der »Blick in die Brieftasche der Eigentümer« wurde in Marktoberdorf als anstößig empfunden, so dass es schon einer kleinen Offenbarung gleichkam, als Ende 1988 im Bundesanzeiger erstmals eine Fendt-Bilanz vorgelegt wurde. Das sichtbare Eigenkapital der Brüder Fendt belief sich danach auf 75,1 Mio. DM. Analysten kamen zu dem Ergebnis, dass unter Berücksichtigung des »weniger sichtbaren Eigenkapitals« rund ein Drittel der Bilanzsumme von 282 Mio. DM durch Eigenkapital gedeckt war, was unter Bilanzexperten als grundsolide Unternehmensfinanzierung bezeichnet wird. Bescheiden dagegen fiel die Rendite mit ca. 2 % aus. Eine Ertragsverbesserung in den kommenden Jahren wurde aber nicht ausgeschlossen und stimmte vor allem Eigner und Geschäftsführung, zu der seit Januar 1988 zusätzlich Dr. Jürgen Bucher für den Bereich Finanzen hinzugekommen war, aber auch die Belegschaft der Maschinen- und Schlepperfabrik Xaver Fendt & Co. einmal mehr zuversichtlich.

Traktoren werden nicht im luftleeren Raum entwickelt, produziert und verkauft, sondern mitten in der Gesellschaft. Was die Gesellschaft bewegt, berührt immer auch den Traktorenmarkt. Die Frage ist nur, inwieweit ein Hersteller in der Lage ist, diese aktuellen Strömungen aufzunehmen und in für die Traktoren spezifische Aussagen umzusetzen. An dieser Problematik des Zeitbezugs kann sich die Zukunftsfähigkeit eines Schlepper-Herstellers entscheiden, wofür nicht zuletzt die Firma Heinrich Lanz, Mannheim, mit ihren Bulldogs ein Beispiel ist.

Das zu lange Festhalten am technisch überholten 1-Zylinder-2-Takt-Glühkopfmotor leitete das Ende der Selbst-

ständigkeit des einstmals größten europäischen Landmaschinenkonzerns ein.

Auch 1989 lagen solche Zeitströmungen in der Luft, die es von den Traktoren-Herstellern einzufangen und in technische Lösungen umzusetzen galt. Die Sorge um die Umwelt hatte die Menschen erfasst und machte vor der Welt der Traktoren nicht Halt. Fendt nahm den Impuls auf und stellte als erster Anbieter einen Traktor mit Katalysator-Technik vor. Messungen ergaben, dass bei Einsatz eines Oxidations-Katalysators eine 80%ige Reduzierung des Kohlenmonoxid-Anteils (CO) und eine 70%ige Minderung der im Dieselabgas enthaltenen Kohlenwasserstoffe erreicht wurden. Als Beitrag zu einem behutsamen Umgang mit der Umwelt wurde ferner die Freigabe von biologisch abbaubarem Hydrauliköl und Schmierfett auf Rapsölbasis verstanden.

Daneben verfolgte Fendt das Projekt konsequent weiter, alternative Treibstoffe an die Stelle von Dieselkraftstoff treten zu lassen. Ein ausschließlich mit Rapsmethylester (RME) laufender Fendt-Farmer 306 LSA befand sich bereits seit 6000 Betriebsstunden im Einsatz, und gerade hatte Fendt in enger Zusammenarbeit mit dem Vertriebspartner RHG Hannover weitere 40 Traktoren für einen Großversuch auf RME-Basis nach Niedersachsen ausgeliefert. Die Umwelt war also für Fendt längst kein bloßes Schlagwort mehr, sondern hatte zu konkretem Handeln geführt. Alleine in den Bereichen Grundlagenforschung, Neu- und Weiterentwicklung waren 250 Fendt-Mitarbeiter damit beschäftigt, umweltverträgliche Lösungen im Traktorenbau zu realisieren.

Im direkten Zusammenhang damit waren die intensiven Bemühungen von Fendt um ein breites Angebot an

Ein Fendt-Geräteträger F 380 GT im Münchner Olympiagelände.

Kommunalfahrzeugen zu sehen. Hier mussten zum einen möglichst geräuscharme Traktoren entwickelt werden, während es andererseits um eine enge Abstimmung von Traktor und Anbaugeräten ging. Was die Lärmbelästigung anging, so setzte Fendt 1989 mit dem Typ 250 K Maßstäbe. Das auf Schmalspur-Schlepper-Basis aufgebaute, 50 PS starke Spezialfahrzeug erreichte ein maximales Außengeräusch von 77 dB (A) und konnte somit ohne Probleme selbst in lärmberuhigten Zonen von Kurorten eingesetzt werden. Anbaugeräte wiederum standen für Reinigungs-, Mäh-, Pflege- und Schneeräumarbeiten in großer Anzahl zur Verfügung und überzeugten zahlreiche Kommunalvertreter, so dass Fendt 1989 allein 439 Kommunal-Schlepper verkaufen konnte.

Fendt hatte die Zeichen der Zeit verstanden. Entsprechend selbstbewusst beteiligte man sich an der im Spätherbst in Frankfurt stattfindenden 3. Agritechnica. Gezeigt wurden unter anderem ein neuer, nun schon 115 PS starker Freisicht-Traktor F 395 GTA und ein Studienfahrzeug mit kombinierter Knick- und Achsschenkellenkung. Die beiden Lenksysteme ließen sich je nach Einsatz gemeinsam oder getrennt steuern und verliehen dem Fahrzeug eine hohe Wendigkeit. Neu vorgestellt wurden auch Favorit-Traktoren, die über eine die elektro-hydraulische Hubwerksregelung (EHR) ergänzende Schwingungstilgung verfügten. Letztere wurde dann automatisch beim Fahren mit ausgehobenem Anbaugerät aktiviert, wenn die Geschwindigkeit höher als 8 km/h lag.

An Engagement hatte es nicht gefehlt und der Markt honorierte die Anstrengungen. Auf dem Inlandsmarkt legte Fendt geringfügig auf 5767 neu zugelassene Traktoren zu und erreichte einen Marktanteil von 18,7 %. Größere Zuwächse ließen sich im Exportgeschäft erzielen. 6263 Einheiten lieferte Fendt ins Ausland und kam damit auf eine Exportquote von 52 %. Hauptabnehmerländer waren beinahe schon traditionell die europäischen Nachbarn Frankreich, Niederlande, Italien, Schweiz und Österreich, doch selbst nach Australien konnten 320 Traktoren verkauft werden. Mit 11 652 Traktoren stieg die Jahresproduktion wieder an und trug maßgeblich zum Fendt-Rekordumsatz von 856 Mio. DM bei. Höher als jemals zuvor fiel aber auch der Beitrag der Bäumenheimer Caravanfabrik aus. 65,5 Mio. DM Umsatz konnte Fendt mit der Herstellung von Wohnwagen und Reisemobilen erzielen und wähnte sich auf einem erfolgversprechenden Wachstumsmarkt.

Für die Familie Fendt brachte das Jahr 1989 aber auch eine betrübliche Nachricht. Am 19. Juni verstarb Xaver Fendt, was allseits als großer Verlust empfunden wurde. Seine beiden Söhne traten das Erbe an und übernahmen je 25 Prozent an der Kommanditgesellschaft und je 25 Prozent an der Fendt GmbH. Einer der beiden Erben, Johann Georg Fendt, wurde ab 1989 als Vertreter des Stammes Xaver Fendt als Beiratsmitglied der Xaver Fendt & Co. sowie der Fendt GmbH tätig.

Ein modernes Fendt Reisemobil war ab 1988 ein wichtiger Bestandteil des Fendt-Caravan-Programmes.

Technische Innovationen – Garanten für den Erfolg in den 90er-Jahren

Ende 1989 drohte die Welt aus den Fugen zu geraten. Veränderungen, die Michail Gorbatschow unter den Schlagworten Perestroika und Glasnost in der kommunistischen Welt eingeleitet hatte, schienen in der Nacht vom 9. auf den 10. November außer Kontrolle zu geraten. Mit dem Ruf »Wir sind das Volk« zogen die Menschen der DDR durch die Straßen und keiner wusste, ob das Aufbegehren mit Gewalt niedergeschlagen werden würde oder friedlich zum Erfolg führen werde. Alles war in diesen Stunden möglich, doch dass sich die Mauer, das Symbol jahrzehntelanger Teilung, tatsächlich öffnen würde, hatten die allerwenigsten erwartet.

Willy Brandt spürte die Dimension der Veränderungen, als er am 10. November 1989 vor dem Schöneberger Rathaus erklärte: »Nichts wird wieder so, wie es einmal war« und traf damit den Nagel auf den Kopf. In kurzer Frist trat Durchlässigkeit an die Stelle zuvor für unüberwindbar gehaltener Grenzen und Freizügigkeit gewann dort an Raum, wo bislang Bürokratismus und Willkür geherrscht hatten. Die Wirtschaft aber witterte Chancen auf neuen Absatzmärkten und bereitete sich auf einen Gang in den Osten vor. Denn auch das war rasch klar geworden: Die Öffnung machte an den Grenzen der ehemaligen DDR nicht halt. Der gesamte ehedem kommunistische Machtbereich befand sich im Umbruch und sehnte westliche Produkte geradezu herbei.

Wie aber sollten die Unternehmen im Einzelnen auf diese gewaltige und von ihnen so auch nicht vorausgesehene Herausforderung reagieren? Fendt führte zu dieser Frage Beratungen mit den Hauptvertriebspartnern durch und kam zu dem Schluss, dass in enger Kooperation mit den Raiffeisen-Hauptgenossenschaften (RHG) in Hannover, Kassel und Kiel sowie der BayWa eine Bearbeitung des bisherigen DDR-Gebiets erfolgen sollte. Einfach würde dies nicht werden, da auch die Genossenschaften absolutes Neuland betraten, doch in der Bündelung der Kräfte würde es schon gelingen, einen flächendeckenden Vertrieb aufzubauen. Wilfried Kaiser analysierte den voraussichtlichen Traktorenbedarf allein Ostdeutschlands auf jährlich über 2500 Einheiten und hoffte, für Fendt einen ordentlichen Anteil daran ergattern zu können. Doch noch war es nicht soweit. D-Mark Ost und D-Mark West existierten bis zum 1. Juli 1990 nebeneinander und die Modalitäten der Einheit mussten erst einmal festgelegt sein.

Also blieben für Fendt fürs erste die alten Märkte, allen voran die Bundesrepublik, vorherrschend. Und die Marktpflege machte sich bezahlt. 6059 Fendt-Traktoren wurden im Laufe des Jahres 1990 neu zugelassen, was einem Marktanteil von 20,2 % entsprach. Auf einem insgesamt um 2,6 % rückläufigen Markt konnte Fendt ordentlich zulegen und erreichte einen Vorsprung von 4,4 % Marktanteil vor KHD, dem nächsten Wettbewerber. Bei einigen Modellen der Farmer-Baureihen gab es sogar wieder Lieferfristen, die teilweise bis zu einem halben Jahr reichten.

Überlegungen für eine Kapazitätsaufstockung, möglicherweise auf dem Gebiet der ehemaligen DDR, wurden angestellt, doch letztlich entschied man sich für eine Aufstockung der Investitionen an den bestehenden Produktionsstätten. 44 Mio. DM steckte Fendt in den Neubau einer Werkshalle in Bäumenheim und in die Modernisierung der Marktoberdorfer Getriebefertigung. Vergrößert wurde auch die Belegschaft, die mit 3890 Personen Rekordhöhe erreichte.

Im Export zeigten sich dagegen erste Bremsspuren. 5635 Traktoren bedeuteten einen Rückgang um 628 Einheiten und spiegelten offensichtlich Schwierigkeiten wider, in denen sich die meisten europäischen Landwirtschaften befanden. Dennoch, mit einer Jahresproduktion von 12 191 Traktoren gelang Fendt ein Ergebnis, das höher lag als in den vergangenen drei Jahren. Der Gesamtumsatz, zu dem die

Wichtige Voraussetzungen für den Erfolg: Engagierte Mitarbeiterinnen und Mitarbeiter, moderne Produktionsanlagen und ein schlagkräftiges Forschungs- und Entwicklungszentrum.

Traktorensparte 84,7% beisteuerte, kletterte auf 934 Mio. DM und rückte damit so nahe wie noch nie an die Milliardenschwelle heran. In der Fachzeitschrift »Landtechnik« hieß es: »Fendt entwächst dem Mittelstand«.

Die Beteiligung an Messen und Ausstellungen ist ein teures Unterfangen. Seit Jahren kämpften daher die in der Landtechnik-Vereinigung (LAV) zusammengeschlossenen Firmen für ein klares Konzept, das eine unmittelbare Beteiligung der Hersteller nur bei der Agritechnica als der zentralen deutschen Landtechnik-Ausstellung und einigen wenigen regionalen Messen vorsieht. Zu diesen wichtigen regionalen Leistungsschauen gehört unstrittig das Münchener Zentrallandwirtschaftsfest (ZLF).

Für Fendt ist das ZLF sogar eine Art »Heimspiel«, schließlich ist man seit Jahrzehnten der unangefochtene Marktführer auf dem größten regionalen Schleppermarkt Deutschlands. Die Zahlen für 1990 machen dies deutlich. 9591 Neuzulassungen erfolgten in Bayern, was nichts anderes heißt, als dass nahezu jeder dritte neu zugelassene Traktor von einem bayerischen Landwirt angemeldet worden ist.

Die erste Projektstudie Xylon 320 wurde auf dem Zentrallandwirtschaftsfest (ZLF) 1990 in München erstmals ausgestellt.

In 2512 Fällen handelte es sich dabei um Fendt-Traktoren, Anlass für die Marktoberdorfer, diese Markentreue unter anderem dadurch zu honorieren, dass technische Highlights nicht nur überregional, sondern immer wieder auch regional vorgestellt wurden.

Im Jahr 1990 war dies der Fall, als Fendt in München ein Fahrzeug vorstellte, das bislang nur als Studienfahrzeug behandelt worden war. »Fendt-Trac« wurde es im Volksmund genannt, doch die offizielle Bezeichnung lautete »Xylon 320«. Zu seinen Kennzeichen gehörte der liegende, luftgekühlte 6-Zylinder-Motor mit 120 PS Leistung, der zwischen den Achsen angeordnet war. Über ihm befand sich die Großraumkabine, die einen guten Überblick über alle Anbauräume erlaubte. Vom Geräteträger übernommen hatte Fendt die Blockbauweise mit Zentralholm vorn und Zentraldrehgelenk in der Mitte.

21-Gang-Getriebe, 40-km/h-Schnellgang, elektro-hydraulische Hubwerksregelung und hydraulische Kippbarkeit der Kabine waren weitere markante Merkmale des Allgäuer System-Schleppers, der zwar zunächst als Kommunalfahrzeug angeboten wurde, von dem aber kraft seiner Konstruktion klar war, dass er im Grunde für die Kunden bestimmt war, die auf Tracs ausgerichtet waren.

Denn es galt das Vakuum zu füllen, das infolge der Unwägbarkeiten bei der von Deutz und Daimler-Benz begründeten »Trac-Technik« sowie durch Anlaufschwierigkeiten bei der Produktion der Schlüter Euro Tracs entstanden war. Wie der Xylon zeigte, stand Fendt in den Startlöchern und würde in Bälde mit einem interessanten Konzept am Trac-Markt präsent sein.

Die Detailarbeit vor allem an der Farmer-300-Baureihe wurde gleichfalls nicht vergessen. Jeder ZLF-Besucher konnte sich davon überzeugen, dass Fendt im Leistungsbereich zwischen 70 und 120 PS neue Motoren eingebaut hatte. Zu ihren Vorzügen zählten geringerer Kraftstoffverbrauch, günstigere Abgas- und Geräuschwerte. Eindruck machten ferner elektro-hydraulische Schaltungen für Allrad, Differenzialsperre und Zapfwelle sowie die verbesserte elektrohydraulische Hubwerksregelung EHR-D.

Nein, das war keine Standard-Technik, sondern Technik für Spitzentraktoren und Profi-Landwirte, wie Willi Zinnecker seit Jahren nicht müde wurde festzustellen. Doch nach 40 Jahren treuer Fendt-Dienste kam zum 31. März 1990 auch für Pressefuchs Zinnecker der Ruhestand. Sein Nachfolger als Leiter der Stabsstelle Presse- und Öffentlichkeitsarbeit wurde Sepp Nuscheler, der schon vorher als Fendtler einige Jahre Gelegenheit hatte, sich mit den »Fendtiana« bestens vertraut zu machen.

Das Jahr 1991 ging in die Geschichte als das Jahr der »DLG-agra« ein. Nicht Hannover, Frankfurt/Main oder sonst eine andere westdeutsche Messestadt wurde als Ort der zentralen Landwirtschaftsausstellung ausgewählt, sondern Markkleeberg bei Leipzig. Ein Zufall war dies nicht, sondern eine Referenz an die Landwirtschaft in den neuen Bundesländern, wie die ehemalige DDR im deutschen Sprachgebrauch inzwischen bezeichnet wurde. Als Stätte der ständigen Landwirtschaftsschau der DDR besaß Markkleeberg im gesamten Osten einen hohen Bekanntheitsgrad und auch aus dem Westen waren über Jahrzenhte hinweg Repräsentanten aus Politik, Landwirtschaft und Technik in großer Zahl zum agra-Gelände gereist. Es hieß, wer mit dem Osten Landtechnikgeschäfte machen wollte, musste nach Markkleeberg reisen und tatsächlich, einfachere und größere Kaufabschlüsse als in Markkleeberg ließen sich zu Honeckers Zeiten andernorts kaum tätigen.

Dies war haften geblieben und wirkte nach, als vom 8. bis zum 15. Juni 1991 alles, was in der Landwirtschaft etwas auf sich hielt, an der Pleiße in Erscheinung trat. Auch Fendt zeigte seine Traktoren, doch man merkte rasch, dass der Funke nicht im gewünschten Maße zu den LPG-Nachfolgebetrieben und Wiedereinrichtern überspringen wollte. Andere Anbieter waren erfolgreicher, nicht zuletzt, weil sie in der DDR bekannte Vorkriegsnamen aktivieren und damit Vertrauen wecken konnten. Hinzu kam, dass das Fendt-Programm in der von LPG-Nachfolgern nachgefragten 200-PS-Klasse nichts anzubieten hatte. Wettbewerber aus Nordamerika taten sich da leichter. Ohne Umwege schifften sie Ackergiganten von jenseits des Atlantiks ein und boten sie erfolgreich an. Vergessen war, dass gerade zwei Jahre zuvor die gleichen Traktoren in Westdeutschland noch abschlägig als »Riesen« bezeichnet worden waren.

Markkleeberg ist Fendt in wenig guter Erinnerung geblieben. Der Einstieg in das Ostgeschäft verlief enttäuschend, und als am Ende des Jahres 1991 Bilanz gezogen wurde, da musste Geschäftsführer Dr. Jürgen Bucher feststellen, dass man in einem ohnehin schwachen Markt mit 9,7% Marktanteil nur den fünften Platz einnahm. Die Option auf ein stärkeres, möglicherweise produktionstechnisches Engagement in den neuen Bundesländern trat damit in den Hintergrund. Ganz aufgeben wollte Fendt die Möglichkeit einer Kapazitätserweiterung im Osten jedoch noch nicht. Verhandlungen mit der thüringischen Landmaschinenfirma »Weimar-Werk« wurden aufgenommen, die seitens der Treuhand zum Verkauf stand.

Ursprünglich als Waggonhersteller gegründet, erzielte das Weimar-Werk zu DDR-Zeiten große Erfolge zunächst als Produzent von Mähdreschern und später von Kartoffelernte-Maschinen. Beide Ausrichtungen interessierten Fendt nicht, dennoch kam ein Kooperationsabkommen zustande, in welchem dem Weimar-Werk die Fertigung einer ersten Tranche von 150 Fendt-Geräteträgern Bauart F 231 GT überragen wurde. Sollte das Fahrzeug in den neuen Bundesländern etwa als Stall-Schlepper zum Ersatz des legendären RS 09 Maulwurf werden, dann wäre eine zweite Tranche durchaus möglich.

Weit gefehlt! Der Weimarer-Fendt-GT verkaufte sich in den neuen Bundesländern kaum und wurde, wenn überhaupt, in Westdeutschland von Gartenbaubetrieben, Einrichtungen der ökologischen Landwirtschaft sowie einigen Landwirten nachgefragt, die schon länger mit dem F 231 GT gearbeitet hatten. Alles in allem ist es bei rund 250 Einheiten des F 231 GT geblieben, während die gleichzeitig beim Weimar-Werk begonnene Lohnfertigung von Frontladern für Fendt längeren Bestand hatte.

In den alten Bundesländern sah sich Fendt gleichfalls mit Problemen konfrontiert. Zwar konnte die Position als Marktführer problemlos gehalten werden, doch der weiter schrumpfende Traktorenmarkt bereitete schon Sorgen. Um 11,7 % auf 26 521 Einheiten insgesamt sank die Zahl der Neuzulassungen im Verlaufe des Jahres 1991 ab und ließ Fendt nicht unberührt. Um 13,8 % nahm die Zahl der Neuzulassungen von Marktoberdorfer Traktoren auf 5222 Einheiten ab, was einem Marktanteil von 19,7 % entsprach. Doch es sollte noch dicker kommen. Wieder bestätigte sich die Bauernweisheit, dass es, wenn es einmal schlecht läuft, dann meist richtig schlecht läuft. Der Export, der in früheren Jahren manchmal geholfen hatte, enttäuschte jedenfalls gleichermaßen und erlebte einen Rückgang um 22,3 %.

So blieb den Fendtlern nichts anderes übrig, als zu versuchen, die Einbrüche durch eine Rücknahme der Traktoren-Produktion aufzufangen. 10 245 Einheiten, so wenig wie seit 1972 nicht mehr, rollten schließlich aus den Werkshallen, und selbst die waren alles andere als leicht zu verkaufen. Kurzarbeit brachte ein wenig Entlastung, reichte aber zur Marktanpassung nicht aus. Produktions-Geschäftsführer Dr. Rünnenburger verließ Fendt und wechselte zum Kühlerhersteller Längerer & Reich, Filderstadt.

So ruhten die Hoffnungen auf seinem Nachfolger. Dipl.-Ing. Karl Peter stammte aus den eigenen Reihen. Fast dreieinhalb Jahrzehnte hatte er bei Fendt und der Fendt-Tochter KMF gearbeitet und brauchte sich in Stärken und Schwächen des Unternehmens nicht mehr einzuarbeiten. Für ihn gehörte gute Technik zu den entscheidenden Trümpfen von Fendt. Die zur Agritechnica 1991 präsentierte Aufwertung der Getriebe in der Farmer Baureihe 300 durch eine vorwählbare elektro-hydraulische Reversierung lag genau in dieser Linie. Mit Fingertipp konnte der Traktorfahrer von nun an noch bei der Vorwärtsfahrt bereits auf Rückwärtsfahrt umschalten. Ein Tritt auf das Kupplungspedal genügte dann und die Elektronik besorgte die Richtungsänderung. »Sicher, weich, schnell und komfortabel«, hieß es dazu in einem Fahrbericht!

Weit weniger euphorisch begegnete Fendt dem Jahr 1992. Der allgemeine Abwärtstrend dauerte an, sowohl bei den Neuzulassungen in Deutschland im Allgemeinen als auch bei Fendt im Besonderen. Einzig in den neuen Bundesländern war eine leichte Sonderkonjunktur festzustellen, die jedoch an den Fendt-Traktoren weitgehend vorbeilief. Zu den Nutznießern zählten unter anderem osteuropäische Traktoren-Hersteller wie Belarus, ZTS und Zetor, die mit Billigangeboten guten Absatz fanden. Dennoch blieb in der gesamtdeutschen Bilanz Fendt erneut Marktführer, jetzt zum achten Male hintereinander. Mit 16,7 % lag man genau 2,3 % vor Case/IH und 4,6 % vor John Deere, zwei weltweit operierenden Landmaschinenkonzernen mit Sitz in den USA, nur die Stückzahlen waren bei allen drei Firmen steigerungsfähig.

Der Anpassungsprozess in den Fendt-Werken erwies sich für die gesamte Belegschaft als überaus schmerzhaft. Jeder war irgendwie von Kurzarbeit, Überstundenabbau, Rücknahme von Fremdaufträgen, Auflösung von Werkaufträgen und Stellenabbau betroffen. Sozialverträglichkeit wurde zugesichert, doch beruhigen konnte dies im Ostallgäu niemanden. Wie gebannt schauten die Fendtler auf die Jahresproduktion und die fiel mit 8100 Einheiten gleich nochmals um 2145 Traktoren bescheidener aus.

Beinahe ein wenig neidisch schaute man nach Bäumenheim, wo mit über 4000 Caravans und 650 Wohnmobilen ein Umsatz von mehr als 100 Mio. DM und schwarze Zahlen erwirtschaftet wurden. Im Konzern dagegen schrieb man

Die Einführung der »auftragsbezogenen Fertigung«, die »Just-in-time-Produktion« und die Flexibilisierung der Arbeitszeit waren wichtige Weichenstellungen für den Aufschwung von Fendt in den 90er-Jahren.

Verluste in zweistelliger Millionenhöhe. Innerhalb eines Jahres stiegen die Verbindlichkeiten um 73 Mio. DM auf 246 Mio. DM an, die das Unternehmen zwar nicht gefährdeten, doch war die Eigenkapitaldecke dünn geworden wie nie zuvor.

Der Vorsitzende der Geschäftsführung, Dr. Kaiser, fühlte sich angesichts dieser Entwicklung nicht mehr wohl. Kurzfristig räumte er Ende September 1992 den Posten, um zum 1. November in den Vorstand des Maschinenbauunternehmens ABB-Henschel AG, Kassel, überzuwechseln.

Ein alter Bekannter kehrte dagegen 1993 zurück ins Fendt-Boot. Dr. Heinz Ahrens übernahm als Nachfolger des 65 Jahre alt gewordenen Dr. Rummel den Vorsitz im Beirat und kehrte damit, wenn auch in neuer Funktion, zu Fendt zurück, dessen Geschäftsführer er bis 1986 gewesen war. Ansonsten aber sah das Bild bei Fendt ähnlich wie im Vorjahr aus. Am häufigsten noch trat das Unternehmen mit Meldungen über Stellenabbau an die Öffentlichkeit. Die einst so stolz verkündeten Angaben zur Jahresproduktionsleistung wurden vorsichtig behandelt und boten auch wahrlich keinen Anlass zur Freude.

Im ganzen Jahr 1993 brachte Fendt es auf 6696 Traktoren, so viele oder eher so wenige wie seit 1951 nicht mehr! Unabhängige Beobachter berichteten von »unübersehbaren Bremsspuren in Marktoberdorf« und meinten alle drei Bereiche: Alte Bundesländer, neue Bundesländer und Export. Ende des Jahres erhielt Fendt dann die amtliche Bestätigung für das, was keinen mehr überraschen konnte. Erstmals seit fast einem Jahrzehnt hatte man um 91 Einheiten die Marktführerschaft in Deutschland eingebüßt. War das schon schmerzlich, so bedrückte der erneute Rückgang um 797 Traktoren bei den Neuzulassungen noch mehr. Die Bremsspuren drohten in eine Rückwärtsfahrt mit ungewissem Ende einzumünden.

Hier musste sich etwas tun, sollte das Fendt-Schiff wieder in Fahrt kommen. Kostensenkungen alleine reichten nicht aus, Perspektiven waren gefragt. Sitzungen über Sitzungen fanden in Marktoberdorf statt, bei denen gelegentlich mehr Bankvertreter zugegen waren als Fendt-Angehörige. Moderne betriebswirtschaftliche Erkenntnisse wie »auftragsbezogene Fertigung« und »Just-in-time-Produktion« wurden nicht nur diskutiert, sondern gelangten dank des massiven Einsatzes vor allem der mittleren Führungsebene rasch zur Anwendung.

Doch so wichtig diese Modernisierung des Produktionsprozesses auch war, wichtiger noch war die Präsentation wirklich neuartiger Traktoren mit überlegener, zukunftsweisender Technik! Ein Paukenschlag zum Zentrallandwirtschaftsfest in München 1993 und ein zweiter zur Frankfurter Agritechnica schienen vonnöten. Sie würden als Fanal verstanden werden und in der Lage sein, die Trendwende einleiten.

Die Fendtler sahen ihre Chance und arbeiteten bis zur Erschöpfung in den Konstruktionsbüros und in der Fertigung, am Prüfstand und im Versuch. Mechanik, Elektronik, Hydraulik, Getriebe, Achsen, Motoren, Räder, Karosserie und Kabine, kurzum alles am Traktor stand zur Disposition, wenn nur der große Wurf gelänge. Und dann war es soweit. Anfang September rief München die Agrartechnik-Produzenten zusammen, die die bayerischen Bauern als wichtige Kunden betrachten. Da musste es sich zeigen, ob sich die Anstrengungen der Fendtler gelohnt hatten.

In die Vollen ging Fendt 1993 auf dem ZLF. Nicht einzelne Neuheiten stellte man aus, sondern gleich drei komplett neue Baureihen wurden präsentiert. Das Landtechnik-Magazin dlz titelte in seiner September-Ausgabe »Fendt holt zum Gegenschlag aus« und wies darauf hin, dass es für die Allgäuer wirklich »fünf vor zwölf« gewesen sei. Doch was hatte Fendt im Einzelnen im Angebot? Da war zum einen die aus sechs Typen bestehende Farmer-Baureihe 300, die mit neuen Saug- bzw. Turbomotoren ausgestattet wurde. Je nach Typ verfügten sie über 3–6 Zylinder, aus denen

Die neuen Fendt-Modelle der Baureihen Favorit 500 C, Favorit 800 und Farmer 300 wurden im Herbst 1993 auf dem ZLF in München und auf der Agritechnica in Frankfurt erstmals der Öffentlichkeit vorgestellt.

Leistungen zwischen 75 und 125 PS herausgeholt wurden. Allrad-Antrieb gehörte ab sofort bei den Farmer-Traktoren zum Standardpaket.

Ergänzt wurde die altbewährte Feinstufenschaltung um eine elektro-hydraulische Dreifach-Splittschaltung, bei der der Landwirt per Daumenklick drei Stufen am Hauptschalthebel vorwählen konnte. Die Schaltung selbst erfolgte durch Betätigung des Kupplungspedals. Landwirte von der Baisis bewerteten die Splittschaltung positiv. Es hieß: »Auch wenn die Splittschaltung kein hundertprozentiger Ersatz für eine Lastschaltung ist, hat die neue Anordnung den Vorteil, dass man in einem Kuppelvorgang sowohl die Splittung als auch den Hauptgang schalten kann.« Aufgewertet wurden die Farmer-Modelle schließlich durch die neue, auch in der Favorit-Baureihe zum Einbau kommende Kabine, zu deren Kennzeichen PC-Tauglichkeit, Komfort, Übersichtlichkeit und Schallisolierung zählten.

Ging es bei den Farmer-300-Traktoren darum, eine bewährte Baureihe durch Hinzufügen moderner Technik erfolgreich im Markt zu halten, so markierte die Baureihe Favorit 800 den Einstieg in die Klasse der sogenannten »Acker-Kraftprotze«. Dass man da neue Wege eingeschlagen hatte, erhellt allein schon die Tatsache, dass weder MWM noch KHD als Motorenlieferant zum Zuge kamen. In den vier Typen der Favorit-800-Baureihe setzte Fendt auf 6,7 l Hubraum große, turbo-aufgeladene 6-Zylinder-Motoren der Maschinenfabrik Augsburg-Nürnberg (MAN). Der Typ 816 schöpfte daraus 165 PS, der Typ 818 190 PS, der Typ 822 210 PS und das Flaggschiff, der Typ 824, kam auf 230 PS. Alle Motoren hatten ein bulliges Durchzugsvermögen, hohes und konstantes

Fendt-Favorit 824: Das Topmodell der Baureihe Favorit 800 mit 230 PS, gefederter Kabine und Vorderachse, 50 km/h-Schnellgang und der Vario-fill-Turbo-Kupplung für eine lastabhängige Modulation der Schaltvorgänge.

Leistungsvermögen und beachtliche Laufruhe über den gesamten Drehzahlbereich. Da waren sie, die Traktoren der 200-PS-Klasse, die von den LPG-Nachfolgebetrieben der neuen Bundesländer gesucht wurden und inzwischen auch auf Großbetrieben der alten Bundesländer zunehmend Freunde gewannen.

Aber das Kraftangebot allein war längst nicht alles. Die neue, in zwei Stufen wirksame »Variofill-Turbo-Kupplung« erlaubte es dem Favorit-800-Fahrer, unter Last ohne zu schalten anzuhalten und wieder anzufahren. Dies funktionierte, indem über die Fliehkraft der Turbinenräder der Füllgrad der Flüssigkeitskupplung variiert wurde. Bei niedriger Motorendrehzahl befand sich ein Teil des Öls in einer speziellen Verdrängungskammer. Wurde die Drehzahl erhöht, sorgte die komplette Ölfüllung für den Kraftschluss.

Für die Praxis-Tester der Fachzeitschrift dlz war das Besondere am neuen Fendt-Getriebe »die lastabhängige Modulation der Schaltvorgänge. An der Turbo-Kupplung wird die jeweilige Zugbelastung der Maschine erfasst. Entsprechend fallen die Schaltvorgänge aus: Kurze, verschleißarme Lastwechsel im schweren Zug, dosiertes Kuppeln bei geringer Belastung der Maschine.« Ob bei der Straßenfahrt oder vor dem 7-Schar-Anbaudrehpflug, die 800er-Favoriten konnten selbst kritische Prüfer überzeugen.

Wer im Einzelnen von den Fendt-Ingenieuren für dieses oder jenes Bauteil verantwortlich zeichnete, lässt sich im Nachhinein nur schwer feststellen. Neue Traktoren sind nun einmal das Ergebnis von Teamarbeit. Doch unvergessen ist

Die Erfolgsmodelle Favorit 515 C (150 PS) und der Favorit 824 (230 PS) beim Pfügen und bei der Getreidesaat.

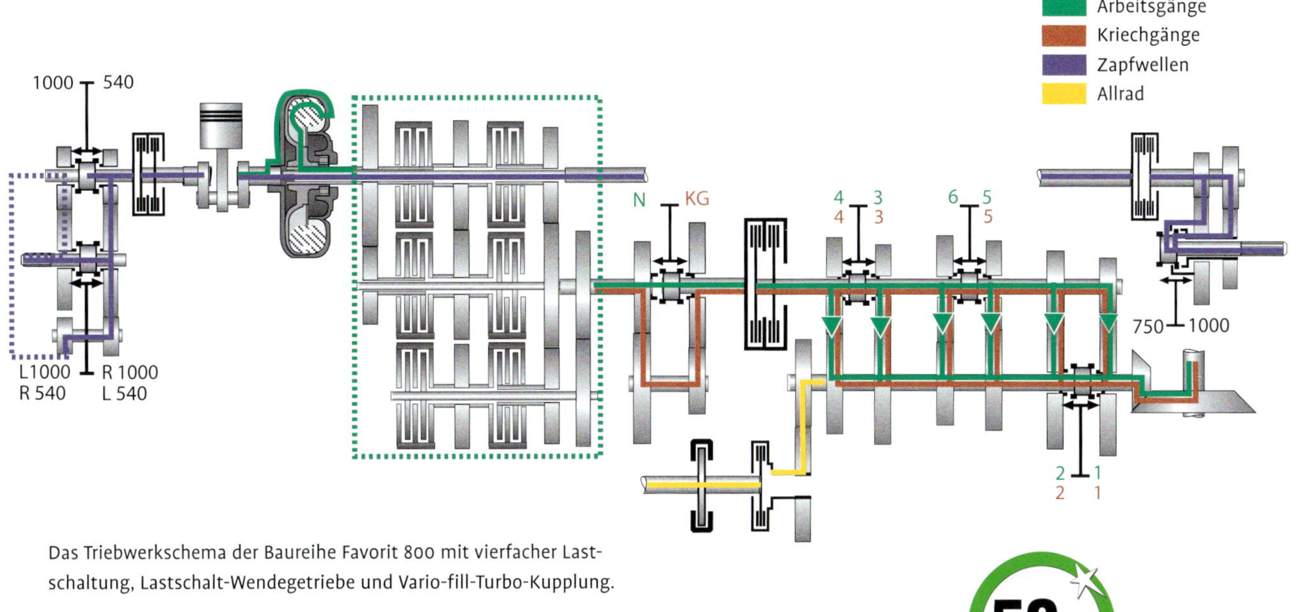

Das Triebwerkschema der Baureihe Favorit 800 mit vierfacher Lastschaltung, Lastschalt-Wendegetriebe und Vario-fill-Turbo-Kupplung.

der Auftritt des Fendt-Konstrukteurs Siegfried Leutner im Agrartechnischen Kolloquium des Instituts für Landtechnik der Universität Hohenheim. Dort kommt nicht jeder zu Wort, sondern Kompetenz und Fachautorität müssen vorhanden sein, damit man Gelegenheit erhält, über landtechnische Neuerungen vor Fachkollegen und Studenten zu referieren. Siegfried Leutner war nicht das erste Mal in Hohenheim. Vor Jahren schon hatte er, damals noch Schlüter-Konstrukteur, den Euro-Trac in überzeugender Weise vorgestellt. Nun aber war aus dem Oberpfälzer ein Allgäuer geworden, der die neue Mittelklasse von Fendt, die Favorit-Baureihe 500 C vorstellte.

Nicht die kompletten Traktoren mit den Typenbezeichnungen 510 C, 512 C oder 514 C waren sein Thema. Dann hätte er ja über die MWM-Motoren mit Verteiler-Einspritzpumpen, die Kabinen und vieles mehr sprechen müssen, was den Rahmen der Veranstaltung gesprengt hätte.

Siegfried Leutner, ein Ingenieur ohne jedweden akademischen Dünkel, beschränkte sich auf die Vorstellung der in den 500er-C-Favoriten zum Einbau kommenden gefederten, niveau-regulierten Vorderachse. Dieses Thema allein reichte aus, um leitende Mitarbeiter anderer Traktoren-Hersteller nach Hohenheim anreisen zu lassen. Und sie wurden allesamt nicht enttäuscht. Leutner skizzierte in unnachahmlicher Weise das auf die Fendt-Mitarbeiter Gerd Rathke und Johann Epple zurückgehende Patent so, dass alle meinten, es verstanden zu haben.

Doch der Meister hatte längst nicht alles offenbart. Die Achsfederung an Traktoren gehört nun einmal zur hohen Schule der Traktoren-Technik, was die Beschreibung ihrer Wirkungsweise durch Experten zu erkennen gibt. Das Funktionieren der gefederten Fendt-Vorderachse klingt dann so: »Auf der linken Seitenflanke des Motors befindet sich ein Drehpunkt. Wie eine Schere öffnet sich über dieser Achse ein Winkel. Auf der rechten Seite wiederum ist ein Hydraulikzylinder angebracht, der den Öffnungswinkel dieser Schere in etwa gleich hält. In der Rücklaufleitung dieses Zylinders sind zwei Stickstoffblasen zwischengeflanscht. Diese Elemente sind für den Dämpfeffekt verantwortlich. Der Federweg liegt bei sechs Zentimeter Bewegungsfreiheit nach oben und unten. Falls erforderlich, lässt sich die Federung auch blockieren. Ein Sensor soll die mittlere Lage der Achse zum Traktor hin erfassen.

Wird der Schlepper vorn belastet, sinkt die Frontpartie ab. Durch einen höheren Druck stellt daraufhin der Hydrau-

Das Schnittbild des Favorit 514 C zeigt den hohen technischen Standard dieser Baureihe.

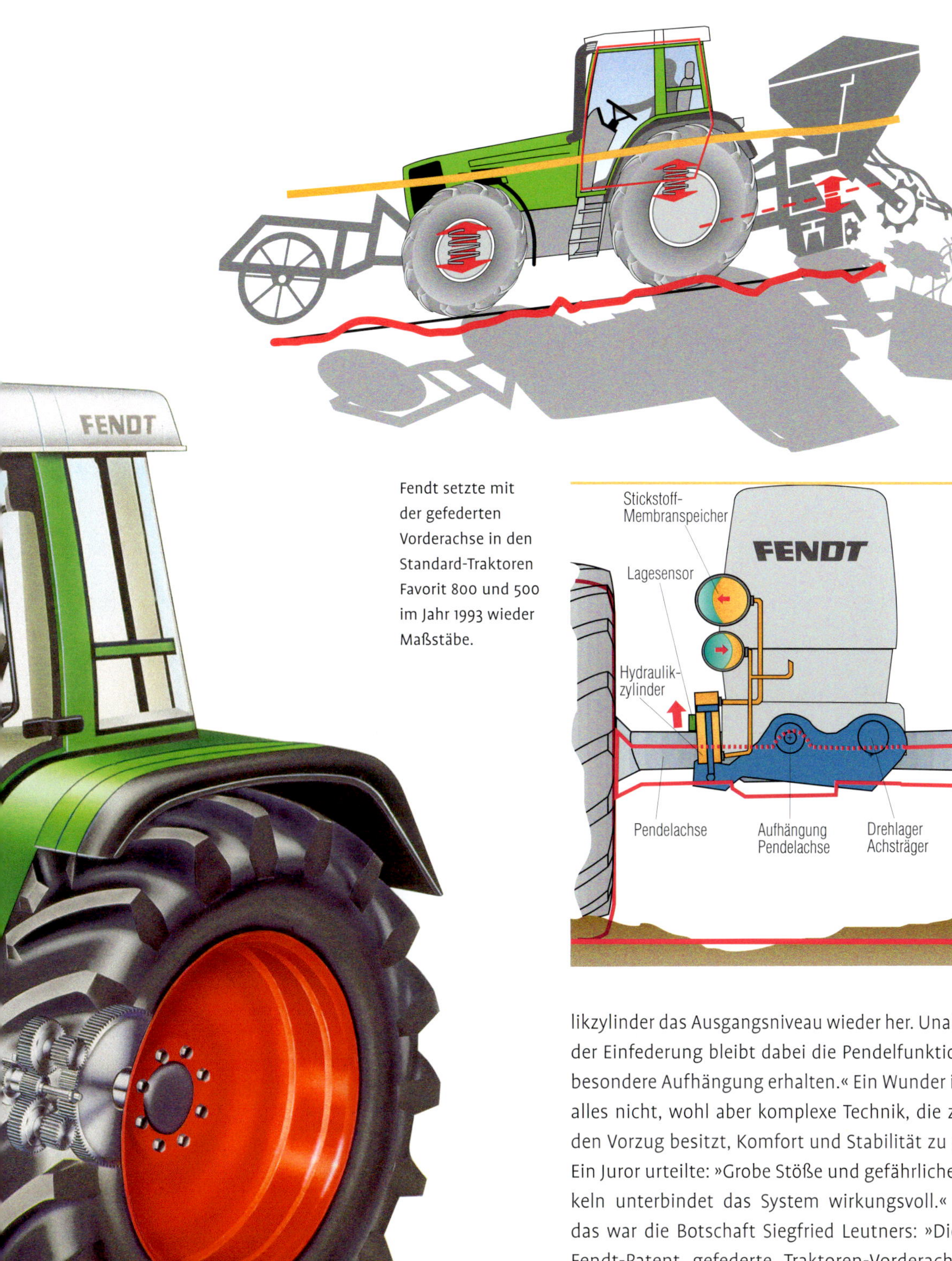

Fendt setzte mit der gefederten Vorderachse in den Standard-Traktoren Favorit 800 und 500 im Jahr 1993 wieder Maßstäbe.

likzylinder das Ausgangsniveau wieder her. Unabhängig von der Einfederung bleibt dabei die Pendelfunktion durch die besondere Aufhängung erhalten.« Ein Wunder indes ist das alles nicht, wohl aber komplexe Technik, die zudem noch den Vorzug besitzt, Komfort und Stabilität zu garantieren. Ein Juror urteilte: »Grobe Stöße und gefährliches Aufschaukeln unterbindet das System wirkungsvoll.« Und genau das war die Botschaft Siegfried Leutners: »Die nach dem Fendt-Patent gefederte Traktoren-Vorderachse verträgt Tempo 50«.

Der Paukenschlag war gelungen. Das Interesse für Fendt war wieder da und führte auf der zwei Monate später in Frankfurt/Main stattfindenden Agritechnica 1993 zu Besucheraufläufen. Alle wollten persönlich in Augenschein nehmen, was die »Allgäuer Mächler« da zuwege gebracht hatten. Den Fendtlern war es recht, den Genossenschaften nicht minder und den Landwirten sowieso. »Mit neuen Traktoren will Fendt wieder die Führung übernehmen«, überschrieb die FAZ am 6. Dezember 1993 ihren Messebericht. Wiedergegeben wurde unter anderem das Statement des Fendt-Geschäftsführers Dr. Bucher, dass Fendt mit der jetzt verfügbaren Technik vor der Zukunft, was immer sie bringen möge, keine Angst zu haben brauche.

Und die Vertriebspartner zogen mit. Allein die BayWa orderte 250 der neuen Fendt-Traktoren und setzte damit ein weithin zur Kenntnis genommenes Zeichen des Vertrauens.

Der Traktorenmarkt ist hoch sensibel. Stimmungen, Meinungen, Ansichten spielen eine große, allerdings nur schwer zu veranschlagende Rolle. Aus ihnen können sich Trends entwickeln, die letztendlich darüber entscheiden, ob am Ende eines Jahres Gewinne oder Verluste die Bilanz zieren. Fendt brachte im Herbst 1993 das Kunststück fertig, mitten in der Krise die Stimmungen zu beeinflussen, den Trend zum Positiven umzukehren, und die Resultate ließen nicht auf sich warten. »Auftragsschub zum Jahresende« oder »Fendt gut in Fahrt« lauteten Überschriften in der Fachpresse, die mitteilte, dass bei Fendt Inlandsnachfrage und Export wieder anzuziehen begannen.

Den neuen Fendt Xylon der Baureihe 500 gab es mit 110 PS, 120 PS und 140 PS.

Der Schub kam für Fendt genau zum richtigen Zeitpunkt. Auf dem deutschen Traktorenmarkt hielt die Talfahrt an und brachte den Herstellern ein Minus von 4,5 % auf 27380 Neuzulassungen. Fendt dagegen konnte mit 4385 Einheiten leicht zulegen, mit der erfreulichen Konsequenz der Rückeroberung der Marktführerschaft! 16,0 % Marktanteil standen zu Buche und bescherten einen Vorsprung von 0,5 % vor Case-IH und 2 % vor John Deere.

Ursächlich für dieses Ergebnis war vor allem die gute Akzeptanz der neuen Favorit-Traktoren in den neuen Bundesländern. 567 Neuzulassungen bedeuteten für Fendt Rekord, auch wenn der Marktanteil mit 9,5 % noch immer ausbaufähig erschien. In der eingehenden Analyse offenbarte sich aber ein Knaller.

In der Königsklasse der Traktoren mit über 230 PS-Leistung hatten sich die 824er-Favoriten durchgesetzt. In 105 Fällen hatten sich ostdeutsche Landwirte für deren Kauf entschieden, und damit den Wettbewerbern Case-IH mit 80 und Ford mit 28 Käufen das Nachsehen gegeben. Im Osten hatte Fendt im fünften Nachwendejahr spät zwar, aber offensichtlich nicht zu spät, den Durchbruch geschafft.

Günstig entwickelte sich 1994 auch der Export. Anders als in Deutschland hatte Fendt Anteil an der in Westeuropa herrschenden guten Traktoren-Konjunktur. Um 8,2 % auf insgesamt 147000 Traktoren stieg der Branchenabsatz. Fendt wiederum verkaufte exakt 3216 Traktoren ins Ausland, was einer Zunahme um 20 % entsprach. Der Marktoberdorfer Produktion tat dies gut. Zum einen hatte man kräftig Personal abgebaut und Kosten gesenkt, zum anderen konnte die Jahresproduktion geringfügig auf 6790 Einheiten gesteigert werden.

Die Traktoren des Jahres 1994 entsprachen aber nur noch zum geringen Teil den Traktoren von 1993. Im Umsatz fand die erfolgte Aufwertung ihren sichtbaren Niederschlag. Nach 715 Mio. DM im Vorjahr kam Fendt 1994 auf 865 Mio. DM und erwirtschaftete, was noch wichtiger war, wieder Gewinn. Den Hauptanteil steuerte die Traktorensparte bei, doch schwarze Zahlen schrieben auch die KMF und das Caravan-Werk in Asbach-Bäumenheim.

Veränderungen bestimmen das unternehmerische Leben. In der Führungsriege von Fendt bedeutete dies, dass die nach dem Weggang von Dr. Kaiser zunächst praktizierte kollegiale Lösung nicht von Dauer sein würde. Dem Beirat schwebte vielmehr vor, die Position des Vorsitzenden der Geschäftsführung neu zu besetzen. Man entschied, zum 1. April 1994 Dr. Georg F. Gickeleiter mit der Aufgabe als Unternehmens-Chef zu betrauen. Dr. Gickeleiter kam von der Claas oHG, Harsewinkel, nachdem er zuvor etliche Jahre bei John Deere & Co. gearbeitet hatte. Die Landmaschinenbranche war ihm also bestens vertraut.

Auf jeden Fall wusste er um die Bedeutung von Feldtagen für die Image-Gestaltung eines Landtechnik-Produzenten. Unvergessen waren die Schlüter-Feldtage, doch deren Zeit war vorbei. Dr. Botho von Schwarzkopf, Geschäftsführer der

Die von Fendt und Saaten-Union gemeinsam organisierten Feldtage auf dem Gut Möschenfeld bei München lockten Tausende von Besuchern an.

Saaten-Union, machte 1994 den Vorschlag, unter dem Fendt-Zeichen die bewährte Tradition aufleben zu lassen. Mit ins Boot geholt wurde die von Finck'sche Agrargesellschaft, die das Gut Möschenfeld östlich München bewirtschaftete. Damit stimmten die Voraussetzungen! Die Fläche war vorhanden, die Saaten-Union zeigte Schauversuche mit Mais und Zwischenfrüchten, und Fendt fuhr nicht weniger als 47 Traktoren auf. Für jeden von ihnen gab es reichlich Arbeit! Hier arbeitete ein 6,40 m breiter Mulcher am Heck eines mit Rückfahreinrichtung ausgestatteten 190 PS starken Fendt-Favorit, dort wurde ein 3-reihiger Maishäcksler in Schubfahrt von einem 230-PS-Favorit eingesetzt.

Zur Freude der rund 15 000 Landwirte rüttelte und dröhnte es auf Gut Möschenfeld, doch der Star der Veranstaltung kam eher ruhig daher. Drei Vorserienmaschinen der neuen Xylon-Baureihe 500 empfahlen sich als Synthese aus Trac, Freisicht- und Standard-Traktor. In Blockbauweise angelegt, entsprachen sie in der technischen Ausrüstung weitgehend den Favorit-Baureihen 500 C und 800. Angetrieben von MAN-Motoren mit 4,58 l Hubraum, verfügten sie serienmäßig über die gefederte Vorderachse, während die Zweimann-Kabine völlig neu war.

Bei der Vorstellung wurden Geräumigkeit und der Komfort der Sitze besonders herausgestellt, die Landwirte jedoch beeindruckte bei Probefahrten vor allem der niedrige Geräuschpegel, der, wie Messungen ergaben, am Fahrerohr beträchtlich unter 73 dB(A) lag. Ein kleines, bescheidenes Jubiläum rundete den ersten Fendt- / Saaten-Union-Feldtag ab. Die Vorstellung der Xylone erfolgte genau 10 Jahre nach der Präsentation der GTA-Freisicht-Traktoren!

Wer sich nicht geschont und das Feld gut bestellt hat, der soll reichlich ernten. So heißt es im Buch der Bücher, und so gilt es unter Bauern bis auf den heutigen Tag. Sich nicht geschont hatten die Fendtler, und das Feld mit ihren Farmern, Favoriten, GTAs und Xylonen gut bestellt hatten sie auch. Einzig auf die gute Ernte mussten sie ein wenig warten, doch was sich 1994 abgezeichnet hatte – steigende Produktions- und Verkaufszahlen –, setzte sich 1995 verstärkt fort. Auf dem neuerlich um 3,3 % schrumpfenden deutschen Traktorenmarkt steigerte Fendt seine Verkäufe um 2,3 %. 4488 im Inland abgesetzte Traktoren entsprachen einem Marktanteil von 16,9 % und bedeuteten wiederum die Marktführerschaft. John Deere, Case-IH und Deutz-Fahr hatten in dieser Reihenfolge das Nachsehen.

Im Ausland erzielte Fendt vor allem in Frankreich, Italien und Großbritannien Erfolge. 3319 exportierte Traktoren entsprachen einer Exportquote von 42,5 %, und es wäre wohl ein noch besseres Ergebnis möglich gewesen, hätte Fendt nur immer die gewünschten Modelle in passender Anzahl verfügbar gehabt.

Die Jahresproduktion machte einen Sprung nach vorn und legte auf 7833 Einheiten zu. Darunter befanden sich übrigens 366 Traktoren für den außerlandwirtschaftlichen Einsatz. Kommunen, Bauwirtschaft und Landschaftspfleger hatten die Vorzüge des Fendt-Programms entdeckt, allen voran des Xylon.

Die Zeichen standen bei Fendt auf Wachstum. Der Umsatz stieg um 4 % und erreichte die neue Rekordhöhe von 900 Mio. DM! Da musste auch die Belegschaft aufgestockt werden. Mit den neu eingestellten 60 Personen standen Ende 1995 wieder 2945 Mitarbeiter auf den Gehaltslisten von Fendt. 1505 Personen arbeiteten in Marktoberdorf, 403 bei der KMF im Werk 2, und 990 in Asbach-Bäumenheim, wo sie Karosserieteile und Kabinen für Traktoren sowie Wohnwagen und Wohnmobile für den Freizeitbereich herstellten. Sie alle hatten Anteil daran, dass Fendt, »getragen durch Umsatzwachstum und Kostenentlastungen« zum Jahresende einen »ordentlichen Ertrag« erwirtschaftet hatte.

Dr. e.h. Hermann Fendt erlebte den Jahresabschluss nicht mehr. Für alle überraschend verstarb der gerade 84 Jahre alt gewordene Gesellschafter der Fendt-Unternehmensgruppe am 17. August 1995. Auf der Trauerfeier würdigten Dr. Ahrens als Beirats-Vorsitzender der Xaver Fendt GmbH & Co., Staatssekretär Alfons Zeller vom Bayerischen Finanzministerium, der Landrat des Ostallgäus, Adolf Müller, die Bürgermeister von Marktoberdorf und Bäumenheim, Weinmüller und Eichhorn, Wolfgang Deml als Vorsitzender der BayWa, Professor Matthies von der Technischen Universität Braunschweig und Bernard Krone von der Landmaschinen- und Ackerschlepper-Vereinigung sein Lebenswerk. Alle bekundeten tiefen Respekt und konzidierten, dass damit für das Unternehmen, den Ort, die Region, die Traktorengeschichte eine Epoche zu Ende gegangen war. Ab sofort fungierten fünf Erben der Stämme Hermann und Xaver Fendt als Hauptgesellschafter, während Paul (verstorben am 8. Januar 2004) als letzter lebender der drei Fendt-Brüder nur einen geringen Anteil am Unternehmen besaß.

Es spricht für die seit fast anderthalb Jahrzehnten praktizierte Trennung von Eignerfamilie und Geschäftsführung, dass der Betrieb im Unternehmen trotz des Todes eines weiteren der Gründer konsequent und erfolgreich weitergeführt wurde. Die Dynamik hatte keinen Schaden genommen, vielmehr waren alle Anstrengungen der Fendtler auf den Spätherbst konzentriert. Erstmals rief 1995 Hannover als Austragungsort der Agritechnica zur landtechnischen Leistungsschau und am neuen, norddeutschen Messeort mit starker Ausstrahlung in den Osten wollte sich Fendt von der besten Seite präsentieren.

Als Neuheit angemeldet hatten die Marktoberdorfer zum einen in Erweiterung der Favorit-500-Baureihe das Modell Favorit 515 C. Zu dessen Kennzeichen zählten der 150 PS starke 6-Zylinder-Motor, Vorderachsfederung sowie das für den Geschwindigkeitsbereich zwischen 0,5 km/h und 50 km/h ausgelegte Turboshift-Getriebe.

Zum anderen tauchte in der Neuheitenliste der Traktor Favorit 926 auf, dessen mit Turbolader und Ladeluftkühlung ausgestatteter 6-Zylinder-MAN-Motor über eine Leistung von 260 PS verfügte. War das schon imponierend, so lag der Schlüssel zum echten Verständnis des Favorit 926 jedoch bei einem anderen Bauteil, dem Getriebe. Selbstbewusst hieß es in der Pressevorstellung: »Mit dem Favorit 926 präsentiert Fendt als erster Traktorenhersteller ein 260 PS starkes Systemfahrzeug mit revolutionärer, stufenloser Antriebstechnik für die zukünftigen Anforderungen europäischer Großbetriebe und Lohnunternehmer. Vario vereint erstmalig den Wirkungsgrad eines Lastschaltgetriebes mit den Vorteilen eines stufenlosen Fahrantriebs. Sein Geheimnis heißt Leistungsverzweigung, die Hydrostatik und Mechanik zu einer stufenlosen Antriebseinheit verbindet«. Zu ergänzen ist, dass es der modernen Elektronik vorbehalten blieb, das Vario-Getriebe serienreif zu bekommen.

Da staunte die Fachwelt und die Landwirte wunderten sich, zumal die durch das neue Vario-Getriebe bewirkten Vorteile nicht gerade bescheiden ausfielen. »Stufenloses, ruckfreies Anfahren; optimale Anpassung an jegliche Einsatzbedingungen; keine Schaltvorgänge mehr; automatisierte Bedienung; bis zu 10 % mehr Flächenleistung bei optimalem Kraftstoffverbrauch; Zeit- und Kostenersparnis« stellte Fendt in Aussicht und entsprach damit lang gehegten, aber immer wieder für unerfüllbar gehaltenen Wünschen vieler Landwirte. Doch wie funktioniert das Vario-Getriebe tatsächlich? Vordergründig hat es der Landwirt nur mit einem einzigen Hebel zu tun. In der Fachzeitschrift »top agrar« wurde er in der Ausgabe 1/96 so vorgestellt:

Die Fachpresse vergab beste Noten und die DLG-Prüfstelle bestätigte einen guten Wirkungsgrad für das neue Vario-Getriebe.

Große Überraschung auf der Internationalen Fachausstellung Agritechnica 1995 in Hannover: Fendt stellt den weltweit ersten serienreifen Großschlepper mit dem stufenlosen Vario-Getriebe vor.

»Beim Vario-Getriebe wählt man zunächst den Fahrbereich per Knopfdruck vor. Bereich I eignet sich für Ackereinsätze und reicht von 0 bis 32 km/h vorwärts und 0 bis 20 km/h rückwärts. Auf der Straße wählt der Fahrer den Bereich II von 0 bis 50 km/h vorwärts und 0 bis 40 km/h rückwärts. Nach Betätigung einer Aktivierungstaste drückt man den Fahrhebel nach vorn. Das Fahrzeug beschleunigt so lange, wie der Fahrhebel festgehalten wird.

Um die Fahrgeschwindigkeit zu verringern, zieht der Fahrer den Hebel nach hinten. Der Schlepper kann so zum Stillstand gebracht werden, bis er anschließend rückwärts beschleunigt.

Eine Feinsteuerung mit Tipptasten ist ebenfalls möglich. Außerdem kann die Fahrtrichtung automatisch gewechselt werden, indem der Fahrhebel nach links angetippt wird (Schnell-Reversierung). Die Tempomatfunktion lässt sich per Knopfdruck aktivieren. Die Fahrgeschwindigkeit wird dann auch bei veränderter Motordrehzahl konstant eingehalten. Mit zwei weiteren Memotasten lassen sich weitere Vorwärts- und Rückwärts-Fahrgeschwindigkeiten speichern. Sie werden bei der Schnell-Reversierung abgerufen, z. B. am Vorgewende. Wenn die Motordrehzahl bei starker Belastung abfällt, wirkt automatisch die Grenzlastregelung und ändert die Getriebeübersetzung. Die Grenzlastregelung kann bei Bedarf auch abgeschaltet werden.«

Vergleicht man die Schaltknüppel der Traktorgetriebe vergangener Zeiten mit dem Vario-Fahrhebel, dann mutet letzterer beinahe wie ein Wunder an. Vollgepackt mit

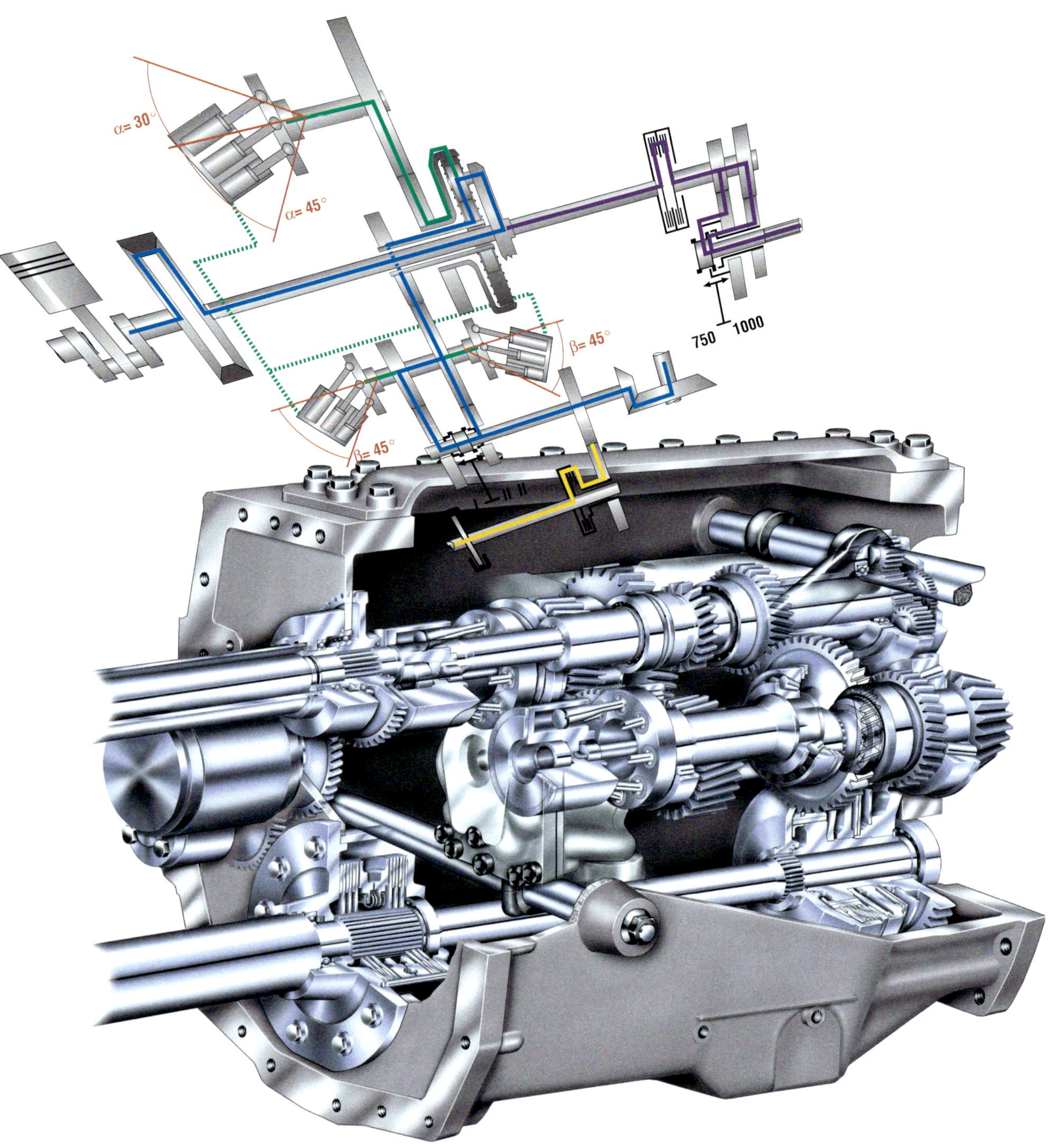

Elektronik bewirkt er im Getriebe Vorgänge, an die vor Jahrzehnten kein Landwirt zu denken wagte. Dabei ist klar, dass der Hebel nur ein kleines, sichtbares Teil ist, während sich die eigentliche technische Revolution unsichtbar für den Betrachter im Getriebe selbst abspielt. Das Fachmagazin »profi« hat, wie alle anderen Fachzeitschriften auch, dem Vario-Getriebe große Aufmerksamkeit zukommen lassen. In Heft 11/96 erfolgte eine prägnante Vorstellung des leistungsverzweigten Vario-Getriebes:

»Die Getriebe-Eingangswelle (vom Motor kommend) führt in ein Planetengetriebe, das die Leistung verzweigt. Entweder wird die Kraft über das äußere Hohlrad zur Axialkolbenpumpe geführt, die ihrerseits zwei Ölmotoren auf der ›Summierungswelle‹ zu den Rädern antreibt (= hydrostatisch). Oder die Kraft vom Motor wird über das innere Sonnenrad zu einem Zahnradpaar geführt, das die Summierungswelle dann mechanisch antreibt. Der Clou: Das Planetengetriebe kann die eingehende Kraft beliebig auf zwei ausgehende Wege verteilen.

Bei stehendem Traktor ist die Axialkolbenpumpe nicht geschwenkt, fördert also kein Öl. Gleichzeitig halten die Ölmotoren die Summierungswelle fest, der Schlepper steht

kraftschlüssig still. Beim Anfahren schwenkt die Pumpe aus und fördert Öl zu den Ölmotoren, die dann die Summierungswelle und damit den Schlepper antreiben. Bei halber Fahrgeschwindigkeit (in Fahrstufe 1 also bei 16 km/h) ist die Axialkolbenpumpe voll ausgeschwenkt, und die Ölmotoren an der Summierungswelle sind noch ca. ⅓ ausgeschwenkt. Jetzt wird etwa die Hälfte der Kraft über den hydrostatischen Weg übertragen, die andere Hälfte geht jedoch schon über das inzwischen mitdrehende Sonnenrad auf mechanischem Weg zu den Rädern.

Bei voller Fahrt werden die Ölmotoren auf der Summierungswelle ganz eingeschwenkt: die Axialkolbenpumpe braucht kein Öl mehr zu fördern, denn über das Sonnenrad und das Zahnradpaar wird die Kraft vom Motor direkt mechanisch auf die nun freidrehende Summierungswelle übertragen. Die Übergänge von ›hydrostatisch‹ (beim Anfahren) zu ›mechanisch‹ (bei voller Fahrt) sind fließend«, wobei der Hydrostat mit zunehmender Drehzahl immer weniger zum Geschehen beiträgt.

Die Stellungnahmen der Fachwelt waren zunächst überaus skeptisch. »Das geht nie und nimmer«, hieß es und selbst eingefleischte Getriebe-Experten erwarteten jede Menge Unbill von schlechtem Wirkungsgrad bis hin zu hoher Reparaturanfälligkeit. Ohne Zweifel, ein technisches Wagnis war der Favorit 926 Vario allemal, doch die Fendt-Ingenieure wussten, was sie taten. Sie hatten Motor und Getriebe konsequent aufeinander abgestimmt und immer und immer wieder getestet. Über allem aber lag jahrelang der Mantel der Diskretion, an die sich die beteiligten Firmen konsequent hielten, vom Motorenlieferanten MAN bis zum Spezialisten für hydrostatische Fahrantriebe, der Fa. Sauer des langjährigen Arbeitgeber-Präsidenten Klaus Murmann.

Nun aber scheute Fendt die öffentliche Diskussion nicht mehr. Die DLG-Prüfstelle erhielt ausführlich Gelegenheit, im Beisein von Fachjournalisten den Wirkungsgrad des leistungsverzweigten Vario-Getriebes zu messen. Das Urteil fiel eindeutig aus. »Höhere Verluste sind mit dem stufenlosen Vario-Getriebe kein Thema, der Wirkungsgrad ist sehr gut«. Ähnlich lauteten die Stellungnahmen von Praktikern, die mit dem Fendt 926 Vario arbeiteten. Nach ausgiebigem Pflügen und Säen sowie nach vielfachen Transportfahrten lobten sie einen unerreichten Bedienungskomfort und verbesserte Produktivität, »weil jede Arbeitsgeschwindigkeit ab 10 m/h möglich ist und das Leistungsoptimum besser angefahren werden kann.« Da wurde der höhere Preis bereitwillig in Kauf genommen. Die Differenz zwischen dem Fendt 824 mit 230 PS Leistung und dem 926 Vario betrug brutto 16 800 DM mehr. Dieser Betrag erschien fortschrittlichen Landwirten, wie Umfragen bestätigten, für 30 PS mehr Leistung und das stufenlose Getriebe allemal angemessen.

Prominenz anlässlich der Übergabe des 500000sten Fendt-Traktors in Marktoberdorf am 16. Juli 1996. Von links: Ignaz Kiechle und Josef Ertl, ehemalige Bundeslandwirtschaftsminister, Paul Fendt, Dr. Klaus Burkart, Landwirt, Jochen Borchert, Bundeslandwirtschaftsminister, Dr. Georg F. Gickeleiter, Vorsitzender der Fendt-Geschäftsführung, und Karl Peter, Fendt-Geschäftsführer Produktion.

Fendt war die Überraschung auf der hannoverschen Agritechnica '95 bestens gelungen. Die Rolle des Marktführers in Deutschland untermauerte man eindrucksvoll mit der Einschätzung, Spitzenreiter auf dem Gebiet der Traktoren-Technologie zu sein. Und die Botschaft kam im Lande an. Durch Belegschaft und Vertrieb war ein Ruck gegangen, der die Landwirte erfasst hatte. Mit Jahresbeginn 1996 konnte Direktor Hermann Merschroth, Leiter Gesamtvertrieb, steigende Fendt-Verkaufszahlen registrieren, in den alten und neuen Bundesländern ebenso wie auf den Exportmärkten.

Das fortlaufende Aufaddieren der Produktionszahlen seit 1930 hatte ergeben, dass Fendt bis Ende des Jahres 1995 genau 495967 Traktoren produziert hatte. So wie die Geschäfte liefen, würde es nicht mehr lange dauern und der 500 000. Fendt-Traktor von den Produktionsbändern rollen. Die Geschäftsführung war sich einig, dieses Ereignis musste in einer würdigen Feier begangen werden. Am 16. Juli 1996 war es soweit. Als Jubiläumstraktor auserkoren wurde ein 140 PS starker Systemschlepper Xylon 524, der bereits vor Fertigstellung verkauft war. Über die BayWa hatte Dr. Klaus Burkart, Besitzer des bei Mindelheim liegenden Gutes Ostettringen, den Traktor geordert, um mit ihm die motorische Schlagkraft seines Betriebs den aktuellen wirtschaftlichen Erfordernissen anzupassen.

Der Festakt geriet zu einem großartigen Erlebnis. Drei Bundeslandwirtschaftsminister, Josef Ertl, Ignaz Kiechle und Jochen Borchert, machten dem Traktoren-Hersteller ihre Aufwartung. Stark vertreten war die Fendt-Familie. Paul Fendt als jüngster der Fendt-Brüder, die Witwen der Firmengründer, Therese und Marianne Fendt, sowie die Söhne Johann Georg, Peter, Stefan und Werner Fendt nutzten die Gelegenheit, um deutlich zu machen, dass es sich bei der Fendt-Gruppe nach wie vor um ein Familienunternehmen handelte. Die Begrüßung der vielen hundert Gäste aus nah und fern oblag dem Vorsitzenden der Geschäftsleitung, Dr. Gickeleiter. In launigen Worten hob er hervor, dass Fendt traditionell jeder Gast wichtig sei. Im Grund aber waren stets am wichtigsten die Kunden, die Landwirte, Lohnunternehmer und Kommunen, »die mit ihrer Unterschrift unter dem Kaufvertrag die Entscheidung für Fendt treffen und damit das entscheidende Votum für die Überlegenheit unserer Produkte geben.«

Die eigentliche Festansprache hielt Minister Dr. Borchert. Unter dem Motto »Mit neuen Ideen und schöpferischer Kraft in die Zukunft« bot er Rückblick und Vorausschau zugleich. Als Beispiel für Entwicklung und Umsetzung innovativer Technologien durch Fendt stellte der Minister besonders das landwirtschaftliche BUS-System heraus: »Mit diesem System«, so Jochen Borchert, »können elektronisch gesteuerte Geräte verschiedener Hersteller miteinander verbunden werden. Die Firma Fendt hat die Bemühungen des Bundeslandwirtschaftsministeriums zur Entwicklung und Einführung dieses Systems tatkräftig unterstützt. Fendt wird als erster Traktoren-Hersteller der Welt das BUS-System in einem Schlepper verwirklichen.« Alle Anwesenden vernahmen die Kunde wohl, denn da war sie wieder, die Technologiekompetenz, in der Fendt das Rückgrat seines fast 70-jährigen Unternehmenserfolges sah.

Die Allgäuer Berge mit der St. Martinskirche in Marktoberdorf. Die Fendt-Firmenleitung hat es stets verstanden, die schöne Allgäuer Landschaft bei Lohn- und Gehaltsverhandlungen zugunsten der Unternehmer mit einzubeziehen.

Für die Handelspartner kam Direktor Alfred Dick von der BayWa, München, zu Wort. Der 500 000. Fendt-Traktor war zugleich auch der 168 312. Fendt-Traktor, der über die BayWa den Weg zum Kunden gefunden hatte. Dick hob hervor, dass hier nach wie vor ohne schriftliches Abkommen eine Partnerschaft bestehe, die mehr als sechs Jahrzehnte für alle Seiten vorteilhaft gewirkt habe. Den Abschluss bildeten Ausführungen des Fendt-Geschäftsführers Dipl.-Ing. Karl Peter. Der altgediente Fendtler sprach der Festversammlung aus dem Herzen, als er in kleinen Begebenheiten den »speziellen Fendt-Geist« lebendig werden ließ. Dazu gehörte für Anfänger die Erfahrung: »Mit Anstand zum Einstand, durch Fendt zum Wohlstand.«

Und auch in der Folgezeit blieb der Fendt-Geist lebendig. Neben Disziplin und partnerschaftlichem Miteinander verlangte er von den Mitarbeitern mehr als einmal, die Nähe der Berge als Teil des Gehalts zu verstehen: »Der Inhalt der Lohntüte ist wichtig, die gute Luft der Voralpenlandschaft und der einzigartige Blick auf das Alpenpanorama aber sind noch wichtiger«.

Die Resonanz auf die Marktoberdorfer Veranstaltung machte den Fendt-Pressemann Sepp Nuscheler mehr als zufrieden. »Nur wer weiß, wo er herkommt, hat auch eine Vorstellung von dem, wo er hin will«, hieß es in den Medien. Und Fendt wusste, wo man am Ende des Jahres 1996 sein wollte! Erstmals in der Geschichte sollte ein Umsatz von über einer Milliarde DM erreicht werden, weshalb man nicht müde wurde, mit weiteren Aktionen den Namen Fendt im Gedächtnis zu halten.

So veranstaltete Fendt Anfang September zusammen mit der Saaten-Union auf Gut Möschenfeld den zweiten Feldtag. Das komplette Traktoren-Programm mit Motorleistungen zwischen 60 und 260 PS wurde aufgefahren. Im Mittelpunkt des Interesses aber stand eindeutig der Favorit 926 Vario, der sich nach Worten von Dr. Gickeleiter bereits in 20 Exemplaren bei Kunden in ganz Europa im praktischen Einsatz befand und zur Zufriedenheit aller arbeitete. 11 000 Besucher vor Ort unterstrichen die Richtigkeit der Veranstaltung, die in den Medien breiten Widerhall fand.

Zum Jahresende wurde Bilanz gezogen. Das große Ziel war erreicht. Mit einem Umsatz von 1036 Mio. DM zählte Fendt erstmals zu den Umsatz-Milliardären. Ein Umsatzschub um deutliche 14 % hatte es möglich gemacht. Stolz war man auf die Produktionsleistung von 8809 Traktoren, die so hoch ausfiel wie seit fünf Jahren nicht mehr. Mit einem Inlandsabsatz von 4838 Schleppern erreichte Fendt bei einem Marktanteil von 17,7 % zum 11. Male Rang 1 bei den Neuzulassungen. Selbst auf dem schwierigen Traktorenmarkt in den neuen Bundesländern gab es deutliche Erfolge. 638 verkaufte Fendt-Traktoren entsprachen einem Anteil von 10,6 % und ließen das Unternehmen näher an die bisherigen Marktführer John Deere, Belarus (Minsk) und Case-IH heranrücken.

Stärkere Fortschritte noch als im Inland erzielte Fendt 1996 im Ausland. Gleich um 25 % auf 4162 Einheiten legte man im Export zu, wobei Frankreich, Italien, die Niederlande und Österreich sich einmal mehr als besonders gute Fendt-Kunden erwiesen.

Fendt im AGCO-Unternehmensverbund

Mitte November 1996 gingen Meldungen durch die Wirtschaftspresse, die alle Fendt-Freunde und die gesamte Schlepperwelt aufhorchen ließen. »Die Familie Fendt will nun doch verkaufen«, hieß es in einer Nachricht der Frankfurter Allgemeinen Zeitung (FAZ) vom 20. November, in der sogleich um Verständnis geworben wurde. »Der Zeitpunkt für den Verkauf ist gut gewählt«, hieß es, und die Zeitung deutete die Solvenz des Unternehmens an: »Über die Höhe der erzielten Gewinne wird zwar nicht gesprochen, doch werden nach Aussagen des Managements keine Verluste mehr geschrieben.« Ein Bankenpool unter Führung der Deutschen Bank habe sich gebildet und sei bemüht, Käufer für die Fendt-Gruppe zu finden.

An Interessenten für Fendt sollte es nicht mangeln. Schließlich befand sich die internationale Traktorenbranche schon seit geraumer Zeit in einem Zustand der globalen Neuordnung. So hatte erst unlängst der italienische Fiat-Konzern die Traktoren-Sparte des nordamerikanischen Automobilherstellers Ford übernommen und beide Firmen unter dem Dach der Fiat-Tochter New Holland vereinigt. Der Landmaschinen- und Traktoren-Bereich des Kölner Maschinen- und Anlagenbau-Unternehmens KHD

Das Firmenzeichen des US-Landmaschinenkonzerns AGCO Corporation.

wiederum, von Anbeginn einer der härtesten Konkurrenten von Fendt, wurde vom italienischen Traktoren-Hersteller Same gekauft. Der österreichische Traktoren-Hersteller Steyr schließlich hatte ebenfalls seine Selbstständigkeit verloren und gehörte nun zu dem global operierenden US-Landmaschinen- und Traktoren-Produzenten Case. Gerüchte über weitere Zusammenschlüsse und Übernahmen gab es zuhauf, und ab sofort bezogen sie Fendt mit in die Spekulationen ein.

Genau eine Woche später, am 27. November 1996, wurden die Übernahme-Mutmaßungen konkret. Die FAZ meldete: »Der amerikanische Landmaschinen-Hersteller Massey-Ferguson (MF) wird sich am deutschen Traktoren-Produzenten Fendt beteiligen, wie aus sicherer Quelle zu erfahren war«. Der Fendt-Betriebsrat zeigte sich überrascht. Zum einen war man nicht informiert, zum anderen fürchtete man um Arbeitsplätze. Insider der Traktoren-Szene jedoch reagierten eher verwundert auf die Nachricht. Sie wiesen darauf hin, dass Massey-Ferguson gerade zwei Jahre zuvor selbst Objekt einer Transaktion gewesen sei. Die frühere MF-Mutter, Varity Corp., Buffalo (NewYork/USA), hatte sich für 330 Mio. US-Dollar von dem Unternehmen getrennt, um sich ganz auf das Kerngeschäft als Automobilzulieferer konzentrieren zu können. Als Käufer von MF trat eine erst 1990 in Duluth (Georgia/USA) gegründete Firma AGCO in Erscheinung, die seitdem mehrfach nordamerikanische und auch einige internationale Landmaschinen- und Traktoren-Hersteller erworben hatte.

Am 28. November 1996 war klar, dass nicht MF, sondern AGCO ernsthaftes Interesse am Kauf von Fendt besaß. Doch um wen handelte es sich da eigentlich? Wer steckte hinter AGCO, deren Präsident Robert J. Ratliff in der angesehenen Londoner »Financial Times« soeben erklärt hatte, sein Konzern wolle in den nächsten fünf Jahren bis zu 1,5 Mrd. Dollar in den Erwerb europäischer Landmaschinen-Unternehmen investieren? Die Geschichte von AGCO führt zurück in die 1980er-Jahre, als der Kölner Maschinenbaukonzern KHD versuchte, durch den Erwerb des angeschlagenen US-Traktoren-Herstellers Allis-Chalmers seine Marktchancen in Nordamerika zu verbessern. Robert J. Ratliff war damals ausersehen, diese schwierige Aufgabe zu meistern. Doch so sehr er sich auch mühte, die amerikanischen Farmer waren nicht bereit, auf deutsche Konzepte einzugehen.

Innerhalb von vier Jahren scheiterte die amerikanische KHD-Tochter Deutz-Allis nach immensen Verlusten. Robert J. Ratliff aber sah Möglichkeiten einer Konsolidierung der KHD-Hinterlassenschaft. Mit neuen Geldgebern im Rücken gründete er 1990 die AGCO Corporation, kaufte weitere Unternehmen hinzu und entwickelte eine Mehr-Marken-Strategie. Händler und Kunden sollten danach aus einer Reihe von Marken und Produkten genau das auswählen können, was ihnen zusagte.

Das Konzept kam an. Der Umsatz von AGCO vervielfachte sich, und bereits 1994 ging das Unternehmen nicht nur an die Börse, sondern expandierte auch ins Ausland. Ende 1994 verfügte AGCO über ein weltweites Händlernetz mit 7000 Verkaufsstellen und zählte zu den großen internationalen Landmaschinen-Konzernen. Dazu beigetragen hatte vor allem der Erwerb von Massey-Ferguson. Große Traktoren-Fabriken in Coventry (Großbritannien) und Beauvais (Frankreich) gehörten zu MF, das seine Produkte über ein weit gefächertes Vertriebsnetz in 140 Ländern der Erde vermarktete. Und MF war unter AGCO-Führung nicht kleiner geworden. Ende 1996 gehörte das Unternehmen zusammen mit ehemaligen Konkurrenten wie Gleaner, Hesston, New Idea und White zu einem Konzern, der mit 5600 Mitarbeitern einen Umsatz von 2,1 Mrd. Dollar und einen Gewinn nach Steuern von 128 Mio. Dollar erzielte.

Erhard Bittner, langjähriger Fendt-Betriebsrats-Vorsitzender, zeigte sich voller Sorge über einen Verkauf an AGCO. Er fürchtete vor allem um die noch immer 35 % betragende Fertigungstiefe bei Fendt, die höher lag als bei der Konkurrenz. Eine Verlagerung von Produktionsbereichen zu nicht ausgelasteten AGCO-Unternehmen würde seiner Ansicht nach unweigerlich mit einem Qualitätsverlust der Fendt-Traktoren einher gehen.

Zur Kenntnis genommen wurden diese aus bester Fendt-Tradition stammenden Vorbehalte wohl, allein von nachhaltiger Wirkung waren sie nicht. Nach Genehmigung durch das Bundeskartellamt erfolgte Ende Januar 1997 der Verkauf sämtlicher Fendt-Anteile an die AGCO Corporation. Die Verhandlungen für die Familie Fendt hatte Beirats-Vorsitzender Dr. Ahrens geführt. Rund 450 Mio. DM kostete die Nordamerikaner der Kauf von Fendt, dessen Fortbestand die neuen Eigner nicht in Frage stellten. »Fendt bleibt Fendt,

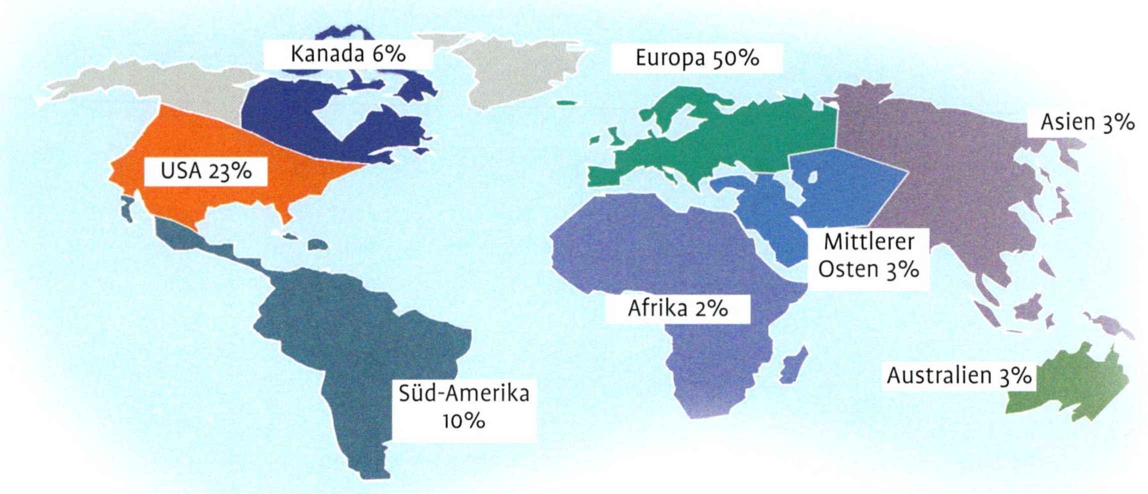

Umsatzverteilung nach Regionen

Robert J. Ratliff, Gründer und Vorsitzender des AGCO-Verwaltungsrats (Chairman).

nur der Besitzer hat gewechselt«, beruhigte Robert J. Ratliff die Gemüter in und um Marktoberdorf. Und dabei beließ er es nicht. Er machte den Fendtlern Hoffnungen, dass ihre Traktoren in naher Zukunft über AGCO in Kanada und den USA verkauft würden.

Bis es jedoch soweit war, mussten die Fendtler noch einen weiten, schwierigen Weg zurücklegen. Die Probleme begannen bei der Sprache. Auf einmal reichte gutes »Business English« nicht mehr aus. »Amerikanisch« war nun gefragt, und wo man sich in Marktoberdorf auf der mittleren und höheren Führungsebene umhörte, klangen Kassetten und CD's mit amerikanischen Sprachunterweisungen durch die Räume.

Gravierender waren die von den Nordamerikanern erhobenen technischen Forderungen. Unterschiedliche Spurweiten und nordamerikanischen Vorgaben entsprechende Normen konnten selbst den gutwilligsten bayerischen Ingenieur zur Weißglut bringen. Doch wo ein Wille ist, findet sich zumeist auch ein Weg. Beim großen »AGCO-Board-Meeting« in Marktoberdorf im Herbst 1997 konnten sich Verwaltungsrat und Top-Management der AGCO-Corporation davon überzeugen, dass man bei Fendt die Zeichen der Zeit verstanden und eindeutige Konsequenzen gezogen hatte.

Unruhe rief die Fendt-Übernahme durch AGCO auch bei einigen Vertriebspartnern hervor. Vor allem die BayWa ließ ihre Muskeln spielen und erklärte, man werde sich von niemandem, auch nicht von AGCO, diktieren lassen, wie eine zukünftige Zusammenarbeit auszusehen habe. BayWa-Vorstand Wolfgang Deml machte deutlich: »Fendt ohne BayWa geht nicht, um es mal frech zu sagen.« Doch auch hier bestätigte sich, dass nichts so heiß gegessen, wie gekocht wird. Jedenfalls dauerte es nicht lange, und BayWa und AGCO hatten sich arrangiert. Als »Director« rückte BayWa-Chef Deml in den Aufsichtsrat (Board) von AGCO ein und machte damit die Fortführung der bewährten Partnerschaft Fendt-BayWa für jedermann sichtbar. Die gleichfalls leistungsstarken Fendt-Partner in Baden-Württemberg, WLZ und ZG Raiffeisen, gingen sogar einen Schritt weiter. In ganzseitigen Anzeigen informierten sie die Bauern: »Die Eigner wechseln, nicht die Philosophie: Fendt bleibt Fendt«. Als High-Tech-Marke »Made in Marktoberdorf« werde Fendt auch in Zukunft das Vorbild für hochwertigen Traktorenbau sein und bleiben.

Die Stunde der Bewährung rückte für Fendt im Spätherbst 1997 mit der Agritechnica heran. Vor aller Öffentlichkeit musste sich zeigen, ob man die Übernahme durch AGCO verkraftet und dennoch nichts an Kreativität eingebüßt hatte. Der Auftakt in Hannover gelang nach Maß. Das Vario-Getriebe erhielt von einer aus 14 Experten bestehenden Jury die Goldmedaille zuerkannt. Als einziger Aussteller von stufenlosen, leistungsverzweigten Getrieben konnte Fendt für sich in Anspruch nehmen, kein theoretisches Konstrukt oder virtuelles Modell angemeldet zu haben, sondern eine bereits in mehr als 200 Großschleppern bestens bewährte Baugruppe.

Der Eindruck war überwältigend und zog die Stimmung der Fendtler hoch, zumal am Fendt-Stand weitere Attraktionen ausgestellt waren. Dies galt vor allem für die »Champions League« der Traktoren. Unter dem Motto »Vario Power × 4« zeigte Fendt dort außer dem Typ Favorit

Gezielte Anzeigenkampagne nach der Übernahme durch AGCO.

926 Vario mit den Typen 916 Vario, 920 Vario und 924 Vario gleich drei weitere Hochleistungs-Traktoren, deren MAN-6-Zylinder Turbo-Motoren Leistungen zwischen 170 und 230 PS entwickelten.

Daneben standen in der Standardklasse mit Motorleistungen von 75–95 PS mit Farmer C-Traktoren gleichfalls interessante Neuheiten bereit. Die drei Modelle Farmer 307 C, 308 C und 309 C verfügten über wassergekühlte 4-Zylinder-Turbo-Motoren von Deutz, das sich seit dem Verkauf der eigenen Traktoren-Fertigung leichter tat mit der Entwicklung und Zulieferung von leistungsfähigen Motoren.

Zielten die Traktoren der Standardklasse vornehmlich auf die zahlenmäßig starke Gruppe der selbstwirtschaftenden Landwirte ab, so sprachen die unterschiedlichen Xylon-Kombinationen vor allem den überbetrieblichen Maschineneinsatz an. Der »Xylon-4000-Liter« etwa, um ein Beispiel zu nennen, präsentierte sich als bis zu 50 km/h schnell fahrender »Pflanzenschutz-Profi«, zu dessen Entwicklung Spritzenhersteller wie Rau, Schmotzer und Damann technisches Know-how zur Verfügung stellten.

Die komplette Baureihe Favorit 900 Vario von 170–260 PS wurde erstmals auf der Agritechnica 1997 in Hannover vorgestellt.

Der Fendt-Auftritt auf der Agritechnica 1997 erwies sich als voller Erfolg. Der mit 1350 m² größte Fendt-Messestand aller Zeiten war seinem Anspruch als kompetentes Kommunikations- und Informationszentrum gerecht geworden. Über 200 000 Besucher ließen sich von »Cyber-Show« und Fahrdemonstrator, vor allem aber von den Traktoren selbst beeindrucken. Das DLG-Image-Barometer bestätigte die gute Resonanz. Umfragen unter Landwirten ergaben, dass die Marktoberdorfer in der Sparte Landtechnik vor Herstellern wie Claas, John Deere und Lemken auf Rang 1 lagen.

Wichtig wie die Agritechnica war, machte sie deshalb doch nicht Präsentationen im Ausland hinfällig. Ob auf der Sitevi im südfranzösischen Montpellier oder auf der Agrama im schweizerischen St. Gallen, ob auf der EIMA im italienischen Bologna oder der Fieragricola in Verona – überall trat Fendt im Laufe des Jahres 1997 in Aktion, um das Vertrauen der Landwirte zu erneuern.

Ob und wie dies Fendt im ersten Jahr der Zugehörigkeit zum AGCO-Verbund gelungen war, mussten die Jahresabschluss-Statistiken zeigen. 9643 produzierte Traktoren sprachen eine klare Sprache. Um 834 Einheiten hatte Fendt in der Produktion zulegen können und der Absatz verlief synchron. Auf einem diesmal um 5,6 % auf 25 852 Neuzulassungen geschrumpften deutschen Traktorenmarkt eroberte sich Fendt mit 4760 Einheiten einen Marktanteil von 18,4 % und lag damit erneut souverän auf Rang 1.
Zusätzliches Potenzial gab es gleichwohl immer noch. Vor allem in den neuen Bundesländern blieb Fendt gefor-

dert, lag man dort nach wie vor um einige Prozentpunkte hinter der Fendt-Position im Westen zurück.

Uneingeschränkte Freude bereitete dagegen der Export. Um 14 % auf 4745 Traktoren hatte Fendt die Ausfuhren steigern können mit besonders starken Zuwachsraten in Frankreich, Italien, den Niederlanden, Österreich, Schweiz, Portugal und Osteuropa.

Jahrzehnte lang informierte Fendt auf Pressekonferenzen und in hauseigenen Publikationen wie den »Fendt-Marketing-Briefen« über die Geschäftsergebnisse. Mehrfach wurde das Unternehmen dafür ausgezeichnet und auch 1997 hielt Fendt an der bewährten Tradition fest.

Die Verabschiedung des Geschäftsführers Karl Peter am 1. Juli 1997 etwa war Gegenstand eines ausführlichen Berichts, in dem eine Persönlichkeit gewürdigt wurde, die als wichtigste Auszeichnung nicht Orden und Ehrenzeichen empfunden hatte, sondern eine 40-jährige Zugehörigkeit zum Unternehmen. »Es war eine schöne Zeit bei Fendt, denn wir waren eine echte Familie«, lautete das Resümee von Karl Peter, das noch ganz auf die Fendt-Gruppe mit ihren Werken 1, 2, und 3 ausgerichtet war.

Doch Fendt war nicht mehr allein und nicht mehr alles. Aus Nordamerika kamen jetzt die entscheidenden Impulse, über die der »Annual Report«, der Geschäftsbericht der AGCO-Corporation Auskunft gab. »Growing Opportunity« hieß das AGCO-Motto für 1997 und stellte auf dem Titel wie auch im Text Fendt als Synonym für hochwertige Traktoren-Technologie groß heraus.

Zugleich wurde aber auch mitgeteilt, dass AGCO im Dezember 1997 die Bäumenheimer Caravan- und Wohnmobil-Sparte an das »Hobby-Wohnwagenwerk Ing. Harald Striewski GmbH« im norddeutschen Fockbeck verkauft hatte. Freizeitfahrzeuge passten nach Ansicht des AGCO-Managements nicht in die Produktpalette des Konzerns und so wurde in nüchterner, geschäftsmäßiger Weise eine Trennung vollzogen, obschon in Bäumenheim seit einigen Jahren »schön' schwarze Zahlen« erwirtschaftet worden waren. Eine 27-jährige Zugehörigkeit zur Fendt-Gruppe ging damit für das Caravan-Werk zu Ende, das immer Nebenschauplatz geblieben war, wenngleich ein einträglicher.

Den Standort Asbach-Bäumenheim gab AGCO deshalb aber nicht auf. Nach wie vor werden auf einem Teil des ehemaligen Dechentreiter-Areals Zulieferteile für alle Fendt-Traktoren gefertigt, allen voran Kabinen.

Gold für Fendt für das stufenlose Vario-Getriebe anlässlich der Agritechnica 1997 in Hannover. Von links: Robert J. Ratliff, Chairman von AGCO, Dr. Georg F. Gickeleiter, Vorsitzender der Fendt-Geschäftsführung, Hermann Merschroth, Fendt-Vertriebsleiter.

Nahezu gleichzeitig mit dem Verkauf der Freizeit-Sparte erwarb AGCO den dänischen Erntemaschinen-Hersteller Dronningborg Industries a/s, Randers. Dronningborg-Mähdrescher wurden schon seit einiger Zeit exklusiv durch Massey-Ferguson-Händler vertrieben und hatten sich vor allem auf dem Gebiet des »precision farming« eine Vorreiterrolle erworben. Genau das aber passte nach Ansicht der Konzerngestalter um Robert J. Ratliff zum AGCO-Konzern: High-Tech, GPS, BUS-Systeme, kurzum alles, was Technologie-Führerschaft begründete und in Zukunft wichtig für die Gestaltung der Präzisions-Landwirtschaft sein würde, sollte bei AGCO eine Heimat finden.

Dafür arbeiteten 11 000 Mitarbeiter und 8500 Händler in 140 Ländern der Erde. Der mit dieser Strategie unter 15 verschiedenen Markennamen erzielte Umsatz lag 1997 für die AGCO Corporation bei 3,2 Mrd. US-Dollar und platzierte das Unternehmen erneut in der Gruppe der Weltmarktführer in Sachen Landtechnik.

Die AGCO-Handschrift bei Fendt wurde zu Beginn des Jahres 1998 gleich mehrfach sichtbar. Dr. Georg Gickeleiter, Vorsitzender der Geschäftsleitung, verließ nach vierjähriger Tätigkeit das Unternehmen und erhielt in dieser Funktion keinen Nachfolger. Auch wurde die seitherige Xaver Fendt GmbH & Co. mit der gleichfalls in Marktoberdorf ansässigen ACGO GmbH & Co. verschmolzen. Rechtlich hörte Fendt damit als Unternehmen zu existieren auf, doch um die Existenz des Namens »Fendt« brauchte niemand zu fürchten.

Als Markenbezeichnung stand »Fendt« zu keinem Zeitpunkt zur Disposition und auch der Produktionsstandort Marktoberdorf erfuhr eher noch eine Aufwertung. In der neu zugewiesenen Funktion als »AGCO-Kompetenz-Zentrum für Traktoren« wuchsen dem Werk an der Johann-Georg-Fendt-Straße zukunftsweisende Forschungs- und Entwicklungsaufgaben zu. Hermann Merschroth, Geschäftsführer Vertrieb, erklärte denn auch auf einer Pressekonferenz: »Noch nie war Fendt so stark wie zur Zeit.«

Landwirten, Händlern und Journalisten dieses Leistungsvermögen zu demonstrieren, war Ziel des am 2. September 1998 auf den Feldern des Grafen Schönborn bei Würzburg veranstalteten Fendt-/Saaten-Union-Feldtags. Neben Bewährtem überraschte Fendt die rund 30000 Veranstaltungsteilnehmer mit der Vorstellung der neu entwickelten Traktorenreihe Favorit 700. Kennzeichen der Modelle 714 Vario (140 PS) und 716 Vario (160 PS) waren zum einen speziell für Fendt entwickelte wassergekühlte 6-Zylinder-Deutz-Motoren, die mit 5,7 l Hubraum, 24 Ventilen, Hochdruckeinspritzung, Turbo-Aufladung und Ladeluftkühlung alle Elemente moderner Dieselmotortechnik in sich vereinten.

Zum anderen hatten die Fendt-Ingenieure eine neue Variante des Vario-Getriebes mit der Bezeichnung ML 130 bereitgestellt. Es operierte wie die anderen stufenlosen Getriebe auch auf der Basis von Leistungsverzweigung und zwei Fahrbereichen, kam aber der geringeren Leistungsanforderung wegen mit einem Hydromotor aus. Von 20 m in der Stunde bis 50 km/h reicht sein Geschwindigkeitsbereich, der dem Landwirt den erwünscht effizienten Einsatz auf Acker und Straße erlaubte. Das Getriebegehäuse war aus Gründen der Schwingungs- und Geräuschdämpfung so stabil ausgelegt, dass es in Kombination mit dem erstmals von Fendt angebotenen Gusshalbrahmen tragende Funktion übernehmen konnte.

Rund 30000 Besucher kamen zur Premiere der Fendt-Neuheiten Favorit 700 Vario und Fendt-Mähdrescher anlässlich des großen Feldtages im September 1998 bei Würzburg.

Großen Wert hatten die Fendt-Konstrukteure zudem auf den Fahrkomfort gelegt. Ihm diente die Kombination von neuem Federungssystem der Vorderachse, Kabinenfederung, gefedertem Sitz und den Vorrichtungen der Schwingungstilgung bei angebauten Heckgeräten. Für die Optik bestimmt war schließlich das neue Design.

Aus dem Hause Porsche hatte man sich Rückendeckung verschafft und an die Stelle des bisherigen kantigen Traktorenprofils abgerundete Formen treten lassen. Ein wenig futuristisch muteten die Favorit-700er-Traktoren schon an, doch harmonierte die äußere Formgebung mit der Gestaltung des Kabineninneren. Dort herrschte die Bündelung modernster Bedienelemente vor vom Vario-Joystic bis zum Farbbildschirm, die Fendt zusammenfassend mit einem Kunstwort als »Vario-tronic« bezeichnete.

Damit hatte Fendt das technische Know-how aus der Königsklasse der Traktoren für die meistverkaufte Klasse der Traktoren mit Leistungen zwischen 121 und 150 PS verfügbar gemacht. Der dahinter stehende Grundgedanke war einleuchtend: Jeder Landwirt sollte nach Ansicht der Fendtler die Chance haben, die beste Traktoren-Technik einzusetzen, um seinem Betrieb so die Zukunft zu sichern.

Nüchterner dagegen waren die Beweggründe für den zweiten großen Paukenschlag des Feldtags von Gut Wadenbrunn. Erstmals stellte AGCO einem großen Publikum Fendt-Mähdrescher vor. Nein, aus Marktoberdorf stammten die 5- bzw. 6-Schüttler-Maschinen nicht. Vielmehr hatte die dänische AGCO-Tochter Dronningborg die Fahrzeuge aufgebaut, die allerdings wie die Favorit-700-Traktoren von wassergekühlten Deutz-Motoren der neuen Generation angetrieben wurden. Von 220–330 PS reichten die Motorleistungen der mit den Typenbezeichnungen 5220, 5250, 5300 und 5330 vorgestellten Mähdrescher. Das Hinzufügen des Namens Fendt sollte dagegen deutlich machen, dass hinsichtlich Ausstattung, Bedienerkomfort und technischer Qualität höchste Maßstäbe zur Anwendung kamen.

Alte Fendtler staunten nicht schlecht, als sie das Fendt-Zeichen auf Mähdreschern entdeckten. Einiger Erklärungsbedarf bestand, doch dann sahen auch die härtesten Kritiker ein, dass in global ausgerichteten Konzernen andere Maßstäbe gelten, als dies bei einem mittelständischen Traktoren-Hersteller der Fall ist. So war für den Bau der Fendt-Mähdrescher ausschlaggebend die bei der RHG Nord AG, Hannover, einem wichtigen Abnehmer von Fendt-Traktoren, entstandene Vertriebslücke bei Erntemaschinen. AGCO sah sich im Zusammenwirken mit Dronningborg und Fendt in der Lage, die Lücke mit »Premium-Produkten« zu schließen und daraus für die Marke Vorteile zu ziehen.

»Synergien erkennen und nutzen«, lautete die der Aktion zugrunde liegende Erkenntnis, die einem modernen Management-Lehrbuch hätte entnommen sein können und zudem weitere Chancen eröffnete. Keiner wollte auf den Fendt-Feldtagen oder 14 Tage später auf den in Oelber bei Bad Salzgitter veranstalteten »RHG-Fendt-Praxistagen 98« ausschließen, dass in Zukunft weitere Landmaschinen wie Pressen und Häcksler im Fendt-Kleid angeboten werden. Fendt könnte auf diese Weise eines Tages, so die Vision, zumindest in Europa zum Komplett-Anbieter aufsteigen.

Langweilig fiel das zweite AGCO-Jahr für Fendt also wahrlich nicht aus. Die neuen Herren schlugen ein hohes Tempo ein, das durch die dramatischen Veränderungen auf dem Gebiet der weltweiten Landwirtschaft und damit verbunden der Agrartechnik vorgegeben wurde. Im Ergebnis hatte der Fendt-Einsatz reiche Früchte getragen. Mit einer Jahresproduktion von 10720 Einheiten produzierten die Marktoberdorfer so viele Traktoren wie seit 1990 nicht mehr. Dass sich darunter der 525000. Fendt-Schlepper befand, sei nur am Rande vermerkt. Die Fendtler machten jedenfalls kein Aufhebens davon.

Auf dem endlich wieder einmal um 1687 Traktoren auf nunmehr 27539 landwirtschaftliche Zugmaschinen gewachsenen Inlandsmarkt konnte Fendt um 956 Traktoren zulegen. 5716 Neuzulassungen bedeuteten einen Marktanteil von 20,8 % und garantierten die Marktführerposition vor den Wettbewerbern John Deere und Case/IH/Steyr.

Auch der Export hatte 1998 gehalten, was sich die Fendtler von ihm versprochen hatten. Vor allem Frankreich, Italien und die Niederlande brachten ordentliche Zuwachsraten, während sich der erhoffte Sprung über den Atlantik für Fendt nicht frei von Anlaufschwierigkeiten gestaltete.

Das Bekenntnis zur Flexibilität gehörte seit der Gründung zu den Postulaten der AGCO-Corporation. 1999 wurde ihm um so höhere Bedeutung beigemessen, als alle Auguren ein Abflachen der internationalen Landtechnik-Konjunktur vorhersagten. Nordamerika allein habe sich auf eine Schrumpfung um 15–20 % einzustellen, hieß es, was ohne eine Rückführung von Kapazitäten kaum zu bewältigen sei. AGCO reagierte prompt mit Belegschaftsabbau und der Rücknahme von Produktionszielen. Fendt aber blieb davon weitgehend ausgespart. 10000 Traktoren pro Jahr trauten die Konzernstrategen Fendt auch in schwierigen Zeiten zu.

Das neue Hauben-Design beim Vario 700 löste unter den Landwirten anfangs heftige Diskussionen aus.

Der Auftragseingang entwickelte sich sehr gut und veranlasste das Unternehmen, die 1999er Produktion im Rahmen der flexiblen Arbeitszeit auf hohem Niveau zu belassen.

Zur guten Stimmung im Hause Fendt trug aber auch der Auftritt auf der großen Landtechnik-Ausstellung SIMA in Paris bei. Vom 28. Februar bis 4. März 1999 gaben sich auf dem Messegelände Paris-Nord Villepinte nicht weniger als 1300 Aussteller ein Stelldichein, um sich mit ihren Produkten der Weltöffentlichkeit zu präsentieren. Dieser anspruchsvolle Zuschnitt der SIMA leitet sich traditionell her von der Internationalität der Messebesucher. 1999 kamen die 177000 Fachbesucher aus 108 Ländern aller Kontinente – ein neuer Rekord. Auch für Fendt brachte die 1999er SIMA einen neuen Rekord. Gegen 400 Mitbewerber konnte man sich durchsetzen und gehörte schließlich zu den fünf mit

Der neue Favorit 700 Vario wurde von neutralen Experten nach der Erstvorstellung im Herbst 1998 zum modernsten Schlepper der Welt ernannt. Ausschlaggebend dafür waren die stufenlose Vario-Getriebetechnologie, der neue Vierventil-Motor und die neue Joystick-Bedienung.

einer Goldmedallie ausgezeichneten Unternehmen.

Prämiert wurde das Bedienungs- und Steuerungskonzept »Variotronic« und die bedienerfreundliche Gestaltung des Arbeitsplatzes der neuen Fendt-Traktoren. Das ausgezeichnete Gesamtpaket umfasste den Vario-Joystic in der rechten Armlehne, das Vario-Terminal für Feineinstellungen sowie die gesamte Bedienkonsole auf der rechten Kabinenseite für alle Komfortschaltungen. Damit hatte endlich das Schlepperinnere die ihm zustehende Würdigung erfahren. Für Insider, die um den gewaltigen finanziellen wie technischen Aufwand gerade bei der Gestaltung des Bedienerbereichs wissen, kam diese Anerkennung nicht überraschend. Für Fendt aber war dies innerhalb von 10 Jahren die vierte SIMA-Goldmedaille, was seinesgleichen suchte.

Aber nicht nur das Publikum strömte zur SIMA. Wie immer flankierten zahlreiche Expertentreffen die Ausstellung. Eine davon war die Zusammenkunft der europäischen Agrarjournalisten, die über den Titel »Tractor of the Year« zu entscheiden hatten. Leicht machten sich die Vertreter von 13 Agrar-Fachzeitschriften aus 13 Ländern die Entscheidung nicht. Nach einem ausgeklügelten Punktesystem wurden Motor, Getriebe, Komfort und Design der verschiedenen Traktoren bewertet. Umso überraschender war das nahezu einhellige Ergebnis. Mit weitem Abstand setzte die Jury den Fendt Vario 700 auf den 1. Platz, der den Konkurrenzprodukten damit in der kurzen Zeit seit seiner Premiere neuerlich das Nachsehen gegeben hatte.

Goldmedaillen und Auszeichnungen sind das eine, gute Verkaufszahlen das andere. Sie können miteinander in Verbindung stehen, müssen es aber nicht. Altgedienten Landtechnikern fallen gleich mehrere Traktoren ein, denen es zwar an Würdigungen und Anerkennungen nicht mangelte, die wirtschaftlich aber dennoch kein Fortune hatten. Andererseits erinnert man sich an den genialen Detroiter Automobilkönig Henry Ford. Werbung war ihm unverzichtbar, auch wenn er nicht wusste, wie die einzelne Werbemaßnahme zu Buche schlug. Nur über eines war er sich absolut sicher. »Wer nicht wirbt, stirbt« lautete das Motto, weshalb keine Messe und keine Demonstration außer Acht gelassen wurde. Bei Fendt stellte sich die Sache in den ersten fünf Monaten des Jahres 1999 ungleich einfacher dar. Mit 2784 neu zugelassenen Traktoren erreichte man einen Marktanteil von 22,6% und festigte die Marktführerschaft mit Bravour.

Ob ein Testbericht zur Werbung geeignet ist oder nicht, steht außerhalb des Einflusses des Herstellers. Einzig auf objektive Datenermittlung kann er hinwirken, das Ergebnis selbst jedoch liegt außerhalb seines Wirkungsbereichs. Spannung ist also auf jeden Fall angesagt, wenn ein Traktor durch Sachverständige einer Prüfung auf Herz und Nieren unterzogen werden soll. Anfang 1999 war es wieder einmal so weit. Die Redaktion von profi, dem führenden Magazin für Agrartechnik in Deutschland, nahm sich im Zusammenwirken mit der DLG-Prüfstelle in Groß-Umstadt des Fendt Favorit 716 Vario an. Nichts blieb ausgespart. Motor, Getriebe, Hubwerk, Hydraulik, Kabine und Handhabung wurden eingehend untersucht und anschließend bewertet. Der Tenor des sieben große Druckseiten umfassenden Berichts ließ für Fendt nichts zu wünschen übrig. Tester Manfred Neunaber schrieb in der Mai-Ausgabe von profi: »Den Fendt Favorit 716 Vario fährt man nicht, man managt ihn eher. Wer das einmal gelernt hat, bekommt für den gezahlten (Spitzen-) Preis einen Traktor mit 118 kW/160 PS, der nicht nur sehr angenehmes Arbeiten erlaubt, sondern auch spitzenmäßige Leistungswerte zu bieten hat. Wer höhere Ansprüche stellt, bekommt sie hier erfüllt.«

Diese Botschaft kam in Marktoberdorf gut an. Das Fazit, mit dem Vario-Traktor ein teures, aber technisch unerreicht hochwertiges Produkt im Angebot zu führen, deckte sich exakt mit der Vorgabe der technischen Marktführerschaft. Der zur Firmenphilosophie gehörende Ansatz, über Qualität zum Kunden zu gelangen, fand sich eindrucksvoll bestätigt, und Fendt setzte alles daran, die Öffentlichkeit an den Erfolgen teilhaben zu lassen. Dafür stand zum einen die Firmenzeitschrift »Fendt-Focus« zur Verfügung, die auf 14 Seiten mehrmals jährlich über das Geschehen bei Fendt informierte. Zum anderen setzte man auf moderne Medien. Unter www.Fendt.com konnten im Internet alle wichtigen Fendt-Fakten abgerufen werden, ein Angebot, von dem Tag für Tag mehr Gebrauch gemacht wurde. Auffallend dabei war vor allem der hohe Anteil fremdsprachiger Internet-Besucher. Von Anbeginn an erfolgte rund ein Drittel der Zugriffe auf Seiten in englischer und französischer Sprache und eröffnete dem Unternehmen damit zusätzliche Möglichkeiten der internationalen Selbstdarstellung.

Aber nicht nur bei Traktoren und im Internet betrat Fendt 1999 Neuland. Über den Vertriebspartner RHG Hannover waren die ersten 80 Fendt-Mähdrescher an Kunden in Niedersachsen, Sachsen-Anhalt und Brandenburg ausgeliefert worden. In der Ernte sollten sie nun ihre erste richtige Bewährung erfahren. Sicher konnte bei den zwischen 220 und 330 PS starken, mit 5- bzw. 6-Schüttlern ausgestatteten Maschinen auf Dronningborg-Erfahrungen zurückgegriffen werden, doch ohne eine eigene Handschrift wollte Fendt »seine« Mähdrescher nicht in die Kampagne schicken. Vor allem das elektronische Diagnosesystem besaß Fendt-Konturen. Es sollte das Auffinden von Störungen beschleunigen und erleichtern und entsprach damit der von Lohnunternehmern während der Kampagne immer wieder zu hörenden Maxime: »Es kommt auf die Minute an«.

Außerdem widmeten die Konstrukteure der Kabinengestaltung große Aufmerksamkeit. Das Ergebnis konnte sich sehen lassen. Testfahrer lobten das großzügige Raumangebot und die günstig angeordneten Bedienelemente. Kombiniert mit hohem Fahr- und Bedienungskomfort sollten sie es dem Mähdrescher-Fahrer erlauben, sich voll und

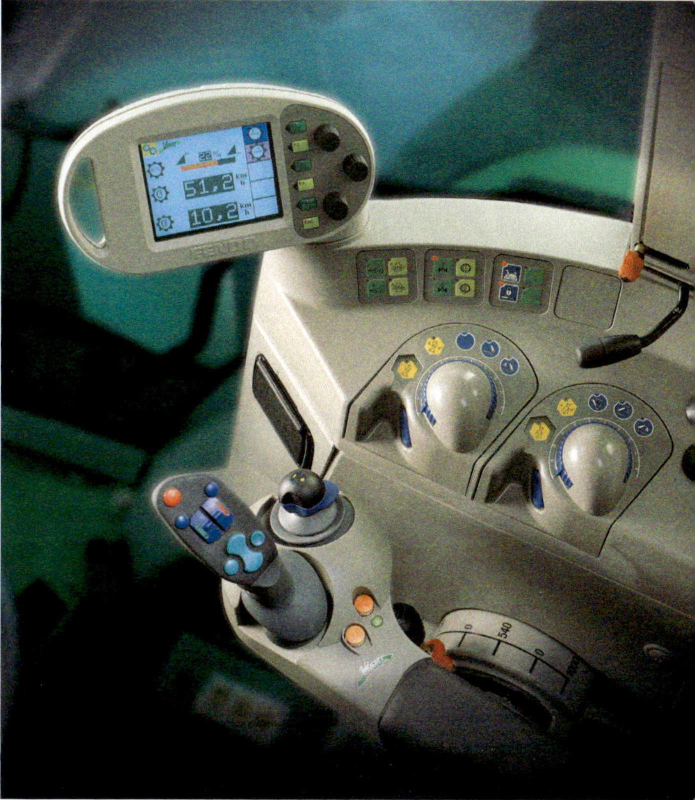

Der moderne Arbeitsplatz auf dem Favorit 700 Vario mit Joystick-Bedienung in der Armlehne, Farbbildschirm und Bedienkonsole.

ganz auf die Arbeit zu konzentrieren. Und das nicht nur für zwei oder drei Stunden. Da Fendt sich mit seinen Mähdreschern der Typen 5220 bis 6330 insbesondere an Profis wandte, ging es um den 10-Stunden-Arbeitstag, der lange genug von Mähdrescher-Fahrern als Tortur empfunden worden war.

Dass die Mähdrescher den ganzen Sommer 1999 über Interesse auf sich zogen, registrierte man in Marktoberdorf mit einiger Genugtuung. So konnte man sich besser auf neue Projekte konzentrieren, über die nun nur am Rande spekuliert wurde. »Wagt Fendt mit der Vario-Technik den Einstieg in die Klasse der unter 100-PS-Traktoren?«, hieß es gelegentlich, doch so recht wollte keiner daran glauben. »Zu aufwändig« oder »zu teuer«, hieß es in der Fachpresse und unter den so genannten agrartechnischen Experten.

Ganz anders sah dies die Mannschaft um den Leiter Entwicklung und Forschung bei Fendt, Dr. Heribert Reiter. Sie hielt den Einsatz von stufenlosen Getrieben in unter 100-PS-Traktoren nicht nur für technisch machbar, sie

Zwei Fendt Favorit 700 Vario im Einsatz bei der Bodenbearbeitung.

räumte ihr auch wirtschaftliche Vorteile ein, für die mittelgroße Landwirte inzwischen ebenfalls ein offenes Ohr haben würden.

Anfang Oktober 1999 war es dann soweit. 2500 Händler aus Europa und Nordamerika bildeten das Forum, vor dem Fendt sein technisches Feuerwerk zündete. Drei Modelle Fendt Farmer 409 Vario (85 PS), 410 Vario (100 PS) und 411 Vario (110 PS) standen bereit und öffneten die Standard-Traktorenklasse für High-Tech. Nicht mehr und nicht weniger bedeutete der Einsatz des erneut modifizierten Vario-Getriebes in den neuen Traktoren, die nun ebenfalls stufenlos im Geschwindigkeitsbereich zwischen 0 und 50 km/h bewegt werden konnten. Überflüssig aber war der Fahrer dadurch nicht geworden. Per Fahrhebel und Gaspedal steuerte er das Getriebe, das also nicht machen konnte, was es wollte, sondern unter der Überwachung durch den Bediener bestens geeignet war, ein optimales Fahren und Arbeiten zu gewährleisten.

Die 400er-Reihe wartete darüber hinaus mit einer Fülle weiterer interessanter Innovationen auf. Der von Deutz zugelieferte wassergekühlte 4-Zylinder-Dieselmotor hatte einen Hubraum von 3,8 l und verfügte über 16 Ventile, Turbolader, Ladeluftkühlung (bei den Modellen 410 und 411)

Die Multi-Marken-Strategie von AGCO ermöglichte es, das Produktangebot von Fendt mit einer Mähdrescherbaureihe auszubauen.

und Hochdruckeinspritzung mit mehr als 1000 bar. Stabilität erhielten die Traktoren durch Halbrahmen-Bauweise und die vom 700er-Vario bekannte Vorderachsfederung. Dem Fahrer wiederum stand ein ausgeklügeltes Bedienterminal zur Verfügung, welches über LBS zum Steuern von Anbaugeräten genutzt werden konnte.

In der November-Ausgabe 1999 von »top agrar« hieß es dazu: »Durch das Terminal können alle wichtigen Getriebedaten (z. B. Tempomat, Grenzlastregelung) sehr gut programmiert werden. Auch die EHR lässt sich über das Terminal logisch und übersichtlich einstellen. Der Bedienungskomfort wurde insgesamt deutlich verbessert.«

Die Präsentation fand bei den Händlern beste Aufnahme. »Alles Vario, oder?« formulierte einer von ihnen abends in frohgemuter Runde. Nun hatte man das Angebot, das bei der vom 7. bis 13. November 1999 in Hannover stattfindenden Agritechnica die Aufmerksamkeit der Öffentlichkeit mit Sicherheit auf sich ziehen würde.

Entsprechend anspruchsvoll erfolgte dort der Standaufbau. Im Zentrum standen die verschiedenen Vario-Modelle, die nicht nur besichtigt, sondern im Simulator bedient und gefahren werden konnten. Jeder Besucher sollte die Chance haben, sich wenigstens einmal als Vario-Fahrer zu fühlen, um die Vorzüge des stufenlosen Traktorfahrens am eigenen Leibe zu empfinden. Aber damit gab man sich noch nicht zufrieden. Erstmals in der Geschichte des Agritechnica-Engagements von Fendt stellte das Unternehmen einen Mähdrescher aus. Das 330 PS starke Modell 6330 setzte ungewohnte Akzente, auch wenn es sich optisch wie technisch durchaus in das Stand-Ensemble einfügte.

Nun also konnten die Besucher kommen und sie strömten in Scharen. In Trauben umlagerten sie die Fahrzeuge und konnten sich gar nicht satt sehen. Auch erhielten sie eine Antwort auf die Frage nach der Zukunft. Die

Der Fendt Vario 700 wurde 1999 von den europäischen Agrarjournalisten zum „Tractor of the Year“ gewählt.

Herbst 1999: Premiere des kompletten Fendt-Vario-Programmes von 86-270 PS sowie der neuen Fendt-Mähdrescher.

Fendt Mähdrescher im Einsatz

Fendt Farmer 400 Vario als Vorbild der Mittelklasse von 86--110 PS.

Konzeptstudie 726 EVO präsentierte sich als 65 km/h schnelle Zugmaschine mit Straßentauglichkeit, bot Mobilität, Komfort auf Lkw-Niveau und war für Fendt beinahe selbstverständlich ausgestattet mit dem stufenlosen Vario-Getriebe. Die Vision vom Traktor, der als Allrounder im Acker wie auf der Straße, im Feld wie im Hof bei höchstem Bedienerkomfort und optimaler Wirtschaftlichkeit einsetzbar sein sollte, war damit Realität geworden.

Kein geringerer als Bundes-Landwirtschaftsminister Karl-Heinz Funke überzeugte sich in seinem offiziellen Messerundgang von der Fendt-Technik. Zusammen mit dem russischen Agrarminister Gordejeff ließ er sich die neuen Trends im Traktorenbau erläutern und setzte sich demonstrativ in einen Fendt Vario, der ihm als praktischem Landwirt allerdings keineswegs unbekannt war.

Prämiert wurde Fendt übrigens auch. Für das Vario-Terminal gab es diesmal die »Neuheiten-Silbermedaille«. In der Begründung der aus Experten bestehenden Jury hieß es unter anderem: »Im Vario-Terminal ist die menuegeführte Konfiguration der Front- und Heck-EHR, der elektrischen Steuerventile und des Getriebes in einer zentralen Einheit zusammengefasst. Auf dem auch bei Tageslicht lesbaren Bildschirm werden alle wesentlichen Einstellungen dargestellt.«

Damit war die Herbstkampagne 1999 für Fendt zu einem erfolgreichen Abschluss gebracht worden. Im Jahresergebnis bedeutete dies eine Produktionsleistung von 10 478 Traktoren, womit trotz schwierigen Umfelds die Vorjahresproduktion fast erreicht werden konnte. Der Inlandsabsatz erreichte 5929 Fahrzeuge und entsprach einem Marktanteil von 21,1%. Die Marktführerschaft war erneut verteidigt, was zu einem nicht unbeträchtlichen Teil Verdienst der Vertriebspartner war. Ihr Einsatz für die Vario-Technologie erfolgte jedenfalls uneingeschränkt und ebnete der neuen Technik den Weg zu den Bauern. Die Exportquote lag 1999 bis 47% der Jahresproduktion. Als wichtigste Auslandsmärkte kamen erneut die Nachbarländer Frankreich, Italien, die Niederlande, Österreich, Belgien und die Schweiz zum Zuge, was nicht zuletzt damit zusammenhing, dass dort das Credo »Vorsprung durch Technik« besonders gut verstanden wurde.

An den drei Fendt-Produktionsstandorten Marktoberdorf, Bäumenheim und Kempten erfüllten diese Resultate die 2740 Mitarbeiter mit Genugtuung. Ob in Marktoberdorf, wo für 1700 Personen der Schlepperbau ganz im Zentrum der Aktivitäten stand, ob in Bäumenheim mit seinen 670 vorrangig im Karosseriebau und der Kabinenfertigung engagierten Mitarbeitern oder schließlich in Kempten, wo traditionell die Fendt-Hydraulik-Experten ansässig waren, stets hatten die Fendtler das gute Gefühl, einen sicheren Arbeitsplatz zu besitzen. Zugleich aber bedeutete dies Motivation, dafür zu sorgen, dass der im Laufe von Jahrzehnten erarbeitete technische Fortschritt auch in Zukunft gewahrt bliebe.

Mit Vario ins 21. Jahrhundert

Produktionsziffern und Marktanteile helfen, die Position des Unternehmens auf dem alles andere als einfachen Schleppersektor zu bestimmen. Darüber hinaus sind weitere objektive Daten unverzichtbar, geht es um die Entwicklung von Perspektiven für die Zukunft. Die einmal jährlich erscheinende dlz-Rangliste »Lieblinge der Nation« hat sich als eine solche zusätzliche Informationsquelle bewährt. Gefragt wird nach den »beliebtesten Traktoren der deutschen Landwirte« und ergab im April 2000 bemerkenswerten Aufschluss. Danach rangierte der 96 PS starke Fendt Farmer 309 C unangefochten auf dem 1. Platz. 730 Fahrzeuge dieses einen Typs hatte Fendt 1999 verkaufen können und zählt man an die 105 Traktoren des nur geringfügig modifizierten Typs Farmer 309 hinzu, dann hatte dieses Modell einen Vorsprung von weit über 200 Stück vor dem erfolgreichsten Konkurrenzschlepper.

Auch Rang 4 wurde von einem Fendt-Traktor eingenommen. Der 125 PS leistende Typ Fendt Favorit 512 C war exakt 499-mal von Bauern erworben worden, die für jedes der zum oberen Mittelklassebereich zählenden Fahrzeuge rund 150 000 DM bezahlt haben. Noch etwas mehr kostete der bereits auf Rang 16 vorgestoßene Fendt Favorit 716 Vario. 276 verkaufte Maschinen sprachen eine eindeutige Sprache. Die Vario-Technik hatte das Experimentierstadium endgültig hinter sich gelassen und war rechtzeitig zum Millennium-Jahr 2000 stückzahlentauglich geworden.

Für Fendt hieß dies, die Produktion der Vario-Reihen hochfahren bei gleichzeitiger Drosselung der in die Jahre gekommenen 300er-, 500er- und 800er-Baureihen. Doch einmal mehr war gesagt leichter als getan. Jedes dieser bei zahllosen Einsätzen bewährten Modelle besaß spezielle Eigenschaften und damit auch Fürsprecher. Bei der 800er-Reihe handelte es sich unter anderem um den Auslandsvertrieb, der festgestellt hatte, dass die großen, robusten und technisch ausgereiften Favorit-Traktoren in den Staaten des ehemaligen Ostblocks beinahe unschlagbar waren.

Genau deshalb hatten sich die Initiatoren des deutsch-russischen Gemeinschaftsprojekts »Weizen 2000« für den Kauf von 60 Fendt-Traktoren des Typs Favorit 824 entschieden. Und die 1993 erstmals gebauten Großtraktoren schlugen sich Anfang 2000 im Orijol-Gebiet, rund 400 km südlich Moskau, mehr als achtbar. Der russische Präsident überzeugte sich im April 2000 persönlich davon, fuhr etliche Runden und bekannte, dass es auf die Traktoren ankomme. Ihre Eignung sei von größter Wichtigkeit für den Erfolg des gesamten Vorhabens.

Anders lagen die Dinge dagegen in den USA. Dort sollte die Vario-Technik den Durchbruch schaffen. Etliche Modifikationen an Fahrwerk und technischer Ausstattung waren schon erforderlich und auch optisch unterschieden sich die für den nordamerikanischen Markt konzipierten Traktoren von den in Europa zum Einsatz kommenden Fahrzeugen. Doch Mitte 2000 war es soweit: Zum einen erfolgte eine umfassende Schulung amerikanischer Händler in Marktoberdorf, während sich andererseits eine Fendt-Vorführkolonne auf regionalen Agrarmessen jenseits des Atlantiks in Szene setzte.

Einzelne Kaufabschlüsse konnten bewirkt werden und wie so oft stellte sich heraus, dass nichts werbewirksamer war als der Kauf eines Traktors durch einen so genannten »Vorzeige-Landwirt«. Seine Vorbildfunktion schlug alle Prospekte und Demonstrationen aus dem Rennen, weshalb Fendt froh war, als Joe Aerts aus Ontario in Kanada gleich zwei Vario-Traktoren bestellte. Händler Blake Gendebien bezeichnete Aerts denn auch nicht nur als Mann der ersten Stunde, er sah in ihm den »Schlüssel-Kunden«, der Berufskollegen veranlassen könnte, es ihm gleichzutun. Tatsächlich wollte Fendt im Jahr 2000 etwa 100 Vario-Traktoren in

Der Fendt Farmer 309 C war der beliebteste Traktor der deutschen Landwirte im Jahr 1999.

Modernste Traktorentechnik auf dem großen Feldtag Fendt/Saaten Union auf dem Hofgut Wadenbrunn des Grafen von Schönborn.

Nordamerika an den Farmer bringen. Bis Jahresende sind es dann sogar 200 Maschinen geworden, was als großer Erfolg gewertet wurde, wenngleich die Mühen gewaltig gewesen sind.

Neben den Auslandsmärkten, die inzwischen von Russland bis Nordamerika reichten, durfte das Hauptabsatzgebiet, Deutschland, nicht außer Acht gelassen werden. Neben kleineren Schauen, die zumeist durch den Handel beschickt wurden, setzte Fendt auf die Ausstrahlung eines weiteren großen, zusammen mit der Saaten-Union veranstalteten Feldtags. Schauplatz der auf den 12./13. September 2000 anberaumten Veranstaltung war wiederum das unweit Würzburg gelegene Hofgut Wadenbrunn des Grafen Schönborn, ein mehrere hundert Hektar großer Ackerbaubetrieb mit besten Böden. Am 12. September zeigte sich die repräsentative Anlage von ihrer besten Seite. Bei strahlendem Sonnenschein erlebten 150 Landtechnik-Berater alle Raffinessen der Elektronik in der Landwirtschaft. Professor Dr. Hermann Auernhammer, Weihenstephan, lieferte das theoretische Rüstzeug, 60 Vario-Traktoren mit 150 Arbeitsgeräten die konkrete Anschauung. Da wurde zwischen Traktoren und Geräten kommuniziert, was das Zeug hielt. Informationen flossen hin und her. Virtuelle Terminals stimmten sich mit Job-Rechnern ab und GPS lieferte Ort und Zeit, bis am Ende »Precision Farming« in Vollendung praktiziert wurde.

Die Generalprobe hatte bestens funktioniert, doch wie würde der 13. September, der offizielle Feldtag, über die Bühne gehen? Der Morgen schon verriet wenig Gutes. Gewitter waren angesagt und ließen nicht lange auf sich warten. Kurz vor Veranstaltungsbeginn setzte dann ein sintflutartiger Platzregen ein, der das Vorführgelände binnen weniger Minuten in tiefgründigen Morast verwandelte. Da hatte »Precision Farming« ausgedient, doch den Tausenden von Besuchern wollten und konnten die Veranstalter die Vario-Technik nicht vorenthalten.

Aus ganz Deutschland waren Landwirte und Technikbegeisterte angereist und sie wurden trotz schlechter Voraussetzungen nicht enttäuscht. Im Gegenteil, bei Sonnenschein vermag schließlich auch schwächere Technik zu brillieren, im tiefgründigen Boden dagegen ist wahre Meisterschaft gefragt. Und gerade hier zeigten die Vario-Traktoren ihre Stärke. Ob vor dem großen Güllefass oder im Pflugeinsatz, vor der Sämaschine oder dem Tiefengrubber, stets zogen die Fendt-Schlepper eindrucksvoll ihre Bahn. Ruckfrei wurde aus dem Stand beschleunigt, stufenlos alle Hindernisse bewältigt, kein Traktor blieb stecken, alle brachten ihren Part qualifiziert zum Abschluss.

Das kritische Publikum aber war beeindruckt, wirkungsvoller hätte die Demonstration kaum sein können. Doch halt, ein einziges Fahrzeug musste seinen Einsatz von Vormittag auf Nachmittag verschieben. Der erstmals der Öffentlichkeit vorgestellte neue Fendt-Großmähdrescher 8350 musste warten, bis das Getreidefeld zumindest ein wenig abgetrocknet war. Dann schlug auch seine Stunde. Angetrieben von einem 350 PS starken 6-Zylinder-Deutz-Dieselmotor mit 11,9 Liter Hubraum arbeitete sich die mächtige 8-Schüttler-Maschine durch das Feld und drosch und reinigte und bunkerte das Getreide in bestechender Qualität, dass es eine Freude war.

Der gewaltige Aufwand hatte sich gelohnt. Die Fendt-Flotte konnte beweisen, dass sie sich selbst unter schwierigsten Bedingungen durchzusetzen verstand.

Da fiel das gleichfalls in der ersten Septemberhälfte in München stattfindende Zentral-Landwirtschaftsfest weniger anstrengend aus. Ein Jubiläum konnte gefeiert werden, das es allerdings in sich hatte. Der führende Fendt-Partner BayWa verkaufte den 175 000. Fendt-Traktor seit Aufnahme der Geschäftsbeziehungen zu Fendt. Dies veranlasste Fendt-Geschäftsführer Hermann Merschroth, nochmals an die Anfänge der Fendt-BayWa-Partnerschaft zu erinnern. Ging es einst um kleine Dieselrösser, so werden nun mächtige Favorit 926 Vario Großtraktoren an den Kunden gebracht. Einer davon erreichte in Sonderlackierung Wilhelm Schneider, der in Altusried ein Lohnunternehmen betreibt.

Ansonsten ließ Fendt am Fuße der Bavaria seine ganze Produktpalette sprechen. Sie bot genügend Gesprächsstoff, zumal sie um eine Konzeptstudie ergänzt worden war. Ein Geräteträger GT 150 mit stufenlosem hydrostatischem Fahrantrieb, Knicklenkung und 2-Mann-Kabine sollte die Stimmung des Publikums testen. Als mögliche Einsatzfelder kamen Landwirtschaft und Gartenbau, Sonderkulturen und Grünflächenpflege in Betracht.

Fendt-Pressekonferenzen haben es immer schon in sich gehabt. Dies war auch Anfang Oktober 2000 der Fall, als Fendt die Fachjournalisten nach Haldensee ins Tannheimer Tal gebeten hatte. Sicher ging es dabei zuerst um Zahlen und Trends, doch mehr noch interessierten die Gerüchte, die über einen Verkauf von Fendt spekulierten. Unstrittig hatte es Angebote zur Übernahme, so von dem Mähdrescher-Hersteller Claas, Harsewinkel, gegeben. Doch AGCO Chairman Robert J. Ratliff erteilte allen Mutmaßungen ein rasches Ende. »Fendt ist unverkäuflich« ließ er die Journalisten wissen und ergänzte: »Fendt ist die beste Investition der letzten 10 Jahre«.

Damit waren die Spekulationen vom Tisch und die Marktanalyse rückte wieder in den Mittelpunkt. Allerdings bot sie wenig Anlass zur Freude. Der Markt zeigte offensichtliche Sättigungstendenzen, die Fendt nicht unberührt lassen würden, auch wenn zunächst bei den Marktoberdorfern sowohl Produktionszahlen wie Umsatz auf hohem Niveau geblieben waren. Zum Glück konnte aber auch über positive Faktoren berichtet werden. Vor allem der Erfolg der Vario-Traktoren, von denen bis zum Jahresende über 7000 Fahrzeuge im Markt sein sollten, ließ hoffen. Peter Josef Paffen, seit Februar 2000 Geschäftsführer Fendt-Marketing, sah hier die Chance für die Zukunft und wies auf das in den Fendt-Traktoren steckende Sparpotenzial hin: »Im Vergleich zum derzeitigen Stand der Technik in der Branche erspart sich der Fahrer eines Vario bei der Bodenbearbeitung etwa 2200 Handgriffe pro Tag und bei 1000 Betriebsstunden rund 10 000 Liter Treibstoff.«

Bis Jahresende bestätigten sich die in Haldensee geäußerten kritischen Erwartungen. Binnen Jahresfrist hatte der Schlepper-Inlandsmarkt um 2082 Fahrzeuge oder 7,4% abgenommen. Auf Fendt allein entfiel eine Abnahme von 616 Traktoren, was beim Marktanteil einem Rückgang um 0,6% entsprach. Letzteres traf Fendt nicht so hart wie der Umstand, dass dies gleichbedeutend mit dem Verlust der Marktführerschaft war. Der Mannheimer Wettbewerber John Deere rangierte nun mit 20,6% Marktanteil hauchdünn vor Fendt auf Rang 1, wohl wissend, dass der Erfolg zu einem nicht unwesentlichen Teil den Zulassungen von Kleintraktoren zu verdanken war, die Fendt nicht im Programm führt. So stimmten Umsatz und Export, nicht aber die Platzierung im Inland, weshalb unter den Fendtlern mehr als einmal gefordert wurde, der Zulassungs-Rangliste in der undifferenzierten Form zukünftig keine Beachtung mehr zu schenken. Schließlich, so hieß es, liegen zwischen einem 270 PS-Großtraktor und einem 30-PS-Rasen-Kleinschlepper Welten, denen in der Ranglistenstatistik keine Rechnung getragen wird.

Nicht nur unter Bauern gilt, dass nichts so heiß gegessen wird, wie es gekocht wurde. So beruhigten sich Anfang 2001 die Gemüter wieder, wozu erneut die französische Landmaschinen-Ausstellung SIMA beitrug. Zum fünften Male zeichnete die Jury Fendt mit einer Goldmedaille aus und würdigte diesmal die Pionierarbeit der Marktoberdorfer Ingenieure auf dem Gebiet der integrierten Gerätesteuerung. Tatsächlich kommt Fendt das Verdienst zu, als erster Traktorenhersteller der Welt die Voraussetzungen dafür geschaffen zu haben, dass über das serienmäßig vorhandene Vario-Terminal und den Joystic verschiedene Anbaugeräte unterschiedlicher Hersteller vom Traktor aus bedient werden können.

Daneben überzeugten aber immer wieder auch Praxistests. An der Fachhochschule Nürtingen beispielsweise hatte Professor Hermann Knechtges in umfangreichen Feldversuchen Vario-Traktoren Schleppern mit Lastschaltgetriebe gegenübergestellt und dabei das hohe Sparpotenzial der Vario-Technik einwandfrei quantifiziert. In Norddeutschland dagegen ging es den Landwirtschaftskammern vor allem um Aussagen über Beschleunigung und Dieselverbrauch von modernen Traktoren. Fünf Modelle verschiedener Hersteller, darunter ein Fendt Favorit 714 Vario, wurden der Prüfung unterzogen. »Von Praktikern für Praktiker ...« lautete die Vorgabe und sie ergab, dass der Fendt-Traktor sowohl hinsichtlich der Beschleunigung als auch des Kraftstoffverbrauchs die besten Werte aufzuweisen hatte.

An der Technik lag es also nicht, als sich im Frühjahr 2001 Unruhe in Marktoberdorf breit machte. Vielmehr begannen die seit Monaten in der Tierproduktion sichtbar gewordenen Irritationen, in der Presse bekannt gemacht als BSE- und MKS-Krisen, in den Produktionsmittelbereich durchzuschlagen. Skeptisch gewordene Tierhalter stornierten Schlepperbestellungen, andere stellten aus Sorge über die zukünftige Entwicklung der Landwirtschaft Investitionen zurück. Der Ordereingang bei Fendt ließ jedenfalls Wünsche offen und war auch durch Auslandsaufträge kaum auszugleichen.

Da kam der 4. April 2001 gerade recht. Der 10 000. Vario-Schlepper rollte vom Band und sollte im Rahmen einer Jubiläumsfeier an den Kunden übergeben werden. Es gibt verschiedene Wege, einen solchen Anlass zu begehen. Groß und pompös ist der eine, stimmungsvoll mitten im Produktionsbetrieb ist der andere. Bewährter Fendt-Tradition folgend, entschied man sich in Marktoberdorf für die stimmungsvolle Variante. Dazu wurde eine Produktionshalle geschmückt, die Fendt eigene Big Band platziert und eine zukünftige bayerische Brotzeit bereitgestellt. Das hatte Atmosphäre, erinnerte an die Zeiten Hermann Fendts. Und dann traten sie auf: Fendt-Vertriebs-Geschäftsführer Hermann Merschroth, Fendt-Händler Othmar Pfeifer und Kunde Vinzenz Hofer. Kaum hatten sie sich auf dem Podium eingefunden, da öffnete sich das Tor und festlich geschmückt rollte der Star, der 10 000. Vario-Traktor in die Halle.

April 2001: Der 10000. Vario wird einem Südtiroler Bergbauern übergeben.

Der Zufall hatte es so gewollt, dass ein Farmer 410 Vario Jubiläumstraktor geworden war. Bestellt hatte ihn der in Leifers, Südtirol, ansässige Fendt-Händler Othmar Pfeifer, ein Urgestein in der Fendt-Vertriebskette. Weit über hundert Fendt-Traktoren hatte er in den letzten Jahren verkaufen können und so beachtlichen Anteil an der Spitzenstellung, die Fendt in Südtirol inne hat. Dass Pfeifer den Umgang mit den Kunden versteht, bestätigte Bergbauer Vinzenz Hofer aus dem Pustertal. Er berichtete von hervorragendem Service und »rund um die Uhr Betreuung« auch im Winter, wenn es um den Straßenräum- und Streudienst geht.

»Bei Fendt bist du bestens aufgehoben« sagte der Landwirt, der vor der Festversammlung den Zündschlüssel entgegen nehmen konnte.

Am nächsten Morgen bereits diente die Produktionshalle wieder ihrem eigentlichen Zweck. Neun Schlepper-Baureihen mit mehr als 50 verschiedenen Modellen wollten entwickelt, produziert und betreut sein. Und jede Baureihe hatte ihr eigenes Profil. Dies zeigte sich zwischen dem 16. und 20. Mai 2001 auf der Stuttgarter Fachmesse »Intervitis/Interfructa«. Vor mehr als 60 000 Fachbesuchern schlug die Stunde der Fendt Spezial-Traktoren Farmer 250 V bis 280 P. In Marktoberdorf wurden sie gelegentlich als »Kleine« bezeichnet, doch was Technik und Absatzzahlen betraf, gehörten sie längst zu den Großen.

Bei der Technik war es vor allem die kompakte Bauweise bei extremer Wendigkeit und hervorragender Steigfähigkeit, die von Obstbauern und Weingärtnern geschätzt wurde. Gute Anbaumöglichkeiten für Arbeitsgeräte und der mehrfach ausgezeichnete Fendt-Pendelkraftheber hatten die Voraussetzung dafür geschaffen, dass jeder fünfte bei Fendt produzierte Traktor zur Kategorie der Spezialschlep-

Der Fendt 818 Vario zählte 2001 zu den Attraktionen der 9. Agritechnica in Hannover.

per gehörte. Verkauft wurden sie in die ganze Welt. Überall dort, wo Sonderkulturen angebaut werden, erfreuen sie sich großer Wertschätzung. Dies gilt auch für einen der weltweit führenden Weinerzeuger, die australische Firma Southcorp. Als größter Fendt Einzelkunde nennt sie 150 Fendt Traktoren ihr Eigen, darunter zahlreiche Spezialschlepper der 200er Baureihe.

Für den Markterfolg ist das Image eines Unternehmens von großer Bedeutung. Voller Spannung schaut die Landtechnikbranche daher auf das alljährlich von der DLG veröffentliche Image-Barometer. Dahinter verbirgt sich das Urteil von über 350 anerkannten Landwirten und die äußerten sich 2001 im Hinblick auf Produktqualität, Neuentwicklungen und Werbung eindeutig für Fendt. Mit 98 von 100 möglichen Punkten rangierten die Marktoberdorfer deutlich vor den Wettbewerbern Claas und John Deere.

Im Vorfeld der auf 13. bis 17. November 2001 anberaumten 9. Agritechnica kamen dem Unternehmen solche Meldungen gerade recht. Sie stellten die Innovationskraft von Fendt deutlich heraus und verstärkten damit die auf den Fendt/BayWa Praxis-Tagen in Harenzhofen geweckten Erwartungen. Dort hatte das neue Spitzenmodell der 400er Baureihe, der Farmer 412 Vario, seine öffentliche Premiere gehabt und bei dieser Gelegenheit rund 20000 Besucher nachhaltig beeindruckt. Stufenloses Fahren in der 100 PS-Klasse, hohe Motorleistung, eine Beschleunigung von 0 auf 50 km/h in 10 Sekunden, sparsamer Kraftstoffverbrauch und verlängerte Ölwechselintervalle begeisterten die aus Bayern, Sachsen, Thüringen und Brandenburg angereisten Landwirte, die sich außerdem über die neuen Modelle der Baureihe Farmer 300 C und die gleichfalls verbesserte Gerätesteuerung Variotronic informieren konnten. Letztere hatte übrigens im Frühjahr auf der SIMA in Paris eine Goldmedaille erhalten, weil die Jury davon überzeugt war, dass hier mittels Joystick und Tastendruck eine optimale Steuerung der Anbaugeräte vom Traktor aus möglich geworden war.

Als Generalprobe für die Agritechnica wurden die Praxistage bei Fendt verstanden, wobei klar war, dass die Agritechnica als weltweit führende landtechnische Innovationsbörse stärker auf das internationale Publikum ausgerichtet sein würde. Entsprechend ambitioniert hatte Fendt seinen Auftritt in Hannover vorbereitet. Von dem 3518 qm großen AGCO-Gemeinschaftsstand konnte man über rund 2000 qm Ausstellungsfläche verfügen, und die wurden dringend benötigt. Schließlich erlebten neben den Modellen der Farmer 300 C Baureihe und dem Farmer 412 Vario auch noch das Modell 818 Vario und die Projektstudie 828 EVO ihre Agritechnica-Premiere. Handelte es sich bei dem 818 Vario um einen von einem 6 Zyl.-Motor mit 24 Ventilen angetriebenen Großtraktor, der über die Wendigkeit eines Mittelklasse-Schleppers verfügte, so zeichnete sich der Prototyp 828 EVO sowohl durch seine auf 65 km/h ausgelegte Schnellläufereigenschaft als auch durch seine Vielseitigkeit aus. Stufenloses Vario-Getriebe und integrierte Rückfahreinrichtung sollten den EVO zum Zwei-Wege-Fahrzeug machen, während Vorderachsfederung, Schwingungstilgung im Heck, ABS und Zwei-Kreis-Lenkung dem Fahrzeug LKW-Fahrkomfort verliehen. Ein Datum für die Markteinführung des 828 EVO nannte Fendt allerdings nicht. Man verwies auf noch vorzunehmende »vielfache, beinharte Material- und Praxisprüfungen« und stellte, wenn gar zu hartnäckig nachgefragt wurde, das Frühjahr 2004 als möglichen Liefertermin in Aussicht.

Neben den Neuheiten hatte Fendt in Hannover sein komplettes Traktorenprogramm vom Farmer 260 V bis zum Favorit 926 Vario ausgestellt. Daneben präsentierte sich Fendt auch als Anbieter von Erntetechnik. Sieben Mähdrescher mit Leistungen zwischen 180 und 300 PS standen bereit, darunter ebenfalls drei Neuheiten. Das Publikum zeigte sich beeindruckt. Für die rund 250000 Agritechnica-Besucher zählte die Fendt-Halle 9 zu den Hauptattraktionen, was Hoffnungen auf ein gutes Nachmessegeschäft aufkeimen ließ.

Das Jahr 2001 brachte für Fendt trotz schwieriger Rahmenbedingungen zufriedenstellende Ergebnisse. Bei einem nicht zuletzt durch Tierseuchen bedingten Einkommensrückgang der Landwirte und damit einhergehenden Investitionskürzungen vermochte man sich am Markt zu behaupten. In der Zulassungsstatistik zählte man nach wie vor zu den Marktführern. Rechnete man Kleinschlepper und Spaßtraktoren aus den Zulassungszahlen heraus, rangierte Fendt sogar auf dem Spitzenplatz. Insgesamt konnten im Jahr 2001 mit 2755 Mitarbeitern 10 093 Traktoren produziert werden, von denen 5295 Fahrzeuge (= 52 Prozent) in den Export gingen. Hauptabnehmerländer waren Frankreich, Italien und die Niederlande, der größte Sprung nach vorn aber gelang Fendt in Spanien. Von 300 verkauften Einheiten im Jahr 2000 konnten die iberischen Vertriebspartner das Ergebnis binnen eines Jahres auf 430 verkaufte Fendt Traktoren steigern. Nach wie vor schwierig gestaltete sich dagegen der Verkauf von Fendt Traktoren in den USA. Als Premium-Marke im AGCO-Verbund stand es für Fendt aber außer Frage, in Nordamerika mit Vario-Traktoren Flagge zu zeigen.

Alles andere als einfach war auch das Erntemaschinengeschäft. Trotz großer Vertriebsanstrengungen trugen Mähdrescher und Pressen gerade einmal 5 Prozent zum Fendt-Jahresumsatz in Höhe von 629 Mio. EUR bei. AGCO Chairman Robert J. Ratliff traf den Nagel auf den Kopf mit der Feststellung, dass die Fendt Traktoren die Kronjuwelen des AGCO-Verbunds seien.

Zukunftssicherung durch Innovationen

Der Beginn des Jahres 2002 wird für die Fendt-Geschäftsführung unvergesslich bleiben. Zu viert hatte man an der ins britische Coventry anberaumten Sitzung des AGCO-Managements teilgenommen und befand sich auf dem Rückweg zum Flughafen Birmingham, als eine schwarze Rauchwolke über der Rollbahn die Fendt Geschäftsführer H. Merschroth, P. Paffen, Dr. H. Reiter und W. Rehm stutzig machte. Ein Flugzeug war in unmittelbarer Nähe abgestürzt und riss fünf Personen mit in den Tod. Bei dem abgestürzten Flugzeug handelte es sich um den AGCO-Firmenjet, in dem sich außer den drei Piloten mit John Shumeida und Ed Swingle der Präsident und der Vize-Präsident des AGCO-Firmenverbunds, beide mit unmittelbarer Zuständigkeit für die Fendt-Strategie, befanden. Die Betroffenheit in Marktoberdorf war groß. Sie wich erst wieder der Zuversicht, als sich Robert J. Ratliff bereit erklärte, für eine Übergangszeit zusätzlich zu seiner Tätigkeit als AGCO-Chairman erneut die Funktion des AGCO-Präsidenten und CEO (Vorsitzender) wahrzunehmen.

Da bekam man in Marktoberdorf hautnah zu spüren, was es hieß, in einem international operierenden Landtechnikkonzern tätig zu sein. Dabei hatte man sich daran gewöhnt, dass die Konzernsprache englisch oder besser amerikanisch war. Nun aber wurde bis zum Arbeiter am Band offensichtlich, in welchem Umfang für Fendt wichtige Entscheidungen außerhalb Bayerns getroffen wurden. In einem aus vielen Einzelfirmen bestehenden Räderwerk hatte man die Position eines Rads inne, eines wichtigen zwar, das aber von außen bewegt werden konnte. Dies traf auch für die Anfang März 2002 bekannt gegebene Übernahme der Challenger Raupentraktoren durch AGCO zu. Die von Caterpillar entwickelten Hochleistungs-Raupenschlepper erweiterten ab sofort das AGCO-Traktorenprogramm um eine für exklusive Großbetriebe interessante Spitzentechnologie, die in Marktoberdorf als Ergänzung und nicht als Konkurrenz zur eigenen Traktorenpalette verstanden wurde.

Daneben galt es Weichen bei der Marke Fendt selbst zu stellen. Unter der Bezeichnung »Projekt Zukunftssicherung« ging es darum, die verschiedenen Fendt-Produktionsstandorte auf zukünftige Anforderungen auszurichten. Konkret bedeutete dies eine weitere Stärkung Marktoberdorfs als zentraler Standort für die Fendt-Kerntechnologie des Vario-Getriebes. Eine neue, 4000 qm große Halle stand dafür bereit, während andererseits der bislang von Marktoberdorf aus organisierte Fendt-Ersatzteilservice in das neue AGCO-Logistikzentrum nach Ennery/Frankreich verlagert wurde.

Fendt-Ersatzteile kamen zukünftig aus dem nahe Metz gelegenen, für Deutschland zuständigen zentralen AGCO-Ersatzteillager, was allerdings in Zeiten grenzüberschreitender elektronischer Vernetzung keine Sorgen bereitete. Der AGCO Parts Service sicherte vielmehr zu, Fendt Original Ersatzteile zu jeder Tages- und Nachtzeit an die 700 deutschen Fendt Vertriebspartner auszuliefern.

Veränderungen standen auch für das Fendt-Werk in Asbach-Bäumenheim an. Die Konzentration der Kabinenproduktion sowie der Karosserieteile-Fertigung bot gute Zukunftsaussichten. Dagegen zeichnete sich am Produktionsstandort Kempten der Abschied der Kemptener Maschinenfabrik KMF aus dem Fendt-Verbund ab. Mit der im badischen Kehl-Bodersweier ansässigen Otto Nussbaum GmbH & Co., einem Spezialisten für die Herstellung von Hebebühnen und Hydraulikkomponenten, war die Übernahme der KMF zum 1. Januar 2003 vereinbart worden. Mancher erinnerte sich in diesem Zusammenhang des Jahres 1954, als die Brüder Fendt das Kemptener Engagement starteten. Aber so ganz wollte Fendt Kempten denn doch nicht verlassen. Der Gabelstapler-Bereich sollte vor dem Verkauf ausgegliedert werden und als Fendt-Fördertechnik GmbH in Kempten verbleiben.

Neben den Kraft und Geld kostenden Umstrukturierungsmaßnahmen kam die Traktorenentwicklung nicht zu kurz. Die über 225 Ingenieure im Marktoberdorfer Entwicklungs- und Forschungszentrum setzten vielmehr alles daran, den guten Ruf von Fendt als Innovationsführer zu unterstreichen. Intensiv hatten sie sich mit den Traktoren der Farmer 200er Baureihe, der 800er Vario und 900er Vario Modellpalette beschäftigt und mehr als Detailverbesserungen zuwege gebracht. Vor allem die Fortschritte bei der Elektronik boten großes Potenzial, ermöglichten sie doch eine nahezu perfekte Abstimmung sowohl von Motorleistung und Getriebe im Traktor selbst als auch von Traktor und Arbeitsgerät. Experten sprachen von einem Quantensprung in der Traktorentechnik, der zwar äußerlich kaum sichtbar war, sich im Einsatz beim Landwirt jedoch durch höhere Leistung und Kostenersparnis umso deutlicher bemerkbar machen würde.

Als Forum für die Präsentation der Neuheiten bot sich der am 5./6. September 2002 von Fendt zusammen mit der Saaten-Union auf Gut Wadenbrunn bei Würzburg veranstaltete Feldtag an. Vor aller Öffentlichkeit sollten mehr als 70 verschiedene Fendt-Traktoren mit über 150 Anbau- und Anhängegeräten im praktischen Einsatz vorgeführt wurden. Und der gewaltige Aufwand lohnte sich. 35 000 Besucher, so viele wie noch nie, strömten auf die Ländereien des Grafen Paul von Schönborn, um sich vom Stand der Fendt-Technik zu überzeugen. Als Besuchermagnet erwies sich dabei vor allem das neue Flaggschiff der Fendt-Traktoren, der 310 PS starke Großtraktor 930 Vario TMS. Äußerlich an neugestalteter Haube und Kühlergrill zu erkennen, standen die Buchstaben TMS für Traktor-Management-System. Dahinter verbarg sich die optimale elektronische Vernetzung von Motor und stufenlosem Variogetriebe mit dem Ziel, Motor und Getriebe im jeweils günstigsten Wirkungsgrad laufen zu lassen.

Die anderen Neuheiten stießen beim Publikum gleichfalls auf großes Interesse. So verfügten die drei Fendt 800 Vario TMS Modelle 815, 817 und 818 über 6 Zylindermotoren mit Vier-Ventiltechnik und elektronischer Motorregelung und brachten es auf Leistungen zwischen 168 PS und 195 PS. Mit 65 bis 94 PS gaben sich die komplett neu entwickelten Spezialtraktoren der Baureihe Farmer 200 V und P zufrieden. Zu ihren herausragenden Merkmalen zählten gefederte Vorderachse, schallisolierte und schwingungsgedämpfte Kabine, Pendelkraftheber sowie die Wendigkeit der Traktoren, für die ein 58 Grad-Lenkeinschlag garantierte. Da reihte sich Paukenschlag an Paukenschlag und das Publikum hatte alle Mühe, rechtzeitig bei allen Überraschungen zugegen zu sein, zumal zum Abschluss der Vorführungen das aus Mähdreschern und Pressen bestehende Fendt-Erntemaschinenprogramm in Szene gesetzt wurde. Graf Paul hatte eigens einige Hektar Weizen auf dem Halm gelassen, damit die Fendt Mähdrescher der neuen C-Reihe ihre Praxistauglichkeit demonstrieren konnten.

Die Resonanz auf den Fendt-Feldtag konnte sich sehen lassen. Als »Fest der Innovationen« wurde die Veranstaltung in der Presse gewürdigt, was die Aussichten auf einen erfolgreichen Jahresabschluss verstärkte. Tatsächlich konnte Fendt im Jahre 2002 mit 10709 Traktoren sechs Prozent mehr Schlepper produzieren als im Vorjahr. Der Umsatz des Unternehmens stieg von 629 Mio. EUR auf 706 Mio. EUR an, was vor allem mit dem unübersehbaren Trend hin zu starken und technisch anspruchsvollen Traktoren zu erklären war. Wichtigster Markt für Fendt blieb Deutschland. 4802 Traktoren oder 45 Prozent der Jahresproduktion konnten im Inland abgesetzt werden. Weiter im Aufwind befanden sich die Exportmärkte. Frankreich, Italien, die Niederlande und Spanien entwickelten sich erfolgreich und Potenzial ließen nicht zuletzt einige, im technischen Aufbruch befindliche osteuropäische Landwirtschaften erkennen.

Dass die Landwirtschaft aller Technik zum Trotz ein witterungsabhängiges Geschäft geblieben ist, zeigte sich 2003. Machte den Bauern zunächst später Frost zu schaffen, verursachte den ganzen Sommer über extreme Trockenheit erhebliche Ernteeinbußen. Allein der Getreideertrag sank um 16 Prozent und hatte bei den Landwirten beträchtliche Einkommensrückgänge zur Folge. Die Landmaschinenindustrie bekam dies in Form abnehmenden Investitionsverhaltens der Landwirte zu spüren. Bei Fendt ließen sich Auszeichnungen wie das Prädikat »Tractor of the Year 2003« für den Fendt Farmer 209 P/V oder das erfolgreiche Auftreten auf den verschiedenen Messen von der SIMA bis hin zur Kasseler Demopark schwerer als sonst in zählbare Verkaufsabschlüsse umsetzen. Hinzu kam, dass der Vertrieb in einigen Regionen neu zu organisieren war. Hermann Merschroth, Fendt Geschäftsführer Vertrieb, forderte in dieser Situation »eine offensive Modellpolitik«. Sie spreche die professionellen Landwirte und die Lohnunternehmer an, die als unternehmerisch handelnde Kunden für die Fendt-Technik von großer Wichtigkeit seien. Tatsächlich gelang es den Fendt-Ingenieuren bereits in der ersten Jahreshälfte 2003, die neue 700er Vario-Baureihe vorzustellen. Sie sollte an die Stelle der seit 1998 gebauten 700er Modelle treten, von denen insgesamt 12000 Maschinen verkauft worden waren. Zu den Merkmalen der neuen 700er Vario Traktoren zählten 6 Zylindermotoren mit Vier-Ventiltechnik, elektronische Motorregelung, stufenlose Vario-Antriebstechnologie sowie die Möglichkeit der Aufrüstung mit dem bei den 800er und 900er Großtraktoren zum Einsatz kommenden Traktor-Management-System. In vier Modellvarianten vom 711 Vario mit 128 PS bis hin zum 716 Vario mit 175 PS sollten sie ab September 2003 zur Auslieferung kommen.

Im Laufe des Sommers gewann die Frage nach dem Einsatz von Nachwachsenden Rohstoffen als Treibstoff und Schmiermittel für Traktoren und selbstfahrende landwirtschaftliche Arbeitsmaschinen an Bedeutung. Fendt entzog sich der Thematik nicht und erklärte sich bereit, über die eigenen Erfahrungen Auskunft zu geben. Kein geringerer als Bauernverbandspräsident und Fendt-Schlepperbesitzer Gerd Sonnleitner kam Mitte Oktober 2003 zusammen mit der Spitze des Deutschen Bauernverbands nach Marktoberdorf, um sich über die Eignung von Biodiesel und Pflanzenölen kundig zu machen. Fendt-Geschäftsführer Forschung und Entwicklung Dr. Heribert Reiter gab bei dieser Gelegenheit zu verstehen, dass sämtliche Fendt-Schlepper die Freigabe für Biodiesel besaßen. Zugleich aber warnte er vor dem Einsatz von gepresstem Rapsöl. Auch wenn das von der Bundesregierung mitgetragene 100 Schlepper-Programm, darunter nicht weniger als 28 Fendt-Traktoren, keineswegs nur unbefriedigende Ergebnisse gebracht hatte, so überwog doch die Skepsis bei den Motorenherstellern. Intensive Forschungen seien erforderlich, bevor ausreichende und zuverlässige Daten über die Eignung der Motoren für Pflanzenöle verfügbar seien.

Für die vom 11.–15. November 2003 in Hannover stattfindende 10. Agritechnica hatte sich Fendt Messe-Experte Markus Kaltenmaier etwas Besonderes einfallen lassen. Neben dem in Halle 9 aufgefahrenen kompletten Fendt-Schlepper- und Erntemaschinenprogramm hatte er einen kleinen Acker anlegen lassen, auf dem ein Fendt 712 Vario das Vorgewende-Management vor den Augen des zahlreichen Publikums demonstrieren konnte. Als Attraktion erwies sich ferner die Übergabe des am 23. Oktober in Marktoberdorf vom Band gelaufenen 30 000. Schleppers mit Vario-Getriebe an die holländischen Lohnunternehmer Christ und Bart Post. Seit 1951 bereits arbeiteten die in Eemnes bei Hilversum ansässigen Posts mit Fendt Traktoren, zuletzt hatten sie 12 Zugmaschinen im Einsatz. Nun also kam der Jubiläumstraktor, ein Vario 412, hinzu, Anlass, im Rahmen einer Feierstunde die Vario-Erfolgsgeschichte Revue passieren zu lassen. Da wurde bei allen Beteiligten der Stolz sichtbar, einer revolutionären Traktorentechnologie zum Durchbruch verholfen zu haben. Entsprechend zuversichtlich wechselte das Fendt-Führungsteam Mitte November den Standort. Die 34. EIMA, Fachmesse für Landtechnik und Gartenbau, rief nach Bologna und enttäuschte nicht. Eine aus 14 internationalen Agrarjournalisten bestehende Jury gab noch am Eröffnungstag der Ausstellung die Wahl des Traktors Fendt 930 Vario TMS zum »Tractor of the Year 2004« bekannt, was nach einem schwierig begonnenen Geschäftsjahr als Omen für einen guten Ausklang gewertet wurde.

Im September 2002 erlebte der Großtraktor 930 Vario auf Gut Wadenbrunn seine öffentliche Premiere.

Im Resümee konnte Fendt den Absatz 2003 tatsächlich auf 10959 Traktoren steigern. Die Schwäche des Inlandsmarkts, der im Laufe des Jahres 3910 Schlepper aufgenommen hatte, wurde durch starke Exportmärkte mehr als ausgeglichen. 6773 im Ausland verkaufte Fendt-Traktoren entsprachen einer Exportquote von 62 Prozent, was neuen Rekord in der Fendt-Unternehmensgeschichte bedeutete. Dabei erwiesen sich einmal mehr Frankreich, Italien,

Der Fendt Farmer 209 P wurde von den internationalen Agrarjournalisten zum „Tractor of the Year 2003" gewählt.

Spanien und die Niederlande als gute Absatzmärkte. In Italien konnte Fendt mit dem Verkauf des 20 000. Fendt Traktors seit Beginn der Exportbeziehungen 1971 ein kleines Jubiläum feiern, das vor allem den Obst- und Weinbauern Südtirols zu verdanken war. Bei ihnen erfreuen sich die Fendt-Spezialtraktoren großer Beliebtheit, die für den Einsatz in steilen Hanglagen ebenso hervorragende Eignung besitzen wie in schmalen Reihenkulturen. So endete das Jahr 2003 für Fendt doch versöhnlich. »Aus Bayern in die Welt« hieß es in Marktoberdorf und brachte die Erkenntnis zum Ausdruck, dass der Weltmarkt für qualitativ hochwertige Produkte aufnahmebereiter war, als Skeptiker befürchtet hatten.

Zu Beginn des Jahres 2004 gab AGCO bekannt, dass die im Laufe des Jahres 2003 eingeleitete Übernahme des finnischen Traktorenherstellers Valtra abgeschlossen war. Die AGCO-Traktorenfamilie war damit um ein Mitglied größer geworden, dessen Stärken vor allem in Skandinavien und Lateinamerika lagen. Auch gehört zu Valtra der Dieselmotorenhersteller Sisu, was zukünftige Optionen bei der Motorenausrüstung der AGCO-Traktoren eröffnete. Die unmittelbaren Auswirkungen auf Fendt wurden hingegen als gering eingeschätzt. Die Schnittmenge beider Landtechnikhersteller war überschaubar, während andererseits Synergien etwa bei der Entwicklung von Schlepperkomponenten oder beim Vertrieb Kostenvorteile versprachen. Dies setzte allerdings eine intensive Abstimmung innerhalb der AGCO Corporation voraus. Um hier Klarheit zu schaffen, veränderte AGCO seine Führungsstruktur. So wurde Fendt Vertriebschef Hermann Merschroth Anfang März 2004 zum Vice President, Managing Director von Fendt mit Zuständigkeit für die Standorte Marktoberdorf und Bäumenheim ernannt. Nur wenige Tage später, am 16. März 2004, erfolgte die Ernennung von Martin Richenhagen zum AGCO-President und CEO. Erstmals hatte AGCO damit einen deutschen Vorstandsvorsitzenden, während sich Firmengründer Robert J. Ratliff mit der Position des Chairman zufrieden gab. Wichtige Weichen für die Zukunft waren damit gestellt und das operative Geschäft konnte wieder in den Vordergrund treten.

Tests spielen für Erfolg oder Misserfolg eines Produkts eine beachtliche Rolle. Gespannt sah man daher in Marktoberdorf der Veröffentlichung des dem Fendt Vario 930 gewidmeten Testberichts der Zeitschrift profi entgegen. Im Aprilheft 2004 erschien er in großer Aufmachung unter der Überschrift »Große Leistung, kleine Kabine« und ließ schon auf den ersten Blick erkennen, dass es sich um alles andere als eine Gefälligkeit handelte. Doch das Resultat fiel positiv aus. Der Standard-Traktor mit der höchsten Nennleistung und einzige Schlepper in der Oberliga mit stufenlosem Getriebe war nach Ansicht des Berichterstatters Hubert Wilmer auch »der sparsamste Schlepper, den die DLG-Prüfstelle je für uns gemessen hat.« Er wurde als »Transportprofi ohne Konkurrenz« und zugleich »erste Sahne auf dem Acker« bewertet, was den Fendtlern richtig gut tat. Kleinere Schwächen etwa bei der Kabinengröße oder der Hubkraft vorne fielen weit weniger ins Gewicht. Und im Tenor ähnlich fiel auch der vom Fachmagazin dlz für den 818 Vario veranstaltete Dauertest aus. Kraft, Sparsamkeit, Spritzigkeit, gute Steuerbarkeit und einfache Bedienung wurden dem 195 PS starken und fast sieben Tonnen schweren Traktor zuerkannt, der resümierend als Fahrzeug »für Kenner und Könner« gewürdigt wurde.

Ein Ausruhen auf den Lorbeeren gab es nicht. In den Köpfen der Fendt-Visionäre war man bereits wieder einen Schritt voraus. »Auto-Guide« lautete das Zauberwort für eine Zukunftstechnologie, hinter der sich das Satelitten gestützte Anschlussfahren verbarg. Zuverlässiger als es dem besten Traktoristen möglich war, ließen sich mit Hilfe von Auto-Guide Unter- und Überlappungen vermeiden. Denn auch das hatte sich bei der professionellen Landwirtschaft gezeigt: Doppelte Bearbeitung kostete ebenso Geld wie unbearbeitet gebliebene Flächen. Auto-Guide als vollautomatisches Spurführungssystem dagegen garantierte nicht zuletzt dank der aus dem Weltall geholten Daten optimale Bearbeitung unter voller Ausnutzung der Arbeitsbreite der Landmaschinen. Allerdings hat Auto-Guide auch seinen Preis. Ca. 15000 EUR sind zu kalkulieren und lassen sich vor allem im Einsatz auf großen Arealen wieder einspielen.

Die elektronische Revolution der Agrartechnik erfasste immer weitere Bereiche. Was zunächst in der Buchhaltung der Betriebe begonnen hatte, war inzwischen aus der Außenwirtschaft nicht mehr wegzudenken. Ob Schlagkarteien, Wirtschaftlichkeitsberechnungen, Aufwandsprotokollierung, Düngermengen oder Kraftstoffverbrauch, alles verlangte nach Daten, die in ihrer Fülle ohne elektronische Aufarbeitung wertlos bleiben mussten. Was also lag näher, als den Traktor als wichtigen Arbeitsplatz des Landwirts zum Datenterminal zu erweitern? Hier bot sich der Fendt-Systempartner RTS, Riedhausen, mit seinem Telemetriesystem an. Er machte im Varioterminal die zentrale Datenerfassung möglich und sorgte dafür, dass die Daten zwischen Traktor und Büro übertragbar wurden. Fendt fahren und PC Arbeit war damit auf einen Nenner gebracht, genau so, wie es die professionell agierenden Landwirte verlangten.

Die Stunde der publikumswirksamen Demonstration dieser zukunftsweisenden Technologien schlug am 2. September 2004 auf dem Fendt Feldtag in Wadenbrunn. Bei bestem Wetter hatten sich 38000 Besucher auf den Ländereien des Grafen von Schönborn eingefunden, um die alles in allem über 14000 Pferdestärken verfügenden Fendt-Maschinen zu bestaunen. Im Mittelpunkt standen die Traktoren der Vario-Baureihen, die mit Auto-Guide und MoDaSys eine neue Dimension präziser und wirtschaftlicher Landbewirtschaftung zeigten. Sicher, der eine oder andere Besucher hatte seine Schwierigkeiten mit der neuen Terminologie, doch war MoDaSys erst einmal als Modulares Datenerfassungs- und Kommunikationssystem erklärt, gab es Fragen ohne Ende zu einer Technik, die die Zukunft auf ihrer Seite haben wird.

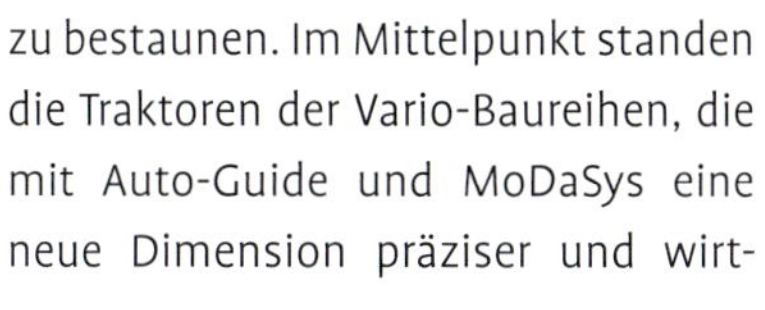

Mit Auto-Guide präsentierte Fendt eine weitere Zukunftstechnologie in seinen Traktoren.

Die Traktoren der 700er Vario Baureihe fanden bei den Landwirten von Anfang an beste Aufnahme.

Neben den vor allem durch ihre elektronische Aufrüstung auffallenden Fendt Traktoren gab es in Wadenbrunn etliche neu konzipierte Fahrzeuge zu sehen. So hatte sich bei den Spezialtraktoren der Baureihen 200 V/F einiges getan, was als Weltneuheit zu bezeichnen war. Eine gefederte Vorderachse mit integrierter Niveauregulierung gab es zuvor noch in keinem Spezialschlepper und sollte sowohl die Stand- als auch die Arbeitssicherheit der Fahrzeuge erhöhen. Veränderungen zeichneten schließlich auch die Fendt-Erntemaschinen aus. Sie kamen nicht mehr überwiegend aus dem nach wie vor im ACGO-Konzern befindlichen, aber im Prozeß der Umstrukturierung stehen-

Die Spezialtraktoren der 200er Baureihe boten mit der gefederten Vorderachse mit integrierter Niveauregulierung eine Weltneuheit.

den Dronningborg-Werke im dänischen Randers, sondern wurden zumindest teilweise in Breganze gebaut, dem zum italienischen Argo-Konzern gehörenden Laverda-Werk. Die dahinter stehenden Beweggründe aber fielen wieder in das Kapitel strategische Unternehmensplanung, für die vor allem die Fendt-Muttergesellschaft ACGO im amerikanischen Duluth zuständig war.

Der Blick in die Fendt-Geschichte zeigt, dass die Marktoberdorfer ihren Auftritt auf dem Münchner Zentrallandwirtschaftsfest (ZLF) immer wieder mit einem Highlight gekrönt haben. Dies war im September 2004 nicht anders, konnte doch der 225000. Fendt-Schlepper an die BayWa übergeben werden. Rund ein Drittel aller bei Fendt jemals gebauten Traktoren hatte der treueste und größte Fendt-Kunde abgenommen und an Endabnehmer weiterverkauft. Im Beisein von Fendt-Geschäftsführer Hermann Merschroth und BayWa-Vorstand Roland Schuler erhielt Landwirt Friedrich Appold aus Seebronn den Jubiläumstraktor, einen 195 PS starken Fendt 818 Vario TMS.

Bekanntlich ist dort, wo Licht ist, immer auch Schatten. Das für Ende 2004 bekannt gegebene Ende der Produktion der Fendt-Geräteträger und des Systemschleppers Xylon war dem Unternehmen jedenfalls alles andere als leicht gefallen. Beide Baureihen hatten nach wie vor Freunde, ihre Zahl jedoch befand sich unterhalb der Wirtschaftlichkeitsgrenze. Als schmerzlich wurde insbesondere das Auslaufen der Geräteträger-Fertigung empfunden. Immerhin hatten innerhalb von 48 Jahren über 62000 Geräteträger das Fendt-Werk verlassen. Sie hatten dem in den 1960er und 1970er Jahren so populären Einmann-System das Gepräge gegeben und auch als Allradschlepper haben die Fendt GT ihren Mann gestanden. Es gibt weiterhin Betriebe, da sind sie unverzichtbare Helfer, so bei Landwirt Hubert Karl im niederbayerischen Wallkofen, der für sich in Anspruch nehmen kann, zum Jahreswechsel 2004/2005 den allerletzten fabrikneuen Fendt Geräteträger erhalten zu haben.

Bei Fendt selbst hielt sich die Betroffenheit über das Ende der Geräteträger-Geschichte in Grenzen. Die Jahresbilanz 2004 mit 11348 produzierten Traktoren bedeutete im Vergleich zum Vorjahr ein Plus von 3,5 Prozent und auch beim Umsatz konnte Fendt von 702 Mio. EUR auf 761 Mio. EUR deutlich zulegen. Die Geschäftsführung zeigte sich zufrieden, und da der Ertrag ebenfalls positiv ausgefallen war, konnte man des Wohlwollens seitens des Mutterkonzerns gewiß sein. Rekorde gab es beim Export. 7541 Einheiten entsprachen einem Exportanteil von 66 Prozent – das hatte es zuvor noch nicht gegeben. Frankreich, Italien, Spanien und Österreich rangierten nach Stückzahlen vorne, doch auch bei den britischen und irischen Farmern erzielte Fendt Verkaufsrekorde. Da konnte man den zweiten Rang in der deutschen Zulassungsstatistik verkraften, zumal Klein- und Spaßschlepper eine Verzerrung der Aussage bewirkten. In den leistungsstarken Zulassungsklassen rangierte Fendt jedenfalls unangefochten auf Platz eins, woraus einmal mehr das hohe Ansehen von Fendt bei den professionell handelnden Landwirten ersichtlich wurde.

Das Frühjahr 2005 stand bei Fendt ganz im Zeichen des Jubiläums »75 Jahre Dieselross«. Generalstabsmäßig hatte die PR-Abteilung um Sepp Nuscheler das Fest vorbereitet, das Rückschau, Gegenwartsbestimmung und Zukunftsvision in einem bieten sollte. Und nicht nur das Werk selbst war als Bühne vorgesehen. Ganz Marktoberdorf sollte sich entsprechend dem Wunsch von Peter Josef Paffen, Vice President und Geschäftsführer Fendt Vertrieb und Marketing, im Zeichen des Dieselrosses präsentieren, um den vielen Millionen Traktorbesitzern in aller Welt die enge Verbundenheit von Fendt mit der bayerischen Heimat zu zeigen. Entsprechend groß war die Spannung, immerhin hatten mehrere Minister, zahlreiche Repräsentanten aus Politik, Wirtschaft und Kultur, führende Vertreter der Landwirtschaft, Fendt-Geschäftspartner, Fendt-Kunden und die komplette AGCO-Firmenleitung ihre Teilnahme an der mehrtägigen Festveranstaltung zugesagt.

Die Veranstaltung erfüllte die hochgesteckten Erwartungen. AGCO Präsident und CEO, Martin Richenhagen, erklärte in Anspielung auf die historische Bezeichnung »Dieselross« »Fendt zum besten Pferd im Stall« und gab ein klares Bekenntnis zur Traktorenmarke Fendt und zu den Produktionsstandorten Marktoberdorf und Bäumenheim ab. Die Festversammlung und viele Tausend Marktoberdorfer Bürger freuten sich darüber ebenso wie über die Grußadressen der bayerischen Staatsminister Josef Miller und Dr. Otto Wiesheu, die es sich bei aller Politik nicht nehmen ließen, von persönlichen Beziehungen zu den Dieselrössern zu berichten. Fendt-Geschäftsführer Hermann Merschroth schließlich formulierte das Fendt-Credo, als er im Hinblick auf 75 Jahre Fendt-Innovationen bemerkte: »Was wir machen, machen wir richtig, oder wir lassen die Finger davon, so hieß es schon zu Zeiten der Brüder Fendt, und diese Grundeinstellung hat auch heute noch Gültigkeit

Ganz Marktoberdorf feierte im Sommer 2005 das Jubiläum „75 Jahre Dieselross".

Der Fendt 936 Vario erhielt anläßlich der Agritechnica 2005 von der Neuheitenkommission die Goldmedaille zuerkannt.

in Marktoberdorf.« Werksrundgang, Traktorenkorso und Tag der offenen Tür rundeten das Schlepper-Fest ab, das in der Geschichte der Firma Fendt einen festen Platz behalten wird.

Im Herbst 2005 bereitete Fendt den Auftritt auf der 11. Agritechnica in Hannover vor. Bereits im Vorfeld der weltgrößten Landtechnikmesse hatte sich abgezeichnet, dass die Marktoberdorfer mit einer besonderen Attraktion würden aufwarten können. Das Fachmagazin profi deutete mit einer Meldung im Oktoberheft die Richtung an. »Neuer Fendt Groß-Traktor?« hieß es dort und gab Spekulationen wieder: »Insider munkeln von mehr als 350 PS und 60 km/h...«. Aus den Mutmaßungen wurde Wirklichkeit. Bei der am 5. November in Hannover veranstalteten Neuheitenpräsentation für das Jahr 2006 konnte das Modell 936 Vario vorgestellt werden, ein Traktor, der von der Motorleistung über die technische Ausstattung bis hin zur Formgebung eine neue Dimension des Traktorenbaus einleitete. 360 PS, 60 km/h Höchstgeschwindigkeit, Einzelradfederung vorn mit geschwindigkeitsabhängiger Stabilisierung, neugestaltete Fahrerkabine mit Variocenter zählten zusammen mit der schwarz-silbernen Farbgebung zu den herausragenden Kennzeichen des stärksten Standardtraktors.

Da zeigte sich selbst die kritische DLG-Neuheitenkommission beeindruckt und erkannte dem 936 Vario eine der seltenen Goldmedaillen zu. Martin Richenhagen, AGCO-Vorstandsvorsitzender und Dr. Heribert Reiter, Fendt Geschäftsführer Forschung und Entwicklung, nahmen die Auszeichnung im Rahmen des Max Eyth-Abends entgegen. Aber auch das Messepublikum kam nicht zu kurz. Die meisten der 250 000 Messebesucher nutzten die Gelegenheit, sich vor Ort über die Eigenschaften des 936 Vario zu informieren. Menschentrauben umlagerten von frühmorgens bis spätabends den Traktor, der von den Ausstellungsgestaltern als Blickfang auf dem 2600 qm großen Fendt-Ausstellungsstand positioniert worden war. Das Interesse war gewaltig und schloß die anderen Fendt-Neuheiten, allen voran den Fendt 312 Vario, ein. Mit diesem Modell startete Fendt bei der absatzstarken 300er Baureihe den Einstieg in die Vario-Technik, was für den Landwirt in Zukunft Leistungsvorteile bei gleichzeitiger Kraftstofferspanis verspricht. Daneben konnte sich auch das übrige Traktoren- und Erntemaschinenprogramm, bestehend aus sieben Traktoren-Baureihen, Mähdreschern und Ballenpressen, sehen lassen. Es beeindruckte Kunden und Wettbewerber gleichermaßen.

2005 – Strategien für Fendt

Zum Jahresende 2005 sah sich Fendt in seiner Unternehmensstrategie bestätigt. Mit eindrucksvollen Innovationen hatte man sich im globalen Markt achtbar positioniert. Den in Marktoberdorf entwickelten und produzierten Vario Getrieben gehörte ebenso die Zukunft wie den in Bäumenheim gefertigten Kabinen. Mehr noch, der Erfolg der Fendt-Produkte weckte Begehrlichkeiten.

Martin Richenhagen, Präsident und CEO der Fendt-Mutter AGCO und damit auch zuständig für die Traktorenhersteller Massey-Ferguson (MF), Valtra und Challenger, wurde bei der Suche nach Synergiemöglichkeiten im Konzern bei Fendt fündig. In einem Interview mit der Zeitschrift „Lohnunternehmen" erklärte er: „Wir verbauen in Europa rund

50 000 Kabinen jährlich. Die Kabinen für Fendt werden alle in Bäumenheim gefertigt und die Kabinen für Valtra, MF und Challenger werden zugekauft. Entweder ist die Eigenproduktion in Bäumenheim richtig oder aber der Zukauf."

Für Richenhagen war die Antwort klar. Stimmten die Voraussetzungen, könnten alle Kabinen für den AGCO Konzern in Bäumenheim gebaut werden. Ähnlich lautete seine Analyse für die stufenlosen Vario Getriebe. Bislang wurden in Marktoberdorf die Vario Getriebe für die Fendt-Traktoren sowie die beiden MF-Baureihen 7400 und 8400 produziert. Aus Kostengründen wäre es durchaus sinnvoll, die stufenlosen Getriebe für alle MF-, Challenger- und Valtra-Traktoren bei Fendt in Marktoberdorf herzustellen. 6000 – 10 000 Einheiten zusätzlich würde dies im Jahr bedeuten, was für den Standort von großer Wichtigkeit wäre.

Doch auch hier galt: Unternehmerische Planspiele sind das eine, konkrete Produktlinien das andere. Sollten die Synergien rund um Fendt gelingen, waren zuvor die Investitionspläne zu überarbeiten, Finanzierungen sicherzustellen und vor allem die Gewerkschaft und der Betriebsrat mit ins Boot zu holen.

Die Diskussionen gestalteten sich wie erwartet schwierig. Zeitweise schien es, als seien alle Pläne für einen Kapazitätsausbau bei Fendt gescheitert. Um bis zu 500 neue Arbeitsplätze hatte man gestritten, doch ein Kompromiss war nicht in Sicht. „Es bleibt alles, wie es war", hieß es aus dem Kreis der Verhandlungsteilnehmer, was zugleich ein Aus für die Forderung der Unternehmensleitung nach Verlängerung der Arbeitszeit von 35 auf 38,5 Wochenstunden bedeutete. Von dieser hatte sich die Geschäftsführung um Hermann Merschroth eine spürbare Senkung der Arbeitskosten erhofft, um so die Wettbewerbsfähigkeit der Standorte Marktoberdorf und Asbach-Bäumenheim zu verbessern.

Marktführer über 101 PS

Unproblematischer stellten sich die nüchternen Zahlen für das Jahr 2005 dar. 11 390 Traktoren hatte Fendt ausgeliefert und damit einen Umsatz von 815 Mio. Euro erzielt. 2690 Mitarbeiter und Mitarbeiterinnen wurden auf den Gehaltslisten geführt und waren froh, einen sicheren Arbeitsplatz zu besitzen. Auf dem Inlandsmarkt konnten 3938 Fendt-Traktoren neu zugelassen werden, was den zweiten Platz in der Zulassungsstatistik bedeutete. Doch da waren unterschiedliche Interpretationen möglich. Bezog sich die offizielle Zulassungsliste auf Traktoren aller Leistungsklassen, so sprach Peter J. Paffen, Fendt-Vizepräsident für Vertrieb und Marketing, lieber von „richtigen Traktoren" und die begannen für ihn ab 51 PS, besser noch bei 101 PS. Aus diesem Blickwinkel gesehen ergab sich dann „Fendt vorne", und das hörten die Marktoberdorfer natürlich gerne. Zurückhaltender gaben sich die Fendtler im Hinblick auf das Mähdreschergeschäft. Man verwies auf die positive Zusammenarbeit mit der italienischen Argo Gruppe und ihrer Mähdreschermarke Laverda und versprach, Modellpalette und Vertriebsnetz der Fendt-Erntetechnik im kommenden Jahr weiter ausbauen zu wollen.

2006 – 2008 Neue Traktorenkonzepte von TRISIX bis Greentec

Das Jahr 2006 ließ sich für Fendt gut an. Auf den Agrarcomputertagen in Oldenburg präsentierte das Unternehmen die Elektronik-Highlights der Vario-Traktoren. Neben dem Vario-Terminal ging es dabei vor allem um das Spurführungssystem Auto-Guide und die automatische Datenerfassung, deren kennzeichnendes Kürzel MoDaSys lautete. Was Auto-Guide anbelangte, so bot die neu eingesetzte Software die Möglichkeit, den Traktor mit beeindruckender Präzision so an einer virtuellen Spurlinie entlang zu führen, wie es dem geübtesten Fahrer nicht möglich war. Die Präzision gab es in drei Abstufungen. Beim Standard-Programm betrug die dynamische Genauigkeit im Fahrbetrieb plus/minus 20 cm, beim Programm „Präzision" waren es plus/minus 5 cm und beim Programm „Hochpräzision" wurden nur noch Abweichungen von maximal plus/minus 2 cm zugelassen. Lang gediente Schlepperfahrer, die ein Leben lang gewohnt waren, sich auf das Augenmaß zu verlassen, schüttelten angesichts des Kampfs um Zentimeter den Kopf. Doch die IT-affine Jugend verlangte danach. Zwei Zentimeter entschieden für sie über Erfolg und Misserfolg und Fendt hatte dafür Verständnis und lieferte die entsprechende Technik.

Präzision im cm-Bereich

Zu den erfolgreichsten Fendt-Traktoren zählten über viele Jahre hinweg die Fahrzeuge der 300er Baureihe. Sie gehörten zu den sogenannten „Brot- und Butter-Maschinen", die bei hohem Kundennutzen dem Hersteller sicheres

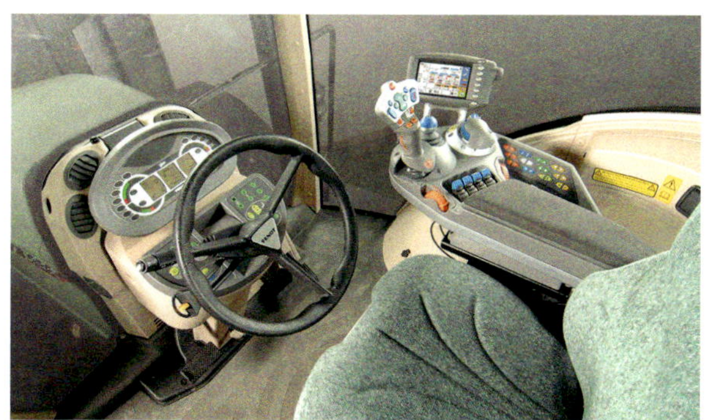

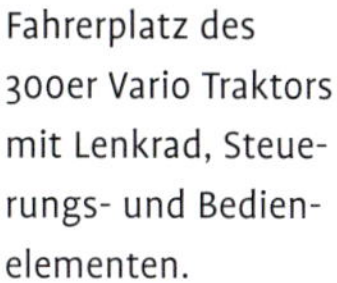

Fahrerplatz des 300er Vario Traktors mit Lenkrad, Steuerungs- und Bedienelementen.

Geld brachten. Doch nun waren sie in die Jahre gekommen. Motoren und Getriebe entsprachen nicht mehr dem neuesten Stand der Technik und auch hinsichtlich Fahrsicherheit und Komfort war die Zeit vorangeschritten. Wollte Fendt im Markt der Traktoren mit Leistungen von 90 PS bis 150 PS, in Fachkreisen als „kompakte Mittelklasse" bezeichnet, präsent bleiben, dann war eine umfassende Typenpflege unausweichlich.

Typenpflege in der „kompakten Mittelklasse"

Erkannt hatten die Entscheidungsträger dies schon lange, schließlich kalkulierten sie von den ersten Planungen bis zur Modellpräsentation einen Zeitraum von rund drei Jahren. Im Frühjahr 2006 war es dann soweit. Mit ordentlicher publizistischer Begleitmusik stellte Fendt eine vier Typen umfassende, neu entwickelte 300er Vario Baureihe vor, deren herausragende Kennzeichen zum einen die 4 Zylinder-Deutz Motoren mit Vier-Ventil-Technik und zum anderen das Vario Getriebe ML 75 waren. Das alles war kompakt und gewichtsparend verbaut und gab den Traktoren ein günstiges Leistungsgewicht. Zudem hatten Tests einen niedrigen Kraftstoffverbrauch ergeben, was bei steigenden Spritpreisen immer häufiger als wichtiges Argument für die Kaufentscheidung genannt wurde.
Große Sorgfalt hatten die Konstrukteure auch auf die Realisierung von Fortschritten bei Fahrkomfort und Fahrsicherheit gelegt. Die niveaugeregelte Vorderachse setzte zusammen mit der optional verfügbaren mechanischen Kabinenfederung neue Maßstäbe hinsichtlich Arbeitskomfort . Deutlich wurde die neue Konstruktionsphilosophie, die besagte, dass bei der Traktorenkabine als Arbeitsplatz an nichts gespart wird. Sitzkomfort, Rundumsicht, Klimaregulierung, Bedientechnik fügen sich zu einem großen

Merkmale des 300er Vario: kompakt, wendig und zugstark im praktischen Betrieb.

Ganzen zusammen, bei dem die Designer ebenfalls ein gewichtiges Wort mitzureden haben. Dass das alles seinen Preis hat, verstand sich von selbst.
Für die vier im Leistungsbereich zwischen 95 und 125 PS angesiedelten 300er Vario Modelle lagen die Listenpreise je nach Ausstattung zwischen 65 000 und 75 000 Euro, womit man durchaus im gehobenen Segment angesiedelt war. „Herausragende Technik hat ihren Preis", hieß es dazu, und der Hinweis auf den hohen Wiederverkaufswert der Fendt-Traktoren ließ nicht lange auf sich warten.

20 000 PS – Feldtage 2006

Eine gute Gelegenheit, die neuen Traktoren sowie das gesamte Fendt- Programm publikumswirksam vorzustellen, bot sich am 31. August 2006 im Rahmen des Fendt-Feldtags. Zum siebten Male fand die Veranstaltung nun schon auf dem Hofgut des Grafen Paul von Schönborn in Wadenbrunn bei Würzburg statt. Die Partnerschaft, zu der außerdem noch die Saaten-Union als Pflanzenzuchtunternehmen gehörte, hatte sich bewährt. Die Organisation war eingespielt und stieß in der Landmaschinenbranche auf gute Resonanz. Entsprechend groß war die am Rande der Vorführflächen aufgebaute Ausstellung. Kaum einer der führenden Gerätehersteller fehlte. Pflüge, Drillmaschinen, Pflanzenschutzspritzen, Gülleanhänger, ja sogar Traubenvollernter konnten in reicher Vielfalt bestaunt werden. „Sehen und gesehen werden", lautete die Devise, die bei den rund 50 000 Besuchern bestens ankam.

Eröffnet wurde der Feldtag beinahe schon traditionell von Hermann Merschroth. Kurzärmelig, mit Fendt-Weste gekleidet, begrüßte er in seiner Eigenschaft als Sprecher der Geschäftsführung AGCO GmbH Gäste und Aussteller. Jeder spürte, dass ihm die Rolle des Gastgebers Spaß machte.

Die launige Erinnerung an die traditionsreichen Schlüter-Tage fiel ihm leicht, denn was Fendt auf dem 100 Hektar großen Vorführgelände bot, brauchte keinen Vergleich zu scheuen. An die 100 Fendt-Traktoren mit zusammen gut und gerne 20000 PS kamen zum Einsatz. 180 verschiedene Anbaugeräte wurden im Praxisbetrieb demonstriert und für die Besucher, die ins Detail gehen wollten, standen Fendt-Mitarbeiter in großer Zahl bereit, um Rede und Antwort zu stehen. 200er, 300er, 400er, 700er, 800er und 900er Vario Modelle ließen ihr Potenzial aufblitzen, von der 900-Baureihe, gemeinhin Flaggschiffe genannt, kamen allein sechs verschiedene Modelle zum Einsatz. In der Moderation war beim Vario 936 die Rede vom „ stärksten und schnellsten Standard-Traktor weltweit". Ihn hautnah ohne Eintrittspreis erleben zu können, war ein Angebot, dass seitens der Landwirte gerne angenommen wurde. Sicher, die maximale Höchstgeschwindigkeit von 60 km/h konnte nicht gezeigt werden, doch das Gebotene reichte auch so vollkommen. Am Ende des Tages herrschte große Zufriedenheit. Technisches Feuerwerk und Familienfest müssen keine Gegensätze sein – in Wadenbrunn hatte es wieder einmal gepasst.

Auch 2006 war der Fendt Feldtag ein Besuchermagnet für Menschen aus nah und fern.

Service pur

„Traktoren bauen können viele, Traktoren verkaufen ist die Kunst", lautet ein geflügeltes Wort bei den Landwirten. Nicht zuletzt aus dieser Erkenntnis leitet sich die starke Stellung des Vertriebs ab. Der Vertrieb wiederum ist meist so gut oder so schlecht wie die Vertriebspartner. Sie haben den unmittelbaren Kontakt zu den Kunden, sie hören, wo die Kunden der Schuh drückt. Ihr Service ist mitentscheidend für den Einsatz der Technik. Fendt war sich des Stellenwerts guter Serviceleistungen stets bewusst. Entsprechend positiv registrierte man Auszeichnungen wie den Shell-Service-Award, ein bundesweiter Wettbewerb, veranstaltet von der Fachzeitschrift „Agrartechnik" um ihren umtriebigen Chefredakteur Dieter Dänzer. Mehrfach konnten sich Fendt-Händler in die Siegerlisten eintragen, Niederlassungen der RWZ Hessen-Thüringen gehörten ebenso dazu wie Filialbetriebe der BayWa oder auch der Händler Wilhelm Fricke im niedersächsischen Heeslingen. Letzterer war Fendt-Partner seit 1981 und konnte in einem Vierteljahrhundert über 2500 Fendt-Traktoren verkaufen. Als er im Jahr 2006 an einen einzigen Kunden auf einen Schlag 13 große Vario-Traktoren übergab, rief dies sogar Andreas Loewel, Vertriebschef von Fendt Deutschland, auf den Plan. Schnell errechnete man die Gesamt-PS und ermittelte die Zahl 2382 – eine wahrlich

stolze Leistung im harten Vertriebsgeschäft. Dunkle Wolken wurden dennoch erkennbar. „Wer mit wem?“ lautete eine der Fragen, die häufiger als sonst gestellt wurden. Fendt setzte alles daran, den Vertrieb bei Laune zu halten. Durch ein breites Produktprogramm, zu dem immer häufiger die Erntetechnik gehörte, wollte das Unternehmen für die Servicebetriebe attraktiv bleiben.

2006 – Umsatzrekord

Alles in allem verlief 2006 für Fendt erfolgreich. 12 157 Traktoren konnten ausgeliefert werden. Der Umsatz erreichte 889 Mio. Euro und markierte einen neuen Rekord. Zu verdanken war dies einer Verschiebung der Nachfrage hin zu größeren und teureren Modellen. Die Fendt-Kunden wurden spürbar professioneller, was Anerkennung und Verpflichtung zugleich bedeutete. An den Standorten Marktoberdorf und Asbach-Bäumenheim standen 2790 Personen bei Fendt in Lohn und Brot – auch das bedeutete Rekord.

50 000 Vario Schlepper

Der 1. Februar 2007, 12.10 Uhr, ist ein Datum, das vielen Fendt'lern in Erinnerung bleiben wird. In weißer Sonderlackierung lief der 50 000. Vario Schlepper vom Band, ein 312er, den der französische Landwirt Stephane Pierrot aus La Ferte Hauterive bestellt hatte. In einer Feierstunde bot sich die Gelegenheit, die stolze Vario Geschichte Revue passieren zu lassen. Seit 1995, der Premiere des 926 Vario auf der Agritechnica in Hannover, hatte sich die Traktorenwelt grundlegend verändert und Fendt war wichtiger Impulsgeber gewesen. Die Übergabe des Jubiläumstraktors an den Kunden war der Anfang März in Paris stattfindenden SIMA vorbehalten. Damit trug man dem Umstand Rechnung, dass Frankreich nach Deutschland der wichtigste Markt für Fendt ist und für die Zukunft weiteres Potenzial verspricht.

Preise satt

Auszeichnungen erfreuen den Hersteller, motivieren Konstrukteure und Belegschaft und besitzen einen beachtlichen, allerdings kaum exakt zu quantifizierenden Werbewert. Sepp Nuscheler, Leiter der Fendt Pressestelle, hatte 2007 alle Hände voll zu tun, die Kunde über die von Fendt erzielten Anerkennungen unter das Volk zu bringen. Kaum hatte der 936er Vario den auf der Frankfurter Messe „Ambiente“ erhaltenen Silbernen Designpreis der Bundesrepublik Deutschland erhalten, folgte der Intervitis-Innovationspreis

Ein Schmuckstück besonderer Güte: Der 50 000. Vario Traktor in weißer Sonderlackierung.

in Silber für die gefederte Vorderachse der 200er V-F-P Baureihen. Fendt-Geschäftsführer Dr. Heribert Reiter und Projektingenieur Christoph Mayer nahmen die Auszeichnung in der Stuttgarter Reithalle entgegen und setzten damit ein von den Winzern aufmerksam zur Kenntnis genommenes Zeichen. Kaum war die Freude abgeklungen, gab es auf der in Fulda stattfindenden demopark-Messe für GaLaBau, Kommunen und Greenkeeper eine Goldmedaille für die Kommunaltraktoren der 900er Vario Serie. Kluge Köpfe hatten errechnet, dass die „Grüne Branche“, zu der GaLaBauer und Kommunaltechniker zählen, über 13 000 Betriebe umfasst. Auf mehr als 5 Mrd. Euro beläuft sich der kumulierte Umsatz, der nicht zuletzt mit Traktoren erwirtschaftet wird, ein Kuchen, an dem Fendt einen steigenden Anteil erzielte.

TRISIX – drei Achsen, sechs Räder, 500 PS

Der Fendt-Forschungsetat belief sich 2007 auf 34 Mio. Euro – laut Geschäftsführer Dr. Reiter: „Soviel wie nie zuvor in unserer Firmengeschichte.“ Die Modellpflege der Baureihen 400, 700, 800 und 900 war ein Posten, für den dieses Geld aufgewendet wurde. Daneben blieb aber immer noch Raum für Überraschungen. Schließlich ist das Besondere für jeden Konstrukteur wie das Salz in der Suppe. Robert Honzek, seit Mitte der 1970er Jahre Konstrukteur bei Fendt, besaß das Gespür für unkonventionelle Fahrzeugsysteme und die Geschäftsleitung, allen voran Dr. Heribert Reiter und Hermann Merschroth, ließen ihn gewähren. In Tschechien hatte Honzek 2005 einen mächtigen Dreiachsschlepper gesehen, der ihm neue Perspektiven eröffnete. Möglicherweise ließen sich mit sechs Rädern die immer stärker wer-

Der TRISIX – eine bahnbrechende Konzeptstudie begeistert die Traktorenfreunde in der ganzen Welt.

denden Kräfte des Traktors besser und zugleich Boden schonender auf den Acker bringen? Konzeptstudie nannte er das Projekt, welches in aller Stille, fernab von Marktoberdorf, aber deshalb nicht minder sorgfältig betrieben wurde.

Die Maßgabe war rasch formuliert: „Drei Achsen und damit sechs gleiche Räder 650/65 R 38 vergrößern die Aufstandsfläche im Vergleich zum großen Standardschlepper um etwa 70 %." Manfred Neunaber, Chefredakteur der Fachzeitschrift „profi" ergänzte: „Damit ist die Einschränkung der zweiachsigen Knicklenker beseitigt, die ihre hohe Motorleistung nur über Zwillings- und Drillingsreifen auf den Boden bringen." Er erkannte den sog. „Multipass-Effekt", dem einen oder anderen noch von MB trac und MF her bekannt: „Weil alle Räder in einer Spur laufen, verringert sich der Rollwiderstand." Und an Kraft sollte es der Konzeptstudie nicht fehlen. Ein MAN-Motor D 2676 mit Vierventil-Technik, CommonRail Einspritzung und Zweistufen-Turbolader stellte 500 PS zur Verfügung. Die Übertragung erfolgte über zwei Vario Getriebe ML 260 auf die beiden vorderen und die hintere Achse. Die Lenkung der vorderen und hinteren Achse geschah synchron, so blieb die Wendigkeit erhalten. Dank sechs gefedert aufgehängter Halbachsen war ein Hangausgleich gegeben und dem Fahrkomfort dienlich war es zudem. Bei einer Fahrgeschwindigkeit über 30 km/h stellte sich die Hinterachse automatisch starr und für die immerhin mögliche Autobahnfahrt mit 65 km/h war dies unverzichtbar. Die Fahrzeugkabine X5 war weitgehend aus den Vario 900er-Modellen bekannt, erfuhr aber nochmals eine Anpassung. Alles in allem brachte es das Konzeptfahrzeug auf eine Länge von 7,61 Metern, eine Breite von 2,75 Metern und eine Höhe von 3,55 Metern – das konnte sich wahrlich sehen lassen. Das Leergewicht betrug 19 t, das zul. Gesamtgewicht 29 t. Ein Preis existierte nicht. Hermann Merschroth spekulierte einmal, er könne bei 350 000 bis 400 000 Euro liegen. Auf jeden Fall aber machte das alles richtig etwas her, nun brauchte der „intelligente Technologieträger" nur noch einen Namen mit hohem Wahrnehmungseffekt. Und der lag auf der Hand. Drei Achsen, sechs Räder waren das Erkennungszeichen, da konnte der Namen nur „TRISIX" lauten.

Als erste öffentliche Bewährungsprobe des TRISIX war der Auftritt auf der Agritechnica 2007 vorgesehen. Zwischen dem 11. und dem 17. November fand die vom Veranstalter DLG gerne als „World's No. 1" apostrophierte internationale Agrartechnikmesse in Hannover statt. Über 300 000 Besucher aus der ganzen Welt wurden erwartet und Fendt hatte sich auf dem gut 2300 Quadratmeter großen Ausstellungsstand einiges vorgenommen. Allein 22 Traktoren hatte man aufgefahren, darunter das Modell 820 Vario Greentec, welches die Neuheitenkommission der DLG soeben mit einer Silbermedaille ausgezeichnet hatte. Hinzu kamen Mähdrescher und Ballenpressen, doch der absolute Blickfang war der TRISIX. An exponierter Stelle in Halle 9 aufgefahren, zog der Ackergigant die Besuchermassen an wie ein Magnet. Jeder wollte einen Blick auf den in Fendt-Grün gehaltenen Traktor werfen, jeder wollte ein Foto von ihm machen. Das Gedränge war riesig und die Begeisterung übertrug sich auf die Fendt-Offiziellen. Hermann Merschroth sprach von der Agritechnica 2007 als der „Messe der Rekorde". Peter-Josef Paffen, Fendt-Geschäftsführer für Marketing und Vertrieb, lobte die „vielen initiierenden Gespräche mit etwaigen Geschäftspartnern, auch aus den osteuropäischen Staaten, wie sie in dieser Form noch nie auf einer Messe stattgefunden haben." Und nochmals sei Hermann Merschroth, gelegentlich auch als „Mister Fendt" bezeichnet, zitiert: „So etwas habe ich in meinen dreißig Berufsjahren noch nicht erlebt". Rund um den TRISIX war eine Begeisterung spürbar, die sich zur allgemein guten Stimmung in der Landwirtschaft einfügte. Das Investitionsklima in der Landwirtschaft hatte sich spürbar verbessert. Die Agrarbranche genoss weltweit einen guten Ruf. Die Nachfrage nach höherwertigen Lebensmitteln stieg vor allem in den Schwellenländern sprunghaft an. Kurzum, es machte richtig Spaß, Traktoren- und Landmaschinenhersteller zu sein.

Die Umsatzmilliarde ist geknackt

Zum Jahresende sprachen die Zahlen. 13 312 Traktoren hatte Fendt ausgeliefert, was einem plus von 9,5 Prozent im Vergleich zum Vorjahr entsprach. Erstmals in der Geschichte hatte der Fendt-Umsatz die 1-Mrd.-Marke überschritten und lag exakt bei 1,056 Mrd. Euro. Über Gewinne und Verluste redet man bei Fendt traditionell nicht. Doch konnte man zwischen den Zeilen lesen, dann dürfte das Ergebnis um 170 Mio. EUR betragen haben. Ende 2007 lag die Zahl der Mitarbeiter bei 3080, was ebenfalls Rekord bedeutete. Am Inlandsmarkt rangierte Fendt mit 4863 Neuzulassungen an zweiter Stelle. Im obersten Leistungssegment aber hatten die Allgäuer deutlich die Nase vorn. Bei den Traktoren mit mehr als 260 PS Leistung, und davon waren immerhin 1447 neu zugelassen worden, trugen exakt 561 den Schriftzug Fendt auf der Haube. Dass dennoch Arbeit blieb, verschwieg Peter-Josef Paffen bei der Bilanzpressekonferenz nicht. Die Marktanteile bei Mähdreschern, Rund- und Quaderballenpressen, der sogenannten Fendt Erntetechnik, lagen deutlich unter 2 Prozent. Die Fendt'ler verstanden dies als Ansporn.

Elektronik im Vormarsch

Qualifizierte Mitarbeiter gehören zum wichtigsten Kapital eines erfolgreichen Unternehmens. Bei allem Respekt vor der Leistung der Senioren, für die Zukunft ist der Nachwuchs maßgebend. Um die Besten zu gewinnen, gehört es zur Fendt-Unternehmensphilosophie, leitende Mitarbeiter an den Hochschulen zu Wort kommen zu lassen, damit sie dort das Werk und seine Produkte vorstellen.

Anfang Januar 2008 trat in dieser Mission der Abteilungsleiter Fendt Elektronik, Rainer Hofmann, im Rahmen des agrartechnischen Seminars vor die Studenten der Universität Hohenheim. Was er zu berichten hatte, machte die jungen Leute hellhörig. Umfasste die Elektronik-Abteilung in Marktoberdorf 1996 drei Personen, so waren es nun bereits 40. Und die hatten alle Hände voll zu tun. Der Elektronik-Kostenanteil bei Traktoren belief sich inzwischen je nach Fahrzeugausstattung auf 15 – 20 Prozent. In nahezu jedem Bauteil gab es Softwaresteuerungen und die verziehen keinen Fehler. „Softwarefehler", so Elektronik-Experte Hofmann, „sind irreparabel und können nur durch Nachentwickeln aufgefangen werden." Dies bewirkt, dass die Intervalle in der Software-Entwicklung immer kürzer werden.

Elektronik eröffnet dem Traktor zuvor ungeahnte Möglichkeiten als landwirtschaftliche Schlüsselmaschine.

Als Ende der 1980er Jahre das erste Elektronik-Bauteil in einen Fendt-Traktor Einzug hielt, war seine Lebensdauer auf 30 Jahre kalkuliert. Von dieser Maßgabe ist man längst abgekommen. Mit aufwändigen und zudem kostspieligen Nachentwicklungen ist Fendt bemüht, ältere Systeme einsatzbereit zu halten. Doch täusche man sich nicht – die in modernen Traktoren verbaute Elektronik ist so anspruchsvoll, dass sie im Grunde den Profi-Bediener verlangt. Fendt bietet seinen Kunden entsprechende Schulungen an, und mehr als die Hälfte der Fendt-Käufer nutzt das Angebot. Das war ein Feuerwerk an Argumenten. Nachdenklich gingen die Studenten auseinander. Sie hatten begriffen, dass die Fendt-Traktoren des 21. Jahrhunderts absolute High-Tech-Fahrzeuge sind. Der Slogan von einst: „Wer Fendt fährt, führt", galt mehr denn je.

40 oder 35 Stunden Wochenarbeitszeit?

Die guten Geschäfte bei Fendt machten es dem Mutterkonzern AGCO schmackhaft, in die deutsche Tochter zu investieren. Außer der Aufstockung der Produktionskapazitäten für Traktoren ging es dabei vor allem um den Bau einer Fertigungslinie für Feldhäcksler, an deren Entwicklung in Marktoberdorf intensiv gearbeitet wurde. Für AGCO Chef Martin Richenhagen zählte der Feldhäcksler zu den landwirtschaftlichen Leitmaschinen und die sollten den Vertriebspartnern aus einer Hand zur Verfügung stehen.

Doch ohne Zugeständnisse der Arbeitnehmerseite waren die Investitionen nicht zu haben. Seitens des Unternehmens wurde eine Arbeitszeit von 40 Stunden pro Woche ohne Lohnausgleich angestrebt. AGCO Chef Martin Richenhagen ging sogar so weit, die „35-Stunden-Woche als historischen Irrtum" zu bezeichnen. Auf jeden Fall hatte die Presse ihr Thema. „Rekorde ernten – Zwietracht säen" überschrieb die Süddeutsche Zeitung einen ausführlichen Bericht, in dem die Fendt-Erfolge ebenso aufgelistet wurden wie die Schwachstellen. Immerhin ging es um bis zu 500 neue Arbeitsplätze und die Zeit drängte.

Mitte 2008 teilte Hermann Merschroth mit, dass sich die Lieferfristen für Fendt-Traktoren auf 4 – 5 Monate verlängert hätten. Gespräche mit dem Osnabrücker Auftragsfertiger Karmann zeigten ebenso wie die Ankündigung von Martin Richenhagen: „Wir könnten auch ein Werk in Tschechien oder Polen bauen", dass es ernst wurde mit der Suche nach zusätzlichen Produktionskapazitäten. Verhandelt wurde auf vielen Ebenen, doch noch war keine Entscheidung gefallen.

Feldtage mit Highlights

Da war es geradezu eine Freude, sich auf den für den 28. August 2008 anberaumten nächsten Fendt-Feldtag vorbereiten zu können. „Pflichttermin für Zukunftsbetriebe" lautete das Motto der Wadenbrunner Veranstaltung, bei der stärker als sonst die Erntetechnik im Focus stehen sollte. Vor allem von der Vorführung des neuen Rotormähdreschers Fendt 9460 R erwartete man sich wahre Wunderdinge. 495 PS war die Maschine stark, hatte einen hydrostatisch angetriebenen Rotor mit 800 mm Durchmesser und 3,55 m Länge, der unabhängig vom Motor in konstanter Umdrehungszahl arbeitete. 12 300 Liter fasste der Korntank, für dessen Leerung weniger als anderthalb Minuten eingeplant waren. Doch auch das Traktorenprogramm sollte nicht zu kurz kommen. Besondere Akzente setzen sollte der neue Frontlader Fendt Cargo mit guten Ladeleistungen. Denn auch daran bestand kein Zweifel: Zu heben und zu laden gibt es auf den Betrieben immer etwas. Hieß es früher: „Bauern sind Fuhrleute wider Willen", so kommt nun hinzu, dass sich die Bauern zunehmend auch in der Rolle eines „Gewichthebers wider Willen" sehen.

Auf großen Feldern zuhause: Rotormähdrescher Fendt 9460 R.

Die Veranstaltung selbst erfüllte die Erwartungen vollauf. Länger noch als sonst war die Schlange der anfahrenden Autos. Fendt-Pressechef Sepp Nuscheler zählte insgesamt 52000 Feldtagsbesucher, mehr als jemals zuvor. Auf 10 Flurstücken, sogenannten Inseln, demonstrierten Traktorengespanne ihr Können im praktischen Einsatz. In der Zeltstadt, vom Veranstalter als „Fendt Arena" bezeichnet, gab Roland Schmidt als Kommentator sein Bestes. Vor allem die Abtankprozedur des mächtigen Rotormähdreschers hinterließ Eindruck. „158 Liter pro Sekunde leistet das neuartige Abtanksystem" erklärte Schmidt dem Arena-Publikum. So mancher schaute dabei auf den in der Hand gehaltenen Getränkebecher. Den halben Liter in einer Sekunde auszutrinken – keine Chance. Umso größer wurde der Respekt. Die Cargo Demonstration der funkelnagelneuen 300er Vario Traktoren umrahmten Akrobaten der „Flying Acrobats". Auch das gehörte zum Fendt-Feldtag. Neben der Sachinformation kam die Show nicht zu kurz und dem Publikum gefiel dies.

Der Fendt Feldtag 2008 war ein Fest für die Fendt Freunde aus nah und fern. Für die Traktoren gab es fast kein Durchkommen.

Klare Vertriebsstrukturen

Nichts mit Schau, sondern ausschließlich mit hartem Geschäft zu tun hatte die zum 1. September 2008 angesetzte Neuordnung des Fendt-Vertriebs Inland. Vier Regionalvertriebsgebiete mit eigenständigen Fendt-Teams wurden gebildet, mit denen den langjährigen Geschäftspartnern Sicherheit gegeben werden sollte. So arbeitete der Vertrieb Süd mit den langjährigen Fendt-Partnern BayWa und ZG Karlsruhe zusammen. Das Vertriebsgebiet West kooperierte vor allem mit der RWZ Rhein-Main und der RWZ Kurhessen-Thüringen. Der Vertrieb Mitte wiederum betreute die Agravis Technik AG sowie die Fa. Schröder, Wildeshausen und im Norden hießen die Fendt-Partner HaGe Kiel und Wilhelm Fricke, Heeslingen. In Zeiten harten Wettbewerbs sind klare Vertriebsstrukturen um so wichtiger und die waren nun geschaffen.

Inland – sehr gut, Ausland...?

Das Jahresende bot Anlass zur Bilanz. Unübersehbar standen die Zeichen auf Wachstum. 15428 Fendt-Traktoren waren binnen des Jahres 2008 ausgeliefert worden – Bestmarke! Gleiches galt für den Umsatz. 1,3 Mrd. Euro standen zu Buche, gut 200 Mio. Euro mehr als im Vorjahr. Darüber freuten sich die Marktoberdorfer ebenso wie die US-Konzernmutter AGCO. Mit 5367 neuzugelassenen Traktoren (= 36,3 Prozent vom Gesamtabsatz) war Deutschland nach wie vor der wichtigste Markt für Fendt. An zweiter Stelle folgte Frankreich mit 17,4 Prozent vor Italien, Österreich, Spanien und den Niederlanden. Zentraleuropa mit den GUS-Nachfolgestaaten brachte es insgesamt auf 8,7 Prozent der Verkäufe und versprach Potenzial für weiteres Wachstum. Vor allem Russland positionierte sich als Zukunftsmarkt. Von 200 Mio. Hektar landwirtschaftlicher Nutzfläche standen nur knapp 70 Mio. in Bearbeitung. Die zum Einsatz kommende Mechanisierung war veraltet, die einheimische Traktorenproduktion gering. Entsprechend gewaltig erschien der Bedarf an leistungsfähiger Technik und Fendt hoffte, ein ordentliches Stück vom Mechanisierungskuchen abzubekommen. Die Zielgröße für 2008 lautete 204 Traktoren, was einer Steigerung um 184 Prozent im Vergleich zu 2007 entsprochen hätte. Bescheidener fielen die Absatzerfolge auf dem nordamerikanischen und australischen Markt aus. Mit 1,5 bzw. 1,4 Prozent lagen diese bei der Produktion von Nahrungsmitteln weltweit führenden Länder im Absatz von Fendt-Traktoren noch hinter Dänemark zurück und das konnte auf Dauer nicht zufrieden stellen.

2009 – 2012: Im Zeichen des Zukunftsprojekts Fendt ahead[2]

Als Hermann Merschroth zu seinen vielfältigen Aufgaben im AGCO Konzern und bei Fendt zusätzlich die Präsidentschaft des Branchenverbands VDMA-Landtechnik angetragen wurde, erfüllte ihn dies mit Stolz. Er, der Bauernbub aus dem südhessischen Pfungstadt-Hahn, der an der Fachhochschule Nürtingen Landwirtschaft studiert hatte, war zum Sprecher der selbstbewussten deutschen Landmaschinen-Industrie gewählt worden, ein Ehrenamt, das es in sich hatte. Man musste sich nur die Liste seiner Vorgänger anschauen, dann wusste man, wie nahe Verantwortung und Freude beieinander lagen. Hermann Fendt war einige Zeit Präsident der Vorgänger-Organisation LAV gewesen, auch Anton Schlüter, Hans Rau und Bernard Krone, allesamt bestimmende Persönlichkeiten im Landtechnikgeschäft, hatten das Amt zeitweise inne.

Nun also Hermann Merschroth, der in seiner geradlinigen Art alles daran setzte, Unternehmens- und Verbandsauftritt getrennt zu halten. Bei einem ausführlichen Interview mit der Frankfurter Allgemeinen Zeitung Ende Januar 2009 ging es um Fendt und Hermann Merschroth strotzte vor Zuversicht. „Wir sind mit einem Rekordauftragsbestand ins neue Jahr gestartet und planen für 2009 den Bau von 17 000 Fahrzeugen“, lautete seine Prognose. Ab Mai werde man wohl im Zweischichtbetrieb arbeiten müssen, denn ein Ende des Absatzbooms bei Fendt sei nicht in Sicht.

Dazu passte die Ankündigung von Martin Richenhagen, nach reiflicher Überlegung und unter Abwägung aller Vor- und Nachteile nun doch mit Macht in die Fendt-Standorte investieren zu wollen. 170 Mio. Euro sollten es bis zum Jahre 2012 sein, die größte Einzelinvestition in der AGCO Firmengeschichte. Ziel war es, die „Ertragsperle“ Fendt durch den Bau des „weltweit modernsten und effizientesten Traktorenwerks“ in die Lage zu versetzen, der global steigenden Nachfrage nach Premium-Landtechnik entsprechen zu können. Allen in Marktoberdorf und Asbach-Bäumenheim fielen Steine vom Herzen – die Zukunft konnte kommen.

Auf der SIMA 2009 kam, sah und siegte der Fendt Spezialtraktor 200 Vario VFP.

Vario 200

Die Teilnahme an der Ende Februar 2009 auf dem Pariser Messegelände stattfindenden SIMA war für Fendt ein gerne wahrgenommener Pflichttermin. Sich mit dem kompletten Programm in der Stadt an der Seine den französischen Landwirten zu präsentieren, bereitete nahezu jedem Aussteller Freude. Für Fendt kam diesmal hinzu, dass man eine Neuentwicklung zu bieten hatte, die ein neues Zeitalter bei den Spezialtraktoren einleiten sollte. Mit der Baureihe Vario 200 war es erstmals gelungen, den stufenlosen Fahrantrieb für Spezialtraktoren nutzbar zu machen. Die Herausforderung, die komplexe Vario Technologie auf kleinstem Raume unterzubringen, hatte 60 Ingenieure und Konstrukteure fast drei Jahre lang beschäftigt. Als es mit den verfügbaren Bauteilen nicht gelingen wollte, wurde eigens ein neues Vario Getriebe, die Version ML 70, entwickelt. Auch beim Motor ging man neue Wege. Zum Einsatz kam ein wassergekühlter 3-Zylinder-Motor der AGCO Tochter Sisu Power, der aus 3,3 Liter Hubraum Leistungen von 70 bis 110 PS zur Verfügung stellte.

Um eine bestmögliche Abstimmung von Motor und Getriebe zu erreichen, kam – wie bei den großen Vario Reihen – das Traktor-Management-System, abgekürzt TMS, zur Anwendung. Denn das war das Ziel: Mit den kleinsten und wendigsten Fendt-Traktoren sollte genau so wirtschaftlich gefahren und gearbeitet werden wie mit den großen. Bei der Kabine bedeutete dies unter anderem Schaffung von Freiräumen. Erreicht wurden sie durch einen ebenen Kabinenboden, Anordnung der Bedienelemente in der rechten Armlehne, neigungs- und höhenverstellbares Lenkrad und einen luftgefederten Sitz. Dass es vor allem bei Wartungsarbeiten und Reparaturen dennoch eng herging, war den Abmessungen des Vario 200 geschuldet. Praxistests hatten gezeigt, dass dies hinnehmbar war gemessen an den Fortschritten bei Leistung, Effizienz und Fahrverhalten. „Das ist

Hermann Merschroth lebte für die Landtechnik. Sein überraschender Tod bewegte die ganze Branche.

Ingenieurskunst vom Feinsten“ wurde Roland Schmidt, inzwischen Leiter der Verkaufsförderung, nicht müde, den zahlreichen Messebesuchern zu erklären.

Trauer um Hermann Merschroth

„Ende gut, alles gut“, so hätte es nach den Pariser Tagen heißen können. Doch das dicke Ende kam nach. Unmittelbar im Anschluss an den Frankreich-Aufenthalt erlitt Hermann Merschroth ein Herz- und Kreislaufversagen mit tödlichem Ausgang. Mitten aus dem Leben hatte es den Gesamtverantwortlichen für die Marke Fendt abberufen, ohne Vorankündigung, einfach so. Die Betroffenheit bei Fendt war gewaltig. Anlässlich der Trauerfeier im Modeon zu Marktoberdorf würdigten die Redner ein ums andere Mal „eine herausragende Persönlichkeit, die in über drei Jahrzehnten die Entwicklung und Bedeutung von Fendt entscheidend geprägt“ hatte. Konzernchef Martin

Die neuen Fendt Geschäftsführer: Michael Gschwender, Peter-Josef Paffen, Dr. Heribert Reiter und Elmar Römer.

Richenhagen gab die Schaffung eines Hermann-Merschroth-Preises für den besten Abschluss unter den AGCO/Fendt-Auszubildenden bekannt. Damit sprach er den 700 Trauergästen aus dem Herzen. Sie alle wussten, wie sehr Hermann Merschroth die qualifizierte Ausbildung der Jugend am Herzen gelegen hatte.

Eine längere Vakanz hätte Fendt nicht gut getan, zu viele Entscheidungen vor allem im Zusammenhang mit dem Investitionsvorhaben mussten getroffen werden. Die AGCO-Verantwortlichen wussten dies wohl und handelten entschlossen. Bereits am 9. März teilte Martin Richenhagen in Duluth, dem AGCO Firmensitz, mit, dass „Peter-Josef Paffen als Brand Director die Gesamtverantwortung für die Marke Fendt übernehmen“ wird. Die Botschaft wurde verstanden. Kontinuität war das Ziel. In der Firmensprache klang das so: „Er wird die erst kürzlich auf den Weg gebrachten Projekte zum Standortausbau weiter vorantreiben und die erfolgreiche Arbeit von Hermann Merschroth fortsetzen.“ Außerdem lagen in seiner Zuständigkeit die Bereiche Fendt-Vertrieb und Marketing, Personal, Ersatzteil-Service sowie der Vorsitz beim Aufsichtsrat der Vertriebstochter Fendt Italiana. Ihm zur Seite standen Dr. Heribert Reiter als Geschäftsführer Forschung, Entwicklung und Einkauf sowie Kundendienst. Elmar Römer zeichnete als Geschäftsführer Produktion zukünftig auch für den Bereich Qualitätsmanagement verantwortlich. Das Geschäftsführungsressort Finanzen und EDV blieb unverändert unter der Leitung von Vice President und Geschäftsführer Michael Gschwender.

Das 100 000. Vario Getriebe wurde in einen goldenen Vario 211 Traktor eingebaut.

Leuchtturmprojekt

Peter-Josef Paffen, ein Bauernsohn aus Floverich im Rheinland, war seit dem 1. Januar 1998 bei Fendt in Marktoberdorf tätig. Seine erste Station lag im Bereich Forschung und Entwicklung. Knapp ein Jahr später übernahm er den Bereich Marketing, zu dessen Geschäftsführer er im Jahr 2000 ernannt wurde. Seit 2004 wirkte Peter-Josef Paffen als Vice President Fendt-Vertrieb und Marketing und war damit unmittelbar in die großen Entscheidungen der Unternehmensleitung eingebunden. Er wusste also, was auf ihn und Fendt zukam, und das war nur von Vorteil. Einarbeitung entfiel. Das Großprojekt Fendt ahead² konnte beginnen und es kam mit Macht. Am 30. Juni fand die Einweihung der neuen 1,5 Hektar großen Fertigungshalle statt und gleichzeitig wurde die Grundsteinlegung für die neue Endmontage M2 gefeiert. Bayerns Staatsminister Helmut Brunner freute sich: „Hier erleben wir ein Leuchtturmprojekt, das eine in die Zukunft gerichtete Entscheidung darstellt“. Konkret handelte es sich dabei um die Voraussetzung für ein Produktionsvolumen von 20 000 Traktoren im Jahr – Bescheidenheit sah anders aus.

Standort Nummer Drei

Dazu passte Mitte 2009 die Nachricht von der Einrichtung eines dritten Fendt-Produktionsstandorts in Deutschland. Hohenmölsen hieß der Ort, in der Nähe von Halle in Sachsen-Anhalt gelegen. Unter Landtechnikern war Hohenmölsen durchaus ein Begriff. Der mittelständische Landmaschinenhersteller Rau hatte dort nach der Wende Pflanzenschutztechnik produziert und auch dem Unternehmen Landtechnik Hohenmölsen (LTH) gelangen interessante Maschinen für die Grünfutterernte. Die Voraussetzungen für eine erfolgreiche Landmaschinenherstellung waren also gegeben. Das Werksgelände umfasste 42 Hektar mit Industriegebäuden und Maschinen. Zum Werksleiter wurde Gunter Dohmen ernannt, dem eine Belegschaft von zunächst 50 Mitarbeitern zur Seite gestellt wurde. Fertigung von Komponenten für die Vario Traktoren, lautete der erste Auftrag, doch jeder wusste, dass Hohenmölsen der Standort für die kommende Feldhäcksler-Produktion sein würde.

Vollbremsung?

Im Vorfeld der vom 8. bis zum 14. November 2009 stattfindenden Agritechnica fielen bei Fendt noch einige Personalentscheidungen. So wurde Roland Schmidt, der zuvor die Verkaufsförderung geleitet hatte, zum Marketing-Direktor ernannt und Andreas Loewel übernahm den Posten des Geschäftsführers der neu gegründeten Vertriebsgesellschaft AGCO Deutschland GmbH, Welche die Zuständigkeit für das gesamte Fendt Geschäft in Deutschland erhielt. Auch sonst gab es Bewegung im Personaltableau. Die gewachsene Zahl der festangestellten Mitarbeiter etablierte sich, während andererseits die Zahl der Leiharbeiter zurückgefahren wurde. In der Getriebefertigung gab es erstmals seit langem Kurzarbeit, da MF und Valtra weniger stufenlose Getriebe abnahmen als zunächst geplant. Vieles war im Herbst 2009 in Bewegung und manches tangierte das Zukunftsprojekt Fendt ahead². Von den geplanten Investitionen in Höhe von 172 Mio. Euro kamen 70 Mio. auf den Prüfstand. Insider sprachen gar von einer „Vollbremsung", die allerdings auch ihr Gutes hatte. Sie machte die Flexibilität von Fendt deutlich, auf wirtschaftliche Wechsellagen rasch und nötigenfalls massiv zu reagieren. Wichtig war auch, dass der Anpassungsprozess nicht gegen, sondern in Abstimmung mit dem Betriebsrat geschah.

100 000 Vario Getriebe

Der Agritechica-Auftritt 2009 war aufwändig wie immer. Markus Kaltenmair, Fendt-Event-Manager und verantwortlich für den Standaufbau, beaufsichtigte eine Mannschaft von gut 90 Handwerkern, die binnen gut zwei Wochen all das in Szene setzten, was zuvor 150 LKW nach Hannover spediert hatten. Der spektakuläre Blickfang fehlte allerdings. Stattdessen dominierte der „100 000 Vario Weg" die Präsentation. Gemeint war damit eine Ausstellung der verschiedenen Vario Getriebe von der ersten Pilotstudie bis zum 100 000. Exemplar. Letzteres befand sich in einem in goldener Sonder-Lackierung gehaltenen 200er Vario Spezialtraktor verbaut, der zum Siegerpreis eines internationalen Preisausschreibens auserkoren war. Der Stolz war unübersehbar. 100 000 Vario Getriebe erfolgreich zum Einsatz gebracht und das komplette Traktorenprogramm stufenlos gemacht zu haben, war eine bislang einzigartige Leistung in der Landtechnikgeschichte. Die gute Stimmung am Fendt-Stand spiegelte sich im Messeverlauf wider. 350 000 Besucher wurden gezählt. Die Silbermedaille der Neuheitenkommission für die Reifendruckregelanlage und gleich mehrere Auszeichnungen für „Maschinen des Jahres 2010" erfreuten ebenso wie der vom Landwirtschaftsverlag Münster-Hiltrup ausgelobte Agrar-Marketing-Preis. „Fendt sahnt ab" hieß es dazu im „Fendt Focus", der Zeitschrift für Mitarbeiter, Freunde und Kunden.

Der Fendt Vario 820 war mehrere Jahre der erfolgreichste Traktortyp in Deutschland.

Im Jahresergebnis sah es dagegen weniger überzeugend aus. Die allgemeine Marktschwäche hatte zu einer Rücknahme der Jahresproduktion auf 13 647 Traktoren geführt, was einem Minus um 11,5 Prozent im Vergleich zum Vorjahr entsprach. Rund 63 Prozent der Traktoren gingen in den Export, allen voran in die west- und zentraleuropäischen Märkte. Erfreulich hatte sich der Absatz in Italien, Spanien, Österreich und der Schweiz entwickelt. Dazu beigetragen hatte nicht zuletzt die Einführung der neuen 200er Vario Baureihe. Auch in Deutschland kamen die stufenlosen Spezialtraktoren gut an. In den ersten neun Monaten nach der Markteinführung erreichten sie in ihrem Segment einen Marktanteil von über 40 Prozent. Insgesamt war der deutsche Traktorenmarkt des Jahres 2009 von einem Rückgang um 7,6 Prozent geprägt. Mit 5073 Neuzulassungen hielt sich Fendt gleichwohl achtbar. Man war Marktführer und hatte mit dem 205 PS starken Modell 820 Vario auch den meistverkauften Traktor im Programm. Mit 925 Exemplaren war „Deutschlands Schlepper-Liebling" für Fendt ein echtes Zugpferd.

Erntetechnik im Plus

Fortschritte, wenngleich bescheidene, erzielte Fendt bei der Erntetechnik. Knapp unter 5 Prozent Marktanteil erreichte man bei Mähdreschern und Ballenpressen, und es tat sich einiges. So konnten die Verbindungen zum italienischen Erntemaschinenspezialisten Laverda S.p.A. mit Sitz in Breganze über eine 50prozentige AGCO Beteiligung abgesichert werden und erhielten damit Kontinuität. Auch erwartete sich Fendt weitere Nachfrage durch die Serienreife des Hybridmähdreschers 9470X, der zur Ernte 2010 verfügbar sein sollte. Was die Ballenpressen anbelangte, so wurden diese von der AGCO Tochter Hesston aus Nordamerika zugeliefert. Darüber hinaus stand man hinsichtlich der Rundballenpressen in Gesprächen mit dem italienischen Hersteller Gallignani S.p.A. Der Markt war in Bewegung und Gespräche mit dem Wettbewerb haben selten geschadet.

Zukunftsmusik

Wie sollte der Traktor des Jahres 2020 aussehen? Darüber diskutierten Ende Februar 2010 300 Experten der VDI Tagung „LAND.TECHNIK FÜR PROFIS" im Marktoberdorfer Fendt-Forum. Der Themenkatalog reichte von der Motorentechnik über die Antriebstechnologien bis hin zur Elektronik. So unterschiedlich die Meinungen waren, Einigkeit bestand hinsichtlich der wachsenden Bedeutung elektrischer Antriebe, für die vor allem bei der Koppelung mit Arbeitsmaschinen Vorteile gesehen wurden. Fendt-Geschäftsführer Dr. Heribert Reiter sprach den Tagungsteilnehmern aus dem Herzen mit der Feststellung: „Als Technologieführer muss man Dinge tun, die sich andere nicht trauen." Fahrerlose Systeme sind ebenso denkbar wie alternative Konzepte zur Kraftübertragung auf den Boden. Eine immer wichtiger werdende Rolle kommt sogenannten „Customer Groups" zu. Darunter verstand man ausgewählte Landwirte und Lohnunternehmen, mit denen neue Ideen und Technologien basisnah erörtert werden. Die dabei gewonnenen Erfahrungen zeigen den Konstrukteuren, ob sie sich auf einem guten Wege befinden.

Fendt Traktoren für den Weinbau

Weniger um Zukunftsmusik, stattdessen mehr um den unmittelbaren Kundennutzen ging es beim Fendt-Auftritt auf der Stuttgarter Intervitis-Interfructa, die Ende März 2010 auf der neuen Stuttgarter Messe auf den Fildern stattfand. Im Mittelpunkt stand das Spezialtraktorenprogramm 200 Vario V/F/P, dessen Maschinen sich bei den Winzern bester Aufnahme erfreuten. Rund 1000 Traktoren der Vario 200er Baureihe hatten seit der Erstvorstellung bereits den Weg zu den Kunden gefunden und das Interesse war ungebrochen groß.

Mit Quaderballenpressen aus der Hesston-Linie komplettierte Fendt sein Angebot bei der Erntetechnik.

In einem von Sepp Nuscheler arrangierten Pressegespräch kamen mit Georg Hünnerkopf vom Weingut Schloss Hallburg in Franken und Konrad Meier vom renommierten Karthäuserhof in Mainz-Hechtsheim zwei bewährte Praktiker zu Wort. Eindrucksvoll schilderten sie, wie der stufenlose Vario Traktor den Betriebsablauf beeinflusste. Ob vor der Spatenmaschine oder dem gezogenen Traubenvollernter, ob bei feuchter Witterung oder in der Steillage – die Praktiker wussten nur Gutes zu berichten. Und auch die Wissenschaft pflichtete bei. Professor Hans-Peter Schwarz von der Fachhochschule Geisenheim ging sogar so weit, den Vario 200 Eignern eine intensive Fahrerschulung zu empfehlen. „Nur wenn die Möglichkeiten der neuen Technik zu 100 Prozent genutzt werden, werde in Zukunft erfolgreicher Weinbau möglich sein", lautete sein Statement. Die altehrwürdige Frankfurter Allgemeine Zeitung überschrieb ihren Messe-Bericht: „ Mit dem Fendt 200 Vario beginnt eine neue Zeitrechnung im Spezialtraktorenbau", was nicht nur in Marktoberdorf gut ankam.

Projekte für die Fendt-Zukunft

Und bei dieser guten Nachricht allein blieb es nicht. Mitte Juni 2010 konnte Peter-Josef Paffen mitteilen, dass AGCO das im Vorjahr unterbrochene Investitionsvorhaben in vollem Umfang zum Abschluss bringen wolle. Das Projekt „neue Endmontage" konnte wieder Fahrt aufnehmen und zwar in fortgeschriebener Form. Konkret bedeutete dies den definitiven Abschied vom Förderband. An seine Stelle sollte für jeden Traktor ein über Laser individuell gesteuertes Transportsystem treten, mit dem die Flexibilität der Produktion nachhaltig erhöht werden konnte. Anvisiert war für die Jahresproduktion eine Bandbreite zwischen 12500 und 20000 Traktoren, womit es in der Zukunft leichter werden würde, auf konjunkturelle Schwankungen zu reagieren. Die Freude über diese Entscheidung war groß. Fendt-Betriebsratsvorsitzende Monika Hoffmann wurde mit der Feststellung zitiert: „Da fällt uns schon ein Stein vom Herzen." Martin Richenhagen wiederum erklärte, Gechäftsführung und Mitarbeiter hätten sich das hohe Vertrauen verdient. Eine Investition in die Zukunft passe einfach zu Fendt.

Das Investitionsprojekt Fendt ahead² beschleunigte das Personalkarussell. Hubertus Köhne, der zuvor Berufserfahrungen in Südamerika und Europa gesammelt hatte, übernahm die Geschäftsführung Produktion. Sein offizieller Titel lautete, wie es sich für ein global operierendes Unternehmen gehört: Vice President Manufacturing Fendt. Elmar Römer wiederum wurde zum Geschäftsführer in Hohenmölsen bestellt und gleichzeitig mit der Werkleitung in Asbach-Bäumenheim betraut, Kennzeichen der erhöhten Umdrehungszahl im Unternehmen Fendt, und alle bekamen es zu spüren.

Die 200er Vario Baureihe machte einen Traum wahr: Stufenloses Fahren im Weinbau.

Auch den vielen Fendt-Kunden und Fendt-Freunden aus aller Welt blieb die Anspannung nicht verborgen. Auf dem alle zwei Jahre wiederkehrenden Feldtag präsentierte sich ein Unternehmen im Aufbruch. Kleinigkeiten wie die weggefallene zentrale Beschallung des Vorführgeländes machten den Anfang. Erläuterungen gab es stattdessen an jeder der 10 Vorführinseln auf Anfrage durch Fendt-Mitarbeiter. Zentral geblieben war dagegen die Aktion in der Fendt Arena. Zweimal führte Roland Schmidt durch das mit Showelementen angereicherte Programm, bei dem der Erntetechnik breiter Raum gewährt wurde. Vor dicht besetzten Tribünen wurden Mähdrescher, darunter als Blickfang der neue Hybridmähdrescher, und Ballenpressen in reicher Vielfalt vorgeführt.

Katana – das Schwert des Samurai

Ein besonderer Paukenschlag aber war der erste öffentliche Auftritt des Fendt Feldhäckslers Katana 65. Die Bezeichnung war mit Bedacht gewählt. Katana kam aus dem Japanischen und war der Name des Schwerts eines Samurai. Das Wort symbolisierte Leistungsstärke, Schärfe und Präzision. Genau diese Eigenschaften sollten den Fendt Feldhäcksler beim

Mit dem selbstfahrenden Feldhäcksler Katana 65 stieg Fendt in die Futtererntetechnik ein.

Einsatz in der Mais- und Grasernte auszeichnen. Angetrieben von einem 16 Liter V8 Mercedes-Motor mit 650 PS Leistung, der die Abgasnorm der Stufe 3b erfüllt, verfügte der Katana über die größte Häckseltrommel am Markt. Sechs Walzen besorgten die Gutzuführung, hinzu kamen ein neu gestalteter Corn Cracker sowie ein Erntevorsatz der Fa. Kemper. Bei Kabine, Elektronik und Hydraulik kamen – soweit möglich – bewährte Bauteile der Vario Traktoren zum Einbau – ohne Zweifel hinterließ der Katana einen starken Eindruck.

Doch die Besucher, allen voran die zahlreich angereisten Feldhäcksler-Experten des Wettbewerbs, wollten mehr sehen. Sie setzten auf die praktische Vorführung im Maisfeld, doch da hatten sie die Rechnung ohne den Wirt gemacht. Keiner der Kiebitze kam näher an den Katana 65 heran. Schauen ja, aber Visite auf Leib und Magen nein. So blieb die Spannung erhalten und die gut 50 000 Feldtagsbesucher hatten das Gefühl, einer Premiere mit Nachwirkungen beigewohnt zu haben. Dass sie außerdem die erste Vorstellung des neuen Traktoren-Topmodells Vario 939 miterlebt hatten, fiel weniger ins Gewicht. 30 PS hatte dieser Schlepper mehr zu bieten. Hinzu kamen die Reifendruckregelanlage VarioGrip, ein neues Elektronikkonzept mit dem Bedienterminal Variotronic, das Spurführungssystem VarioGuide – an nahezu alles war gedacht. Einzig die Freisprechanlage für das Bordtelefon fehlte. Ein Feldtagsbesucher nahm es mit Humor. „Nobody is perfect“, schmunzelte er, „fast hätten die Fendt-Leute das Gegenteil bewiesen.“

40 Jahre Asbach-Bäumenheim

Eine Feier besonderer Art konnte 2010 in Asbach-Bäumenheim gefeiert werden. 40 Jahre gehörte das Werk zu Fendt und hatte eine gewaltige Wandlung mitgemacht. Von der einstigen Dechentreiter Mähdrescherfertigung über die Produktion von Pistenraupen und Wohnwagen bis hin zum Spezialisten für die Herstellung von HighTech-Fahrerkabinen für Trakto-

Blick auf den Fendt Produktionsstandort Asbach-Bäumenheim, Heimat der Fendt Fahrerkabinen.

ren und Selbstfahrende Erntemaschinen hatte sich das Werk zu einem leistungsstarken Partrner im Fendt-Verbund gemausert. Rund 900 Mitarbeiter zählte der Standort, der sich trotz seiner Bedeutung für Fendt und die Region nicht immer voll gewürdigt vorkam. Hans Eichhorn, langjähriger Bürgermeister von Asbach-Bäumenheim, war es daher ein Anliegen, die im Laufe der vier Jahrzehnte von den Bäumenheimer Fendt'lern erbrachten Leistungen angemessen zu würdigen. Eine auf seine Initiative hin entstandene Festschrift holte Versäumtes nach und ist so zu einem würdigen Denkmal für den zweiten Fendt-Standort in Bayern geworden.

Fendt online

Seit den 1990er Jahren geschätzt und mit Eifer von den Fendt-Freunden gesammelt wird das meist zweimal jährlich erscheinende Magazin „Fendt Focus". Produktpräsentationen, Praxisberichte, Presseverlautbarungen und Personalia gehören zu seinem Inhalt. Einige Male aufgefrischt, ist der Fendt Focus über die Jahre hinweg als Kommunikationsebene attraktiv geblieben.

Im digitalen Zeitalter wächst allerdings die Gemeinde derer, für die nur zählt, was im „Netz" ist. Fendt hat diese Entwicklung beizeiten erkannt und den Internetauftritt aufwändig gestaltet. Über Fendt-Website, Fendt-Mediathek, Fendt-YouTube Channel und Fendt-InfoScreen gelangen Nachrichten rund um Fendt direkt und kostenlos auf die Bildschirme der Nutzer. Dank eines kostenlos zu abonnierenden E-Mail Newsletters kann man darüber hinaus immer auf dem Laufenden über das Geschehen bei Fendt sein. Die ständig wachsende Zahl der Nutzer dieser Angebote bestätigt das große Interesse an sogenannten „Fendtiana", Nachrichten von und über Fendt. Ständige Fortschreibungen des Internetangebots gehören zum Tagesgeschäft, denn gerade im Netz gilt: Der Wert einer Nachricht bemisst sich nach ihrer Aktualität, und die wird ständig kurzfristiger. Dass Fendt hier einen guten Job macht, bestätigte nicht zuletzt das DLG-Imagebarometer für 2010. Mit 99,8 von 100 Punkten rangierten die Allgäuer unangefochten auf Platz 1.

Stärke bei den „Großen"

In schwierigem Umfeld empfand Fendt die Auslieferung von 12 584 Traktoren als akzeptabel. Sicher spürte man den Rückgang um 7,8 Prozent im Vergleich zum Vorjahr, doch dank eines Zugewinns von Marktanteilen nahm man die „Delle" gelassen hin. In Deutschland lag Fendt bei den Traktoren über 51 PS mit 4728 Neuzulassungen entsprechend 20, 5 Prozent Marktanteil auf Rang 1 der Rangliste. Berücksichtigte man alle Traktoren, also auch die Kleinschlepper unter 50 PS, betrug der Fendt-Marktanteil 16,5 Prozent, was dem 2. Rang entsprach. Doch über die Kleinen redete man in Marktoberdorf ungern. Lieber verwies man auf die Dominanz bei den gemeinhin als „Profi-Traktoren" bezeichneten Schleppern und die war wirklich respektabel. Jeder dritte der im Jahr 2010 in Deutschland neu zugelassenen Schlepper war eine Maschine der Premium-Baureihen Vario 800 und Vario 900. Dazu passte, dass der Vario 820 zum dritten mal in Folge der meistverkaufte Traktortyp Deutschlands war.

Auf den Auslandsmärkten hatte man in Frankreich den Marktanteil von 8 Prozent gehalten, aber Stückzahlen eingebüßt. Die Sonderkonjunktur bei den Spezialtraktoren der Baureihe 200 Vario bewirkte gute Ergebnisse in der Schweiz, in Italien und Österreich. In Zentraleuropa verdiente vor allem Polen mit 500 verkauften Traktoren Aufmerksamkeit. Weniger gut sah es in den GUS-Nachfolgestaaten aus. Wie gebannt schauten die Verkäufer auf das unstrittig vorhandene Potenzial, doch die zu Teilen immer noch sozialistisch geprägte Ökonomie kam offensichtlich langsamer in Gang, als von vielen Auguren erwartet. Investiert hatte Fendt 2010 49 Mio. Euro in Forschung und Entwicklung. Daneben nahm das Projekt „Fendt ahead²" zunehmend Fahrt auf. Bei der Bilanzpressekonferenz freute sich Fendt-Sprecher Peter-Josef Paffen und ließ die Journalisten wissen: „Fendt bleibt auf Erfolgskurs."

75 Jahre Fendt und BayWa

Im schnelllebigen Landmaschinengeschäft sind 75 Jahre währende Partnerschaften die absolute Ausnahme. Eine davon konnte im Frühjahr 2011 gefeiert werden. Stolz schauten Fendt und der in Bayern, Baden-Württemberg und Sachsen aktive Handelspartner BayWa auf die in der Landtechnikgeschichte einmalige Erfolgsgeschichte zurück. 1935 hatte sie begonnen (wie vorne im Buch nachzulesen ist), und binnen eines dreiviertel Jahrhunderts zum Verkauf von sage und schreibe 234 000 Fendt-Traktoren geführt. Am weltweiten Fendt-Absatzvolumen entspricht dies einem Anteil von knapp 30 Prozent. Es bestand kein Zweifel, dass dies eine ordentliche Feier wert war.

Unter dem Motto „Zukunft braucht Herkunft" lud Fendt 500 Mitarbeiter der BayWa nach Füssen ein. Fendt-Chef Peter-Josef Paffen und BayWa-Vorstandsvorsitzender Klaus-

Großes Händeschütteln der Fendt- und BayWa-Geschäftsführungen aus Anlass der 75jährigen Partnerschaft.

Josef Lutz erinnerten an die Anfänge und versicherten sich gegenseitig, die Verbindung fortzusetzen. Mehr noch, die Ausdehnung der Partnerschaft auf die Erntetechnik war beschlossene Sache, auch wenn BayWa Vorstand Roland Schuler deutlich machte: „Erntetechnik verkauft sich anders als ein Traktor." Peter-Josef Paffen pflichtete bei: „Wir kennen unsere Schwächen und Lücken, doch mit dem aktuellen Programm können wir bereits 80 Prozent des Marktes bedienen und erwarten jetzt einen Anschub für die Erntetechnik." Damit spielte er auf die Feldhäcksler-Fertigung in Hohenmölsen ebenso an wie auf die Komplettübernahme von Laverda durch AGCO. Laverda war nun ein 100prozentiges Schwesterunternehmen und brachte gleichsam als Mitgift den traditionsreichen bayrischen Futtererntespezialisten Fella mit. Die Handelspartner hörten dies gerne. In der Marktsprache hieß das: „Gute Technik generiert zusätzlichen Umsatz" und an dem waren alle interessiert.

Dabei stand außer Frage, dass es die Fendt Erntetechnik nicht leicht hatte. Immer wieder wurde gefragt: „Ist in den Mähdreschern und Ballenpressen auch tatsächlich Fendt drin, wenn Fendt drauf steht?" Die Nähe zu MF Produkten war augenscheinlich, doch je länger die Maschinen im Fendt-Kleid unterwegs waren, desto mehr Fendt befand sich in ihnen. Kabinen, Elektronik, Komfort trugen eindeutige Fendt-Handschrift und überall dort, wo es auf die effiziente Kombination von Traktor und Maschine ankam, hatten die Marktoberdorfer Ingenieure ein gewichtiges Wort mitzureden.

Fendt-Mähdrescher bis 496 PS

Im einzelnen bestand das Fendt-Mähdrescher-Programm aus vier Baureihen, die durch Buchstaben-Zahlenkombinationen kenntlich gemacht wurden. Bei der L-Serie handelte es sich um 5 bzw. 6-Schüttler-Maschinen, die von 6-Zylinder ACGO-Sisu-Power-Motoren mit Leistungen zwischen 243 und 276 PS angetrieben wurden. Leistungsstärker waren die Mähdrescher der C-Serie. Angetrieben von 6 Zylinder AGCO Sisu Power-Motoren mit Leistungen zwischen 276 und 360 PS verfügten sie optional über das Hangausgleichsystem ParaLevel. Dies gewährleistete einen Fahrwerksausgleich von bis zu 20 Prozent Hangneigung und prädestinierte die Maschinen für den Einsatz im hügeligen Gelände. Die stärkste Baureihe waren die Mähdrescher der P-Serie. Auch bei ihnen kamen 6-Zylinder ACGO Sisu Power-Motoren zum Einbau, nun allerdings mit Leistungen von 379 bis 404 PS. Schneidwerke mit eine Breite von bis zu 7,70 m präferierten diese Maschinen für den professionellen Einsatz, wie er unter anderem von Lohnunternehmen geleistet wird. Blieb schließlich die X-Serie bestehend aus dem Mähdrescher 9470 X. Erkennungszeichen war unter anderem der 7-Zylinder AGCO Sisu Motor mit 9,8 Litern Hubraum. Die 496 PS brachte er nicht nur auf das Feld, sondern nutzte er, um moderne Dresch-, Abscheide- und Reinigungssysteme in Gang zu setzen. Dies geschah nicht als Black-Box, sondern in hoher Transparenz für den Bediener. Bildschirmüberwachung war selbstverständlich, wie es sich für einen High-Tech-Arbeitsplatz gehört.

Zum Erntetechnikprogramm hinzu kamen nun auch die Feldhäcksler Katana 65. Am 4. Mai 2011 verließen die beiden ersten Nullserienmaschinen das Werk in Hohenmölsen. Eine gut dreijährige Entwicklungsarbeit war zum Abschluss gelangt. Der Serienbau des Hoffnungsträgers konnte beginnen.

Die größte Baustelle Bayerns

Kam der Besucher im Spätsommer 2011 nach Marktoberdorf, dann wurde er Zeuge umfassender Baumaßnahmen. Unter der Federführung der Bauunternehmung Georg Reisch wurden Montagehallen, die Lackieranlage und Gebäude für Endabnahme und Versand errichtet. Alle bekamen dies mit. So sorgfältig auch geplant wurde, Lärm- und Staubbelästigungen der Mitarbeiter ließen sich nicht ganz vermeiden. Hubertus Köhne, Geschäftsführer Produktion, machte die Größenordnung der Baumaßnahme deutlich:

Vier Baureihen umfasst das Fendt Mähdrescherprogramm und erreicht damit vom Einzelbetrieb bis zum Lohnunternehmer die ganze Landwirtschaft.

„Das Lackiergebäude wird mit einer Bauhöhe von 18 Metern sicherlich ein neues Erkennungsmerkmal des Werkes sein." Das Investitionsvorhaben Fendt ahead² ließ grüßen. Gelegentlich war die Rede von der größten Baustelle Bayerns. Doch den meisten Fendt'lern ging dies zu weit. Für sie stand die Aufstockung der Produktionskapazität für bis zu 20000 Traktoren im Jahr im Vordergrund, und das war anspruchsvoll genug. Zumal die Forschungs- und Entwicklungsarbeit ebenso weiterging wie die Traktorenproduktion.

Die „kompakten Großen"

Und genau da war einiges in Bewegung. Um ein lückenloses Vario Programm verfügbar zu haben, brachte Fendt Mitte 2011 die neue Traktoren-Baureihe 700 Vario auf den Mark, die drei Modelle mit den Typennummern 720, 722 und 724 umfasste. Ihre Kraft bezogen sie von 6-Zylinder-Deutz Motoren mit einem Hubraum von 6,06 Litern. Vierventil-Technik, Common Rail-Einspritzung und SCR-Technologie zur Abgasreinigung ermöglichten die Einhaltung der Abgasnorm Stufe 3 b. Zur Kraftübertragung diente das neu entwickelte Vario Getriebe ML 180. Es ermöglichte eine Höchstgeschwindigkeit von 50 km/h, die bei respektablen 1700 Umdrehungen pro Minute erreicht wurden. Ziel war Kraftstoffersparnis, eines der von Fendt gerne ins Feld geführten Argumente, wenn es um die Begründung des Kaufpreises ging.

Ins Gewicht fiel ferner die VisioPlus-Kabine. Die bis ins Dach hineinreichende Frontscheibe und der Verzicht auf die sogenannte B-Säule ergaben 6,1 m² Glasfläche, was eine Steigerung im Vergleich zum Vorgängermodell um 25 Prozent bedeutete. Für den Fahrer ermöglichte sie die nicht zuletzt bei Frontladerarbeiten gewünschte gute Rundumsicht. Hinsichtlich der Kabinenfederung war neben der mechanischen die aus den 800er und 900er Vario Modellen bekannte pneumatische Dreipunktfederung verfügbar.

Hier wie überhaupt war offensichtlich, dass die Konstrukteure sich die bei den Premiumtraktoren gewonnenen Erfahrungen zu Herzen genom-

Fendt Vario 700 – ein kompakter Großtraktor im Leistungsbereich von 200 bis 240 PS.

Von der DLG-Neuheitenkommission mit Gold ausgezeichnet: Fendt GuideConnect, was soviel bedeutet wie zwei Traktoren – ein Fahrer.

Frontlader Cargo – ein unverzichtbarer Helfer in der modernen Landwirtschaft.

men hatten. Als „kompakte Große" wurden die 700er Vario beschrieben und in den werkseigenen Presseverlautbarungen war die Rede von „Perfektion in ihrer schönsten Form". Die Erwartungen in die neuen Schlepper waren jedenfalls groß. 800 Einheiten sollten noch im laufenden Jahr produziert werden. Bis zum Jahre 2013 sollte die Produktion dann auf jährlich 8500 Stück gesteigert werden. Das sind mehr Traktoren als 60 Jahre zuvor von allen damals gebauten Baureihen zusammen gefertigt wurden. 1953 hatte Fendt zehn verschiedene Typen im Angebot bei einer Jahresproduktion von 6725 Schleppern. So hatten sich die Zeiten geändert!

GuideConnect – die elektronische Deichsel

Die Stunde der Wahrheit schlug für den neuen 700er Vario wie auch für das ganze Fendt-Programm des Jahres 2011 zum Jahresende auf der Agritechnica. An der Bedeutung der Messe gab es keinen Zweifel. 430 000 Besucher, davon rund 100 000 aus dem Ausland, sprachen für sich. Der Fendt-Ausstellungsstand erstreckte sich über 2400 m² und präsentierte das komplette Traktorenprogramm von den 200er Vario Spezialschleppern bis zu den 900er Vario Großschleppern. Auch Feldhäcksler, Mähdrescher und Pressen wurden gezeigt. Schon im Vorfeld gab es reichlich Auszeichnungen, allen voran eine Goldmedaille der DLG-Neuheitenkommission für GuideConnect. Kenner sprachen bei dem System, bei dem ein fahrerloser Traktor einem vorausfahrenden Traktor vollautomatisch folgt, von „elektronischer Deichsel". Die Begründung der Jury um den Hohenheimer Agrartechnikprofessor Karlheinz Köller lautete: „Mit der gleichzeitigen Arbeit zweier Traktoren steigt die Produktivität des Fahrers entscheidend. Auch lassen sich zwei kleinere Traktoren im Gegensatz zu einer ähnlich leistungsfähigen Großmaschine flexibler nutzen und verursachen eine geringere Bodenbelastung." Das alles klang reichlich nach Zukunftsmusik, auf dem Messestand jedenfalls ließ es sich nur schwer darstellen. Ein Modell und eine Projektion sollten veranschaulichen, was die Zukunft noch vor sich hat.

Die beiden Silbermedaillen fielen im Vergleich dazu handfester aus. Ausgezeichnet wurden zum einen der Frontlader Cargo und zum anderen eine entlastende Regelung des Frontkrafthebers. Unmittelbarer Kundennutzen war hier groß geschrieben. In den Pressemitteilungen bezeichnete sich Fendt „als Innovationstreiber der Landtechnikbranche". Und auch der 700er Vario hatte die Prüfung erfolgreich bestanden. Mit der Auszeichnung „Maschine des Jahres 2012" fuhr er zurück nach Marktoberdorf.

„Mähdrescher ausverkauft"

Die Schlussabrechnung für 2011 bestätigte, was sich im Jahresverlauf abgezeichnet hatte. 14897 ausgelieferte Traktoren bedeuteten eine Steigerung um 18 Prozent im Vergleich zum Vorjahr. Auf dem deutschen Markt erreichte Fendt 5703 Neuzulassungen und damit fast 1000 Maschinen mehr als 2010. Bei den Profi-Maschinen im mittleren und gehobenen Leistungssegment rangierten die Allgäuer erneut auf Platz 1.

Ähnlich positiv verlief der Fendt-Absatz auch auf den west- und zentraleuropäischen Märkten. 17 Prozent der Fendt-Produktion, das sind rund 2500 Traktoren, gingen 2011 nach Frankreich. Selbst in Spanien, wo sich Fendt lange Zeit schwer getan hatte, überstieg man erstmals die 5-Prozent-Marktanteilsschwelle. Bei den Erntemaschinen notierte Fendt einen Marktanteil von 4 Prozent als Erfolg. Alle, die zwischen den Zeilen lesen konnten, wussten, dass sich die Verantwortlichen angesichts des beträchtlichen Aufwands doch etwas mehr erwartet hatten. Da kam am 5. Januar 2012 die Mitteilung von AGCO Chef Martin Richenhagen: „Unsere Mähdrescher sind für ganz 2012 ausverkauft." Das neue Jahr hatte offensichtlich gut begonnen.

Modellpflege

Die Baustellen in Marktoberdorf und Asbach-Bäumenheim machten gute Fortschritte. Das große Investitionsvorhaben Fendt ahead² lag exakt im Plan. Hinzu kamen prall gefüllte Auftragsbücher. Beim Besuch von Bundeslandwirtschaftsministerin Ilse Aigner konnten so erfreuliche Zahlen vorgelegt werden, dass die Ministerin voll des Lobes bekundete. „Fendt – ein tolles, in die Zukunft gerichtetes Unternehmen." Dazu passte, dass die Hausaufgaben konsequent erledigt wurden.

Konkret bedeutete dies im Frühjahr 2012: Vorstellung der auf den neuesten technischen Stand gebrachten 300er Vario Baureihe. Es war dies der sechste Relaunch einer der erfolgreichsten Fendt-Baureihen überhaupt. Seit der Premiere im Jahre 1980, damals als Farmer 300, konnten insgesamt über 120 000 Traktoren der 300er Serie verkauft werden, darunter mehr als 11 000 Maschinen der Reihe 300 Vario – Long- und Bestseller in einem. Die Neuerungen des Frühjahrs 2012 betrafen zum einen die Anpassung an die Abgasnorm 3 b, die wesentlich durch die Abgasnachbehandlung mit der Harnstofflösung Adblue erreicht wurde. Zum andern entsprach das Bedienkonzept nun weitgehend dem in den anderen Baureihen bewährten Standard. Auch gehörte fortan das zuvor nur auf Wunsch verfügbare Traktor-Management-System zur Serienausstattung, Modellpflege nennt man das. Vor allem aber erhielt die 300 Vario Reihe mit dem 313 Vario ein neues Spitzenmodell. Vom Vario 309 mit 95 PS bis zum 135 PS starken 313 Vario reichte nun die Baureihe, um deren Zukunft man sich keine Bange zu machen brauchte.

Hoher Besuch: Bundeslandwirtschaftsministerin Ilse Aigner in Marktoberdorf.

Der Fendt Vario 313 ist die Krönung der 30jährigen Modellpflege der 300er Baureihe.

Der 10. Fendt-Feldtag fand am 29. August 2012 wie die Jahre zuvor auf dem Hofgut von Paul Graf von Schönborn in Wadenbrunn statt. Seit den Morgenstunden waren die Zufahrtswege verstopft, so zahlreich war der Besuch. Doch Unruhe kam nicht auf. Alle freuten sich auf eine Veranstaltung, die sich fest im landwirtschaftlichen Veranstaltungsprogramm etabliert hatte. Die Eröffnung nahm Hubertus Mühlhäuser vor, stellvertretender Vorsitzender von AGCO und einer der Motoren des Zukunftsprojekts Fendt ahead². Es war dies seine Premiere in Wadenbrunn und sollte zugleich sein letzter Auftritt sein. Unmittelbar nach dem Feldtag überraschte die Nachricht von seinem Ausscheiden bei AGCO.

Der beste Fendt-Feldtag aller Zeiten

Premieren gab es an diesem Tage mehrere. Sie betrafen unter anderem die Infrastruktur mit zusätzlichen Parkplätzen, zweitem Zugang zum Vorführgelände und befestigter Feldtagsstraße. Ein auf 20 Jahre Laufzeit angelegter Vertrag mit Graf Schönborn hatte dies möglich gemacht. Aus einstmals 10 Vorführbereichen waren nun sechs Landtechnikinseln geworden, in denen das komplette Vario Traktoren-Programm zusammen mit Landmaschinen verschiedener Hersteller zum praktischen Einsatz kam. An Bedeutung gewonnen hatten ferner die Vorführungen in der Arena, jetzt offiziell Show genannt. Launig kommentierten Georg Fuchs und Bernhard Lingg die Palette der Fendt-Innovationen. Vom 300er Vario bis zum Flaggschiff 939 Vario, vom Feldhäcksler Katana 65 bis zu den Mähdreschern der C-Serie reichte das Programm, geschmackvoll ergänzt durch attraktive Models in der erstmals gezeigten Fendt Landhauskollektion. Den 58 000 Besuchern gefiel es und nicht wenige besorgten sich zum Feldtagsabschluss eine Flasche der von der Aktienbrauerei Kaufbeuren gebrauten Biersorten „Dieselross-Öl", „Erntegold" oder „Vario Weizen", jeweils mit Abbildungen von Fendt-Maschinen auf dem Etikett. „Bester Fendt-Feldtag aller Zeiten" resümierte Peter-Josef Paffen, Sprecher der Fendt-Geschäftsführung, und sprach damit den aus vielen Ländern angereisten Besuchern aus dem Herzen.

20 000 Traktortypen in unterschiedlicher Konfiguration

Meist ist der Feldtag Höhepunkt des Fendt-Jahres. 2012 war dies anders. Am 28. September, kaum vier Wochen nach dem Wadenbrunner Spektakel, nahm Fendt feierlich das neu errichtete Traktorenwerk in Betrieb. Alles in allem hatte AGCO rund 230 Mio. Euro in die Fendt-Produktionsstandorte Marktoberdorf und Asbach-Bäumenheim investiert, was allgemein als starkes Bekenntnis zu diesen Standorten gewertet wurde. Neue Montagehallen, neue Produktionsabläufe, neue Steuerungsprozesse und eine intensive Schulung der Mitarbeiter hatten eine Fabrik entstehen lassen, die Hubertus Köhne, Geschäftsführer für Produktion, in einer Pressekonferenz „als das modernste, effizienteste und flexibelste Traktorenwerk der Welt" bezeichnete. Beeindruckend war vor allem die Vorstellung, dass zukünftig an einem Montageband bis zu 20 000 verschiedene Traktorentypen im Jahr in unterschiedlicher Konfiguration hintereinander gebaut werden können. In der Sprache des Fendt-Chefs Peter-Josef Paffen klang das so: „Wir können auf der gleichen Linie hintereinander völlig verschiedene Traktoren bauen – mit 400 und dann mit 70 PS, mit 12 und danach mit 4 Tonnen Gewicht – in jedem beliebigen Mix, so wie es der Markt erfordert."

Vorbei war die Zeit der Kleinserien, die stets mit großen Rüstmaßnahmen verbunden waren. Im Vordergrund standen die individuellen Kundenwünsche, die insbesondere bei der Elektronikausstattung stark voneinander abwichen. Traktor war im Jahre 2012

Blick in das „modernste, effizienteste und flexibelste Traktorenwerk der Welt", ausgelegt für bis zu 20 000 Traktoren im Jahr.

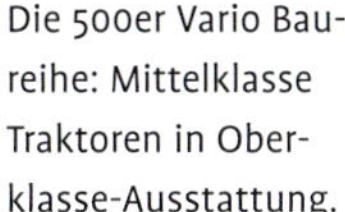

Die 500er Vario Baureihe: Mittelklasse Traktoren in Oberklasse-Ausstattung.

nicht mehr gleich Traktor, auch wenn beide die gleiche Typenbezeichnung auf der Haube trugen. Vom Baubeginn an erhielten die Traktoren eine individuelle Kennzeichnung, einen Steckbrief, der sie bis zur Endabnahme und Auslieferung an den Händler bzw. Kunden begleitete. Eine Vision war Realität geworden. Für Martin Richenhagen stand außer Zweifel, dass „diese innovative Technik zukünftig auch in anderen Werken zum Einsatz kommen wird."

Mein Vater schafft beim Fendt

Die Eröffnung in Marktoberdorf fand bei bestem Herbstwetter statt. Alles, was in der Landtechnikbranche Rang und Namen besaß, war angereist, um die launige Rede des bayerischen Ministerpräsidenten Horst Seehofer anzuhören. Trotz Wahlkampf mochte niemand widersprechen, als er vom Rednerpult aus erklärte: „Fendt hat Zukunft und Fendt schafft Zukunft".

Die eigentlichen Stars der Eröffnungsfeier aber waren 14 Kinder von Werksangehörigen. In einem Sketch unter dem Motto „Mein Vater schafft beim Fendt..." machten sie deutlich, was es für die Familien bedeutet, wenn der Ernährer ein Fendt'ler ist. Dann fand der Rundgang durch die neuen Fertigungshallen statt. Erstmals in der Fendt Geschichte spendeten gleich drei Geistliche unterschiedlicher Konfessionen ihren Segen. Entsprechend der Belegschaft kam neben dem katholischen und dem evangelischen Geistlichen auch der Imam der Türkisch-Islamischen Gemeinde Marktoberdorf zu Wort und wünschte dem Werk Erfolg und Unfallfreiheit.

Aus den Werkshallen rollte gleichzeitig das erste Modell der neuen 500er Vario Baureihe. Mit den Modellen 512, 513, 514 sowie 516 und Motorleistungen zwischen 125 und 165 PS sortierte sie sich zwischen die 400er und 700er Baureihen ein. Angetrieben von Deutz-Motoren mit CommonRail-Einspritzung erfolgte der Antrieb mittels des bewährten Vario-Getriebes ML 90 und ermöglichte eine Spitzengeschwindigkeit von 50 km/h. Traktor-Management-System, VisioPlus-Kabine, VarioTerminal und viele weitere Ausstattungselemente der Fendt-Oberklasse-Traktoren bedeuteten einen großen Fortschritt für einen Traktor der kompakten Mittelklasse. „Von allen das Beste" überschrieb ein Berichterstatter seinen Fahrbericht.

Fendt Traktoren in der Ausstattung I-S-U erfreuen sich zunehmender Beliebtheit im Tiefbau.

Das neue Fendt-Logo

Und wenn schon so viel geändert wird, dann lohnt es sich, dies auch im Auftritt nach außen sichtbar zu machen. Nach 15 Jahren wurde ein neues Fendt-Logo kreiert, gekennzeichnet vom Fendt-Schriftzug, in den sich ein Horizont und ein Sonnenaufgang in zweifarbiger Grünaufteilung eingearbeitet befand. In der Botschaft stand dies für „Wachstum am Schnittpunkt von Himmel und Erde", wobei der Himmel Vision und Zukunft, Erde aber die Tradition der Marke Fendt repräsentieren soll. Dies war durchaus anspruchsvoll gedacht, doch das neue Logo, die fünfte Neuschöpfung seit 1950, kam bei den Menschen gut an. Schon am nicht alltäglichen Logo erkannten sie: Ein neues Fendt-Zeitalter hat begonnen.

2012 – wieder im Plus

Ende des Jahres 2012 zeigte es sich, dass sich die gewaltigen Anstrengungen gelohnt hatten. 14 588 Traktoren waren ausgeliefert worden. Eine Belegschaft von 4138 Mitarbeitern hatte einen Umsatz von knapp 1,5 Mrd. Euro erwirtschaftet und damit rund 300 Mio. Euro mehr als im Vorjahr. Der Export ins Ausland betrug bei den Traktoren rund 60 Prozent. Erfreulich entwickelt hatte sich der französische Markt. 2759 verkaufte Traktoren entsprachen einem Marktanteil von 8,4 Prozent. In Deutschland registrierte Fendt 5977 Neuzulassungen, was bei den Traktoren ab 51 PS einen Marktanteil von 16,5 Prozent bedeutete. Populärster Fendt-Schlepper des Jahres 2012 war das Modell 718 Vario mit 567 Neuzulassungen, gefolgt vom 312 Vario mit 503 und dem 415 Vario mit 420 Neuzulassungen. Zufrieden war Fendt zudem mit dem Markterfolg des Feldhäckslers Katana 65. In einem rückläufigen Markt erreichte er auf Anhieb einen für einen Neuling achtbaren Marktanteil.

2013 – 2015 Als Full-Liner im Wettbewerb um neue Absatzmärkte

Die Erwartungen in die neuen Produktionsanlagen waren hoch. Für 2013 lautete die Zielvorgabe: 18 000 Traktoren, doch mittelfristig sollten es schon 20 000 Einheiten oder mehr sein. Dieses Resultat auf den etablierten Märkten zu erreichen, erforderte große Anstrengungen auf dem Wege des Verdrängungswettbewerbs. Als Alternative bot sich an, neue Märkte zu erschließen. Ins Blickfeld rückte unter anderem der wirtschaftsstarke Baumaschinenmarkt. Die passende Gelegenheit ließ nicht auf sich warten.

Vom 15.- 21. April fand auf dem Münchner Messegelände die weltweit führende Baumaschinenmesse „bauma“, statt, ein Publikumsmagnet besonderer Güte. Über 530 000 Besucher aus nahezu allen Ländern der Erde führte sie auf dem Münchner Messegelände zusammen. Wer im Baugeschäft aktiv sein wollte, fand dort die geeignete Bühne. Der Fendt-Produktionsbereich Industrie-Straße-Umwelt (ISU) wusste dies natürlich und präsentierte die passende Fendt-Technik, sowohl in der Halle als auch im Freigelände. Vor allem die Premium-Traktoren der 900er Vario Baureihe gelangten zur Ausstellung. Ein eigens entwickelter Sicherheitsrahmen bot bis zu einem Maschinengesamtgewicht von 22 Tonnen zusätzliche Sicherheit bei schwierigen Erdbewegungen, was von den Fachbesuchern aufmerksam registriert wurde.

Facebook – der 100 000. „Freund“

Dass sich das Investitionsklima im Vergleich zu den Vorjahren offensichtlich zum Guten gewendet hatte, konnte Fendt an gefüllten Auftragsbüchern ablesen. Wo auch immer man sich zeigte, begegnete man positiver Kaufstimmung. Bei der Obst- und Weinbaumesse Intervitis-Interfructa in Stuttgart wurden ebenso „Aufträge geschrieben“ wie bei der Demopark im thüringischen Eisenach und auf der SIMA in Paris. Messeauftritte waren also immer noch aktuell, auch wenn die digitale Welt an Bedeutung zulegte. Der 6. Mai 2013 beispielsweise geriet so zu einem früher nicht gekannten virtuellen Festtag. Der 100 000. Fan hatte sich an diesem Tag auf Facebook mit Fendt „befreundet“. Er stammte aus Bulgarien – einmal mehr ein Zeichen dafür, dass Ländergrenzen für Internetfreundschaften keine Bedeutung besaßen.

Dazu passte die Eröffnung des Fendt Forums auf dem Marktoberdorfer Werksgelände. Auf 1200 m² präsentierte das Unternehmen dort zum einen in wechselnden Ausstellungen seine Produktpalette, gegenständlich, dreidimensional zum Anfassen, und auch virtuell. Über Filme, Datenbanken, Downloadcenter, interaktive Monitore und Fahrsilmulatoren erreichte man auch diejenigen, die sich vornehmlich in der digitalen Welt zuhause fühlen. Im Dieselross-Restaurant kamen dann alle auf ihre Kosten – Essen und Trinken hält nicht nur Leib und Magen zusammen, sondern auch die Welt der konkreten und virtuellen Traktoristen und Landmaschinenfreunde.

Katana 85 – 850 PS aus 21 Liter Hubraum

Unter diesen Vorzeichen ging Fendt gerne zur Mitte November in Hannover stattfindenden Agritechnica. „Fendt erleben. Großes bewegen“, lautete das Motto des 2550 m² großen Ausstellungsstands. Die überarbeiteten Großtraktoren der 800er und 900er Vario Baureihen waren dort zu besichtigen und auch die erfolgreichen Spezialschlepper der 200er Serie. Der soeben als Maschine des Jahres 2014 ausgezeichnete 500er Vario erfreute das Publikum ebenso wie der Hybridmähdrescher 9490X. Star der Ausstellung aber war die stärkste bis dato von Fendt auf einer Agritechnica gezeigte Maschine: der Prototyp des Feldhäckslers Katana 85. 850 PS aus einem mächtigen V12-MTU-Motor mit 21 Litern Hubraum gaben ihm die Kraft, alles andere

Auf der Agritechnica 2013 gehörte der Fendt Feldhäcksler Katana 85 zu den gefeierten Stars der Messe.

war Zukunftsmusik. In Serie gehen sollte der Katana 85 im Laufe des Jahres 2014, doch Appetit machte er den rund 450 000 Messebesuchern schon jetzt. Ziel erreicht. Das Resümee von Peter-Josef Paffen, Vorsitzender der AGCO/Fendt-Geschäftsführung, spricht für die gute Stimmung am Fendt-Stand: „Top Stimmung, top Kunden, top Erfolg" – Hannover war erneut eine Reise wert.

2013 – Wieder ein Rekordjahr

2013 wurde für Fendt zum erfolgreichsten Jahr der Unternehmensgeschichte. 17 837 Traktoren konnten verkauft werden, mehr als jemals zuvor. In Deutschland brachte es Fendt auf 6261 Neuzulassungen. Bezog man dies auf die Statistik für Traktoren mit mehr als 51 PS, dann betrug der Marktanteil 21,1 Prozent. Auf dem wichtigsten Exportmarkt, Frankreich, schaffte Fendt 3586 Zulassungen und damit einen Marktanteil von fast 10 Prozent. Positiv bewertete Fendt auch die Entwicklung in Großbritannien. Betrug der Marktanteil 2006 2,7 Prozent, so waren es nun 6,2 Prozent. Dies fiel umso mehr ins Gewicht, als auf dem britischen Markt vornehmlich Premium-Traktoren der Baureihen 700, 800 und 900 Vario zum Einsatz kamen, eine Folge der großflächig strukturierten britischen Landwirtschaft. Insgesamt erreichte Fendt 2013 einen Jahresumsatz von 1,7 Mrd. Euro und auch die Profitabilität des Unternehmens muss ordentlich gewesen sein. AGCO Chef Martin Richenhagen sprach, ohne ins Detail zu gehen, mehrfach von Fendt als der „Ertragsperle" des Konzerns.

Die Entwicklung geht weiter

Unter Sportlern heißt es immer wieder: „Wer aufhört besser zu werden, ist am Ende nicht mehr gut". Fendt machte sich diese Erkenntnis zu eigen und plante für 2014 Entwicklungsausgaben von 62 Mio. Euro ein. Die Baureihen 300- und 700 Vario standen im Zuge der Modellpflege auf dem Prüfstand, und das bedeutete vor allem Fortschreibung der Motoren nach Maßgabe der Abgasnorm Tier 4 Final. Das hört sich einfach an, ist aber überaus komplex. So verändert sich die Raumaufteilung unter der Haube ebenso wie die Ausformung der dem Motor folgenden Komponenten, von der optimalen Abstimmung der verschiedenen Bauteile aufeinander ganz zu schweigen. Insider sprechen von „Sisyphus-Arbeit" und trotzdem sollte am Ende alles zusammenpassen. Pflicht ist das eine, Kür das andere. Zur

Premiere des Traktors Fendt Vario 1000 auf Neuschwanstein, dem Lieblingsschloss König Ludwigs II.

Kür zählte die Entwicklungsarbeit für einen 500 PS-Standard-Traktor, der die Fantasie vor allem von Redakteuren der Fachzeitschriften beflügelte, doch noch war es nicht soweit.

Daneben hielten Veränderungen im Vertrieb die Fendt-Mannschaft in Bewegung. Im Laufe von Jahrzehnten bewährte Partnerschaften liefen zum Beginn des Jahres 2014 aus, andere traten an ihre Stelle. In Nord- und Ostdeutschland rückte so die Schröder Gruppe aus Wildeshausen ins erste Glied der Fendt-Vertriebspartner. An 20 Standorten mit rund 600 Mitarbeitern ist dieses Unternehmen präsent und besitzt Fendt-Erfahrungen seit gut einem halben Jahrhundert. Alles in allem hat Schröder gut 10 000 Fendt-Traktoren an Kunden ausgeliefert – ein stolzes Ergebnis.

Pressekonferenz auf Schloss Neuschwanstein

Die alljährlichen Fendt-Pressekonferenzen zu organisieren, ist ein herausforderndes Geschäft. Wechselnde und konstante Faktoren sind gleichermaßen zu berücksichtigen, soll die Veranstaltung erfolgreich sein. Abwechslung beispielsweise ist sinnvoll, wenn es um die Örtlichkeit geht. Konstanz bewährt sich dagegen im Hinblick auf Durchführung und Akteure. Was die Lokalität betraf, so hatte sich die Mannschaft um Fendt-Pressechef Sepp Nuscheler für den 7. Juli 2014 etwas Besonderes einfallen lassen. Erstmals sollte die Veranstaltung auf Schloss Neuschwanstein stattfinden, dem Lieblingsschloss des bayerischen Königs Ludwig II.. Technikbegeisterung und Visionen wurden dem Monarchen nachgesagt und genau diese beiden Aspekte wollte Fendt den internationalen Journalisten vermitteln. Neben den Statements von Peter-Josef Paffen und Martin Richenhagen ging es um die Premiere des 1000er Vario Traktors, eines Standardtraktors mit einer maximalen Motorleistung von 500 PS. Diese Zugmaschine war für die großen Landwirtschaftsbetriebe in Nordamerika, Zentral- und Osteuropa sowie Australien konzipiert, immer davon ausgehend, dass dort neben gewaltiger Zugleistung in Zukunft spritsparende Technologie gefragt sei. „Ich traue Fendt in Amerika einen Marktanteil von 5 bis 10 Prozent durchaus zu“, prognostizierte AGCO Chef Martin Richenhagen und der sollte es wissen, schließlich lebt er in Duluth/Georgia und kennt den nordamerikanischen Markt bestens. Das Bild vom Fendt 1000 Vario im Schloss Neuschwanstein machte jedenfalls Furore und wurde weltweit abgedruckt.

Feldtag 2014

Die Öffentlichkeit konnte sich am 27. August 2014 anlässlich des Fendt-Feldtags ein Bild vom neuen 1000er Vario machen. Auf einem Hügel aufgefahren, überragte das Kraftpaket das Ausstellungsgelände. 62000 Besucher gaben ihm die Ehre und erfuhren, dass es sich bei dem Motor um ein 6-Zylinder-Triebwerk mit 12,4 Liter Hubraum von MAN handelt. Der Kraftübertragung diente eine für bis zu 500 PS Leistung ausgelegte Weiterentwicklung des stufenlosen Vario Getriebes. Auch bei der Kabine hatten die Ingenieure Hand angelegt. Die von den 800er und 900er Baureihen bekannte X5 Kabine wurde vergrößert und im Hinblick auf Arbeits- und Klimakomfort optimiert.

Geplant wird der 1000er Vario in vier Leistungsstufen. Als Basismodell in der Version 1038 Vario verfügt er über 380 PS. Die Modelle 1042 Vario und 1046 Vario sind für Motorleistungen bis 420 PS bzw. 460 PS ausgelegt. Topmodell wird schließlich der 1050 Vario sein, der es auf eine Maximalleistung von 500 PS bringen wird. In Wadenbrunn zum Einsatz kam der 1000er Vario allerdings nicht. Die Vorführungen blieben Fahrzeugen aus den bekannten Baureihen vorbehalten, und die konnten zeigen, was in ihnen steckt. Starkregen an den Tagen unmittelbar vor der Veranstaltung hatte den Boden grundlos gemacht, was der Stimmung des aus 30 Ländern angereisten Publikums allerdings keinen Abbruch tat. Staunend betrachteten die Feldtagsgäste die rund 100 aufgefahrenen Traktoren nebst angebauten bzw. angehängten Landmaschinen und hofften auf die Sonne, die bald schon vom Himmel lachte und nach und nach den

Da schlägt das Herz eines jeden Technikfreaks höher: Fendt Katana 65 auf Spezialtransporter.

Boden abtrocknete. Das Warten hatte sich also gelohnt. Ab Mittag kamen die Gespanne zum Einsatz und alle waren es zufrieden. Zum Erfolg der Veranstaltung beigetragen haben zweifellos die gekonnten Vorführungen in der Arena. Traktoren, Mähdrescher und Feldhäcksler der Baureihen 65 und 85 erhielten dort eine vom Publikum dankbar zur Kenntnis genommene repräsentative Bühne.

Wettbewerb und Krisen verlangen ihren Tribut

Oft war Wadenbrunn ein präziser Gradmesser für die Stimmung in der Landwirtschaft. 2014 entsprach die Veranstaltung diesem Anspruch nur eingeschränkt. Die Stimmung auf dem Feldtag war eindeutig besser als auf den großen Agrarmärkten. Die politischen Irritationen in Osteuropa und rund um Syrien hinterließen Wirkung. So traten an die Stelle von Euphorie und Abbau von Handelshemmnissen nun Sanktionen und Einfuhrverbote mit der Konsequenz eines rückläufigen internationalen Landtechnikmarkts. Der Verkauf nach Russland und der Ukraine war nahezu zum Stillstand gekommen. In Frankreich wurde eine Schrumpfung um gut einem Viertel registriert, und sowohl in Deutschland wie in Nordamerika sank die Nachfrage nach Traktoren spürbar.

Die Reaktion bei Fendt ließ nicht auf sich warten. Die Jahresproduktion wurde auf 14 800 Einheiten zurückgefahren, was Folgen für die Belegschaft besaß. 34 Tage Kurzarbeit reichten nicht aus, um nachhaltig zu entlasten. Hieß es Anfang November 2014 noch: „Fendt baut 120 Stellen ab", so konkretisierte sich dies bis Mitte Dezember zur Nachricht: „570 Mitarbeiter verlieren ihren Job." Der Stellenabbau verteilte sich auf 450 Leiharbeitsstellen und 120 Stammarbeitsplätze an den Standorten Marktoberdorf und Asbach-Bäumenheim. Vorruhestandsregelungen und die Möglichkeit, sich im Rahmen eines „Sabbatjahres" beruflich weiter zu qualifizieren, wurden seitens Fendt angeboten, um Härten zu mildern. Für

Wadenbrunn 2014 – Ein Fendt Feldtag der Superlative mit mehr als 60 000 Besuchern.

Die Zukunft im Blick: Geschäftsführer Dr. Heribert Reiter, Ekkehart Gläser, Michael Gschwender und Peter-Josef Paffen, Vorsitzender.

die Betroffenen aber blieb die Situation belastend. Durch jahrelanges Unternehmenswachstum war man verwöhnt – nun verlangte die Härte des Wettbewerbs ihren Tribut.

In der Sprache der Zahlen bedeutete dies für Deutschland einen Jahresabsatz von 5904 Traktoren. In der Statistik der Traktoren ab 51 PS erreichte Fendt einen Marktanteil von 20,7 Prozent, womit man sich erneut als Marktführer sah. Vertriebschef Andreas Loewel wertete dies als „erfolgreiches Ergebnis“ und dankte Vertriebspartnern und der eigenen Vertriebsmannschaft für die gute Zusammenarbeit. Auch Peter-Josef Paffen sah die Zukunft für Fendt positiv. Das Fendt-Pfund, bestehend aus den richtigen Produkten, der Technologieführerschaft und einer hochmotivierten Belegschaft, bot seiner Ansicht nach beste Voraussetzung für eine Fortsetzung der erfolgreichen Fendt-Geschichte im Jahre 2015.

Der Weg zum Global Player

Peter-Josef Paffen täuschte sich nicht. Wie so oft in der Vergangenheit setzte auch 2015 Frankreich die ersten Akzente. Die SIMA in Paris führte vom 22.–26. 2. 2015 die Landtechnikfreunde aus aller Welt zusammen. »Innovation First« lautete das Motto der Messe und lag damit voll im Fendt Trend. Sichtbar wurde dies unter anderem an den neu aufgebauten Traktoren der Baureihe Fendt 300 Vario. Von den Fachjournalisten aus acht europäischen Ländern erhielten sie das ehrenvolle wie werbewirksame Prädikat »Maschine des Jahres« zuerkannt. Innovationen wie die entlastende Frontkraftheber-Regelung, elektrische Ventile und eine neue große Kabine hatten überzeugt. Und das aus gutem Grund. Seit mehr als 30 Jahren waren die 300er Traktoren eine feste Größe im Fendt Programm. Über 128 000 Exemplare konnten während dieser Zeit verkauft werden, darunter seit 2006 17 000 stufenlose 300er Varios.

Statisch war die 300er Entwicklung zu keinem Zeitpunkt. Immer wieder hatte es Verbesserungen im Rahmen einer qualifizierten Modellpflege gegeben, doch jetzt war den Fendt Ingenieuren ein grundlegend neues Konzept gelungen. Neuer AGCO Power 4,4 l Motor, taillierter Halbrahmen statt Blockbauweise, VisioPlus Kabine mit Panoramafrontscheibe, optional gefederte Vorderachse, Power Fahrhebel für Fahrgeschwindigkeit, Tempomat, Fahrtrichtungswechsel und vieles andere mehr. Kurzum, da fügte sich alles zu einem Erfolgspaket zusammen und sollte zukünftig helfen, den Fendt Marktanteil im westlichen Nachbarland weiter ansteigen zu lassen. Immerhin handelte es sich bei Frankreich um den größten Agrarmarkt Europas, und was dort ge-

Auf der SIMA in Paris im Februar 2015 präsentierte Fendt das neue 500 PS starke Flaggschiff Fendt 1050 Vario erstmals auf einer internationalen großen Landtechnikausstellung.

Die Landtechnikredakteure des Deutschen Landwirtschaftsverlags und der französischen Terre-net Redaktion wählten den neuen Fendt 300 Vario zur Maschine des Jahres 2015 in der Kategorie Kompaktklasse. AGCO-Europa-Chef Dr. Rob Smith (zweiter von links), Fabien Pottier (Bildmitte), National Sales Manager Fendt France und Fendt Chef Peter-Josef Paffen (dritter von rechts) freuten sich über die hohe Auszeichnung auf der SIMA in Paris im Februar 2015.

lang, sollte auch auf dem Kontinent generell möglich sein. Bei einem Marktanteil von 10,8 Prozent war Fendt in Frankreich angelangt. Fünf Prozent hatte man binnen des letzten Jahrzehnts zugelegt und Peter-Josef Paffen war überzeugt, dass da noch Luft nach oben bestand.

Kaum weniger hoffnungsvoll war die Anfang März 2015 in den USA erhaltene Auszeichnung mit dem FinOVATION Award. Verliehen wurde er von der renommierten Fachzeitschrift »Farm Industry News«, die ihrerseits Anfragen ihrer Leserschaft nach Veröffentlichungen über neue Produkte ausgewertet hatte. Entscheidend war ein Bericht über die aktuelle Generation der Modelle 800 und 900 Vario. In starkem Maße wollten die US Farmer wissen, was es mit der Reifendruckregelanlage VarioGrip, den neuen Kabinen mit Fahrterminal, leistungsfähiger Software, hohem Sitzkomfort sowie den LED-Scheinwerfern mit Leuchtweitenregelung auf sich hatte. Für die meisten US Farmer bedeutete dies technisches Neuland, galt doch ganz überwiegend für ihre Traktoren: Robust und einfach hatten sie zu sein und am erfolgreichsten war der Traktor, der für den 12 Stunden Einsatz ohne Pause konzipiert war. Hier setzte Fendt im Land der unbegrenzten Möglichkeiten andere Schwerpunkte. Josh Keeney, Fendt Product Marketing Director, fasste sie so zusammen: »Eine Beobachtung, die Besitzer von Fendt Traktoren wiederholt äußern, ist, dass Fendt Fahrer am Ende eines arbeitsreichen Tages weniger müde sind und im selben Zeitraum mehr Fläche bearbeiten.« Hinzu kommen spürbare Kraftstoffersparnis sowie höchste Produktivität auf dem Feld und auf der Straße, allesamt Faktoren, die einen FinOVATION Award verdient haben. Für Fendt klang dies wie Zukunftsmusik. Nach wie vor war der US-Markt für die Marktoberdorfer ein schwieriges Pflaster, doch die Anzeichen für künftige Erfolge verdichteten sich spürbar.

Die Marktstrategie »Route 66«

Marketing und Vertrieb sollten für den Erfolg von Fendt noch mehr Verantwortung übernehmen. Dr. Rob Smith, Europa-Chef der Fendt vorgeschalteten AGCO International GmbH in Neuhausen, Schweiz, wusste darum und startete 2015 die Marktstrategie »Route 66«. Neue Zuständigkeiten sollten den einzelnen AGCO Marken und somit auch Fendt eingeräumt werden. Das war leichter gesagt als getan, hatten

Dr. Rob Smith, Senior Vice President und General Manager der AGCO Region Europe, Africa und Middle East (EAME), war der Initiator der AGCO-Marktstrategie »Route 66«.

Peter-Josef Paffen, Vice President und Vorsitzender der AGCO/Fendt Geschäftsführung, Christian Erkens, Direktor Fendt Vertrieb und Roland Schmidt, Direktor Fendt Marketing, waren verantwortlich für die erfolgreiche Umsetzung der AGCO Marktstrategie »Route 66« bei Fendt.

sich doch im Laufe der Jahre Bindungen etabliert und Strukturen verfestigt. Sie hemmten Prozesse mehr, als sie sie förderten. Deshalb sah »Route 66« vor, Entscheidungsprozesse zu beschleunigen, Kommunikationswege zu verkürzen, komplexe Strukturen abzubauen und so das Geschäft einfacher und schneller zu machen. Kundenorientierung sollte zum Maßstab des Fendt Handelns werden und veränderte die bisherige Vertriebsorganisation hin zu mehr Exklusivität. Maßgebliche Akteure für »Route 66« bei Fendt wurden Peter-Josef Paffen, Vice President und Vorsitzender der AGCO/Fendt Geschäftsführung, Christian Erkens als Direktor Vertrieb und Roland Schmidt, Chef des Fendt Marketings. Allein gelassen wurden sie nicht. Von AGCO aus wurde das Team Distribution Management zugeschaltet, welches von Christoph Gröblinghoff aufgebaut und geleitet wurde. Zu seinen wesentlichen Aufgaben zählte es, die Fendt Händlerstruktur auf die Marke Fendt zu fokussieren und für das Full Line Angebot fit zu machen. Die Erwartungen an »Route 66« waren groß, schließlich ist der Verkauf einer Maschine genauso wichtig und schwierig wie die Entwicklung und der Bau des Fahrzeugs.

Und noch zwei weitere zukunftsgerichtete Projekte beschäftigten in der ersten Hälfte 2015 die Fendt Mannschaft. Der Bau und die Vorführung eines TEAM Traktors sollte zeigen, wie »Technologien für energiesparende Arbeiten mobiler Arbeitsmaschinen« (= TEAM) aussehen können. Das Bundesministerium für Bildung und Forschung war ebenso beteiligt wie die TU Dresden. Drei Jahre lang waren Feldversuche, Flottenmessungen und Sensitivitätsanalysen für eine Flotte von fünf Traktoren vorgenommen worden. Am Ende standen Erkenntnisse über die Steigerung der Energieeffizienz bei Arbeitsprozessen, Hinweise für die Bewältigung von Zukunftsfragen, ein Feld, auf dem Fendt weder Mühen noch Kosten scheute.

Das zweite Projekt trug den Namen MARS. Mit Raumfahrt hatte es nichts zu tun, vielmehr stand das Kürzel MARS für »Mobile Agricultural Robot Swarms«. Beteiligt waren diesmal Forscher der Universität Ulm, Experten für das Zukunftsfeld Robotik. Ihr Ziel war es zu eruieren, welche landwirtschaftlichen Arbeiten zukünftig eine Fülle kleiner selbstfahrender Roboter übernehmen kann. Exakte Pfadplanung lautete eine der Zielvorgaben, die bei aller Unterschiedlichkeit durchaus Synergien mit der Entwicklung leistungsstarker Großtraktoren versprach.

Eingliederung von Fella

Ganz anders, konkreter, war Mitte 2015 die Eingliederung des 2011 von ACGO zusammen mit Laverda erworbenen Futtererntemaschinenherstellers Fella ins Fendt Portfolio. Klar, Fendt befand sich auf dem Weg zum Full Liner, doch die einzelnen Schritte dahin erwiesen sich als aufwändiger als sich mancher Unternehmensplaner dies gedacht hatte. Zielmarke für das Projekt war die im November stattfindende Agritechnica. Auf ihr sollte Fella Halmfuttererntetechnik im Fendt Grün angeboten werden. Neue Namen für die Maschinen hatte man sich auch schon ausgedacht: So hieß der Trommelmäher zukünftig Fendt Cutter, der Scheibenmäher Fendt Slicer, der Kreiselschwader Fendt Former und der Heuwender Fendt Twister. Eins zu eins erfolgte die Eingliederung nicht. Fella- und Fendt-Ingenieure hatten zusammen Verbesserungen entwickelt und mit dem Elektrifizierungsprojekt Fendt Former 12555 X einen ersten Blickfang konstruiert. Angetrieben wurde der Kreiselschwader von Hochleistungs-Elektromotoren, die sich in der Schwadglocke integriert befanden. Die Stromversorgung erfolgte über eine optionale 700 V Schnittstelle am Traktor. Nicht wenige der alten Fendt Hasen fühlten sich angesichts solcher Innovationen an das Motto vergangener Tage »Wer Fendt fährt führt« erinnert. Der im fränkischen Feucht bei Nürnberg tätigen Fella-Mannschaft war dies nur recht. Sie hatte im Laufe der Jahre einiges erlebt und sah in der engen Kooperation mit Fendt gute Aussichten für eine erfolgreiche Zukunft.

An dieser Stelle lohnt ein kurzer Blick auf die Fella Geschichte, wurde Fella doch in offiziellen Fendt Publikationen von nun an als vierter Produktionsstandort aufgeführt. Zu Marktoberdorf, Asbach-Bäumenheim und Hohenmölsen kam nun also Feucht hinzu, eine rund 13 000 Einwohner zählende Ortschaft, knapp 20 km von Nürnberg entfernt. 1918 war das Unternehmen als Bayerische Eggenfabrik gegründet worden, doch erwies sich der Name auf mittlere Sicht als nicht attraktiv genug. Bei der Suche nach einem neuen Namen kamen kreative Gemüter auf die Bezeichnung Fella, was sich von dem aus der arabischen Welt stammenden Terminus Fellache ableitet. Bei Fellachen handelte es sich um Menschen, die den Boden bearbeiten und genau das wollte auch der Landmaschinenhersteller aus Feucht. Bei Bodenbearbeitung allerdings blieb es nicht. Nach und nach kamen Grasmäher, Heuwender, Pferderechen und sogar Getreidemähmaschinen ins Fella-Produktprogramm. Vor allem die Leege- und Ponymähbinder genossen bei den Landwirten einen exzellenten Ruf, und der hielt an bis in die Nachkriegszeit. Vom Allerbesten war auch der Name des Fella Eigentümers, schließlich zählte Dr. Friedrich Flick und sein Konzern zu den maßgeblichen Gestaltern der deutschen Wirtschaft. Fella genoss die damit verbundene Sicherheit und war schon betroffen, als 1959 ein Eigentümerwechsel stattfand. Im Rahmen einer industriellen Umgliederung gelangte Fella ins Eigentum von Hugo Stinnes junior, eines weiteren Montan-Magnaten.Doch Hugo Stinnes jun. scheiterte als Unternehmer und Fella kam 1964 zum Maschinenbauer und Fahrradhersteller Fichtel & Sachs. Vermutlich war es das weitläufige Fella Betriebsgelände, das die Schweinfurter reizte, doch 1988 war damit Schluss. In der Folge wechselten bei Fella mehrfach die Eigentümer. Landmaschinenhersteller wie die niederländische Netagco oder die italienische ARGO zählten dazu. 2011 endlich hatte die Unruhe ein Ende. AGCO erwarb Fella, das seit 2015 als AGCO Feucht GmbH firmiert und ein wichtiger Baustein für Fendt auf dem Weg zum Full Liner ist. Eine Schwachstelle allerdings hat das Fella Produktprogramm. Der Ladewagen, eine Schlüsselmaschine der Halmfutterernte, fehlte. Doch Fendt wäre nicht Fendt, hätte man das Problem nicht beizeiten erkannt und eine Lösung vorbereitet. Zusammen mit der TU Dresden und der Maschinenfabrik Stolpen hatte man einen Kombi-Ladewagen mit Tandemfahrwerk entwickelt, der auf der Agritechnica in Hannover dem Publikum präsentiert werden sollte. Einen Namen hatte das Fahrzeug bereits. VarioLiner sollte es heißen, auf ein Gesamtgewicht von 24 t ausgelegt sein und über das innovative Ladesystem Quattrofill verfügen.

Innovationstreiber

Die 16. Agritechnica vom 8.–14.11.2015 zählt für Fendt zu den »großen Ereignissen«. Für jedermann sichtbar wurde dies am Umzug von der Halle 9 in die neue große Halle 20. An nichts fehlte es dort. Fendt präsentierte sich erstmals als Full Line Anbieter mit komplettem Traktorenprogramm, den Feldhäckslern Katana, den Mähdreschern aus Breganze, den Halmfuttererntemaschinen und dem Ladewagen. Unübersehbarer Blickfang aber war der 500 PS starke Traktor 1050 Vario, ein Kraftpaket sondergleichen und zugleich von höchster Ästhetik. Alles an dem Traktor war gigantisch: 14 t Leergewicht, 2,35 m hohe Hinterräder, stufenloses VarioDrive Getriebe, automatischer Allradantrieb, bequeme Kabine mit Hightech Bedienelementen sowie einwandfreier Rundumsicht. »Alles – außer gewöhnlich« überschrieb profi Redakteur Hubert Wilmer seinen ausführlichen Fahrbericht. Auf der Messe herrschte am Boliden Gedränge ohne Ende. Nur, wer tatsächlich einmal im 1050 Vario gesessen hatte, konnte sagen, richtig auf der Agritechnica gewesen zu sein.

Achtbar schlug sich auch der zweite Blickfang: Der Ladewagen VarioLiner. Laut Fendt Vertriebsdirektor Christian Erkens war die Produktion der Null-Serie in Vorbereitung. Eine Gold- und vier Silbermedaillen erkannte die Agritechnica-Neuheitenkommission Fendt zu. In Marktoberdorf sah man sich in der Rolle als »Innovationstreiber« bestätigt.

Zum überzeugenden Agritechnica-Auftritt passte die internationale Fendt Presse-Konferenz am 8.11.2015. Die Granden des Unternehmens von Martin Richenhagen über Dr. Rob Smith, Peter-Josef Paffen bis hin zu Walter Wagner, Direktor Entwicklung Fendt-Traktoren, stellten sich den Medienvertretern. An Selbstbewusstsein mangelte es ebenso-wenig wie an Zahlen. 4180 Mitarbeiter zählte das Unternehmen und 13500 Traktoren sollten bis Jahresende verkauft sein. Beeindruckend war auch das Vertrauen in die Zukunft. 400 Ingenieure arbeiteten in Marktoberdorf an Innovationen. 60 Mio. Euro hatte Fendt im Laufe der vergangenen 12 Monate in die Produktentwicklung investiert. Die Fachpresse vernahm es mit Respekt. »Fendt hält sich wacker«, lautete der Tenor. In einem schwierigen Jahr, wie es 2015 nun einmal war, kam dies einem Ritterschlag gleich.

2016 startete für Fendt mit einem fulminanten Auftritt auf der »National Farm Machinery Show« in Louisville, Kentucky, der größten Hallenmesse für Landmaschinen in den USA. Erstmals wurde dort die Traktoren-Baureihe 1000 Vario den nordamerikanischen Farmern vorgestellt und die staunten nicht schlecht. Technik, Design, Komfort und Verbrauch überzeugten. »Welcome German Meisterwerk« hieß es unter den Messebesuchern und wie einst auf den DLG-Wanderausstellungen wurde noch auf der Messe ein Fendt 1000 Vario an einen Farmer verkauft. Auf den DLG-Ausstellungen wurde dann ein Schild mit dem Namen des Käufers am Traktor platziert. Auch der Vermerk »Bar bezahlt« fehlte nicht. So weit ging man in Louisville nicht, dafür erhielt ein 500er Vario den AE50 Award der ASABE, der Vereinigung nordamerikanischer Agraringenieure, ein Erfolg zur rechten Zeit!

450 000 Messebesucher aus über 50 Ländern markierten einen neuen Höchststand auf der internationalen Fachausstellung Agritechnica im November 2015 in Hannover. Das neue Topmodell Fendt 1050 Vario war das Highlight auf dem Fendt Strand und auf dem voll belegten und weltweit größten Messegelände.

Der Auftritt von Fendt auf der National Farm Machinery Show im Februar 2016 in Louisville, Kentucky, USA, überzeugte mehr und mehr Farmer und Händler.

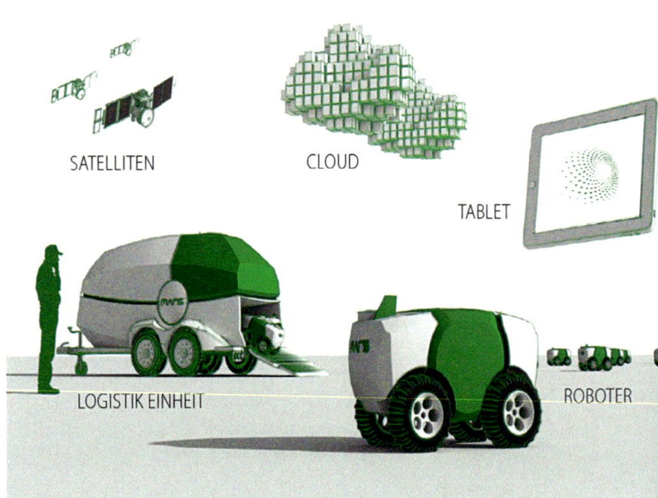

Das Forschungsprojekt MARS (Mobile Agriculture Robot Swarms) zusammen mit der Hochschule Ulm und EU Förderung war die Grundlage für das Entwicklungsprojekt Fendt Xaver Roboter.

Bescheidener, aber nicht zu unterschätzen, verlief die vom DLR Mosel organisierte Vorführung von Weinbergschleppern und Raupenfahrzeugen mit stufenlosen Getrieben in Detzem. Sechs Fabrikate präsentierten sich dort, darunter ein Fendt 211 V Vario. Der Eindruck, den der Traktor nach Prüfung auf Herz und Nieren bei den Besuchern hinterließ, war nachhaltig. Sicherheit am Hang, Fahrkomfort, Bedienkonzept mit Multifunktionsjoystick, ruhiges Fahrverhalten dank Vorderachsfederung machten den 211 V Vario zur Attraktion der Veranstaltung, die als Trendsetter für innovative Winzer fungierte. Auch bei den Obstbauern setzte der 211 V Vario Akzente. Mitte 2016 verkaufte die RWZ Rhein Main den ersten vollautomatischen Traktor mit dem X-Pert-System der Firma Precision Markers an den Obsthof Dreissen im Selfkant. Ungewohnt sei es, so Betriebseigner Christoph Dreissen, einen Traktor ohne Fahrer in den eingezäunten Obstplantagen fahren zu sehen, doch das System funktioniere. »Ich bin erstaunt, wie einfach das System zu handhaben ist«, ließ der Obstbauer seine Berufskollegen wissen.

Weit weniger positiv wurde im April 2016 die Nachricht von der Absage des Fendt Feldtags aufgenommen. Zur Begründung wurde auf die angespannte wirtschaftliche Lage vieler landwirtschaftlicher Betriebe hingewiesen. Extrem niedrige Erzeugerpreise ließen es der Fendt Geschäftsführung um Peter-Josef Paffen angeraten erscheinen, kein »Fest« in der Größenordnung eines Fendt Feldtags zu veranstalten. Das Verständnis bei den Landwirten war gegeben, bedauert wurde die Absage dennoch.

Für die Fendt Pressestelle um Sepp Nuscheler eröffnete die Absage Freiräume. Genutzt wurden sie unter anderem zur Organisation der ersten Online Pressekonferenz, die am 1.9.2016 über die Bühne gehen sollte. Eine technische Herausforderung bedeutete das weltweite Zusammenschalten der Agrarjournalisten allemal. Auch im Veranstaltungsort Fendt Forum gab es reichlich zu tun. Allein schon die Simultanübersetzung in Englisch, Französisch, Spanisch, Italienisch und Russisch erforderte Können und Geschick. Die Moderation lag in der Hand von Manja Morawitz. Kompetent und charmant führte die Mitarbeiterin der Fendt Pressestelle durch das Programm, das unter dem Motto: »Fendt ist Forschung und Forschung ist Fendt« stand. Zu Wort kamen Dr. Rob Smith, Peter-Josef Paffen und Walter Wagner. Der Tenor der Beiträge war einhellig. Fendt ist die Marke für die professionelle Landwirtschaft und die reagiert ungleich weniger aufgeregt auf kurzfristige Marktschwankungen. Sie arbeite, wie Fendt, zukunftsorientiert und da sehe es gut aus. Bei Fendt bedeutete dies, dass noch 2016 die ersten 200 Traktoren der Baureihe 1000 Vario ausgeliefert würden, davon die Hälfte in die USA. Neue Märkte sah Fendt auch in Asien und Südamerika, allen voran Brasilien. Der wichtigste Fendt

Setup der ersten Fendt Online Live Pressekonferenz im September 2016 aus dem Fendt Forum mit großem medialem Aufwand. Fendt Chef Peter-Josef Paffen verkündete zusammen mit seinen Kollegen und Direktoren die Fendt Neuheiten. Manja Morawitz moderierte die Fendt PK mit über 400 zugeschalteten Journalisten aus über 30 Ländern.

Markt aber war und bleibe Deutschland. Im ersten Halbjahr 2016 lag Fendt mit einem Anteil von 19,7 % an erster Stelle der Zulassungsrangliste und das begründete gute Hoffnungen für das ganze Jahr, für das Fendt noch eine besondere Überraschung parat hatte.

Nature Green als neues Fendt Grün für alle Fendt Produkte

Nachdem das neue Fendt Nature Green bei der Markteinführung der Baureihe Fendt 1000 Vario ab Mitte 2014 überwiegend positiv ankam, wechselte Fendt im September 2016 die Farbe seiner Produkte der gesamten Produktpalette von Fendt Grün auf Fendt Nature Green. Veränderte Inhaltsstoffe des Lacks und der lang gehegte Wunsch nach einem strahlenden neuen Grün gaben den Ausschlag. In den Worten des Fendt Chefs Peter Josef Paffen klang dies so: »Das neue Fendt Grün ist kraftvoller, leuchtender, lebendiger und mehrschichtiger und entwickelt noch mehr Dynamik. Das frischeste Grün der Landtechnik aus unserer Sicht.« Modernität war also auch bei der Farbe Trumpf, doch nicht alle Fendtler zeigten sich auf Anhieb überzeugt. Aus der Fendt Pressestelle kam daher die Botschaft: »Die grüne Fendt Seele bleibt« und das glättete die Wogen.

Im September 2016 stellten alle Fendt Produktionsstandorte das gesamte Produktprogramm vom bisherigen Fendt Grün auf das neue, frische, moderne Fendt Nature Green um.

Anders als der Fendt Feldtag fand im September 2016 das Münchner Zentrallandwirtschaftsfest auf der Theresienwiese statt, für Fendt eine willkommene Gelegenheit, die runderneuerte Baureihe 500 Vario der Öffentlichkeit vorzustellen. »Keiner bietet mehr«,

Übergabe des ersten Fendt Gespanns Fendt 516 Vario und Frontmähwerk Fendt Cutter 3340 FPV auf dem Zentrallandwirtschaftsfest ZLF Ende September 2016 an Landwirt Franz-Otto Eberle. Im Bild von links: Peter-Josef Paffen, Vorsitzender der AGCO/Fendt Geschäftsführung, Franz-Otto Eberle, Landwirt aus Ruderatshofen/Ostallgäu, Prof. Martin H. Richenhagen, Chairman, President und CEO der AGCO Corporation, Roland Schuler, Vorstand der BayWa AG und Sönke Rothenberger, frisch gebackener Team Olympiasieger Dressur in Rio de Janeiro.

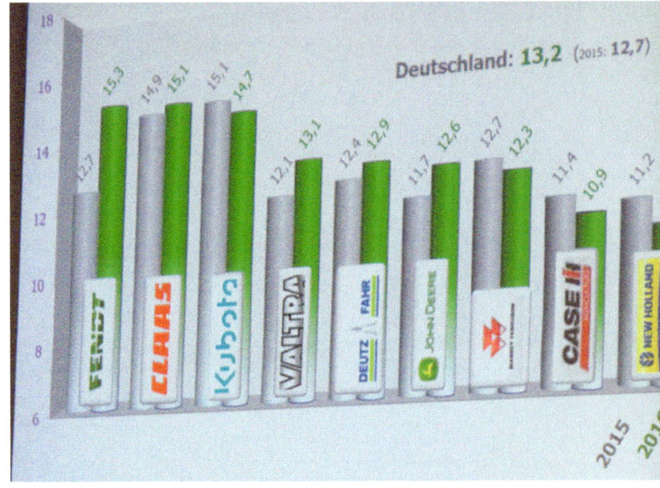

Im Jahr 2016 belegt Fendt wieder Platz 1 bei der Händlerumfrage des Bundesverbands LandBau-Technik.

lautete die Überschrift eines Fahrberichts und listete eine Druckseite lang Veränderungen und Verbesserungen gegenüber dem Vorgängermodell auf. Sie reichten von »doppeltwirkenden Hubwerken vorne wie hinten mit Funktionen wie Druckentlastung, lastkompensierendem Senkventil etc. bis zum 300 Grad Scheibenwischer, der auf der Straße nur 180 Grad macht, um schneller zu sein«. Auch der 4 Zyl.-Deutz Motor mit 4 l Hubraum war neu. Er entsprach der Abgasstufe Tier 4 Final und verfügte jetzt neben externer Abgasrückführung sowie DOC und SCR Kat auch über Dieselpartikelfilter. Allein schon an ihm war zu erkennen, wie sehr Vorgaben aus Brüssel inzwischen die Landtechnikentwicklung konditionierten.

Da war es geradezu eine Freude, als Landwirt Franz Otto Eberle aus Ruderatshofen das Ausstellungsgespann bestehend aus dem neuen Fendt 500 Vario mit dem Frontmähwerk Fendt Cutter 3340 FPV übergeben werden konnte. Der Allgäuer Land-

Auf tausendfach verteilten Bierdeckeln waren die wichtigsten Ziele der Fendt 2020 Strategie für alle Mitarbeiterinnen und Mitarbeiter in allen Werken stets präsent.

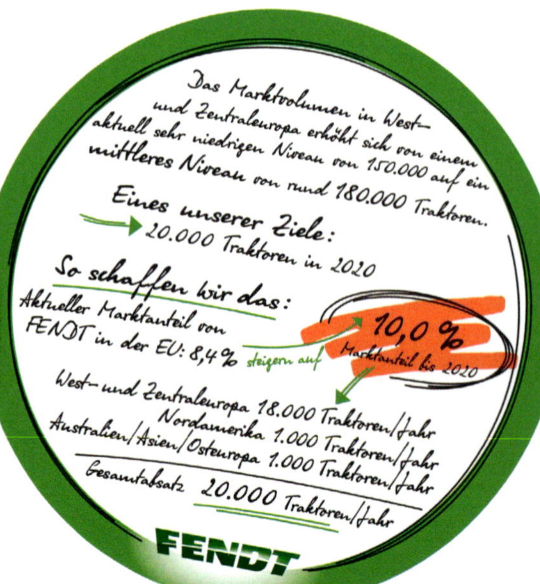

Im November 2016 montierte das Fendt Getriebewerk das 250.000ste Variogetriebe. Beim Jubiläumsgetriebe haben auch Fendt Geschäftsführer Hand angelegt. Von links: Michael Gschwender, Finanzen, Peter-Josef Paffen, Vorsitzender und Ekkehart Gläser, Produktion.

wirt und langjährige Fendt Kunde ging damit in die Werksannalen ein, als erster Käufer des Gespanns Fendt 500 Vario und Fendt Frontmähwerk. Ebenfalls ein Tag für die Fendt Annalen war der 27. 11. 2016. Das 250 000. Vario Getriebe lief vom Band und erfüllte die Fendt Freunde mit Dankbarkeit und Stolz. Der unternehmerische Wagemut, sich für eine revolutionäre Antriebstechnik entschieden zu haben, konnte nicht hoch genug gewürdigt werden! Mit einer Jubiläumsaktion, bei der 250 Fendt Traktoren der Modellreihen 500, 700, 800 und 900 Vario in Nature Green und mit Design Line Ausstattung auf den Markt gebracht wurden, feierte das Unternehmen das Ereignis.

Zu den Faktoren, die über Erfolg oder Misserfolg einer Landmaschine entscheiden, zählt zweifellos der Vertrieb. Fendt hat dem stets große Bedeutung beigemessen, und fand sich Anfang 2017 erneut bestätigt. Die deutschen Vertriebspartner wählten Fendt mit 15,3 von 20 Punkten auf Platz eins im Händlerzufriedenheitsbarometer. Im Focus standen Image, Außendarstellung, Ersatzteilwesen, After Sales, Garantien und Schulungswesen, viele Stellschrauben, die exakt justiert sein wollen. Der Erfolg von Fendt, das wurde dabei deutlich, hat viele Väter und Mütter auf unterschiedlichsten Feldern. Nur wenn das Gesamtpaket stimmt, stellen sich positive Resultate ein und die wollen jeden Tag erneut erarbeitet sein.

Neue Produktionsstandorte

Anfang März 2017 skizzierte Peter Josef Paffen die Strategie »Fendt 2020«. Sie formulierte kurz- und mittelfristige Unternehmensziele, allen voran die Maßgabe, im Jahre 2020 einen Jahresabsatz von 20 000 Traktoren zu erreichen. Für 2017 wurde das Ziel »15 000 Traktoren plus x« ausgegeben, darunter 500 Einheiten des Fendt 1000 Varios. Auch 50 Katana Feldhäcksler und 400 Mähdrescher in Nature Green sollten verkauft werden, mutige, aber nicht unrealistische Vorgaben. Da schlug am 13. 3. 2017 die Nachricht von der beabsichtigten Übernahme der Grünfuttererntetechnik des niederländischen Wettbewerbers Lely wie eine Bombe ein. Sollten die Kartellbehörden zustimmen, konnte die Übernahme bis zum vierten Quartal 2017 abgeschlossen sein, hieß es. »Noch ist die Integration der Produkte aus Feucht nicht abgeschlossen, da holt man sich neue ins Boot«, notierte dlz Redakteur Bernd Feuerborn. Die Überraschung jedenfalls war gelungen und Potenzial besaß die Übernahme

Robert J. Ratliff, Gründer und früherer Chairman, President und CEO der AGCO Corporation, hat Fendt stark gefördert und gefordert.

der Lely-Grünlandsparte allemal. Der Realisierung des Projekts »Route 66« mit dem Ziel eines vollständigen Fendt Full Line Produktprogramms kam man so jedenfalls ein gutes Stück näher. Doch was verbarg sich hinter der Grünlandsparte von Lely? Am Markt erfolgreich war sie, das stand außer Frage, aber im besten Sinne alt war sie nicht. Ab 2008 war sie durch den Aufkauf der traditionsreichen Landmaschinenhersteller Welger in Wolfenbüttel und Mengele in Waldstetten entstanden. Rundballenpressen, Press-Wickel-Kombinationen und Ladewägen der Marke Tigo zählten zu ihren Aushängeschildern. Rund ein Drittel des Gesamtumsatzes in Höhe von 500 Mio. Euro hatte die Grünlandsparte bei Lely erwirtschaftet, aber dabei würde es nicht bleiben. Bei Mähwerken, Wendern und Schwadern überschnitten sich Lely- und Fella-Produkte, so dass die Produktion der Lely Maschinen auslaufen sollte. Umgekehrt würde der Lely Ladewagen Tigo den gerade mit großen Aufwand vorgestellten Fendt Eigenbau VarioLiner ersetzen. Das »Stühlerücken« im Portfolio war beachtlich, doch Peter-Josef Paffen zeigte sich zuversichtlich. »Am Ende werde Fendt stärker sein als je zuvor«, lautete seine Botschaft und beruhigte die Gemüter.

Als am 25.4.2017 die Nachricht vom Tode des AGCO Gründers Robert J. Ratliff gemeldet wurde, erinnerten sich nicht wenige an das Jahr 1997. AGCO kaufte damals das Familienunternehmen Fendt und im Allgäu machte die Sorge die Runde, was die Amerikaner wohl mit der Marktoberdorfer Traktorenschmiede machen würden. Doch zu Zweifel und Existenzangst bestand kein Anlass. Robert J. Ratliff bewährte sich als großer Fendt Freund. Fendt zur technischen Ideenschmiede und zum Premiumhersteller des AGCO Konzerns zu machen, war sein Anliegen vom ersten Tag an. Bis 2006 lenkte er als Chairman, President und CEO das Unternehmen und achtete darauf, dass Fendt im Konzern nicht zu kurz kam. Ihm gebührte Respekt und Anerkennung, beides wurde ihm im Allgäu gerne gewährt.

Zum guten Verhältnis zwischen der nordamerikanischen Konzernmutter AGCO und Fendt passte es, dass Mitte 2017 bekannt gegeben wurde, Challenger Raupen und Pflanzenschutzspritzen würden zukünftig unter der Marke Fendt angeboten. Damit kam eine weitere Perle der Agrartechnik zu Fendt. Die ehemals Challenger-gelben Feldspritzen wurden jetzt am Standort Hohenmölsen in Fendt Nature Green gebaut. »Die Integration der Challenger Produkte in das Fendt Produktprogramm in Europa ist ein weiterer wichtiger und konsequenter Schritt im Rahmen der Fendt ›Full Line Strategie‹«, erklärte Fendt Chef Peter Josef Paffen und hatte dabei vor allem professionelle Agrarbetriebe und Lohnunternehmen im Blick. Sie zählten zu den bevorzugten Fendt Kunden und für sie galt immer häufiger: »Das Beste ist gerade gut genug«. Wie das konkret aussah, erläuterte Fendt Vertrieb Direktor Andreas Loewel in einem Interview mit der Zeitschrift »Lohnunternehmen«. »24 Stunden an sieben Tagen in der Woche, eine professionelle Kundenansprache in Bezug auf Wartungs-/ProService Verträge und mobile Werkstattwagen für Reparatureinsätze vor Ort« sind die Voraussetzung, will man als Landtechnikanbieter bei den Großkunden reüssieren. Fendt und Challenger Produkte waren anspruchsvoll. Wurden sie aber über ProService-Verträge betreut, dann waren sie nahezu unerreicht in Leistungsvermögen und Betriebssicherheit. 90 Prozent aller Fendt 900 Vario Käufer entschieden sich inzwischen für ProService Verträge. Das Beste korrelierte hier mit optimaler Betriebssicherheit – bei beidem hatte Fendt die Nase vorn.

Da wunderte die anlässlich der internationalen Pressekonferenz zum Ausdruck gebrachte Gelassenheit nicht. Professor Martin H. Richenhagen, Chairman, President und CEO der AGCO Corporation, sprach von einem »vernünftigen Geschäftsjahr«, andere sagten: »Bei Fendt läuft's rund«. Mit der Entwicklung hin zum Full Liner war man ebenso zufrieden wie mit dem Verkauf der Traktoren. 20 Prozent mehr Verkäufe als im Vorjahr konnten sich sehen lassen, und der 1000 Vario, das Unternehmens-Flaggschiff, schickte sich an, ein Verkaufs-Champion zu werden. Märkte wie Nordamerika, wo Fendt sich über Jahrzehnte schwergetan hatte, bekamen eine ungewohnte Dynamik. Achtbar schlug sich auch die Fendt Erntetechnik. Cutter, Slicer, Former und Twister kamen bei den Landwirten ordentlich an, zweifellos auch ein Verdienst der Fendt Vertriebspartner, die sich mit großem Elan für den Verkauf dieser Maschinen einsetzten. Und der Erfolg am Markt hatte Konsequenzen. Die Fendt Belegschaft wuchs und betrug Mitte 2017 4375 Mitarbeiter. Hinzu kamen bis Jahresende weitere 300 Beschäftigte der bisherigen Lely Futtererntetechnik an den neuen Fendt Produktionsstandorten Wolfenbüttel und Waldstetten. Das alles strahlte Zuversicht aus, und die konnte Fendt gut gebrauchen, schließlich stand im Spätherbst wieder eine Agritechnica, das internationale Schaufenster der Landtechnik, vor der Tür.

Die Integration der Challenger Raupen und Spritzen in das Fendt Produktprogramm war ein wichtiger Schritt der Fendt Full-Line-Strategie.

Erfolgreich auf Full Line Kurs

2017 hatte »die größte Produktoffensive der Fendt-Geschichte«, erlebt, so P. J. Paffen. Auf der 17. Agritechnica, die vom 12.–18.11.2017 erneut in Hannover ausgetragen wurde, galt es, die Früchte der Anstrengungen einzufahren. Auf 3000 qm Ausstellungsfläche war reichlich Raum zur Selbstdarstellung geboten und Fendt präsentierte sich von seiner besten Seite, oder anders formuliert »Auf Full Line Kurs«.

Groß war die Palette der Neuheiten. Sie reichte vom neuen Großmähdrescher IDEAL über die Fendt Raupenschlepper, gezogene wie selbstfahrende Rogator Pflanzenschutzspritzen, Hochleistungsladewagen Tigo, Rundballenpressen Rotana bis hin zur Grünfuttererntetechnik aus Feucht. Herzstück des Fendt Ausstellungsstandes aber blieben die Traktoren. Das komplette Vario Programm von der 200er Baureihe bis zu den mächtigen 1000er Modellen war aufgefahren und bei aller Perfektion war immer noch Platz für ein »Schmankerl«, einen besonderen technischen Leckerbissen. Beim Fendt e100 Vario handelte es sich um den ersten praxisgerechten batterieelektrischen Traktor mit 650 V Lithium-Ionen-Hochleistungsbatterie und einer Kapazität von rund 100 kW/h. Unter üblicher Nutzung sollte der Schlepper einen vollen Arbeitstag lang ohne Nachladen arbeiten können und, wenn denn doch ein Nachladen erforderlich sein sollte, dann wäre dies bis zu einem Ladevolumen von 80 % binnen 40 Minuten möglich. Zukunftsmusik auf dem Fendt Messestand war dies und die Besucher drängelten sich um die Exponate. Schlange stehen war angesagt, bevor man auf einem der Traktoren zu sitzen kam. Die Besucher ertrugen es mit bewundernswerter Geduld. Fendt in Höchstform war ihnen den Zeitaufwand wert.

Der Lohn eines besonderen Jahres schlug sich für Fendt auch in Auszeichnungen nieder. Fünf Silbermedaillen, davon eine für VarioPull, bei dem das Gewicht von der Hinter- auf die Vorderachse verschoben werden kann, um eine optimale Verteilung der Achslast zu erzielen. Auch der kleine Säroboter Fendt Xaver, so benannt in Erinnerung an den Firmenpatriarchen Xaver Fendt, erhielt eine Silbermedaille. Dabei handelte es sich um eine Weiterentwicklung von MARS, kleinen, im Schwarm arbeitenden Roboter-Einheiten, die möglicherweise bei der Optimierung der Maisaussaat zum Einsatz kommen können.

»Tractor of the Year« in der Kategorie Spezialtraktoren wurde der Fendt 211 V Vario, ein Spezialist für den Einsatz in Sonderkulturen, der Fendt bereits das ganze Jahr über Freude bereitet hatte. Das Prädikat »Maschinen des Jahres«

Option für die Zukunft: Fendt e100 Vario.

Klein, aber oho: Säroboter Fendt Xaver.

erhielten schließlich der Raupentraktor Fendt 900 Vario MT sowie der Mähdrescher IDEAL – das Fendt Festival der Auszeichnungen wollte fast nicht enden. Das würdige Finale aber kam kurz vor Jahresende. Der Verkauf des 1000. Traktors der Baureihe Fendt 1000 Vario war zum Abschluss gebracht. Jeremy und Hermann Terpstra, kanadische Milchfarmer in Brussels, Ontario, hatten ihn erworben und warteten sehnsüchtig auf die Ankunft des per Schiff über den Atlantik spedierten, nach ihren Vorstellungen aufgerüsteten, 380 PS starken Großtraktors Fendt 1038 Vario.

Der zweitgrößte Fendt Produktionsstandort Asbach Bäumenheim zeichnet sich durch klare Aufgabenzuweisung und hohe Effizienz aus. Als Kompetenzzentrum für Kabinen in Europa produziert Asbach-Bäumenheim nicht nur Fahrerkabinen für Fendt Traktoren und selbstfahrende Arbeitsmaschinen, sondern auch für die Fahrzeuge der Schwesterfirmen in Europa. 1200 Mitarbeiter leisten ihren Beitrag zum Fendt Erfolg und sind zudem ein wichtiger Wirtschaftsfaktor für die Gemeinde. Die zum Jahreswechsel 2017/2018 in Betrieb genommene Pulverlack-Anlage entspricht modernsten Erkenntnissen, ist umweltfreundlich und hoch effektiv. Auf 5,7 Mio. Euro belief sich die Investition, die laut Fendt Geschäftsführer Produktion Ekkehart Gläser genau zum richtigen Zeitpunkt getätigt worden war.

Erster Auftritt des Fendt IDEAL Großmähdreschers.

Feste schaffen und Feste feiern konnte Fendt von Anfang an. Selbst in schwierigen Zeiten blieben die Treckerbauer diesem Motto verbunden. Umso mehr traf dies zu, wenn es wirtschaftlich brummte. Am 2. 2. 2018 war das Jubiläum der 80jährigen Partnerschaft zwischen Fendt und der für Baden zuständigen ZG Raiffeisen Anlass für eine Feier. Was Ende der 1930er Jahre mit dem Verkauf von Dieselrössern F 22 begonnen hatte, umfasste inzwischen das komplette Fendt Programm. Zu den Fendt Traktoren kamen 2002 Fendt Mähdrescher, später dann Ballenpressen, Feldhäcksler, Futtererntemaschinen und schließlich Ladewägen hinzu. Die gemeinsame Feier auf dem Feldberg verband Rückblick und Perspektive für die Zukunft und unterstrich einmal mehr, wie wichtig das vertrauensvolle Verhältnis zwischen Hersteller und Vertriebspartner für den Erfolg am Markt ist.

Jede Feier setzt Zeichen und ist, mit anderen Worten, nachhaltig. Dies gilt in besonderem Maße für Grundsteinlegungen und Richtfeste. Sie weisen in die Zunft und genau

Ende 2017 lief der 1000ste Fendt 1000 Vario vom Band. Ein 380 PS starker Fendt 1038 Vario, den die kanadischen Brüder Jeremy und Hermann Terpstra aus Ontario für ihre große Milchfarm bestellt haben.

Fendt Aufsichtsrat und Fendt Geschäftsführung eröffneten im Juni 2019 das neue Fendt Global Forum, eine neue zusätzliche 2400 qm große Ausstellungshalle.

das traf im Juli 2018 beim Baubeginn für die Erweiterung des Fendt Forums in Marktoberdorf zu. 2500 qm groß und im Gipfel 14 m hoch sollte die neue Ausstellungshalle werden, die auch für Events und Schulungen vorgesehen war. Ganzjähriges Training an allen Maschinen des Fendt Full Line Programms sollte zukünftig möglich werden, mithin genau das, was die 35 000 jährlich zu Fendt kommenden Kunden sowie zahlreiche Vertriebspartner schon lange gefordert hatten. »Das Tor zur Fendt Welt wird größer«, hieß es in der Feierstunde, bei der die Fendt Geschäftsführung, die Architekten und ein ausgewähltes Publikum anwesend waren.

Fendt Feldtag 2018

Danach richteten sich die Augen der Fendtler auf das Hofgut Wadenbrunn, lieb gewonnene Stätte der Fendt Feldtage. Am 23. 8. fand dort endlich wieder der Fendt Saaten-Union Feldtag statt. Ein verändertes Konzept lag ihm zugrunde und tat der Veranstaltung schon im Vorfeld gut. Weniger, aber dafür hochqualifizierte Besucher, weniger Stau auf An- und Abfahrt, weniger teilnehmende Firmen, dafür mehr Fendt, lautete die Devise der unter dem Motto »Future to the Field« organisierten Veranstaltung. 120 Fendt Traktoren und Selbstfahrer sowie 40 Fendt Anbaugeräte demonstrierten den aktuellen Stand bei Traktoren, Pflanzenschutz, Futter- und Getreideernte. Hinzu kamen Info-Stände, Produktpräsentationen und – nicht zu vergessen – das große bayerische Festzelt. »Feldtagsspaß für die ganze Familie« nannte es Sepp Nuscheler von der Fendt Presse und traf damit den Nagel auf den Kopf. Ob es tatsächlich 50 000 Besucher waren, sei dahingestellt, unstrittig war, dass der Fendt Feldtag erneut Landwirte aus der ganzen Welt nach Wadenbrunn geführt hatte. Wayne und Bradley Tapscott etwa waren eigens von ihrer 12 000 ha großen Farm im Westen Australiens angereist und zeigten sich ob des Erlebten tief beeindruckt.

Fendt selbst ließ auf dem Feldtag nicht nur Traktoren und Landmaschinen »sprechen«. Im Rahmen einer internationalen Pressekonferenz wurden Hintergrundinformationen und Zahlen geliefert und die ließen keinen Zweifel: Fendt ging es gut, Produkte und Verkäufe stimmten, die Stimmung bei Mitarbeitern, Vertriebspartnern und Kunden war rundum positiv. Auf 16 800 Einheiten wurde der Traktorenabsatz für 2018 kalkuliert, ein Plus von 12 % gegenüber dem Vorjahr. Als besonderer »Hingucker« erwies sich der nordamerikanische Markt. Auf 800 Traktoren wurde der Absatz dort bis Jahresfrist angenommen und dabei handelte es sich in starkem Maße um Fahrzeuge des Flaggschiffs Fendt 1000 Vario. Mit dem Erfolg am Markt korrelierte die Mitarbeiterzahl. Zu Beginn des Jahres 2018 belief sie sich auf 5239 Personen, die sich wie folgt auf die einzelnen Standorte verteilten:

Die große Fendt Maschinenparade zum Start des größten bisherigen Fendt Feldtags in Wadenbrunn bei Würzburg mit ca 50.000 begeisterten Besuchern.

- Maktoberdorf = 3368 Mitarbeiter
- Asbach-Bämenheim = 1051 Mitarbeiter
- Wolfenbüttel = 286 Mitarbeiter
- Hohenmölsen = 260 Mitarbeiter
- Feucht = 188 Mitarbeiter
- Waldstetten = 86 Mitarbeiter.

Und die Tendenz war zunehmend. Doch auch so bedeutete die Mitarbeiterzahl für Fendt Rekord. Noch nie in der langen Unternehmensgeschichte hatten so viele Menschen bei Fendt in Lohn und Brot gestanden. Die Zeiten, da die Patriarchen Dr. Hermann und Xaver Fendt beim Gang durch das Werk jeden Schaffer mit seinem Namen ansprach, waren Geschichte. Banal, aber wahr ist die Erkenntnis: Nur, wer mit der Zeit geht, bleibt am Markt. Wer aber in der Vergangenheit verharrt, geht früher oder später unter.

Zum Jahresende 2018 bestätigte dies die vom 4.–6.11. in der Stuttgarter Messe stattfindende »Intervitis Interfructa Hortitechnica«. Fendt überzeugte Wettbewerber und Besucher nicht nur mit einem großen, aufwändig gestalteten Ausstellungsstand, sondern setzte vor allem mit den präsentierten Fahrzeugen starke Akzente. Als besonderer Blickfang fungierte diesmal der Fendt e100 Vario. Er überzeugte die internationale Fachjury so sehr, dass sie ihm den Innovationspreis in Gold zuerkannte. Zur Begründung führte die Jury unter anderem aus: »Der Fendt e100 Vario von der AGCO GmbH in Marktoberdorf ist der erste voll elektrifi-

Höchste Auszeichnung mit dem Innovationspreis in Gold auf der »Intervitis Interfructa Hortitechnica« in Stuttgart für den ersten voll elektrischen Schmalspur-Schlepper Fendt e100 Vario. Im Bild von links: Klaus Schneider, Präsident des Deutschen Weinbauverbandes, Roland Schmidt, Vice President Fendt Marketing.

zierte Schmalspur-Schlepper im Weinbau. Er bedeutet eine entscheidende Verbesserung des aktuellen Schlepperstandards … Auch die Punkte Reduzierung von Staubpartikeln/Stickoxiden/der CO Bilanz, Lärmemission und Vibration während des Fahrens stellen einen großen Vorteil gegenüber der normalen Bewirtschaftungsform dar.« Walter Wagner, Leiter der Fendt Traktoren Entwicklung, und seiner Mannschaft klangen die Ohren, zumal auch die Honoratioren mit Bauernpräsident Joachim Rukwied beim obligatorischen Messerundgang voll des Lobes waren.

Für Fendt war 2018 ein richtig gutes Jahr und alle waren gespannt, ob und wie sich dies in der Traktoren-Zulassungsrangliste niederschlagen würde. Auf den ersten Blick hätte man enttäuscht sein können, wurde John Deere doch mit 6473 Neuzulassungen als Spitzenreiter ausgewiesen. Fendt rangierte danach mit 5384 Neuzulassungen auf Platz 2, doch das war nur die halbe Wahrheit. Bei John Deere schlugen nicht weniger als 1980 Kleinsttraktoren unter 51 PS mächtig zu Buche, eine Klasse, in der Fendt nicht vertreten war. Anders sah es aus, berücksichtigte man die »echten« Traktoren und dazu zählten die Zugmaschinen mit 51 und mehr PS Motorleistung. Hier lag Fendt mit einem Marktanteil von 24,6 % deutlich vor John Deere mit 20,6 %. Auch bei den sogenannten »Lieblingen der Nation«, den meistverkauften Schleppertypen, hatte Fendt einmal mehr die Nase vorn. Bei vier der ersten fünf Lieblingen handelte es sich um Fendt Traktoren, allen voran der 724 Vario mit 901 Maschinen, vor dem 516 Vario mit 560 Exemplaren. Das konnte sich wahrlich sehen lassen und spiegelte die Entwicklung des Jahres 2018 angemessen wider.

Digitalisierung ist Trumpf

Die gute Akzeptanz des Fendt Full Line Angebots bestätigte sich im Februar 2019. Der Produktionsstandort Hohenmölsen konnte den hundertsten Pflanzenschutz-Selbstfahrer Rogator 600 an einen Kunden aus Sachsen übergeben.

Die Pfanzenschutzspritze Rogator ist ein Beleg für den Vormarsch der Digitalisierung in der Landtechnik. Zum optimalen Einsatz benötigt er große Datenmengen und umgekehrt produziert er im Betrieb fortwährend neue Daten, die aufbereitet, gespeichert und weitergeleitet werden müssen. Was beim Rogator der Fall ist, wiederholt sich mal mehr mal weniger bei allen Fendt Fahrzeugen und Maschinen. Als Solist arbeitet dabei so gut wie keine Maschine mehr. Vernetzung ist die hohe Schule, funktioniert sie, erhöht dies die Produktivität des landwirtschaftlichen Arbeitens schlagartig. Im AGCO Konzern und bei Fendt hatte man dies schon lange erkannt. Mit dem »AGCO Digital Center« bekam das Allgäu ein

Das weltweit tätige AGCO Digital Center in Marktoberdorf wertete den Fendt Standort zusätzlich auf.

Übergabe des 100sten in Hohenmölsen gebauten Fendt Rogator 600 an die Dresdner Vorgebirgs Agrar AG in Sachsen.

eigenes Silicon Valley. 150 ausgewiesene IT-Experten, die Peter-Josef Paffen liebevoll als »Nerds« bezeichnete, arbeiteten in agilen Teams, immer auf der Suche nach Möglichkeiten der Verbesserung bestehender oder der Kreierung neuer Digitalisierungsprojekte. Vernetzung, präventiver Service, betriebliches und überbetriebliches Datenmanagement gehören dazu, doch steht das Ganze 2019 erst am Anfang.

Konkreter stellte sich Anfang Mai 2019 der Einstieg in den brasilianischen Markt dar. Als Bühne ausgewählt wurde die Agri Show in der rund 650 000 Einwohner zählenden Stadt Ribeirao Preto im Bundesstaat Sao Paulo. Beliebig war die Ortswahl nicht. Ribeirao Preto gilt als größter Zucker- und Alkoholpro-

Fendt Momentum, die größte Einzelkornsämaschine weltweit.

Die Fendt Pressekonferenz auf dem Fendt Stand der Agri Show im Mai 2019 in Ribeirao Preto, Sao Paulo, Brasilien.

duzent der Welt und spielt für die südamerikanische Landwirtschaft eine herausragende Rolle. Die Fendt Präsentation erfolgte auf einem 1800 qm großen Multimedia Stand und umfasste einen bunten Bogen an Premium Exponaten. Er reichte vom Traktor 1000 Vario über den Großmähdrescher IDEAL bis hin zur Direksaatmaschine Fendt MOMENTUM. Bei letzterer handelte es sich um eine zu 100 Prozent in Brasilien gebaute Maschine, die für sich in Anspruch nahm, zu den größten Einzelkornsämaschinen mit Reihendüngerstreuer überhaupt zu zählen. Die Resonanz auf den Fendt Auftritt war gut, doch dass der Weg zum Erfolg lang und steinig werden würde, hatte sich auch gezeigt. Ein neues Vertriebsnetz mit hervorragendem Service und schneller Ersatzteilverfügbarkeit entsteht nicht über Nacht, sondern benötigt Zeit, hohen Aufwand und reichlich Fortune. Aber ein Anfang war gemacht und dass der brasilianische Markt Potenzial besaß, stand für alle Beteiligten außer Frage.

Nicht nur weltweit erhöhte Fendt 2019 die Schlagzahl, auch am Standort Marktoberdorf setzte das Unternehmen weithin sichtbare Zeichen. Ende Juni eröffnete AGCO CEO Professor Martin Richenhagen die neue große Ausstellungshalle am Fendt Forum. Mit dem neuen Global Forum – so der Name der neuen Halle – wurde es möglich, auf einer Fläche von 2400 qm Kunden und Vertriebspartnern die Palette der Fendt Produkte vorzuführen, darunter als aktuelles Highlight den neu entwickelten Traktor Fendt 900 Vario. Ausgelegt auf die Bedürfnisse von Großbetrieben und Lohnunternehmen zeichnete er sich unter anderem aus durch ein für seine Leistungsklasse gutes Leergewicht, die integrierte Reifendruckregelanlage VarioGrip, Heckkraftheber, Heck- und Frontzapfwelle sowie Rückfahreinrichtung. Bahnbrechend waren die neu konzipierten MAN 6-Zylinder Motoren, auf die Fendt das Vario Getriebe TA 300 neu abgestimmt hatte. Als technisches Feuerwerk einzustufen waren die neuen Lösungen Fendt Connect und Smart Connect. Erstere sind Fendt Telemetrie-Lösungen, über die Maschinendaten erfasst, ausgewertet und weitergeleitet werden können. Letztere stellt dem Fahrer Maschinenparameter zur Kontrolle in Echtzeit dar. Und gerade so ging es weiter. Der Fendt 900 Vario präsentierte sich als Powerpaket mit einer Technik für höchste Ansprüche. Ein echter Fendt eben! Für die im November geplante Agritechnica stand damit ein technischer Leckerbissen besonderer Güte bereit, der – da war man sich in Marktoberdorf sicher – das Zeug zum Ausstellungsmagneten besaß.

It's Fendt.

Zur Agritechnica 2019 verkündet Fendt den neuen Marken Claim »It's Fendt – Weil wir Landwirtschaft verstehen«.

It's Fendt

Mit entsprechendem Selbstvertrauen und großem Optimismus stellte sich der Vorsitzende der Fendt Geschäftsführung Peter Josef Paffen am 2. 7. 2019 in Marktoberdorf der internationalen Fachpresse. Einem Rückblick auf 2018, dem bislang erfolgreichsten Jahr in der fast 90jährigen Firmengeschichte, folgte eine gediegene Marktanalyse. Realistisch für 2019 sei ein Absatz von 18 000 Traktoren plus x. Generell gelte, dass Fendt derzeit schneller und stärker wachse als die Märkte. Ein Marktanteil in West- und Zentraleuropa von 9 % sei wahrscheinlich. Selbst in Ländern wie Spanien, Norwegen, Schweden, Finnland und Polen, wo Fendt sich traditionell schwergetan habe, gehe es spürbar voran. Auch als Global Player mache Fendt gute Fortschritte. In Nordamerika, Australien und Neuseeland sei Fendt inzwischen mit Traktoren und Landmaschinen präsent. »Hier kommen wir jetzt richtig gut in Fahrt«, ließ Peter-Josef Paffen wissen und das bleibe nicht ohne Auswirkungen auf die Belegschaft. Auf 5371 Personen war

Der Massenandrang auf dem Fendt Stand der Weltleitmesse Agritechnica 2019 zeigte eindrucksvoll, dass Fendt globaler und digitaler wird.

Agritechnica 2019 – Fendt 942 Vario: Tractor of the Year 2020.

sie, Stand Ende Mai 2019, angewachsen, so viele wie noch nie in der Fendt Historie. Und noch war 2019 nicht zu Ende, im Gegenteil. Mit der Agritechnica im November stand der Jahreshöhepunkt erst bevor.

Gewaltig war der Fendt Ausstellungsstand. Auf 3100 qm erstreckte sich die Präsentation. 28 Fahrzeuge und Maschinen wurden gezeigt und alles in allem befanden sich 250 Fendtler im Einsatz. Am Publikumsinteresse mangelte es nicht. 400 000 Menschen mögen es gewesen sein, die Fendt ihre Aufwartung machten. Das Gedränge war größer denn je, sagte ein Messebesucher, der seit 1985 alle Agritechnica Messen vor Ort erlebt hatte. Aber nicht nur Gedränge prägte das Leben auf dem Fendt Stand. Auffallend war die starke Corporate Identity der Standbetreuer. Der morgendliche Ruf aller Mitarbeiter »It's Fendt« machte deutlich, wie sehr der neue »Marken Claim« Kräfte freisetzte. »It's Fendt« erinnerte alte Hasen an den früheren Fendt Slogan »Wer Fendt fährt führt«. Jedes Kind auf dem Land kannte diese Losung, und jetzt, 2019, lautete sie kurz und kernig »It's Fendt«. Aber auch die anderen Botschaften des Fendt Messe-Auftritts wurden verstanden. Klar, die Digitalisierung stand vorne an. FendtONE heißt die neue Plattform, die den Fahrerarbeitsplatz in der Traktorkabine mit den Planungs- sowie Dokumentationsaufgaben im Büro verbinden sollte. Zwei verschiedene Arbeiten mit einer Bedienphilosphie. Aufträge oder Felddaten können dank FendtONE ortsunabhängig auf einem Computer geplant werden, um sie anschließend per Mobilfunk auf den Traktor zu übertragen. Anspruchsvoll war dies allemal, aber erschöpfend konnte es nicht sein. Panta rhei, alles ist im Fluss, hieß es bei Heraklit im antiken Griechenland, und das galt auch für FendtONE. Erweiterungen von FendtONE durch die Nutzer wurden erwartet und seitens Fendt ausdrücklich begrüßt. An Auszeichnungen für Fendt fehlte es auch 2019 nicht. Zwei Silbermedaillen der Neuheitenkommission gab es, doch besonders gefreut haben sich die Marktoberdorfer über die Zuerkennung des Titels »Tractor of the Year 2020« für das Modell Fendt 942 Vario. Ein wahrer Champion wurde von der Fachjury als solcher erkannt und das kam bei Konstrukteuren, Werkern am Fließband und den Vertrieblern gut an.

Personalwechsel an der Spitze

Eine Redewendung besagt, dass man gut daran tut zu gehen, wenn es am schönsten ist. Peter-Josef Paffen, Fendt Chef seit März 2009, beherzigte dies im November 2019, als er am Rande der Agritechnica mitteilen ließ, er werde sein Amt zum Jahresende niederlegen. »Selbstbestimmt« wolle er dies tun als Chef des »effizientesten und produktivsten Traktorenwerks der Welt«, so Martin Richenhagen, Paffens Chef bei AGCO. Paffens Verdienste um Fendt waren unstrittig. Seine 2015 entwickelte »Fendt 2020 Strategie« gab Fendt eine ambitionierte Perspektive und trug mit

Der langjährige Fendt Chef Peter-Josef Paffen (links) gab auf der Agritechnica bekannt, dass er sein Amt Ende 2019 niederlegen wird. Christoph Gröblinghoff trat die Nachfolge zum 1. Januar 2020 als Vorsitzender der AGCO/Fendt Geschäftsführung an.

dazu bei, dass sich die einstige Allgäuer Traktorenschmiede zu einem weltweit beachteten Global Player mit Full Line Produktprogramm gemausert hatte.

Mit Unsicherheiten verbunden war Paffens Abschied nicht. Der 53jährige Christoph Gröblinghoff, seit fünf Jahren bei der AGCO International GmbH in Neuhausen, Schweiz, als Vice President Distribution Management tätig, sollte als Nachfolger das Fendt Ruder übernehmen. Der gelernte Landwirt und studierte Agraringenieur aus Westfalen kannte Fendt bestens. Denn vor AGCO war Gröblinghoff ca. 12 Jahre verantwortlich für den Geschäftsbereich Technik bei der Raiffeisen Waren-Zentrale Rhein-Main eG in Köln, einem leistungsfähigen Fendt Vertriebspartner in Deutschland. Anfang der 1990er Jahre startete Gröblinghoff seine Karriere nach dem Landbau Studium in Soest bei der JI Case GmbH in Neuss. Peter-Josef Paffen schied nicht alleine bei Fendt aus. Auch der langjährige Finanzgeschäftsführer Michael Gschwender verließ Fendt zum Jahresende. Er hatte es in 48 Fendt Jahren vom Lehrling zum Vice President und Geschäftsführer Finanzen und IT gebracht und verkörperte damit wie kaum ein Zweiter Fendt Corporate Identity. Als seine Nachfolgerin war Ingrid Bussjaeger-Martin vorgesehen, zuletzt Director Controlling bei Fendt. Auf 21 Fendt Jahre in verschiedenen Funktionen von der Finanzbuchhaltung bis zur Einführung des SAP Programms blickte sie zurück. Das Unternehmen blieb sich damit treu. Bewährte Kräfte aus dem eigenen Hause bekamen die Chance zum Aufstieg – der Unternehmenskultur konnte dies nur guttun. »Stühlerücken bei Fendt«, hieß es in der Presse und das schloss auch Dr. Rob Smith ein. Zum Jahresbeginn 2020 wechselte der AGCO Europa Chef und Fendt Freund als CEO zum finnischen Maschinenbauer Konecranes.

Betroffen reagierte die Öffentlichkeit, als im Februar 2020 bekannt wurde, der nächste Fendt Feldtag würde auf August 2022 verschoben. Die Veranstaltung, so hieß es aus Marktoberdorf, passe nicht »ideal« in den umfangreichen Veranstaltungskalender. Der war in der Tat üppig. Von der Grünen Woche in Berlin über die SIMA in Paris bis hin zum Zentrallandwirtschaftsfest in München reihte sich ein Event ans andere. Soweit die Pläne! Dann kam Corona, eine Infektionskrankheit, der die Politik bald schon pandemische Züge zuerkannte. Auch vor Fendt machte Corona nicht

Im Geschäftsführungsbereich Finanzen gab es ebenfalls eine Veränderung zum Jahreswechsel 2019/2020. Ingrid Bussjaeger-Martin wurde zur neuen Geschäftsführerin Finanzen berufen. Sie übernahm das Amt vom langjährigen Vorgänger Michael Gschwender, der in den Ruhestand trat.

Halt. Erste Reaktionen in Marktoberdorf bestanden in der Gründung einer Task Force, um Entscheidungen kurzfristig und nach Bedarf treffen zu können. Es folgte die Einführung des Zwei-Schicht-Systems in der Traktorenmontage zum Schutz der Mitarbeiterinnen und Mitarbeiter und die Schließung des Fendt Forums. Am 25.3.2020 kam es dann knüppeldick: Schließung der Produktionsstandorte Marktoberdorf und Asbach-Bäumenheim. Ursächlich dafür war das Fehlen wichtiger Zulieferkomponenten für die Traktorenmontage. Besser stand es um die Teileversorgung an den Standorten Hohenmölsen, Wolfenbüttel und Waldstetten. Dort konnte zunächst, wenn auch behutsam, weitergearbeitet werden. Stabile Lieferketten, das wurde deutlich, waren die Grundvoraussetzung für ein Funktionieren des eng getakteten modernen Produktionsprozesses. Kurzarbeitergeld und mobiles Arbeiten halfen, Härten für die Belegschaft zu mildern.

Lichtblicke taten da gut. Die Auszeichnung mit dem »German Brand Award 2020« für die beiden Marketing Kampagnen »It's Fendt« und »Fendt 900 Vario – Ready for more« bedeutete eine Anerkennung für den starken Auftritt im Erfolgsjahr 2019. Vice President Fendt Marketing Roland Schmidt sah darin zugleich eine Bestätigung des starken Images der Marke Fendt auf dem nationalen wie den internationalen Märkten. Fendt liefere TOP Qualität, bei den Produkten wie in der Kommunikation.

Ab März 2020 setzt das Unternehmen umfangreiche Maßnahmen zum Schutz aller Mitarbeiterinnen und Mitarbeiter vor dem Corona-Virus um.

Ende einer Ära

Anfang Oktober 2020 schlug die Stunde der traditionellen Pressekonferenz für die internationale Medienwelt. Sie war diesmal etwas ganz Besonderes, handelte es sich doch um die erste des neuen Fendt Chefs Christoph Gröblinghoff und um die letzte des AGCO Chefs Martin Richenhagen. Nach 16 Jahren als Lenker des AGCO Landmaschinen-Konzern wechselte er zum Jahresende in den Ruhestand und das würde mit Sicherheit ein willkommener Anlass sein, auf die Fendt Entwicklung während dieser Zeit zurückzublicken. Doch den Anfang machte Christoph Gröblinghoff. »Ein recht ordentliches Ergebnis« hatte er zu verkünden und das trotz der Corona bedingten Engpässe und Betriebsausfallzeiten. Auf dem deutschen Markt rangiere Fendt unangefochten auf Platz 1 und in Europa habe man erstmals einen Marktanteil von über 10 Prozent erreicht. Mit bis zum Jahresende verkauften 18750 Traktoren komme man nahe an die avisierte 20000er Marke heran, auf jeden Fall aber werde es das zweitbeste Ergebnis der Fendt Unternehmensgeschichte werden. Auch mit den Absatzzahlen in den anderen Produktbereichen zeigte sich der Fendt Chef zufrieden. 110 Fendt Raupenschlepper, 360 Mähdrescher, 210 Pflanzenschutzspritzen, 30 Katana Feldhäcksler, 230 Tigo Ladewagen und 3400 Erntemaschinen aus Feucht würden bis Jahresende in den europäischen Markt gehen – vorzeigbare Resultate allesamt! Schritt gehalten habe auch die Entwicklung der Mitarbeiterzahlen. 5980 Beschäftigte an den sechs deutschen Produktionsstandorten seien ein absoluter Rekord. Vor der Zukunft sei Fendt nicht bange. 80 Mio. Euro betrage der Fendt Forschungs- und Entwicklungsetat. 500 Ingenieure arbeiteten daran, dass Fendt die Innovationsführerschaft behalte und weiter ausbaue. Das klang gut und war gut und man sah dem Fendt Chef an, dass es Freude machte, solche Ergebnisse verkünden zu dürfen.

Uneingeschränkt positiv klang auch das Statement von Martin Richenhagen. Seine direkte, unkonventionelle Art wurde gelegentlich gefürchtet, doch diesmal klang alles milde und zuversichtlich. Zwei Milliarden Dollar seien während seiner Ära in die deutschen

Prof. Martin H. Richenhagen, Chairman, President und CEO der AGCO Corporation, trat nach 16 äußerst erfolgreichen Jahren Ende 2020 in den Ruhestand. Eric P. Hansotia hatte bereits acht Jahre als Vorstandsmitglied bei AGCO Erfahrung gesammelt. Er wurde vom AGCO Board zum Nachfolger von Martin Richenhagen als AGCO Chef berufen.

Stabwechsel in der Fendt Pressestelle: Die bisherige stellvertretende Pressesprecherin Manja Morawitz übernimmt die Leitung der Pressestelle von Sepp Nuscheler, der nach 36 Fendt Jahren in den Ruhestand ging.

AGCO Standorte Marktoberdorf und Asbach-Bäumenheim investiert worden. Neue Produktionsanlagen für Traktoren schlagen da ebenso zu Buche wie der Erwerb der Werke in Hohenmölsen, Feucht, Wolfenbüttel und Waldstetten. Ein besonderer Markstein sei auch die gewaltige Evolution bei den Vario Baureihen gewesen und nicht zu vergessen seien der Ausbau des Fendt Forums als globales Fendt Kundenzentrum sowie die Gründung des AGCO Digital Centers in Marktoberdorf. »Wir sind auf einem guten Weg, auch wenn es in einzelnen Bereichen noch Arbeit gibt«, resümierte der AGCO Boss und die Fendtler hörten es gerne. AGCO CEO Martin Richenhagen hatte sich als großer Freund der Premiummarke Fendt erwiesen und alle hofften, dass dies auch für den designierten Nachfolger Eric Hansotia zutreffen möge.

Zum Jahresende 2020 gab es eine weitere Zäsur bei Fendt. Nach 36 Fendt Jahren verabschiedete sich der Leiter der Presse und Öffentlichkeitsarbeit Sepp Nuscheler. Nach Willi Zinnecker war er der zweite Fendt-Pressechef und hatte allen Fendt Chefs erfolgreich zugearbeitet. Seine Nachfolgerin wurde die bisherige Stellvertreterin Manja Morawitz. Sie kannte das Unternehmen und seine Öffentlichkeitsarbeit aus dem ff., war sie doch seit acht Jahren mit allen Belangen der Pressestelle bestens vertraut.

Da kamen die Zahlen des Kraftfahrtbundesamts für die Traktoren-Neuzulassungen gerade recht. Fendt war Marktführer, und zwar sowohl für die Traktoren ab 1 PS als auch und erst recht für die Traktoren ab 51 PS. Bei letzteren erreichte Fendt einen Marktanteil von 27,2 % und lag damit um 9,2 % vor dem Zweitplatzierten. Auch in Frankreich kam Fendt gut an. Bei den Traktoren ab 51 PS belief sich der Marktanteil auf 14,9 %. Zehn Jahre zuvor hatte er noch bei 8,0 % gelegen. Der Erfolg korrelierte mit den Angaben des Händlerzufriedenheitsbarometers. Auch dort hatte Fendt inzwischen mit 13,5 Punkten die Nase vorn.

Die Botschaft im Großen fand Bestätigung durch das Detail. Fendt Traktoren waren 2020 einmal mehr die »Lieblinge der Nation«. Mit 1095 Fahrzeugen rangierte das Modell 724 Vario auf Platz 1, gefolgt vom 313 Vario mit 721 Fahrzeugen und dem Fendt 718 Vario, von dem 622 Traktoren innerhalb des Jahres neu zugelassen worden waren. Christoph Gröblinghoff bedankte sich bei den Vertriebspartnern, die maßgeblich zu diesem »phantastischen Ergebnis« beigetragen hatten. Abgesagte Messen, gecancelte Feldtage und Roadshows wegen Corona taten weh, doch der Vertrieb funktionierte und das war ein großer Trost.

Das neue moderne Betriebsrestaurant »GenussWerk« verwöhnt die Fendtler mit täglich frischen, vielseitigen und regionalen Angeboten.

Leistungsstärke in schwieriger Zeit bewies Fendt auch mit der Einrichtung des neuen Mitarbeiterrestaurants »GenussWerk«. Wie in Coronazeiten üblich, ging es ohne offizielle Eröffnung Anfang Januar 2021 am Standort Marktoberdorf an den Start und beeindruckt nicht zuletzt durch seine Lage mitten auf dem Werksgelände im Umfeld der Traktorenmontage. Auf 1400 qm ehemaligen Büroflächen bietet es 260 Sitzplätze und stellt einen zentralen Treffpunkt für alle Mitarbeiterinnen und Mitarbeiter dar. Der neue Caterer Genuss & Harmonie verwöhnt die Fendt Belegschaft mit einem täglich frischen, vielseitigen und möglichst regionalen Angebot. Es gibt die traditionelle Allgäuer Küche, die Grillerei, die italienische Küche, eine Cafebar und eine Patisserie. Innovation auf allen Ebenen, jetzt auch im Mitarbeiterrestaurant GenussWerk, beste Voraussetzungen für kreative Ideen in allen Unternehmensbereichen.

Fendt Classic Club International

Wie schwierig generell die Produktionsbedingungen waren, zeigte sich am 22.4.2021. Erneut musste die Produktion in den Werken Marktoberdorf und Asbach-Bäumenheim für sieben Tage eingestellt werden. Grund war der Corona geschuldete Produktionsausfall eines wichtigen Zulieferers für Gussteile, der auf die Schnelle nicht kompensiert werden konnte. »Hire and Fire« wäre aber auch nichts für Fendt gewesen. Der Erfolg des Unternehmens fußte zu einem guten Teil auf langjährigen, vertrauensvollen Geschäftsbeziehungen, die in der Lage waren, eine vorüber gehende Delle auszuhalten. Dass Fendt mit dieser Einstellung richtig lag, bestätigte Christoph Gröblinghoff am 17.7.2021 im Rahmen der alljährlichen großen Pressekonferenz. Auch im 17. Monat der Pandemie habe Fendt seine hohe Prozessfähigkeit nicht eingebüßt. Die Fendt-Mannschaft sei, unterstützt von den Vertriebspartnern, nach wie vor erfolgreich unterwegs. Bei vollen Auftragsbüchern gelte es, den Wünschen der Kunden zu entsprechen. Mit der Produktion von rund 20000 Traktoren sei 2021 zu rechnen, ein fulminantes Resultat! Hieß es früher: »Die Situation von Fendt entscheidet sich im Allgäu«, so dominiere 2021 »Fendt Global Growth«. In anderen Worten gesprochen hieß dies: Fendt wächst weltweit und das Potenzial ist noch keineswegs erschöpft.

Bekanntlich ist der Erfolg der beste Vater für weiteren Erfolg. Im DLG Image-Barometer Arbeitgeber 2021 fand dies seinen Niederschlag. Als »außerordentlich attraktiv« wurde Fendt eingestuft und rangierte deutlich auf Rang 1. Erneut sei Fendt Chef Gröblinghoff zitiert: »Das schafft man nur mit einem tollen Team, das sich mit der Marke Fendt identifiziert.« Angesichts dieser Botschaft war es überfällig, sich seitens der Geschäftsführung intensiver der Fendt Historie anzunehmen. Mit dem neu zu gründenden Fendt Classic Club International könne dies erreicht werden und der frühere Fendt Presse Chef Sepp Nuscheler war die Person, die sich der Sache annehmen sollte. Am 27.10.2021 war es so weit. Im Fendt Forum fand die Gründungsversammlung statt und weckte sogleich große Hoffnungen. »Erhalt und Pflege der historischen Substanz der traditionsreichen Allgäuer/bayerischen Landtechnik-Marke Fendt« war das Ziel und das schloss, wenn alles gut lief, die Errichtung eines Fendt-Museums am Standort Marktoberdorf ein. Sepp Nuscheler, von der Gründungsversammlung zum 1. Vorsitzenden des Fendt Classic Clubs International gewählt, sieht in Fendt »die aufstrebende Marke unter den Traktor-Oldtimern.« Dem ist nichts hinzuzufügen.

Der neue Fendt Classic Club International e.V. kümmert sich um den Erhalt und die Pflege der historischen Substanz der Marke Fendt. Im Bild der erste von der Gründungsversammlung gewählte Vorstand: (von links) Karl-Heinz Welz, Sepp Nuscheler (Vorsitzender), Hans Heinle und Bernhard Bartussek. (Walter Wagner nicht auf dem Foto).

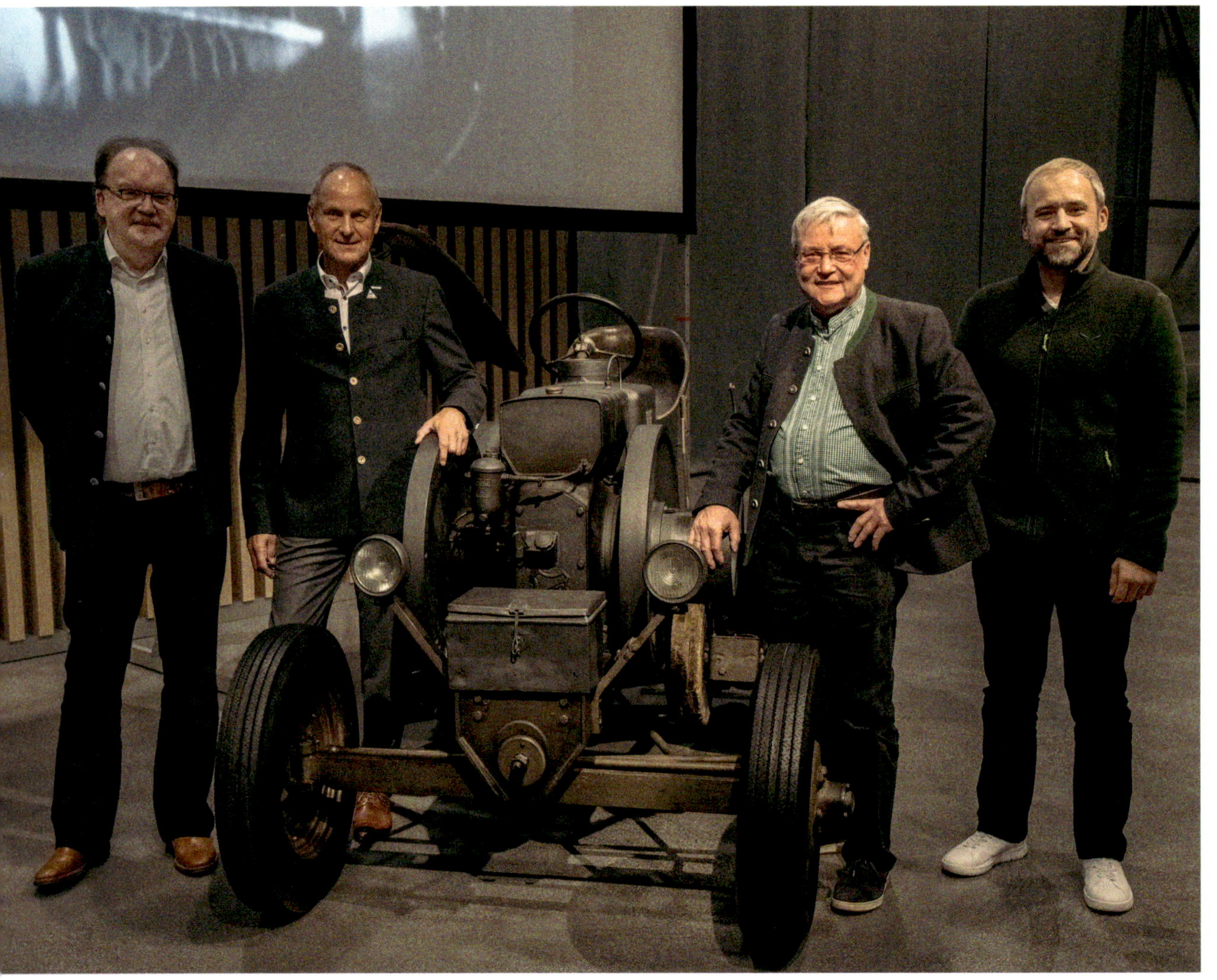

Tabellenanhang

Typ	Produziert von	bis	Gesamt
FENDT DIESELROSS			
F9	1930	1936	100
F 12	1936	1937	195
G 25	1943	1946	999
G 25 Z	1943	1946	498
F 12 GH	1952	1958	8.250
F 12 HL	1953	1958	7.196
F 12 HLX	1958		60
F 15	1949	1950	825
F 15 G/G 6	1950	1956	8.150
F 15/ H 6	1951	1957	6.234
F 17 W/W 1	1956	1959	2.895
F 17L /L 1	1956	1959	3.434
F 18	1937	1949	3.250
F 18 G	1951	1952	989
F 18 H	1951		955
F 20 G/ G 6	1951	1956	2.462
F 20 H/H 6	1951	1957	6.475
F 22	1938	1948	1.158
F 22 V	1947	1949	456
F 22 VZ	1948	1949	675
F 22 Z	1940	1948	461
F 220 G	1958	1962	6.925
F 24 L/L1	1954	1958	6.376
F 24 W/ W 1	1955	1958	4.245
F 25 G	1950		300
F 25 P/28 P	1950	1959	5.925
F 25/28 PH 1/H	1951	1958	534
F 25/28 PH II	1951	1954	385
FW 243 U	1957	1958	125
F 40 U/U I	1951	1958	1.051

Typ	Produziert von	bis	Gesamt
FL 114	1957	1959	468
FL 236	1957	1959	1.193
GESAMT DIESELROSS			**83.244**
FENDT FIX			
FIX 1 luftgekühlt	1958	1960	1.107
FIX 1 wassergekühlt	1958	1960	1.650
FIX 16	1961	1963	975
FIX 1D	1971	1974	2.335
FIX 1E	1963	1970	6.954
FIX 2 wassergekühlt	1959	1964	2.292
FIX 2 luftgekühlt	1959	1970	7.454
GESAMT FENDT FIX			**22.767**
SONDERFAHRZEUGE			
AGROBIL	1972	1982	112
BAGGERLADER	1970	1976	333
BAGGERLADER	1983	1984	16
TS 80	1977	1986	480
Frisch-Einheit	1977		30
GESAMT SONDERFAHRZEUGE			**971**
GERÄTETRÄGER			
F 12 GT	1957	1958	1.052
F 225 GT	1961	1965	8.125
220 GT	1963	1964	240
230 GT	1964	1967	6.455
231 GFW HR KURZ	1991	1993	56
231 GK	1983	1990	47
231 GT	1967	1990	18.765
231 GTW HR LANG	1991	1993	195

Typ	Produziert von	bis	Gesamt
250 GT	1970	1977	4.250
255 GT	1976	1984	2.262
255 GTF	1978	1984	675
255GTK	1981	1983	37
275 GT	1976	1987	2.635
275 GTF	1978	1984	1.362
275 GTK	1981	1983	160
275GAK	1982	1984	82
345 GK	1985	1991	74
345 GT	1984	1996	1.325
345 GTM	1985	1992	155
350 GT	1996	1998	119
360 GK	1985	1991	77
360 GT	1984	1996	1.292
360 GTF	1984	1995	692
360 GTH	1991	1993	24
365 GKA	1986	1989	19
365 GTA	1985	1996	1.728
370 GT	1996	2004	666
380 GHA	1985	1995	580
380 GK	1985	1997	1.604
380 GT	1985	2004	7.115
380 GTF	1984	1993	244
390 GTA	1990	1996	315
395 GHA	1989	2000	553
395 GTA	1990	2000	1.323
GESAMT GERÄTETRÄGER			**64.303**
XYLON			
520 XYLON	1994	2004	361
522 XYLON	1994	2004	442
524 XYLON	1994	2004	1.424
GESAMT XYLON			**2.227**
FENDT FARMER			
FARMER 1 luftgekühlt	1958	1962	3.689
FARMER 1 wassergek.	1958	1961	5.440
FARMER 2E	1960	1970	23.215
FARMER 2 DE	1961	1971	15.385
FARMER 2S	1968	1972	5.345
FARMER 3 S	1966	1972	14.160

Typ	Produziert von	bis	Gesamt
FARMER 4S	1968	1972	6.218
FARMER 5S	1970	1972	3.485
FARMER 1. Generation			**76.937**
FARMER 100			
FARMER 102	1981	1982	730
FARMER 102LS	1981	1982	127
FARMER 102S	1972	1987	11.395
FARMER 103	1972	1974	625
FARMER 103LS	1978	1982	1.264
FARMER 103S	1972	1984	14.868
FARMER 104LS	1978	1982	872
FARMER 104S	1972	1982	7.934
FARMER 105LS	1976	1980	3.022
FARMER 105S	1972	1985	10.595
FARMER 106LS	1976	1980	2.384
FARMER 106S	1972	1980	9.398
FARMER 108LS	1977	1980	5.185
FARMER 108S	1974	1980	6.545
GESAMT FARMER 100			**74.944**
FARMER 200			
FARMER 200			
FARMER 200S	1974	1982	4.487
FARMER 201S	1975	1987	4.803
FARMER 240S	1987	1993	416
FARMER 250S	1988	2003	1.685
FARMER 260S	1987	2003	3.934
FARMER 275S	1988	1996	6.165
FARMER 280SA	1996	2003	3.518
206S	2003	2009	131
207S	2003	2009	195
208S	2003	2009	603
209S	2003	2009	1.292
GESAMT FARMER 200 S			**27.229**
200 VARIO			
207	2009	2017	892
208	2009	2017	589
209	2009	2017	1.745
210	2009	2017	1.931

Typ	Produziert		Gesamt
	von	bis	
211	2009	2017	3.857
207 SS3	2017	2021	675
207S Gen3	2021		21
208 SS3	2017	2021	144
208S Gen3	2021		29
209 SS3	2017	2021	659
209S Gen3	2021		100
210 SS3	2017	2021	785
210S Gen3	2021		199
211 SS3	2017	2021	1.759
211S Gen3	2020	2021	838
GESAMT 200 VARIO			**14.223**
FARMER 300			
FARMER 303LS	1982	1985	1.006
FARMER 304 LS/CA	1991	1998	1.506
FARMER 304LS	1982	1991	3.096
FARMER 305LS	1980	1991	7.142
FARMER 305LS/CA	1991	1993	312
FARMER 306LS	1980	1990	11.798
FARMER 306LSA/CK	1991	1993	34
FARMER 307	1993	1998	483
FARMER 307C	1997	2008	4.300
FARMER 307LS	1985	1991	4.925
FARMER 307LS/CKW	1991	1993	429
FARMER 308	1993	2001	2.084
FARMER 308C	1997	2008	3.523
FARMER 308LS	1980	1990	13.628
FARMER 308LS/CKW	1991	1993	1.029
FARMER 308 LS/CA	1993	1998	2.469
FARMER 309C	1997	2007	9.784
FARMER 309	1993	2001	2.127
FARMER 309 LS/CA	1995	1998	1.409
FARMER 309LS	1981	1990	13.952
FARMER 309LSA/CKW	1991	1993	852
FARMER 310	1993	2001	1.114
FARMER 310LS	1984	1988	3.059
FARMER 310LSA/CK	1991	1993	524
FARMER 311	1993	2001	1.551
FARMER 311LS	1984	1991	7.760
FARMER 311LSA/CKW	1991	1993	706

Typ	Produziert		Gesamt
	von	bis	
FARMER 312	1993	2001	2.185
FARMER 312LSA	1987	1991	4.292
FARMER 312LSA/CKW	1991	1993	1.173
GESAMT FARMER 300			**108.252**
300 VARIO			
309	2006	2012	3.140
309 VO	2012	2015	739
310	2006	2012	2.910
310 VO	2012	2015	1.024
310 VS4	2015	2020	2.238
311	2006	2012	1.235
311 VO	2012	2015	399
311 VS4	2015	2020	784
311V Gen4	2020	2021	450
312	2006	2012	7.386
312 VO	2012	2015	1.696
312 VS4	2015	2020	3.461
312 V Gen4	2020	2021	639
313 VO	2012	2015	2.698
313 VS4	2015	2020	6.110
313 V Gen4	2020	2021	632
314 V Gen4	2020	2021	1.408
GESAMT 300			**36.949**
400 VARIO			
409	1999	2007	1.427
410	1999	2007	3.400
411	1999	2013	3.834
412	2001	2013	8.306
413	2006	2013	1.214
414	2006	2013	885
415	2006	2013	5.612
GESAMT 400			**24.678**
500 VARIO			
512 VO	2013	2016	1.002
512 VS4	2015	2021	900
513 VO	2012	2016	587
513 VS4	2015	2021	422
514 VO	2012	2016	2.176

Typ	Produziert		Gesamt
	von	bis	
514 VS4	2015	2021	3.103
514Vario Gen3	2021		6
515 VO	2012		4
516 VO	2012	2016	3.832
516 VS4	2015	2021	7.241
516Vario Gen3	2020	2021	40
GESAMT 500 VARIO			**19.313**
FARMER 500			
FARMER 509C	1994	2001	1.490
FARMER 510C	1993	2000	1.451
FARMER 511C	1994	1999	1.002
FARMER 512C	1993	1999	4.545
FARMER 514C	1993	1999	3.094
FARMER 515C	1995	1999	3.264
GESAMT FARMER 500			**14.846**
FENDT FAVORIT			
FAVORIT 1	1958	1962	2.765
FAVORIT 10S	1970	1972	442
FAVORIT 11S	1970	1971	168
FAVORIT 12A	1970	1971	195
FAVORIT 2	1959	1963	1.009
FAVORIT 3	1964	1967	4.684
FAVORIT 3S	1967	1970	1.650
FAVORIT 4S	1966	1970	695
FAVORIT 600LS	1978	1981	4.350
FAVORIT 610LSA	1976	1978	3.077
FAVORIT 610S	1972	1976	1.585
FAVORIT 611LSA	1976	1993	7.980
FAVORIT 611S	1972	1976	1.415
FAVORIT 612 SA	1972	1976	841
FAVORIT 612LSA	1976	1987	5.647
FAVORIT 614LSA	1976	1993	2.952
FAVORIT 614SA	1974	1987	222
FAVORIT 615LSA	1976	1993	2.743
FAVORIT 622LSA	1980	1982	11
FAVORIT 626LSA	1981	1986	62
FAVORIT 816LSE	1993	2003	1.158
FAVORIT 818LSE	1993	2002	1.575
FAVORIT 822LSE	1993	2002	707

Typ	Produziert		Gesamt
	von	bis	
FAVORIT 824LSE	1993	2004	2.203
GESAMT FAVORIT			**48.136**
700 VARIO			
711	1998	2007	2.010
712	1998	2012	5.865
714	1998	2012	8.507
714 VO	2011	2014	1.050
714 VS4	2015	2021	727
714Vario Gen6	2020	2021	125
716	1998	2012	12.512
716 VO	2010	2015	1.956
716 VS4	2015	2021	3.064
716Vario Gen6	2020	2021	509
718	2006	2012	4.927
718 VO	2011	2015	2.262
718 VS4	2014	2021	5.525
718Vario Gen6	2020	2021	1.052
720 VO	2010	2015	4.330
720 VS4	2014	2021	5.668
720Vario Gen6	2019	2021	1.313
722 VO	2011	2015	1.666
722 VS4	2014	2021	2.422
722Vario Gen6	2020	2021	504
724 VO	2010	2015	4.815
724 VS4	2014	2021	11.033
724 Vario Gen6	2019	2021	2.514
GESAMT 700			**84.356**
800 VARIO			
815 VARIO	2003	2007	622
817 VARIO	2003	2007	560
818 VARIO	2002	2006	6.254
818 VO	2006	2012	1.515
820 VO	2006	2011	10.674
819 SCR	2010	2011	59
822 SCR	2010	2014	521
822 VS4	2014	2021	402
824 SCR	2010	2014	1.348
824 VS4	2014	2021	1.410
826 SCR	2010	2014	1.128

Typ	Produziert		Gesamt
	von	bis	
826 VS4	2014	2021	2.037
828 SCR	2009	2014	2.504
828 VS4	2014	2021	4.690
GESAMT 800			**33.724**
900 VARIO			
916 VARIO	1997	2006	1.453
920 VARIO	1997	2007	1.740
922 V	2007	2011	394
924 VARIO	1997	2011	2.538
924 SCR	2010	2014	103
926 VARIO	1996	2007	4.009
927 V	2006	2011	1.208
927 SCR	2010	2014	246
927 VS4	2014	2019	307
930 VARIO	2002	2011	5.097
930 SCR	2010	2014	1.114
930 VS4	2014	2019	1.624
930VARIO Gen6	2019	2021	905
930VARIO Gen7	2021		2
933 V	2006	2011	656
933 SCR	2010	2015	567
933 VS4	2014	2020	1.168
933VARIO Gen6	2019	2021	584
933VARIO Gen7	2021		2
936 V	2006	2012	4.218
936 SCR	2010	2014	1.519
936 VS4	2014	2020	2.822
936VARIO Gen6	2019	2021	1.158
936VARIO Gen7	2021		9
939 SCR	2010	2014	1.376
939 VS4	2014	2019	1.832
939VARIO Gen6	2019	2021	519
939VARIO Gen7	2021		7
942VARIO Gen6	2019	2021	1.592
942VARIO Gen7	2021		41
GESAMT 900			**38.810**
1000 VARIO			
1038 S4	2016	2020	287
1038 Gen2	2020	2021	111

Typ	Produziert		Gesamt
	von	bis	
1038 Gen3	2021		1
1042 S4	2016	2020	313
1042 Gen2	2020	2021	139
1042 Gen3	2021		2
1046 S4	2016	2020	144
1046 Gen2	2019	2021	93
1046 Gen3	2021		0
1050 S4	2016	2020	928
1050 Gen2	2019	2021	688
1050 Gen3	2021		18
CH 1038	2016	2019	218
CH 1038 Gen2	2020	2021	5
CH 1042	2016	2019	161
CH 1042 Gen2	2020		5
CH 1046	2016	2018	28
CH 1050	2016	2020	153
CH 1050 Gen2	2020	2021	11
GESAMT 1000 VARIO			**3.305**
200 SCHMALSPUR VARIO			
207 V	2009	2017	1.175
208 V	2009	2017	1.793
209 V	2009	2017	4.190
209 P	2009	2017	798
210 V	2009	2017	1.922
210 P	2009	2017	884
211 V	2009	2017	1.634
211 P	2009	2017	1.271
207 VFS3	2017	2021	414
207VF Gen3	2021		66
208 VFS3	2017	2021	557
208VF Gen3	2020	2021	117
209 VFS3	2017	2021	1.920
209VF Gen3	2020	2021	433
210 VFS3	2017	2021	1.269
210VF Gen3	2020	2021	410
211 VFS3	2017	2019	1.123
211VF Gen3	2020	2021	481
209 PS3	2017	2021	364
209P Gen3	2021		79
210 PS3	2017	2018	494

Typ	Produziert von	bis	Gesamt
210P Gen3	2021		139
211 PS3	2017	2018	1.065
211 P Gen3	2020	2021	334
GESAMT 200 V VARIO			**22.932**
GESAMT VARIO			**278.629**
FENDT SCHMALSPURTRAKTOREN			
FARMER 200V	1974	1987	2.515
FARMER 200VK	1983	1987	64
FARMER 203P ENG	1974	1987	1.870
FARMER 203P BREIT	1977	1987	1.170
FARMER 203V	1974	1984	3.435
FARMER 203V-2	1984	1988	1.371
FARMER 203VAK	1983	1984	10
FARMER 203VAK-2	1984	1987	84
FARMER 204 VAK	1984	1987	9
FARMER 204P	1979	1987	2.572
FARMER 204V	1981	1987	1.009
FARMER 205P	1983	1988	1.248
FARMER 250V	1988	2000	2.137

Typ	Produziert von	bis	Gesamt
FARMER 250VK	1988	1989	458
FARMER 260P	1988	1992	461
FARMER 260V	1987	2002	6.650
FARMER 270P	1988	1996	780
FARMER 270V	1988	2002	2.666
FARMER 275VA	1990	1996	1.209
FARMER 280P	1988	2002	3.258
FARMER 280VA	1996	2002	2.212
206V	2002	2009	766
207V	2002	2009	2.015
208P	2002	2009	434
208V	2002	2009	2.612
209P	2002	2009	899
209V	2002	2009	1.703
GESAMT SCHMALSPUR			**43.617**
GESAMT SSP			**66.549**
PROTOTYP			**339**
GESAMT			**846.102**

Stichwortverzeichnis

A

B

C

D